공학 기초수학 2판

지은이 **함남우** nhahm@inu.ac.kr

서강대학교 수학과를 졸업하였고, 동 대학교 대학원에서 이학석사 학위를 취득한 다음, 미국 텍사스대학교 오스틴 캠퍼스(University of Texas at Austin)에서 신경망의 접근성에 관한 연구(Degree of Approximation by Neural Networks)로 이학박사 학위를 취득하였다. 2000년부터 인천대학교 수학과 교수로 재직 중이다. 저서로는 『해석개론(제2판)』(경문사, 2017), 『해석학의 반례』(경문사, 2017), 『공학 핵심수학(2판)』(한빛아카데미, 2020), 『기초 미분적분학(3판)』(한빛아카데미, 2023), 『AI 시대를 위한 기초 선형대수학』(경문사, 2025) 등이 있다.

공학 기초수학 2판

초판발행 2022년 5월 2일
5쇄발행 2026년 1월 23일

지은이 함남우 / **펴낸이** 전태호
펴낸곳 한빛아카데미(주) / **주소** 서울시 서대문구 연희로2길 62 한빛아카데미(주) 2층
전화 02-336-7112 / **팩스** 02-336-7199
등록 2013년 1월 14일 제2017-000063호 / **ISBN** 979-11-5664-601-3 93410

총괄 · 책임편집 김은정 / **기획 · 편집** 조우리 / **진행** 조우리
디자인 이아란 / **전산편집** 백지선 / **제작** 박성우, 김정우
영업 김성삼, 이정훈, 임현기, 이성훈, 김주성, 심지연

이 책에 대한 의견이나 오탈자 및 잘못된 내용은 출판사 홈페이지나 아래 이메일로 알려주십시오.
파본은 구매처에서 교환하실 수 있습니다. 책값은 뒤표지에 표시되어 있습니다.
홈페이지 www.hanbit.co.kr / 이메일 question@hanbit.co.kr

공학 기초수학 2판

BASIC MATHEMATICS FOR ENGINEERING

함남우 지음

한빛아카데미
Hanbit Academy, Inc.

지은이 머리말

공학을 제대로 이해하려면, 수학의 기본 개념과 연산 능력을 갖춰야 한다!

공학을 이해하는 데 반드시 수학 개념이 필요함은 누구나 잘 알고 있습니다. 이러한 이유로 거의 모든 대학교의 이공계열 학과에서는 공학수학을 필수과목으로 지정하고 있습니다.

그런데 대부분의 공학수학 교재를 살펴보면, 학생들이 고등학교 과정에서 배운 함수의 극한과 연속, 미분, 적분뿐만 아니라 복소수와 행렬 등의 수학 개념을 완벽하게 이해하고 있다는 전제 하에 설명하고 있어서 수학에 대한 기본 개념과 연산 능력이 다소 부족한 학생에게 많은 부담을 주고 있습니다. 이와 같은 어려움을 겪는 학생에게 도움을 주고자 2014년에 『공학 기초수학』을 집필하였고, 여러 해 동안 이 책은 많은 대학교와 학생들의 선택을 받았습니다. 하지만 시대의 흐름에 맞는 예제로의 수정, 공학과 연계된 수학 문제의 보완, 새로운 연습문제의 개발 등이 필요하다고 판단하여 이번에 2판을 집필하게 되었습니다. 2판에서 제시하는 수학 개념의 명확한 설명과 수학 문제의 간결한 풀이 과정은 전공을 이해하는 데 좋은 수학적 토대를 제공해 줄 것입니다.

이 책의 구성

이 책은 수학의 많은 내용과 복잡한 문제를 다루는 대신 공학을 이해하는 데 꼭 필요한 기초 수학을 간략히 정리하고, 이를 쉽게 이해하고 적용할 수 있도록 하는 데 초점을 두었습니다. 이를 위하여 공학에서 다루는 수학의 기본 개념을 세밀하게 나누고 분석하여 총 20개의 장으로 구성하였습니다. 각 장의 구성은 다음과 같습니다.

- **도입글** : 수학에서 다루는 기초 개념이 실생활이나 공학 분야에 어떻게 적용되고 있는지를 쉽게 이해할 수 있도록 다양한 사례를 제시합니다.
- **본문** : 저자의 경험을 바탕으로 수학의 기본 개념을 문제에 쉽게 적용하는 방법을 제시합니다.
- **예제** : 문제를 쉽게 해결할 수 있는 [TIP]을 제공함으로써 수학을 어려워하는 학생들이 본문에서 배운 개념을 스스로 풀어보고 응용할 수 있는 방향을 제시합니다.
- **공학문제** : 공학에서 실제로 적용되는 문제를 풀어보게 함으로써 공학에 수학적으로 가까이 접근할 수 있는 토대를 마련합니다.

작은 변화가 큰 차이를 만들 수 있습니다. Impossible이라는 단어의 스펠링 사이를 조금 띄고 (Im possible), 여기에 '를 붙이면 "I'm possible"이 됩니다. "Impossible"이라고 여겼던 수학에 대한 생각이 이 책을 통해서 "I'm possible"로 바뀌는 계기가 되기를 희망합니다.

감사의 글

『공학 기초수학(2판)』의 기획부터 출간까지 수고를 아끼지 않은 한빛아카데미㈜와 전태호 대표님께 감사를 드립니다. 또한 책을 집필하는 과정에서 원고의 오류를 확인하고 수정해 준 제자 김건휘와 이선진에게 감사의 마음을 전합니다. 그리고 집필 기간 동안 항상 격려해 준 가족과 친구들에게 큰 감사의 마음을 전합니다.

지은이 함남우

미리보기

누구를 위한 책인가

이 책은 이공계열 학과를 전공하는 학생을 대상으로 하며, 수학에 대한 자신감이 부족하거나 수학적 기초가 약한 학생들이 기초부터 차근차근 이해할 수 있도록 구성하였다. 특히 고등학교에서 배운 수학 지식이 부족하면 전공에서 다루는 수학을 이해하기 어려우므로, 이 책은 독학하는 학생들도 무리 없이 쉽게 이해하고 따라할 수 있도록 내용을 구성하였으며, 원하는 전공의 수학적 내용을 쉽게 이해할 수 있는 토대를 제공하고자 하였다.

이 책을 시작하려면

이 책은 고등학교 과정의 수학에 대한 기초가 없거나 부족한 학생들도 쉽게 이해할 수 있도록 구성한 만큼 기존의 애매한 수학적 개념이나 문제에 대한 접근법은 잊고 새로운 마음으로 1장부터 차근차근 내용을 정리하기 바란다.

이 책의 구성요소

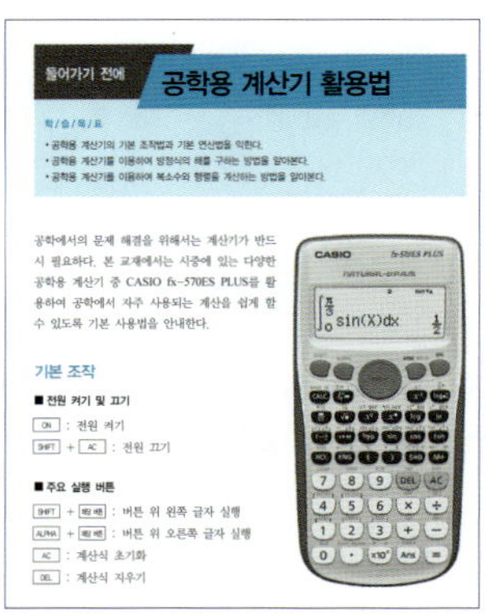

들어가기 전에

복잡한 공학 문제를 해결하는 데 필요한 공학용 계산기 활용법을 다룬다.

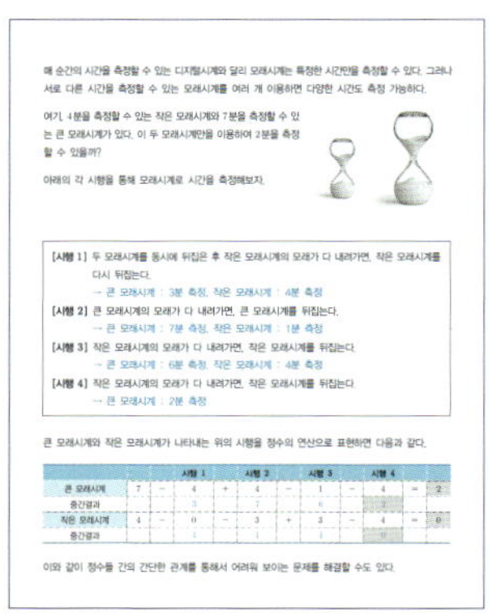

도입글

해당 장의 수학 개념이 공학에서 어떻게 활용되는지 그 실례를 살펴본다.

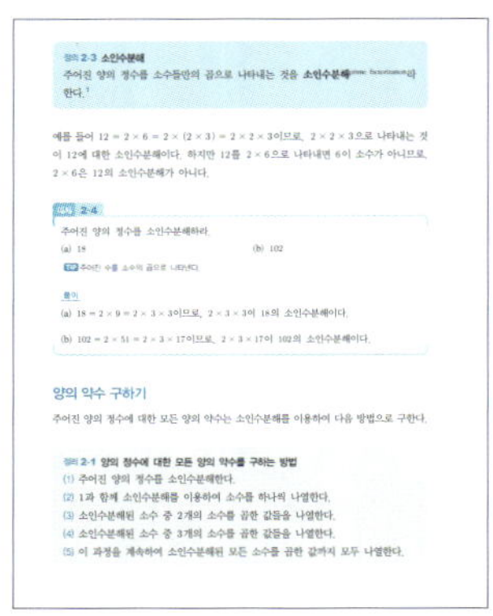

정의 및 정리

해당 주제에서 기억해야 할 중요한 핵심 용어를 정의하고, 주요 개념과 수식을 정리하여 보여준다.

이 책의 구성

PART 01 연산의 기초

1 수학의 기초(1장)

수학의 가장 기본적인 토대인 집합을 정의하고, 정수와 유리수의 연산을 알아본다.

2 공학수학의 기본 연산(2장~7장)

공학수학을 다루는 기본 도구인 약수와 배수, 소수와 백분율, 비례식, 거듭제곱, 단위 변환, 오차와 유효숫자를 다루는 방법을 설명한다.

3 공학수학의 배경(8장~10장)

공학수학 문제에서 자주 사용되는 복소수, 벡터, 행렬을 도입하고, 이에 대한 기본적인 성질을 알아본다.

PART 02 수학의 기초

4 함수의 개요(11장)

집합 위에 정의된 함수를 살펴보고, 함수의 기본 성질과 합성함수를 다룬다.

5 대수함수와 초월함수(12장~17장)

대수함수인 다항함수, 유리함수, 무리함수의 성질과 초월함수인 지수함수, 로그함수, 삼각함수의 정의부터 응용까지 다룬다. 또한 함수를 이해하기 위한 도구인 방정식, 부등식을 살펴본다.

6 함수의 극한과 미분, 적분(18장~20장)

함수의 극한과 연속을 살펴보고, 이를 토대로 미분과 적분의 기본적인 계산 방법을 설명하여 수학과 공학의 기초를 다질 수 있도록 한다.

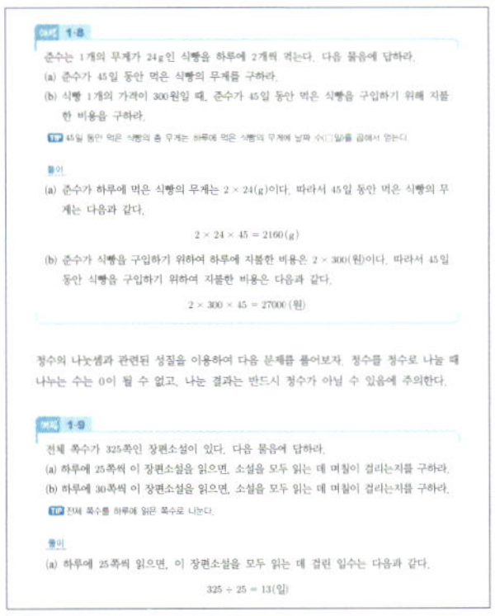

예제 및 TIP

본문에서 다룬 개념들을 적용한 문제와 상세한 풀이를 담았다. 문제를 풀 때 도움이 되는 공식이나 내용을 TIP으로 제시한다.

공학문제

해당 주제와 공학과의 직접적인 연계 문제를 전공별/분야별로 다양하게 제시한다.

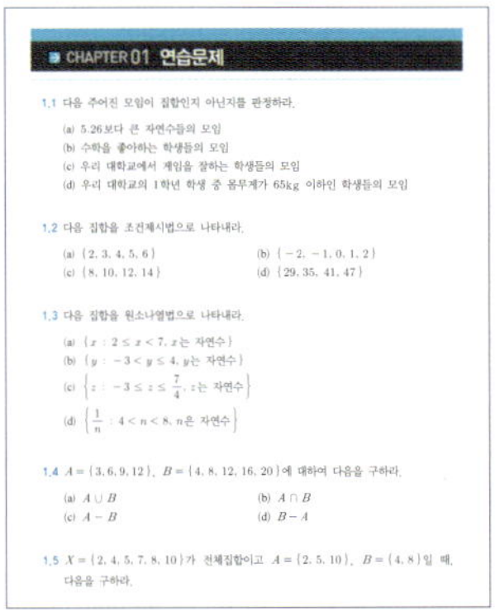

연습문제

해당 장이 끝날 때마다 본문에서 익힌 내용을 문제를 풀어보며 정리할 수 있도록 하였다.

학습 로드맵

이 책에서 다루는 주제들 간의 흐름과 연계성을 보여준다. 우선 [기초 단계]를 학습한 다음, 필요에 따라 선택적으로 [기본 단계]를 이해하고, 마지막으로 [심화 단계]를 학습할 것을 권한다.

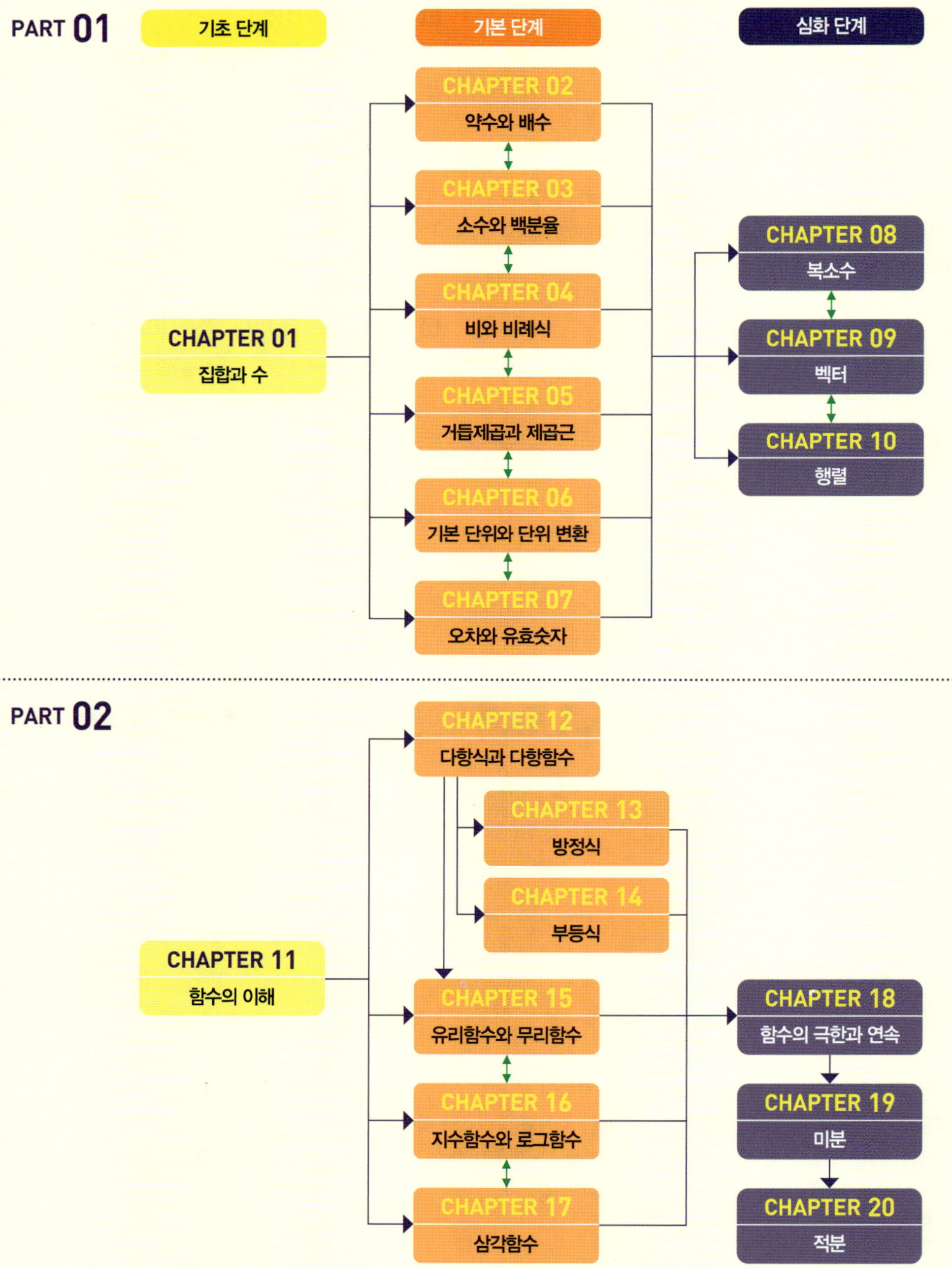

→ 학습 진행 방향 ↔ 상호 연계 관계

강의보조자료 및 참고문헌

강의보조자료

한빛아카데미 홈페이지에서 '교수회원'으로 가입하신 분은 인증 후 교수용 강의보조자료를 제공받을 수 있습니다. 한빛아카데미 홈페이지 상단의 〈교수전용공간〉 메뉴를 클릭하세요.

http://www.hanbit.co.kr/academy

연습문제 해답

본 도서는 대학 강의용 교재로 개발되었으므로 전체 연습문제 해답은 제공하지 않습니다. 단, 홀수 번 정답은 아래의 경로에서 내려받을 수 있습니다.

한빛아카데미 홈페이지 접속 → [도서명] 검색 → 도서 상세 페이지의 [부록/예제소스]

참고문헌

- James Stewart (2021). 미분적분학(제9판)(수학교재편찬위원회, 번역). 경문사.
- James Callahan, Kenneth Hoffman (2004). 상황 속의 미적분학(강현배 외, 번역). 경문사.
- John Bird (2010). *Basic Engineering Mathematics*. Elsevier.
- Raymond A. Serway, Chris Vuille (2019). 일반물리학(11판)(일반물리학 교재편찬위원회, 번역). 북스힐.
- David Poole (2016). 선형대수학(수학교재편찬위원회, 번역). 경문사.
- 함남우 (2017). 기초 미분적분학(개정판). 한빛아카데미.
- 함남우 (2020). 공학 핵심수학(2판). 한빛아카데미.

목차

PART 02 수학의 기초

들어가기 전에

공학용 계산기 활용법

학습목표

- 공학용 계산기의 기본 조작법과 기본 연산법을 익힌다.
- 공학용 계산기를 이용하여 방정식의 해를 구하는 방법을 알아본다.
- 공학용 계산기를 이용하여 복소수와 행렬을 계산하는 방법을 알아본다.

공학에서의 문제 해결을 위해서는 계산기가 반드시 필요하다. 본 교재에서는 시중에 있는 다양한 공학용 계산기 중 CASIO fx-570ES PLUS를 활용하여 공학에서 자주 사용되는 계산을 쉽게 할 수 있도록 기본 사용법을 안내한다.

기본 조작

■ 전원 켜기 및 끄기

ON : 전원 켜기

SHIFT + AC : 전원 끄기

■ 주요 실행 버튼

SHIFT + 해당 버튼 : 버튼 위 왼쪽 글자 실행

ALPHA + 해당 버튼 : 버튼 위 오른쪽 글자 실행

AC : 계산식 초기화

DEL : 계산식 지우기

계산 모드 지정

계산기에는 총 8종류의 계산 모드가 있지만, 여기에서는 자주 사용되는 4가지 모드만 살펴보도록 한다.

MODE + 1 (COMP) : 기본 연산
MODE + 2 (CMPLX) : 복소수 계산
MODE + 5 (EQN) : 방정식의 해
MODE + 6 (MATRIX) : 행렬 계산

기본 연산 (MODE 1 : COMP)

■ 기본 사칙연산

• $3+4$: 3, +, 4, = 를 차례로 누르면 결과인 7을 얻는다.

$$3+4=7$$

• $3-4$: 3, −, 4, = 를 차례로 누르면 결과인 −1을 얻는다.

$$3-4=-1$$

• 3×4 : 3, ×, 4, = 를 차례로 누르면 결과인 12를 얻는다.

$$3\times4=12$$

• $3\div4$: 3, ÷, 4, = 를 차례로 누르면 결과인 $\dfrac{3}{4}$을 얻는다.

$$3\div4=\frac{3}{4}$$

■ 분수의 표현

$\dfrac{2}{3}$를 계산하는 방법에는 다음과 같이 두 가지가 있다.

• 방법 1 : 나눗셈 기호 ÷ 사용

2, ÷, 3, = 를 차례로 누르면 $\dfrac{2}{3}$를 얻는다.

이 결과를 소수로 보려면 S⇔D 를 누르면 된다.

• 방법 2 : 분수 기호 ▭ 사용

2, ▭, 3, = 를 차례로 누르면 $\dfrac{2}{3}$를 얻는다.

■ 백분율 구하기

백분율의 %는 [SHIFT] + [( ]로 사용한다.

- 15의 30% : [15], [×], [30], [SHIFT], [( ], [=]를 차례로 누르면 결과인 $\frac{9}{2}$를 얻는다.

$$15 \times 30\% = \frac{9}{2}$$

- 60kg인 사람의 15% 증가한 몸무게 : [60], [+], [60], [×], [15], [SHIFT], [( ], [=]를 차례로 누르면 결과인 69kg을 얻는다.

$$60 + 60 \times 15\% = 69$$

■ 근호의 계산

- $\sqrt{2}$의 소수 값 : [√■], [2], [=]를 차례로 눌러서 $\sqrt{2}$를 얻고, [S⇔D]를 누르면 결과인 1.414213562를 얻는다.

$$\sqrt{2} = 1.414213562$$

- $\sqrt[3]{2}$의 소수 값 : [∛■]([SHIFT], [√■]), [2], [=]를 차례로 누르면 된다. 이 경우 [S⇔D]를 누르지 않아도 결과인 1.25992105를 얻는다.

$$\sqrt[3]{3} = 1.25992105$$

■ 거듭제곱과 거듭제곱근

- 5^3 : [5], [$x^{■}$], [3], [=]를 차례로 눌러서 결과인 125를 얻는다.

$$5^3 = 125$$

- $\sqrt[5]{3}$: [$x^{■}$] 버튼 위에 써 있는 $\sqrt[■]{\square}$의 기능을 사용한다.
  [5], [SHIFT], [$x^{■}$], [3], [=]를 차례로 눌러서 결과인 1.24573094를 얻는다.

$$\sqrt[5]{3} = 1.24573094$$

■ 지수와 로그

상용로그를 계산하려면 [log]를, 자연로그를 계산하려면 [ln]을 사용한다.

• $\log 2$: [log], [2], [=]를 차례로 눌러서 결과인 0.3010299957을 얻는다.

$$\log 2 = 0.3010299957$$

• $\ln 3$: [ln], [3], [=]를 차례로 눌러서 결과인 1.098612289를 얻는다.

$$\ln 3 = 1.098612289$$

• e^5 : [ln] 버튼 위에 써 있는 $e^{\blacksquare}$의 기능을 사용한다.
[SHIFT], [ln], [5], [=]를 차례로 눌러서 결과인 148.4131591을 얻는다.

$$e^5 = 148.4131591$$

■ 삼각함수

삼각함수를 구할 때는 [sin], [cos], [tan] 버튼을 사용한다. 이때 각도를 나타내는 방법은 다음과 같이 설정한다.

각도의 표현 설정

• 육십분법Deg : [SHIFT] + [MODE] + [3]
• 라디안Rad : [SHIFT] + [MODE] + [4]

• $\sin 60°$: [sin], [60], [=]를 차례로 눌러서 결과인 $\frac{\sqrt{3}}{2}$(= 0.8660254038)을 얻는다.

$$\sin 60° = \frac{\sqrt{3}}{2}$$

• $\cos 45°$: [cos], [45], [=]를 차례로 눌러서 결과인 $\frac{\sqrt{2}}{2}$(= 0.7071067812)를 얻는다.

$$\cos 45° = \frac{\sqrt{2}}{2}$$

■ 공학적 표기법

[ENG] 버튼을 이용하여 표시된 값을 공학 표기로 변환한다.

• 12345의 공학적 표현 : [12345], [=]를 눌러서 화면에 12345가 나왔을 때 [ENG]를 한 번 누르면 소수점이 오른쪽으로 이동하여 12.345×10^3을 얻고, [ENG]를 한 번 더 누르면 12345×10^0을, 여기에 [ENG]를 한 번 더 누르면 12345000×10^{-3}을 얻는다. [SHIFT] + [ENG]를 누르면 소수점을 왼쪽으로 이동시킬 수 있다.

$$12345 = 12.345 \times 10^3 = 12345 \times 10^0 = 12345000 \times 10^{-3}$$

■ 적분

적분은 [$\int_\square^\square$■]의 기능을 사용하며, 적분에 들어 있는 함수의 미지수 x는 [)] 버튼 위에 써 있는 X를 활용한다.

• 함수 $\ln x$에 대해 $x = 1$부터 $x = e$까지의 적분 값 : $\int_1^e \ln x\, dx$

[$\int_\square^\square$■], [ln], [ALPHA], [)], [)], [▶], [1], [▶], [ALPHA], [$\times 10^x$], [=]를 차례로 누르면 결과인 1을 얻는다.

$$\int_1^e \ln x\, dx = 1$$

복소수 계산 (MODE 2 : CMPLX)

복소수 계산을 하기 위해 [MODE]를 눌러서 8개의 수학 관련 기능을 확인한 후, [2]를 눌러 복소수CMPLX를 선택한다. 허수 단위 i는 [ENG]로 입력한다.

복소수의 표현 설정

• 직교좌표$(a + bi)$: [SHIFT], [MODE], [▼], [3], [1]

• 극좌표$(r \angle \theta)$: [SHIFT], [MODE], [▼], [3], [2]

■ 복소수 입력

• $3 + 2i$: [3], [+], [2], [ENG], [=]를 차례로 누른다.

• $2 \angle 30$: [2], [SHIFT], [−], [30], [=]를 차례로 누른다.

■ **복소수의 크기**

• $4+i$: [SHIFT], [hyp], [4], [+], [ENG], [=]를 차례로 누르면 결과인 $\sqrt{17}$을 얻는다.

$$|4+i| = \sqrt{17}$$

■ **켤레복소수**

• $\overline{5+4i}$: [SHIFT], [2], [2], [5], [+], [ENG], [)], [=]를 차례로 누르면 결과인 $5-4i$를 얻는다.

$$\overline{5+4i} = 5-4i$$

방정식의 해 (MODE 5 : EQN)

[MODE]를 눌러서 8개의 수학 관련 기능을 확인한 후, [5]를 눌러 방정식(EQN)을 선택한다.

■ **이차방정식의 해**

• $2x^2+3x-1=0$의 해 구하기

❶ **이차방정식의 선택**

화면에 4개의 방정식 형태가 나오면 [3]을 눌러 이차방정식을 선택한다.

❷ **이차방정식의 계수 입력**

바뀐 화면에 이차방정식 $2x^2+3x-1=0$의 계수를 입력하기 위해 [2], [=], [3], [=], [-1], [=]를 차례로 누르면, 이차방정식의 좌변이 입력된다.

❸ **이차방정식의 해 구하기**

한 번 더 [=]를 누르면 $2x^2+3x-1=0$의 첫 번째 해인 $\frac{-3+\sqrt{17}}{4}$을 얻는다. 또 ▼를 누르면 두 번째 해인 $\frac{-3-\sqrt{17}}{4}$을 얻는다.

$$2x^2+3x-1=0 \quad \rightarrow \quad x=\frac{-3\pm\sqrt{17}}{4}$$

■ 삼차방정식의 해

[MODE]를 눌러서 8개의 수학 관련 기능을 확인한 후, [5]를 눌러 방정식을 선택한다. 화면에 나타나는 4개의 방정식 형태 중 [4]를 눌러 삼차방정식을 선택하고, 이차방정식과 같은 방식으로 해를 구한다.

행렬 계산 (MODE 6 : MATRIX)

행렬의 연산을 하려면 우선 [MODE]를 눌러서 8개의 수학 관련 기능을 확인한 후, [6]을 눌러 행렬MATRIX을 선택한다.

■ 행렬의 곱

• 2×2 행렬인 $A = \begin{bmatrix} 2 & 3 \\ 1 & 6 \end{bmatrix}$와 $B = \begin{bmatrix} 1 & -3 \\ 2 & 4 \end{bmatrix}$의 곱 구하기

❶ 행렬 A의 선택

행렬MATRIX 선택 후, 화면에 3가지 행렬 종류가 나오면 [1]을 눌러 행렬 A를 선택한다.

❷ 행렬 A의 크기 선택

다음 화면에서 행렬의 크기를 선택할 수 있다. 여기서 [5]를 눌러 2×2 행렬을 선택한다.

❸ 행렬 A의 성분 입력

다음 화면에서 [2], [=], [3], [=], [1], [=], [6], [=]를 차례로 누르면 $A = \begin{bmatrix} 2 & 3 \\ 1 & 6 \end{bmatrix}$이 입력된다.

❹ 행렬 B의 선택

두 번째 행렬 B를 입력하려면 [SHIFT], [4]를 누른 후 화면에서 [2]를 선택한다. 다음 화면에서 다시 [2]를 눌러서 행렬 B를 선택한 후, 행렬 A에서와 같이 [5]를 눌러 2×2 행렬을 선택한다.

❺ 행렬 B의 성분 입력

다음 화면에서 [1], [=], [-3], [=], [2], [=], [4], [=]를 차례로 누르면 $B = \begin{bmatrix} 1 & -3 \\ 2 & 4 \end{bmatrix}$가 입력된다.

❻ AB의 계산

[AC]를 눌러서 화면을 초기화한 다음, [SHIFT], [4]를 눌러 행렬을 선택한다. 행렬 A를 사용하기 위해 [3]을 누른 후, 곱하기 기호인 [×]를 누른다. 다시 [SHIFT], [4]를 누른 후, 행렬 B를 사용하기 위해 [4]를 누른다. 마지막으로 [=]를 누르면 결과인 $AB = \begin{bmatrix} 8 & 6 \\ 13 & 21 \end{bmatrix}$을 얻는다.

$$A = \begin{bmatrix} 2 & 3 \\ 1 & 6 \end{bmatrix},\ B = \begin{bmatrix} 1 & -3 \\ 2 & 4 \end{bmatrix} \rightarrow AB = \begin{bmatrix} 8 & 6 \\ 13 & 21 \end{bmatrix}$$

■ 역행렬

위 행렬의 곱에서 사용한 행렬 A의 역행렬을 구하려면 다음과 같이 계산기를 조작한다.

[SHIFT], [4]를 누른 후, A를 사용하기 위해 [3]을 누르면 화면에 MatA가 나타난다. 다음으로 [x^{-1}], [=]를 누르면 행렬 A의 역행렬을 얻을 수 있다.

P/A/R/T 01

연산의 기초

수학은 '집합'을 기반으로 이론을 전개한다. 그러나 원소들을 조건에 따라 단순히 모아놓은 '집합' 하나만 가지고는 어떠한 이론도 전개할 수 없다. 따라서 수학에서는 '연산'이라는 도구를 도입하여 집합의 원소들로부터 새로운 집합을 만들기도 하고 원하는 수학적 결과를 얻기도 한다.

PART 01에서 우리는 수학에 사용되는 다양한 연산을 학습하고 정확하게 이해하도록 한다.

CHAPTER 01
집합과 수

CONTENTS

학습목표

- 집합의 개념과 집합들 사이의 관계를 이해한다.
- 정수들 사이의 연산 방법을 익힌다.
- 유리수들 사이의 연산 방법을 익힌다.

매 순간의 시간을 측정할 수 있는 디지털시계와 달리 모래시계는 특정한 시간만을 측정할 수 있다. 그러나 서로 다른 시간을 측정할 수 있는 모래시계를 여러 개 이용하면 다양한 시간도 측정 가능하다.

여기, 4분을 측정할 수 있는 작은 모래시계와 7분을 측정할 수 있는 큰 모래시계가 있다. 이 두 모래시계만을 이용하여 2분을 측정할 수 있을까?

아래의 각 시행을 통해 모래시계로 시간을 측정해보자.

[시행 1] 두 모래시계를 동시에 뒤집은 후 작은 모래시계의 모래가 다 내려가면, 작은 모래시계를 다시 뒤집는다.
→ 큰 모래시계 : 3분 측정, 작은 모래시계 : 4분 측정

[시행 2] 큰 모래시계의 모래가 다 내려가면, 큰 모래시계를 뒤집는다.
→ 큰 모래시계 : 7분 측정, 작은 모래시계 : 1분 측정

[시행 3] 작은 모래시계의 모래가 다 내려가면, 작은 모래시계를 뒤집는다.
→ 큰 모래시계 : 6분 측정, 작은 모래시계 : 4분 측정

[시행 4] 작은 모래시계의 모래가 다 내려가면, 작은 모래시계를 뒤집는다.
→ 큰 모래시계 : 2분 측정

큰 모래시계와 작은 모래시계가 나타내는 위의 시행을 정수의 연산으로 표현하면 다음과 같다.

			시행 1		시행 2		시행 3		시행 4		
큰 모래시계	7	−	4	+	4	−	1	−	4	=	2
중간결과			3		7		6		2		
작은 모래시계	4	−	0	−	3	+	3	−	4	=	0
중간결과			4		1		4		0		

이와 같이 정수들 간의 간단한 관계를 통해서 어려워 보이는 문제를 해결할 수도 있다.

1.1 집합

집합의 정의

우리는 실생활에서 '새 휴대폰 관련 정보 총집합', '5인 이상 집합 금지'처럼 '집합'이라는 단어를 자주 사용한다. 먼저 집합이 무엇인지 그 정의부터 살펴보자.

정의 1-1 집합

집합[set]이란 주어진 조건에 의하여 그 대상을 분명히 결정할 수 있는 것들의 모임을 말한다.

[정의 1-1]에서 '그 대상을 분명히 결정할 수 있는 것'이란 말의 의미는 누가 판단을 하더라도 주어진 대상이 모임에 속하는지 속하지 않는지가 명확하게 구별된다는 것을 말한다. 따라서 판단하는 사람에 따라서 주어진 대상이 모임에 속하는지 속하지 않는지가 명확하지 않으면 그 대상의 모임은 집합이 아니다.

예제 1-1

주어진 모임이 집합인지 아닌지를 판정하라.

(a) 우리 학과에서 키가 180 cm 이상인 학생의 모임

(b) 우리 대학교에서 잘생긴 학생의 모임

TIP 속하는지와 속하지 않는지를 명확하게 판단할 수 있는가를 기준으로 한다.

풀이

(a) 우리 학과 학생 개개인의 키를 측정해서 180 cm 이상인지 또는 180 cm 미만인지를 명확하게 구별하여 모임에 속하는지 속하지 않는지를 말할 수 있으므로 이 모임은 집합이다.

(b) 우리 대학교 학생 중 잘생겼다는 평가와 그렇지 않다는 평가를 동시에 받는 학생이 있을 수 있고, 이 경우 그 학생은 모임에 속하는지 속하지 않는지가 명확하지 않으므로 이 모임은 집합이 아니다.

■ 집합의 표현 방법

- 일반적으로 집합을 문자로 표현할 때에는 알파벳 대문자 $A, B, C, X, Y, Z, \cdots$ 로 나타낸다.
- 집합을 구성하는 대상 하나하나를 그 집합의 **원소** element라 하고, 원소는 알파벳 소문자 $a, b, c, x, y, z, \cdots$ 로 나타낸다.
- a가 집합 A의 원소일 때, a는 A에 속한다고 하며 $a \in A$로 나타낸다.
- b가 집합 A의 원소가 아닐 때, b는 A에 속하지 않는다고 하며 $b \notin A$로 나타낸다.
- 원소가 하나도 없는 집합을 **공집합** empty set이라 하고, $\varnothing$ 또는 $\{\ \}$로 나타낸다.

■ 집합의 원소를 나타내는 방법

- **원소나열법**

  어떤 집합에 속하는 모든 원소를 $\{\ \}$ 안에 나열하여 나타내는 방법이다.

- **조건제시법**

  어떤 집합에 속하는 모든 원소들의 공통 성질을 조건으로 제시하여 $\{\ \}$ 안에 수식 또는 문장으로 나타내는 방법이다.

예제 1-2

2부터 7까지의 자연수들의 집합을 다음 방법으로 나타내라.

(a) 원소나열법 (b) 조건제시법

TIP 집합의 원소를 나타내는 방법을 이용한다.

풀이

(a) 2부터 7까지의 자연수들의 집합을 원소나열법으로 나타내면 다음과 같다.

$$\{2, 3, 4, 5, 6, 7\}$$

(b) 2부터 7까지의 자연수들의 집합을 조건제시법으로 나타내면 다음과 같다.

$$\{x : 2 \leq x \leq 7, x\text{는 자연수}\}$$

[예제 1–2(b)]는 $\{x : 1 < x < 8, x\text{는 자연수}\}$로 나타낼 수도 있다.

■ **자연수, 정수, 유리수, 실수, 복소수의 집합**

- 자연수 집합 $\mathbb{N} = \{1, 2, 3, \cdots\}$
- 정수 집합 $\mathbb{Z} = \{\cdots, -2, -1, 0, 1, 2, \cdots\}$
- 유리수 집합 $\mathbb{Q} = \left\{\frac{a}{b} : a$와 b는 정수이고 $b \neq 0\right\}$
- 실수 집합 $\mathbb{R}$
- 복소수 집합 $\mathbb{C} = \{a+bi : a, b$는 실수$\}$, $i^2 = -1$

이 다섯 집합 사이에는 다음과 같은 관계가 성립한다.

$$\mathbb{N} \subset \mathbb{Z} \subset \mathbb{Q} \subset \mathbb{R} \subset \mathbb{C}$$

부분집합

정의 1-2 부분집합

집합 B의 모든 원소가 집합 A의 원소이면, 집합 B를 집합 A의 **부분집합**subset이라 하고 $B \subset A$로 나타낸다.

또한 집합 B의 원소 중에서 집합 A에 속하지 않는 원소가 있을 때, 집합 B는 집합 A의 부분집합이 아니라고 하며 $B \not\subset A$로 나타낸다.

예제 1-3

집합 $A = \{1, 2, 3\}$에 대하여 다음 물음에 답하라.

(a) 집합 $B = \{2, 3\}$는 집합 A의 부분집합인가?

(b) 집합 $C = \{2, 3, 4\}$는 집합 A의 부분집합인가?

(c) 집합 $D = \{1, 2, 3\}$는 집합 A의 부분집합인가?

TIP 주어진 집합의 모든 원소가 집합 A에 속하는지를 확인한다.

풀이

(a) 집합 B의 원소인 2, 3 모두가 집합 A의 원소이므로, 집합 B는 집합 A의 부분집합이다.

(b) 집합 C의 원소인 4가 집합 A의 원소가 아니므로, 집합 C는 집합 A의 부분집합이 아니다.

(c) 집합 D의 원소인 1, 2, 3 모두가 집합 A의 원소이므로, 집합 D는 집합 A의 부분집합이다.

[예제 1-3(c)]에서 알 수 있듯이, 임의의 집합 A에 대하여 집합 A는 집합 A의 부분집합이 된다. 이와 같은 부분집합의 성질을 집합 사이의 포함 관계를 통해 알아보자.

정리 1-1 집합 사이의 포함 관계

(1) 임의의 집합 A에 대하여 $A \subset A$, $\varnothing \subset A$이다.

(2) 세 집합 A, B, C에 대하여 $A \subset B$이고 $B \subset C$이면, $A \subset C$이다.

(3) 두 집합 A, B에 대하여 $A = B$이면, $A \subset B$이고 $B \subset A$이다.
또한 $A \subset B$이고 $B \subset A$이면, $A = B$이다.

임의의 집합에 대하여 집합의 원소의 개수를 알면 그 집합의 부분집합의 개수도 알 수 있다. 부분집합의 개수를 구하는 방법을 다음 예를 통해 이해해보자.

- $A = \{1\}$일 때, 집합 A의 부분집합을 모두 나타내면 $\varnothing, \{1\}$이다.
따라서 집합 A의 부분집합의 개수는 2개이다.
- $B = \{2, 3\}$일 때, 집합 B의 부분집합을 모두 나타내면 $\varnothing, \{2\}, \{3\}, \{2, 3\}$이다.
따라서 집합 B의 부분집합의 개수는 4개이다.
- $C = \{4, 5, 6\}$일 때, 집합 C의 부분집합을 모두 나타내면 $\varnothing, \{4\}, \{5\}, \{6\}, \{4, 5\}, \{4, 6\}, \{5, 6\}, \{4, 5, 6\}$이다. 따라서 집합 C의 부분집합의 개수는 8개이다.

집합 A, B, C와 각 집합에 대한 부분집합의 개수를 표로 나타내면 다음과 같다.

[표 1-1] **부분집합의 개수**

	원소의 개수	부분집합의 개수
A	1	$2(=2)$
B	2	$4(=2\times2)$
C	3	$8(=2\times2\times2)$

위의 관계로부터 집합 X의 원소의 개수가 n개이면, 집합 X의 부분집합의 개수는 $\underbrace{2\times2\times\cdots\times2}_{n\text{개}}$(개)임을 알 수 있다.

예제 1-4

다음 집합의 부분집합의 개수를 구하라.

(a) $A = \{3, 5, x, y^2\}$

(b) B = { 서점, 학생식당, 체육관, 강의실, 실험실 }

TIP 집합에 있는 원소의 개수만큼 2를 곱해서 부분집합의 개수를 구한다.

풀이

(a) 집합 A의 원소의 개수가 4개이므로, 집합 A의 부분집합의 개수는 $2 \times 2 \times 2 \times 2 = 16$ (개)이다.

(b) 집합 B의 원소의 개수가 5개이므로, 집합 B의 부분집합의 개수는 $2 \times 2 \times 2 \times 2 \times 2 = 32$ (개)이다.

집합의 연산

이제 집합들 사이의 다양한 연산을 정의해보자.

정의 1-3 집합의 연산

A와 B가 집합이라고 하자.

(1) 집합 A에 속하거나 집합 B에 속하는 원소들로 이루어진 집합을 A와 B의 **합집합** union이라 하고, $A \cup B = \{x : x \in A \text{ 또는 } x \in B\}$로 나타낸다.

(2) 집합 A에도 속하고 동시에 집합 B에도 속하는 원소들로 이루어진 집합을 A와 B의 **교집합** intersection이라 하고, $A \cap B = \{x : x \in A \text{ 이고 } x \in B\}$로 나타낸다.

(3) 집합 A에는 속하지만 집합 B에는 속하지 않는 원소들로 이루어진 집합을 A에 대한 B의 **차집합** difference이라 하고, $A - B = \{x : x \in A \text{ 이고 } x \notin B\}$로 나타낸다.

(4) 전체집합을 X라 할 때 집합 A에 속하지 않는 원소들로 이루어진 집합을 A의 **여집합** complement이라 하고, $A^c = \{x : x \in X \text{ 이고 } x \notin A\}$로 나타낸다.

예제 1-5

$A=\{1, 2, 3, 4, 5\}$, $B=\{3, 5, 7, 8\}$에 대하여 다음을 구하라.

(a) $A \cup B$ (b) $A \cap B$

(c) $A-B$ (d) $B-A$

TIP 합집합, 교집합, 차집합의 정의를 이용한다.

풀이

(a) $A \cup B=\{1, 2, 3, 4, 5, 7, 8\}$ (b) $A \cap B=\{3, 5\}$

(c) $A-B=\{1, 2, 4\}$ (d) $B-A=\{7, 8\}$

[예제 1-5]의 (c)와 (d)에서 알 수 있듯이, 일반적으로 두 집합 A와 B에 대하여 $A-B$와 $B-A$는 다르다.

예제 1-6

$X=\{2, 3, 4, 5, 6, 7\}$가 전체집합이고 $A=\{2, 4, 5\}$, $B=\{3, 7\}$일 때, 다음을 구하라.

(a) A^c (b) B^c

(c) A^c-B (d) $A-B^c$

(e) $(A-B)^c$ (f) $(B-A)^c$

TIP 차집합과 여집합의 정의를 이용한다.

풀이

(a) $A^c=X-A=\{3, 6, 7\}$ (b) $B^c=X-B=\{2, 4, 5, 6\}$

(c) $A^c-B=\{6\}$ (d) $A-B^c=\varnothing$

(e) $(A-B)^c=\{3, 6, 7\}$ (f) $(B-A)^c=\{2, 4, 5, 6\}$

1.2 정수 계산법

이 절에서는 정수 집합과 관련된 기본적인 계산법을 알아보자. 정수와 관련된 계산을 할 때, 다음과 같은 정수의 기본 계산법을 이용한다.

정리 1-2 정수의 기본 계산법

(1) 괄호가 있는 경우 괄호 안의 값을 가장 먼저 계산한다.

(2) 괄호가 없으면 ×, ÷를 +, −보다 우선적으로 계산한다.

(3) ×와 ÷는 나타나는 순서에 따라 계산한다.

(4) +와 −는 나타나는 순서에 따라 계산한다.

정수의 기본 계산법을 이용하여 다음을 계산해보자.

예제 1-7

다음을 계산하라.

(a) $6 \times 8 \div 4$

(b) $6 \div 8 \times 4$

(c) $(6+8) \div 4$

(d) $6 \div (8-4)$

TIP 괄호 안을 우선 계산한 다음 ×, ÷를 계산하고, 마지막에 +, −를 계산한다.

풀이

(a) $6 \times 8 \div 4 = 48 \div 4 = 12$

(b) $6 \div 8 \times 4 = \frac{3}{4} \times 4 = 3$

(c) $(6+8) \div 4 = 14 \div 4 = \frac{7}{2}$

(d) $6 \div (8-4) = 6 \div 4 = \frac{3}{2}$

정수의 사칙연산 중 정수의 곱셈과 나눗셈은 다음과 같은 성질을 갖는다.

- 정수의 곱셈은 많은 수를 셀 때 묶어서 세는 방법을 제시한다.
- 정수의 나눗셈은 많은 수를 묶을 때 묶음의 개수를 세는 방법을 제시한다.

예를 들어 3×5는 3개씩 묶여있는 연필 5묶음의 개수를 셀 때 사용되고, $30 \div 6$은 30개의 지우개를 6개씩 묶었을 때 몇 개의 묶음이 만들어지는가를 알고자 할 때 사용된다.

먼저 정수의 곱셈과 관련된 성질을 이용하여 다음 문제를 풀어보자.

예제 1-8

준수는 1개의 무게가 24 g인 식빵을 하루에 2개씩 먹는다. 다음 물음에 답하라.

(a) 준수가 45일 동안 먹은 식빵의 무게를 구하라.

(b) 식빵 1개의 가격이 300원일 때, 준수가 45일 동안 먹은 식빵을 구입하기 위해 지불한 비용을 구하라.

TIP □일 동안 먹은 식빵의 총 무게는 하루에 먹은 식빵의 무게에 날짜 수(□일)를 곱해서 얻는다.

풀이

(a) 준수가 하루에 먹은 식빵의 무게는 2×24(g)이다. 따라서 45일 동안 먹은 식빵의 무게는 다음과 같다.

$$2 \times 24 \times 45 = 2160\,(\mathrm{g})$$

(b) 준수가 식빵을 구입하기 위하여 하루에 지불한 비용은 2×300(원)이다. 따라서 45일 동안 식빵을 구입하기 위하여 지불한 비용은 다음과 같다.

$$2 \times 300 \times 45 = 27000\,(\text{원})$$

정수의 나눗셈과 관련된 성질을 이용하여 다음 문제를 풀어보자. 정수를 정수로 나눌 때 나누는 수는 0이 될 수 없고, 나눈 결과는 반드시 정수가 아닐 수 있음에 주의한다.

예제 1-9

전체 쪽수가 325쪽인 장편소설이 있다. 다음 물음에 답하라.

(a) 하루에 25쪽씩 이 장편소설을 읽으면, 소설을 모두 읽는 데 며칠이 걸리는지를 구하라.

(b) 하루에 30쪽씩 이 장편소설을 읽으면, 소설을 모두 읽는 데 며칠이 걸리는지를 구하라.

TIP 전체 쪽수를 하루에 읽은 쪽수로 나눈다.

풀이

(a) 하루에 25쪽씩 읽으면, 이 장편소설을 모두 읽는 데 걸린 일수는 다음과 같다.

$$325 \div 25 = 13(\text{일})$$

(b) 하루에 30쪽씩 읽으면, 이 장편소설을 모두 읽는 데 걸린 일수는 다음과 같다.

$$325 \div 30 = 10\,(\text{일}) \;\cdots\; 25\,(\text{쪽})$$

이 장편소설을 모두 읽는 데 걸리는 일수는 정수이므로 따라서 총 11일이 걸린다.

1.3 유리수 계산법

유리수는 두 정수 a와 b를 이용하여 $\frac{a}{b}$(단, $b \neq 0$)로 나타낼 수 있다. 유리수와 관련된 계산을 할 때 다음과 같은 유리수의 기본 계산법을 이용한다.

정리 1-3 유리수의 기본 계산법

(1) 괄호가 있는 경우는 괄호 안의 값을 가장 먼저 계산한다.
(2) 괄호가 없으면 $\times$, $\div$를 $+$, $-$보다 우선적으로 계산한다.
(3) 유리수 사이의 덧셈과 뺄셈을 할 때 분모를 통분하여 계산한다.
(4) 유리수를 유리수로 나눌 때 제수(뒤쪽 유리수)의 역수를 곱하여 계산한다.

유리수의 기본 계산법 (3)을 이용하여 두 유리수 사이의 덧셈과 뺄셈을 다음과 같이 계산한다. (단, $ac \neq 0$)

$$\frac{b}{a} + \frac{d}{c} = \frac{b \times c + d \times a}{a \times c}$$

$$\frac{b}{a} - \frac{d}{c} = \frac{b \times c - d \times a}{a \times c}$$

예제 1-10

다음을 계산하라.

(a) $\frac{1}{3} + \frac{1}{4}$ (b) $\frac{1}{5} - \frac{3}{4}$ (c) $\left(\frac{1}{3} + 4\right) \times \frac{3}{5}$ (d) $\frac{4}{3} \times \left(\frac{2}{5} - \frac{3}{4}\right)$

TIP 유리수의 덧셈과 뺄셈을 할 때는 통분을 하고 괄호 안의 값을 우선적으로 계산한다.

풀이

(a) 분모의 3과 4를 통분하면 $3 \times 4 = 12$이다. 따라서 주어진 식은 다음과 같이 계산한다.

$$\frac{1}{3} + \frac{1}{4} = \frac{1 \times 4 + 1 \times 3}{12} = \frac{7}{12}$$

(b) 분모의 5와 4를 통분하면 $5 \times 4 = 20$이다. 따라서 주어진 식은 다음과 같이 계산한다.

$$\frac{1}{5} - \frac{3}{4} = \frac{1 \times 4 - 3 \times 5}{20} = -\frac{11}{20}$$

(c) 우선 괄호 안의 값을 계산한 후 곱셈을 한다.

$$\left(\frac{1}{3}+4\right)\times\frac{3}{5}=\left(\frac{1}{3}+\frac{12}{3}\right)\times\frac{3}{5}=\frac{13}{3}\times\frac{3}{5}=\frac{13}{5}$$

(d) 우선 괄호 안의 값을 계산한 후 곱셈을 한다.

$$\frac{4}{3}\times\left(\frac{2}{5}-\frac{3}{4}\right)=\frac{4}{3}\times\left(\frac{2\times4-3\times5}{20}\right)=\frac{4}{3}\times\left(-\frac{7}{20}\right)=-\frac{28}{60}=-\frac{7}{15}$$

유리수의 기본 계산법 (4)를 이용하여 두 유리수 사이의 나눗셈을 다음과 같이 계산한다. (단, $ac\neq0$, $ad\neq0$)

$$\frac{b}{a}\div\frac{d}{c}=\frac{b}{a}\times\frac{c}{d}=\frac{b\times c}{a\times d}$$

예제 1-11

다음을 계산하라.

(a) $\frac{1}{5}\div\frac{3}{5}$　　(b) $\frac{3}{4}\div7$　　(c) $\left(\frac{1}{2}+\frac{2}{3}\right)\div\frac{2}{5}$　　(d) $\frac{1}{4}\div\left(\frac{1}{5}-\frac{1}{3}\right)$

TIP 유리수의 나눗셈을 할 때 유리수의 기본 계산법 (4)를 이용한다.

풀이

(a) 유리수를 유리수로 나눌 때 뒤쪽 유리수의 역수를 곱하여 계산한다.

$$\frac{1}{5}\div\frac{3}{5}=\frac{1}{5}\times\frac{5}{3}=\frac{1}{3}$$

(b) 유리수를 유리수로 나눌 때 뒤쪽 유리수의 역수를 곱하여 계산한다.

$$\frac{3}{4}\div7=\frac{3}{4}\div\frac{7}{1}=\frac{3}{4}\times\frac{1}{7}=\frac{3}{28}$$

(c) 우선 괄호 안의 값을 계산한 후 나눗셈을 한다.

$$\left(\frac{1}{2}+\frac{2}{3}\right)\div\frac{2}{5}=\left(\frac{1\times3+2\times2}{6}\right)\div\frac{2}{5}=\frac{7}{6}\div\frac{2}{5}=\frac{7}{6}\times\frac{5}{2}=\frac{35}{12}$$

(d) 우선 괄호 안의 값을 계산한 후 나눗셈을 한다.

$$\frac{1}{4}\div\left(\frac{1}{5}-\frac{1}{3}\right)=\frac{1}{4}\div\left(\frac{1\times3-1\times5}{15}\right)=\frac{1}{4}\div\left(-\frac{2}{15}\right)=\frac{1}{4}\times\left(-\frac{15}{2}\right)=-\frac{15}{8}$$

유리수의 기본 계산법을 이용하여 다음 응용문제를 풀어보자.

예제 1-12

어느 킥보드 생산 공장에서 숙련된 작업자가 킥보드 1대를 만드는 데 $1\frac{3}{4}$ 시간이 걸린다고 한다. 이 숙련된 작업자가 하루에 8시간씩 14일간 작업을 한다면 몇 대의 킥보드를 만들 수 있을지를 구하라.

TIP 총 작업시간을 먼저 구한 후, 킥보드 1대를 만드는 데 걸리는 작업시간으로 나눈다.

풀이

하루에 8시간씩 14일간 작업을 하면 총 작업시간은 $8 \times 14 = 112$ (시간)이다. 1대의 킥보드를 만드는 데 $1\frac{3}{4}\left(=\frac{7}{4}\right)$시간이 걸리므로, x대의 킥보드를 만드는 데 필요한 시간은 $\frac{7}{4} \times x$ (시간)이다. 따라서 $\frac{7}{4} \times x = 112$ 에서 x를 구하면

$$x = 112 \div \frac{7}{4} = 112 \times \frac{4}{7} = 16 \times 4 = 64 \text{ (대)}$$

이므로 64대의 킥보드를 만들 수 있다.

유리수와 정수 사이의 곱셈 또는 나눗셈의 결과는 유리수 또는 정수가 된다.

예제 1-13

어느 치킨 가게에서 1시간에 $4\frac{1}{3}$ 마리의 닭을 튀길 수 있다고 한다. 이 치킨 가게에서 14마리의 닭을 튀기려면 시간이 얼마나 걸리는지를 구하라.

TIP 닭의 총 마릿수를 1시간에 튀길 수 있는 닭의 마릿수로 나누어 계산한다.

풀이

14마리의 닭을 1시간에 튀길 수 있는 마릿수로 나누면

$$14 \div 4\frac{1}{3} = 14 \div \frac{13}{3} = 14 \times \frac{3}{13} = \frac{42}{13} = 3\frac{3}{13} \text{ (시간)}$$

이므로 14마리의 닭을 튀기는 데 $3\frac{3}{13}$ 시간이 걸린다.

1.4 공학문제

평면도에서의 원

[그림 1-1]과 같이 반지름이 r인 원이 있다. 이 원의 원주(원의 둘레)의 길이와 넓이는 각각 다음과 같은 방법으로 구한다.

$$(\text{원주의 길이}) = 2\pi r,\ (\text{원의 넓이}) = \pi r^2$$

여기서 π는 원주율[1]로, 그 값은 $3.1415926535\cdots$ 이다.

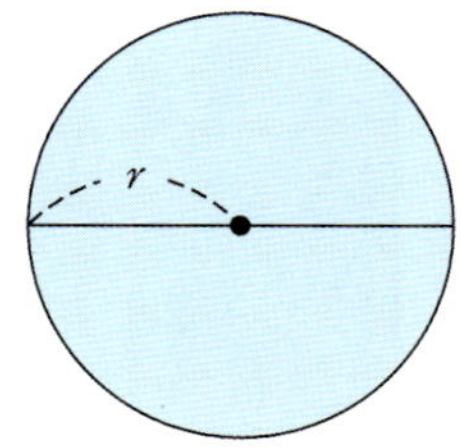

[그림 1-1] 반지름이 r인 원

예제 1-14

어떤 건물에 [그림 1-2]와 같이 반지름이 13인 원 모양의 정화조를 매립하려고 한다. [그림 1-2]에서 색칠한 부분의 둘레의 길이를 구하라.

TIP (정화조의 둘레의 길이)
= (반지름이 13인 원의 원주의 길이)이다.

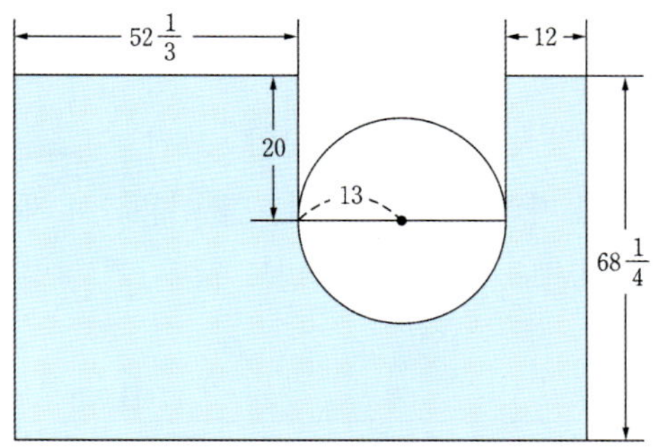

[그림 1-2]

풀이

[그림 1-3]에서 굵은 선으로 표시한 길이는 다음과 같이 구한다.

$$\begin{aligned}\left(52\frac{1}{3}+12+20+68\frac{1}{4}\right)\times 2+13+13 &= \left(\frac{157}{3}+32+\frac{273}{4}\right)\times 2+26\\ &= \frac{628+384+819}{12}\times 2+26\\ &= \frac{1831}{6}+26=\frac{1831}{6}+\frac{156}{6}\\ &= \frac{1987}{6}\end{aligned}$$

1 원주율이란 원에서 지름의 길이에 대한 원주의 비의 값을 말하며, 기호로 π로 나타내고 '파이'라 읽는다.

$$(\text{원주율}) = \frac{(\text{원주})}{(\text{지름의 길이})}$$

[그림 1-3]에서 색칠한 부분의 둘레의 길이 중 굵은 선으로 표시하지 않은 부분의 길이는 (정화조의 둘레의 길이)÷2이므로, $(2\pi \times 13) \div 2 = 13\pi$이다. 따라서 색칠한 부분의 둘레의 길이는 $\frac{1987}{6} + 13\pi$이다.

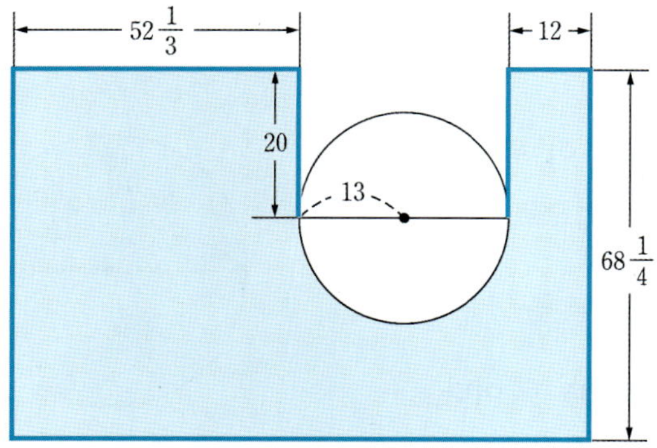

[그림 1-3]

아파트 평면도

도면drawing이란 물체의 모양, 크기, 구조, 제작 방법 등을 한국 산업 규격(KS)에서 정한 규칙에 따라 선, 문자, 기호를 이용하여 제도 용지에 나타낸 것을 말한다. 예를 들어 배치도, 정면도, 평면도, 단면도 등은 건축이나 토목 분야에서 사용하는 도면이다.

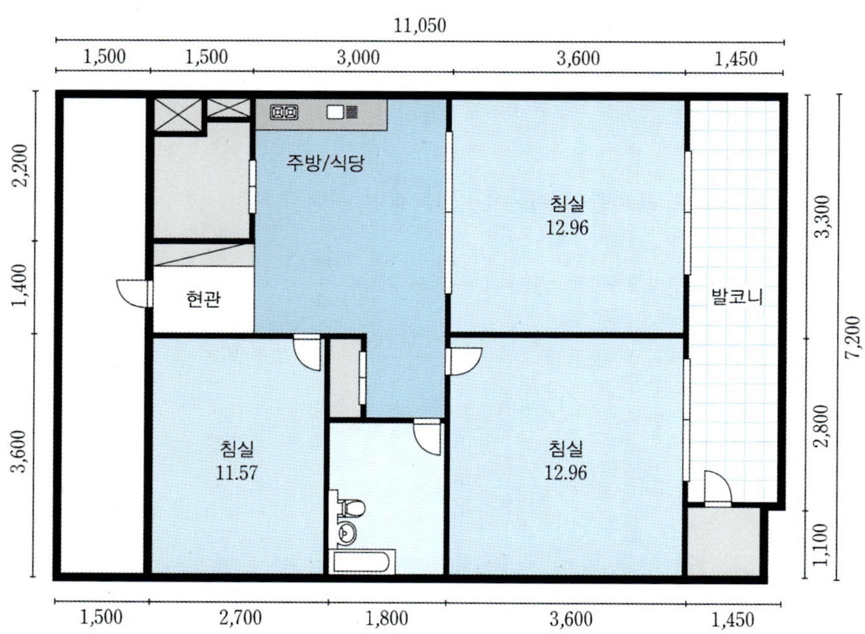

[그림 1-4] 아파트 평면도의 예

[그림 1-4]의 아파트 평면도에서 볼 수 있듯이 침실과 주방, 발코니 등의 크기는 다양한 수들 사이의 합과 차를 이용하여 표기된다.

예제 1-15

[그림 1-5]의 평면도에서 x값을 구하라.

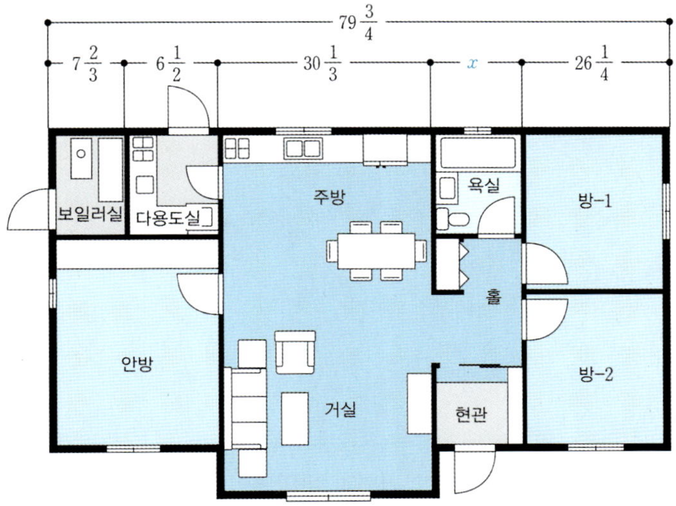

[그림 1-5]

TIP 전체의 길이는 x를 포함한 작은 길이들의 합과 같아야 한다.

풀이

[그림 1-5]에서 가로 전체의 길이인 $79\frac{3}{4}$은 작은 길이들의 합인 $7\frac{2}{3}+6\frac{1}{2}+30\frac{1}{3}+x+26\frac{1}{4}$과 같아야 한다. 따라서

$$79\frac{3}{4}=7\frac{2}{3}+6\frac{1}{2}+30\frac{1}{3}+x+26\frac{1}{4}$$

을 풀어야 한다. 식의 우변의 값을 간단히 정리하면

$$\begin{aligned}7\frac{2}{3}+6\frac{1}{2}+30\frac{1}{3}+x+26\frac{1}{4} &= 7\frac{8}{12}+6\frac{6}{12}+30\frac{4}{12}+x+26\frac{3}{12}\\ &= x+69\frac{8+6+4+3}{12}\\ &= x+70\frac{9}{12}\\ &= x+70\frac{3}{4}\end{aligned}$$

이다. 따라서 $79\frac{3}{4}=x+70\frac{3}{4}$에서 $x=79\frac{3}{4}-70\frac{3}{4}=9$이다.

조립도

2개 이상의 부품으로 구성된 제품을 조립하기 위해서는 각 부품의 치수, 모양, 사용 방법 등의 정보를 알아야 한다. 이러한 정보를 표기하여 제품의 조립 상태를 나타낸 도면을 **조립도**assembly drawing라고 한다.

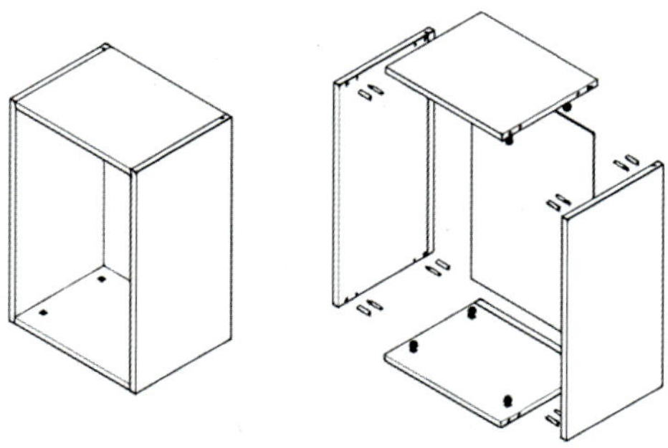

[그림 1-6] **제품의 조립도**

예제 1-16

[그림 1-7]의 목판 5개를 사용하여 뚜껑은 없지만 옆면과 바닥면이 빈틈없는 육면체 보관함을 만들고자 한다. 이 보관함의 빈 공간의 부피를 구하라.

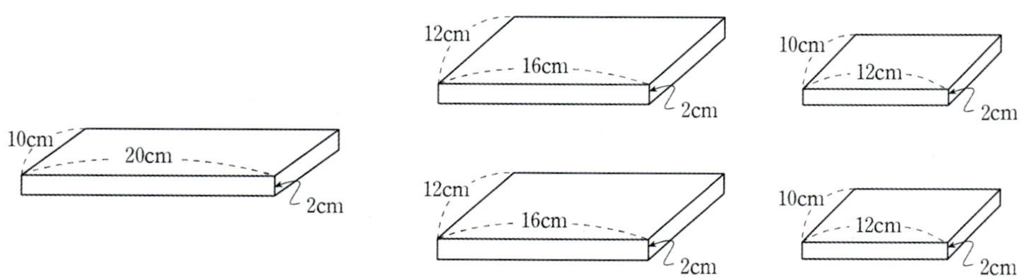

[그림 1-7]

TIP 바닥면 안쪽에 붙이는 목판과 바깥쪽에 붙이는 목판을 구한다.

풀이

가로 길이가 20 cm, 세로 길이가 10 cm인 목판을 바닥면으로 하고, 바닥면의 위쪽에 바닥면의 세로 길이에 맞춰 $12\,\text{cm} \times 10\,\text{cm}$인 목판을 좌, 우에 붙인다. 그다음 바닥면의 위쪽에 바닥면의 가로 길이에 맞춰 $16\,\text{cm} \times 12\,\text{cm}$인 목판을 앞, 뒤에 붙이면 옆면에 빈틈이 없는 육면체 보관함을 만들 수 있다. 이때 만들어진 보관함 내부의 가로 길이는 16 cm, 세로 길이는 6 cm, 높이는 12 cm이므로, 이 보관함의 빈 공간의 부피는 $16 \times 6 \times 12 = 1152(\text{cm}^3)$이다.

CHAPTER 01 연습문제

1.1 다음 주어진 모임이 집합인지 아닌지를 판정하라.

(a) 5.26보다 큰 자연수들의 모임
(b) 수학을 좋아하는 학생들의 모임
(c) 우리 대학교에서 게임을 잘하는 학생들의 모임
(d) 우리 대학교의 1학년 학생 중 몸무게가 65kg 이하인 학생들의 모임

1.2 다음 집합을 조건제시법으로 나타내라.

(a) $\{2, 3, 4, 5, 6\}$
(b) $\{-2, -1, 0, 1, 2\}$
(c) $\{8, 10, 12, 14\}$
(d) $\{29, 35, 41, 47\}$

1.3 다음 집합을 원소나열법으로 나타내라.

(a) $\{x : 2 \leq x < 7,\ x$는 자연수$\}$
(b) $\{y : -3 < y \leq 4,\ y$는 자연수$\}$
(c) $\left\{z : -3 \leq z \leq \frac{7}{4},\ z\text{는 자연수}\right\}$
(d) $\left\{\frac{1}{n} : 4 < n < 8,\ n\text{은 자연수}\right\}$

1.4 $A = \{3, 6, 9, 12\}$, $B = \{4, 8, 12, 16, 20\}$에 대하여 다음을 구하라.

(a) $A \cup B$
(b) $A \cap B$
(c) $A - B$
(d) $B - A$

1.5 $X = \{2, 4, 5, 7, 8, 10\}$가 전체집합이고 $A = \{2, 5, 10\}$, $B = \{4, 8\}$일 때, 다음을 구하라.

(a) A^c
(b) B^c
(c) $A^c \cup B$
(d) $A \cap B^c$

1.6 다음 집합의 부분집합의 개수를 구하라.

(a) $A = \{-1, 0, 1\}$
(b) $B = \left\{\frac{1}{2}, 3, \frac{1}{4}, 5\right\}$
(c) $C = \{$영국, 독일, 프랑스$\}$
(d) $D = \{a, b, x,$ ㄱ, ㄴ, $6, 7\}$

1.7 다음을 계산하라.

(a) $\frac{7}{4} \times \frac{4}{3}$

(b) $\frac{5}{3} \div \frac{1}{6}$

(c) $\left(\frac{1}{3} + \frac{1}{7}\right) \times \frac{2}{5}$

(d) $\frac{5}{4} \div \left(\frac{5}{2} - \frac{1}{3}\right)$

1.8 알뜰폰 요금제 A, B에 관한 [표 1-2]를 보고 다음 물음에 답하라.

[표 1-2]

요금제	A	B
기본 요금	12000원	15000원
2분당 통화료	30원	20원

(a) 요금제 A를 선택하여 전화 통화를 200분 했을 때, 내야 할 전화 요금을 구하라.

(b) 요금제 B를 선택하여 전화 통화를 360분 했을 때, 내야 할 전화 요금을 구하라.

(c) 전화 통화를 280분 하려면 어느 요금제를 선택하는 것이 유리한지를 설명하라.

1.9 어느 주차장에 주차를 할 경우 다음과 같은 A, B 두 종류의 주차 요금제를 적용할 수 있고, 주차하는 사람은 두 가지 요금제 중 하나를 마음대로 선택할 수 있다. 다음 물음에 답하라.

[표 1-3]

종류	기본료	추가 요금	추가 요금 적용 기준
A	1시간까지 4000원	30분당 1200원	추가 요금은 기본 시간을 초과한 시간에만 적용
B	2시간까지 5000원	30분당 1800원	

(a) 요금제 A를 선택하여 6시간을 주차했을 때, 내야 할 주차 요금을 구하라.

(b) 요금제 B를 선택하여 6시간을 주차했을 때, 내야 할 주차 요금을 구하라.

1.10 어떤 삼각형의 넓이가 $\frac{17}{6}\text{cm}^2$이고 밑변의 길이가 $\frac{5}{3}\text{cm}$일 때, 이 삼각형의 높이를 구하라.

1.11 집에 닭고기 $5\frac{2}{3}$kg이 있는데, 오늘 $\frac{3}{4}$kg을 먹고 남은 닭고기를 6일 동안 똑같은 양으로 나눠 먹으려 한다. 6일 동안 하루에 먹을 닭고기의 양을 구하라.

1.12 다음 평면도에서 x값을 구하라.

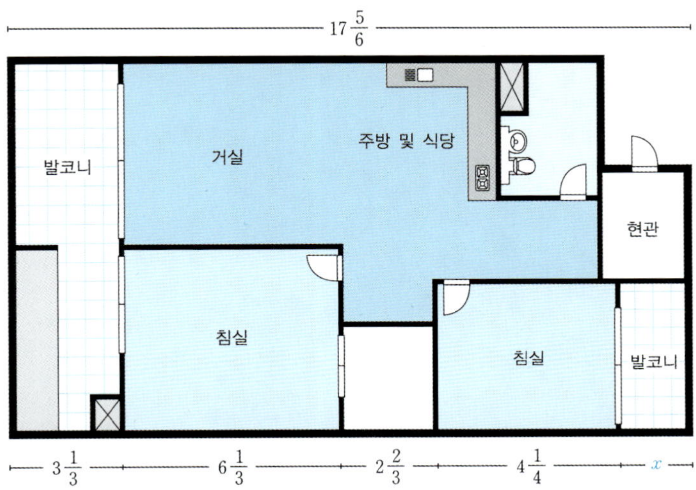

[그림 1-8]

1.13 [그림 1-9]의 목판 5개를 사용하여 뚜껑은 없지만 옆면과 바닥면이 빈틈없는 육면체 보관함을 만들고자 한다. 이 육면체 보관함의 빈 공간의 부피를 구하라.

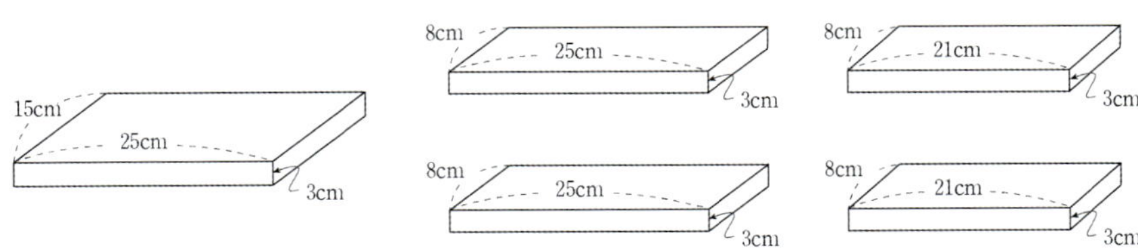

[그림 1-9]

CHAPTER 02
약수와 배수

CONTENTS

학습목표

- 약수와 배수를 정의하는 방법을 알아본다.
- 약수와 배수의 관계를 확인하는 방법을 이해한다.
- 최대공약수와 최소공배수를 구하는 방법을 익힌다.

수학에서 소수prime number는 양의 약수로 1과 자기 자신만을 갖는 자연수를 말한다. 소수는 우리 생활에 어떻게 사용될까?

소주를 소주잔에 어떻게 따르는가에 따라서 달라지겠지만, 일반적으로 소주 1병을 소주잔에 따르면 총 7잔이 나온다. 어떤 모임에 참석한 모든 사람들에게 술을 공평하게 나누어 주고 술병에 술을 남기지 않고자 한다면 최소 몇 병의 소주를 주문해야 할까?

모임에 온 사람이 2명인 경우에는

$$7 \div 2 = 3 \cdots 1, \ 14 \div 2 = 7$$

이므로 모두에게 공평하게 나누어 주려면 2병을 주문해야 한다. 모임에 온 사람이 3명인 경우에는

$$7 \div 3 = 2 \cdots 1, \ 14 \div 3 = 4 \cdots 2, \ 21 \div 3 = 7$$

이므로 모두에게 공평하게 나누어 주려면 3병을 주문해야 한다. 이와 같이 7이 소수이기 때문에 1부터 6까지의 어떤 수로 나눠도 나누어떨어지지 않으며, 다음과 같은 결과를 얻게 된다.

모임의 인원 수	공평하게 나누기 위해 주문해야 할 소주의 병 수
2	2
3	3
4	4
5	5
6	6

따라서 현재 사용하는 일반 소주잔이 가게의 매출을 극대화하는 최상의 소주잔임을 알 수 있다.

2.1 약수와 배수

6을 1, 2, 3, 6으로 나누면 나누어떨어지므로 1, 2, 3, 6은 6의 약수라 할 수 있고, 6은 1, 2, 3, 6의 배수라 할 수 있다.

그렇다면 $\frac{1}{3}$을 $\frac{2}{3}$의 약수라 할 수 있을까? 또한 $\frac{2}{3}$를 $\frac{1}{3}$의 배수라고 할 수 있을까? 이 질문에 대한 답은 약수와 배수에 대한 다음 정의를 통해 알 수 있다.

정의 2-1 약수와 배수

두 정수 a와 b(단, $b \neq 0$)에 대하여

$$a = b \times c$$

인 정수 c가 존재하면, b를 a의 **약수**divisor라 한다. 이때 a를 b의 **배수**multiple라 한다.

예를 들어 두 정수 2와 8에 대하여 $8 = 2 \times 4$이므로, 2는 8의 약수이고 8은 2의 배수이다. 하지만 두 정수 6과 8에 대하여 $8 = 6 \times c$인 정수 c가 존재하지 않으므로, 6은 8의 약수가 아니고 8은 6의 배수가 아니다.

또한 [정의 2-1]에 의하면 약수와 배수는 두 정수에 대해서만 정의하기 때문에 $\frac{2}{3} = \frac{1}{3} \times 2$가 성립하지만 $\frac{1}{3}$과 $\frac{2}{3}$는 정수가 아니므로 $\frac{1}{3}$을 $\frac{2}{3}$의 약수라 하지 않으며, 또한 $\frac{2}{3}$를 $\frac{1}{3}$의 배수라고 하지 않는다.

예제 2-1

주어진 두 수에 대하여 하나의 수가 다른 수의 약수인지를 판정하라.

(a) 3, 78　　　　(b) 22, 112

TIP 작은 수에 정수를 곱해서 큰 수를 만들 수 있는지 확인한다.

풀이

(a) $78 = 3 \times 26$이므로, 3은 78의 약수이다.

(b) $112 = 22 \times c$인 정수 c가 존재하지 않으므로, 22는 112의 약수가 아니다.

약수를 판정하는 방법과 배수를 판정하는 방법은 같다.

예제 2-2

주어진 두 수에 대하여 하나의 수가 다른 수의 배수인지를 판정하라.

(a) 98, 16 (b) 112, 16

TIP 작은 수에 정수를 곱해서 큰 수를 만들 수 있는지 확인한다.

풀이

(a) $98 = 16 \times c$인 정수 c가 존재하지 않으므로, 98은 16의 배수가 아니다.

(b) $112 = 16 \times 7$이므로, 112는 16의 배수이다.

양의 정수 8의 모든 약수를 구해보자.

$$8 = 1 \times 8 = 2 \times 4 = (-1) \times (-8) = (-2) \times (-4)$$

이므로 8의 모든 약수는 $1, -1, 2, -2, 4, -4, 8, -8$이다. 이번에는 음의 정수 -9의 모든 약수를 구해보자.

$$-9 = 1 \times (-9) = (-1) \times 9 = 3 \times (-3)$$

이므로 -9의 모든 약수는 $1, -1, 3, -3, 9, -9$이다. 이와 같이 0이 아닌 모든 정수는 양의 약수와 음의 약수를 갖는다.

2.2 약수와 배수 구하기

소인수분해

주어진 양의 정수에 대한 모든 양의 약수를 구하려면 먼저 소수의 개념을 알아야 한다.

정의 2-2 소수

양의 정수 중 1과 자기 자신을 제외한 다른 양의 약수를 갖지 않는 양의 정수를 **소수** prime number라 한다.

예를 들어 $17 = 1 \times 17$로만 표현할 수 있으므로, 17은 1과 17만을 약수로 갖는다. 따라서 17은 소수이다. 하지만 $14 = 1 \times 14 = 2 \times 7$로 표현되므로, 14는 약수로 1과 14 이외에 2와 7을 가지므로 소수가 아니다. 이때 14와 같이 1도 아니고 소수도 아닌 자연수를 **합성수** composite number라 한다.

예제 2-3

주어진 양의 정수가 소수인지를 판정하라.

(a) 19　　　　(b) 51

TIP 1과 자기 자신 이외의 양의 약수가 있는지 확인한다.

풀이

(a) $19 = 1 \times 19$로만 표현되므로, 19는 소수이다.

(b) $51 = 1 \times 51 = 3 \times 17$로 표현되므로, 51은 소수가 아니다.

주어진 양의 정수를 소인수분해하면 이 정수의 모든 양의 약수를 구할 수 있다.

정의 2-3 소인수분해

주어진 양의 정수를 소수들만의 곱으로 나타내는 것을 **소인수분해**prime factorization라 한다.[1]

예를 들어 $12 = 2 \times 6 = 2 \times (2 \times 3) = 2 \times 2 \times 3$이므로, $2 \times 2 \times 3$으로 나타내는 것이 12에 대한 소인수분해이다. 하지만 12를 2×6으로 나타내면 6이 소수가 아니므로, 2×6은 12의 소인수분해가 아니다.

예제 2-4

주어진 양의 정수를 소인수분해하라.

(a) 18 (b) 102

TIP 주어진 수를 소수의 곱으로 나타낸다.

풀이

(a) $18 = 2 \times 9 = 2 \times 3 \times 3$이므로, $2 \times 3 \times 3$이 18의 소인수분해이다.

(b) $102 = 2 \times 51 = 2 \times 3 \times 17$이므로, $2 \times 3 \times 17$이 102의 소인수분해이다.

양의 약수 구하기

주어진 양의 정수에 대한 모든 양의 약수는 소인수분해를 이용하여 다음 방법으로 구한다.

정리 2-1 양의 정수에 대한 모든 양의 약수를 구하는 방법

(1) 주어진 양의 정수를 소인수분해한다.

(2) 1과 함께 소인수분해를 이용하여 소수를 하나씩 나열한다.

(3) 소인수분해된 소수 중 2개의 소수를 곱한 값들을 나열한다.

(4) 소인수분해된 소수 중 3개의 소수를 곱한 값들을 나열한다.

(5) 이 과정을 계속하여 소인수분해된 모든 소수를 곱한 값까지 모두 나열한다.

1 어떤 양의 정수의 약수 중 소수인 수를 **소인수**prime factor라 한다.

양의 정수의 양의 약수를 구하는 방법을 식으로 나타내면 다음과 같다.

a가 양의 정수이고 p, q, r이 서로 다른 소수라 하자.

❶ $a = p \times q$이면, a의 모든 양의 약수는 다음과 같다.

$$1,\ \underbrace{p,\ q}_{\text{소수 1개}},\ \underbrace{p \times q}_{\text{소수 2개의 곱}}$$

❷ $a = p \times p \times q$이면, a의 모든 양의 약수는 다음과 같다.

$$1,\ \underbrace{p,\ q}_{\text{소수 1개}},\ \underbrace{p \times p,\ p \times q}_{\text{소수 2개의 곱}},\ \underbrace{p \times p \times q}_{\text{소수 3개의 곱}}$$

❸ $a = p \times q \times q$이면, a의 모든 양의 약수는 다음과 같다.

$$1,\ \underbrace{p,\ q}_{\text{소수 1개}},\ \underbrace{p \times q,\ q \times q}_{\text{소수 2개의 곱}},\ \underbrace{p \times q \times q}_{\text{소수 3개의 곱}}$$

❹ $a = p \times q \times r$이면, a의 모든 양의 약수는 다음과 같다.

$$1,\ \underbrace{p,\ q,\ r}_{\text{소수 1개}},\ \underbrace{p \times q,\ p \times r,\ q \times r}_{\text{소수 2개의 곱}},\ \underbrace{p \times q \times r}_{\text{소수 3개의 곱}}$$

양의 정수의 양의 약수를 구하는 방법을 이용하여 다음 예제를 풀어보자.

예제 2-5

주어진 양의 정수의 모든 양의 약수를 구하라.

(a) 30　　　　(b) 123

TIP 소인수분해하여 모든 양의 약수를 구한다.

풀이

(a) $30 = 2 \times 3 \times 5$이므로, 30의 모든 양의 약수는

$$1, 2, 3, 5, 2 \times 3, 2 \times 5, 3 \times 5, 2 \times 3 \times 5$$

이다. 따라서 30의 모든 양의 약수는 1, 2, 3, 5, 6, 10, 15, 30이다.

(b) $123 = 3 \times 41$이므로, 123의 모든 양의 약수는

$$1, 3, 41, 3 \times 41$$

이다. 따라서 123의 모든 양의 약수는 1, 3, 41, 123이다.

배수 판정법

주어진 양의 정수가 특정한 수의 배수인가를 확인하는 방법을 알아보자. 주어진 양의 정수가 2의 배수, 3의 배수, 4의 배수, 9의 배수인지를 확인하는 방법은 다음과 같다.

정리 2-2 양의 정수의 배수를 확인하는 방법

(1) **2의 배수** : 주어진 양의 정수의 끝 자릿수가 2의 배수이면, 주어진 양의 정수는 2의 배수이다.

(2) **3의 배수** : 주어진 양의 정수의 각 자릿수의 합이 3의 배수이면, 주어진 양의 정수는 3의 배수이다.

(3) **4의 배수** : 주어진 양의 정수의 끝 두 자릿수가 4의 배수이면, 주어진 양의 정수는 4의 배수이다.

(4) **9의 배수** : 주어진 양의 정수의 각 자릿수의 합이 9의 배수이면, 주어진 양의 정수는 9의 배수이다.

배수를 확인하는 방법을 이용하여 다음 예제를 풀어보자.

예제 2-6

주어진 양의 정수가 3의 배수인지를 판정하라.

(a) 127 (b) 375

(c) 1193 (d) 21702

TIP 각 자릿수를 합하여 3의 배수가 되는지 확인한다.

풀이

(a) 각 자릿수의 합이 $1+2+7=10$이고 10은 3의 배수가 아니므로, 127은 3의 배수가 아니다.

(b) 각 자릿수의 합이 $3+7+5=15$이고 15는 3의 배수이므로, 375는 3의 배수이다.

(c) 각 자릿수의 합이 $1+1+9+3=14$이고 14는 3의 배수가 아니므로, 1193은 3의 배수가 아니다.

(d) 각 자릿수의 합이 $2+1+7+0+2=12$이고 12는 3의 배수이므로, 21702는 3의 배수이다.

예제 2-7

주어진 양의 정수가 4의 배수인지를 판정하라.

(a) 128　　(b) 722

(c) 1934　　(d) 37016

TIP 주어진 수의 끝 두 자릿수가 4의 배수가 되는지 확인한다.

풀이

(a) 128의 끝 두 자릿수는 28이고 28은 4의 배수이므로, 128은 4의 배수이다.

(b) 722의 끝 두 자릿수는 22이고 22는 4의 배수가 아니므로, 722는 4의 배수가 아니다.

(c) 1934의 끝 두 자릿수는 34이고 34는 4의 배수가 아니므로, 1934는 4의 배수가 아니다.

(d) 37016의 끝 두 자릿수는 16이고 16은 4의 배수이므로, 37016은 4의 배수이다.

예제 2-8

주어진 양의 정수가 9의 배수인지를 판정하라.

(a) 729　　(b) 804

(c) 1168　　(d) 91863

TIP 각 자릿수를 합하여 9의 배수가 되는지 확인한다.

풀이

(a) 각 자릿수의 합이 $7+2+9=18$이고 18은 9의 배수이므로, 729는 9의 배수이다.

(b) 각 자릿수의 합이 $8+0+4=12$이고 12는 9의 배수가 아니므로, 804는 9의 배수가 아니다.

(c) 각 자릿수의 합이 $1+1+6+8=16$이고 16은 9의 배수가 아니므로, 1168은 9의 배수가 아니다.

(d) 각 자릿수의 합이 $9+1+8+6+3=27$이고 27은 9의 배수이므로, 91863은 9의 배수이다.

9의 배수는 3의 배수이지만, 3의 배수라고 해서 9의 배수인 것은 아니다. 예를 들어 729는 각 자릿수의 합이 $7 + 2 + 9 = 18$이므로, 729는 3의 배수인 동시에 9의 배수이다. 그러나 804는 각 자릿수의 합이 $8 + 0 + 4 = 12$이므로, 804는 3의 배수이지만 9의 배수는 아니다.

배수를 확인하는 방법을 응용해보자. $6 = 2 \times 3$이므로 6은 2의 배수인 동시에 3의 배수이다. 따라서 어떤 양의 정수가 2의 배수이면서 동시에 3의 배수이면, 그 양의 정수는 6의 배수이다.

예제 2-9

주어진 양의 정수가 6의 배수인지를 판정하라.

(a) 564 (b) 884

(c) 2196 (d) 6269

TIP 2의 배수이면서 3의 배수가 되는지 확인한다.

풀이

(a) 564의 끝 자릿수는 4이고 4는 2의 배수이므로, 564는 2의 배수이다.
각 자릿수의 합이 $5 + 6 + 4 = 15$이고 15는 3의 배수이므로, 564는 3의 배수이다.
그러므로 564는 6의 배수이다.

(b) 884의 끝 자릿수는 4이고 4는 2의 배수이므로, 884는 2의 배수이다.
각 자릿수의 합이 $8 + 8 + 4 = 20$이고 20은 3의 배수가 아니므로, 884는 3의 배수가 아니다. 그러므로 884는 6의 배수가 아니다.

(c) 2196의 끝 자릿수는 6이고 6은 2의 배수이므로, 2196은 2의 배수이다.
각 자릿수의 합이 $2 + 1 + 9 + 6 = 18$이고 18은 3의 배수이므로, 2196은 3의 배수이다. 그러므로 2196은 6의 배수이다.

(d) 6269의 끝 자릿수는 9이고 9는 2의 배수가 아니므로, 6269는 2의 배수가 아니다. 그러므로 6269는 6의 배수가 아니다.

6의 배수를 확인하는 방법과 같이 어떤 양의 정수가 3의 배수인 동시에 4의 배수이면, 그 정수는 12의 배수이다. 같은 방법으로 어떤 양의 정수가 2의 배수인 동시에 7의 배수이면, 그 정수는 14의 배수이다.

2.3 최대공약수와 최소공배수

최대공약수와 최소공배수의 정의

하나의 정수에 대한 약수와 배수의 이론을 바탕으로 두 개 이상의 정수에 대한 공약수와 공배수에 대해 알아보자.

정의 2-4 최대공약수와 최소공배수

(1) 두 개 이상의 정수의 공통인 약수를 공약수라 하고, 공약수 중에서 가장 큰 공약수를 **최대공약수(GCD)**Greatest Common Divisor라 한다.

(2) 두 개 이상의 정수의 공통인 배수를 공배수라 하고, 공배수 중에서 가장 작은 공배수를 **최소공배수(LCM)**Least Common Multiple라 한다.

양의 정수에 대한 최대공약수를 구하려면 주어진 양의 정수의 양의 약수만을 고려하면 된다. 최대공약수의 정의를 이용하여 다음 예제를 풀어보자.

예제 2-10

주어진 정수들의 최대공약수를 구하라.

(a) 18, 24 (b) 14, 32

TIP 두 수의 공약수 중 가장 큰 공약수를 구한다.

풀이

(a) 18의 모든 양의 약수는 1, 2, 3, 6, 9, 18이고, 24의 모든 양의 약수는 1, 2, 3, 4, 6, 8, 12, 24이다. 따라서 18과 24의 공약수는 1, 2, 3, 6이므로, 18과 24의 최대공약수는 6이다.

(b) 14의 모든 양의 약수는 1, 2, 7, 14이고, 32의 모든 양의 약수는 1, 2, 4, 8, 16, 32이다. 따라서 14와 32의 공약수는 1, 2이므로, 14와 32의 최대공약수는 2이다.

[예제 2-10]에서 알 수 있듯이 2개 이상의 양의 정수의 최대공약수는 1 이상의 양의 정수이고, 최대공약수의 모든 양의 약수는 공약수와 같다.

최대공약수와 최소공배수의 계산

다음 정의를 이용하여 좀 더 쉽게 최대공약수와 최소공배수를 구할 수 있는 방법을 알아보자.

> **정의 2-5 서로소**
> 두 개의 양의 정수 a와 b에 대하여 a와 b의 최대공약수가 1일 때, a와 b는 **서로소** relatively prime라 한다.

예를 들어 3과 8의 최대공약수는 1이므로 3과 8은 서로소이지만, 6과 9의 최대공약수는 3이므로 6과 9는 서로소가 아니다.

[예제 2-10]과 같이 최대공약수를 구하는 대신 다음에 제시하는 방법을 사용하면, 최대공약수뿐만 아니라 최소공배수도 쉽게 구할 수 있다.

> **정리 2-3 최대공약수와 최소공배수 계산법**
> (1) 공통인 소인수로 각 정수를 나눈다.
> (2) 몫이 서로소가 될 때까지 계속 나눈다.
> (3) 나눈 수끼리 모두 곱한다.
> (4) (3)의 결과에 마지막에 얻은 서로소인 두 정수를 모두 곱한다.

[정리 2-3]의 (3)에서 구한 값이 최대공약수이고, (4)에서 구한 값이 최소공배수이다.

예제 2-11

주어진 두 수의 최대공약수와 최소공배수를 구하라.

(a) 12, 16 (b) 28, 42

TIP 최대공약수와 최소공배수 계산법을 사용한다.

풀이

(a)

$$\begin{array}{r|rr} 2 & 12 & 16 \\ \hline 2 & 6 & 8 \\ \hline & 3 & 4 \end{array}$$

(3, 4: 서로소)

12와 16의 공통인 소인수가 2와 2이므로, 최대공약수는 $2 \times 2 = 4$이다. 최소공배수는 최대공약수에다가 마지막 단계에 있는 서로소인 두 정수 3과 4를 곱한 값인 $4 \times 3 \times 4 = 48$이다.

(b) $\begin{array}{r|rr} 2 & 28 & 42 \\ \hline 7 & 14 & 21 \\ \hline & 2 & 3 \end{array}$ (서로소)

28과 42의 공통인 소인수가 2와 7이므로, 최대공약수는 $2 \times 7 = 14$이다. 최소공배수는 최대공약수에다가 마지막 단계에 있는 서로소인 두 정수 2와 3을 곱한 값인 $14 \times 2 \times 3 = 84$이다.

최대공약수와 최소공배수의 활용

최대공약수와 최소공배수는 생활 속의 문제를 해결하는 데도 종종 사용된다.

예제 2-12

형은 A 회사에서 3일을 일하고 다음 날 하루를 쉰다. 동생은 B 회사에서 5일을 일하고 다음 날 하루를 쉰다. 이 형제가 4월 9일에 함께 쉬었다면, 4월 9일 이후 최초로 함께 쉬는 날은 언제인지를 구하라.

TIP 두 수의 최소공배수를 이용한다.

풀이

형은 3일을 일하고 다음 날 하루를 쉬기 때문에 4일마다 4번째 날에 쉬는 것이고, 동생은 5일을 일하고 다음 날 하루를 쉬기 때문에 6일마다 6번째 날에 쉬는 것이다. 따라서 이 형제가 함께 쉬는 날을 구하려면 4일과 6일의 최소공배수를 구해야 한다.

$$\begin{array}{r|rr} 2 & 4 & 6 \\ \hline & 2 & 3 \end{array}$$

위 계산에 의해 4일과 6일의 최소공배수는 $2 \times 2 \times 3 = 12$(일)이다. 따라서 4월 9일에 함께 쉬고 12일 후에 다시 함께 쉬므로, 이 형제가 함께 쉬는 날은 4월 21일이다.

예제 2-13

A 대학교의 학생들이 홍수 피해를 입은 지역에 비누 150개와 수건 210개를 보내기로 하고 비누와 수건을 될 수 있는 대로 많은 상자에 똑같이 나누어 담으려고 한다. 이때 한 상자에 담기는 비누와 수건의 개수를 구하라.

TIP 비누의 개수와 수건의 개수의 최대공약수를 구한다.

풀이

상자마다 같은 개수의 비누와 수건이 담겨 있어야 하므로, 비누의 개수와 수건의 개수의 최대공약수를 구해야 한다.

$$\begin{array}{r|rr} 2 & 150 & 210 \\ \hline 5 & 75 & 105 \\ \hline 3 & 15 & 21 \\ \hline & 5 & 7 \end{array}$$

위 계산에 의해 150과 210의 최대공약수는 $2 \times 5 \times 3 = 30$이므로, 30개의 상자에 비누와 수건을 똑같이 담을 수 있다. 그러므로 한 상자에 담기는 비누의 개수는 $150 \div 30 = 5$(개), 수건의 개수는 $210 \div 30 = 7$(개)이다. 따라서 한 개의 상자에는 5개의 비누와 7개의 수건을 담으면 된다.

예제 2-14

가로 길이가 42cm이고 세로 길이가 90cm인 철판을 크기가 같고 한 변의 길이가 자연수인 정사각형들로 자르려 한다. 주어진 철판을 같은 크기의 정사각형들로 자르고 나면 남거나 모자란 부분이 없다고 할 때, 만들 수 있는 가장 큰 정사각형의 개수를 구하라.

TIP 철판의 가로와 세로의 길이에 대한 최대공약수를 구한다.

풀이

주어진 철판을 한 변의 길이가 자연수인 정사각형들로 나누었을 때 남거나 모자란 부분이 없다고 하였으므로, 가로의 길이와 세로의 길이의 최대공약수를 구해야 한다.

$$\begin{array}{r|rr} 2 & 42 & 90 \\ \hline 3 & 21 & 45 \\ \hline & 7 & 15 \end{array}$$

위 계산에 의해 42와 90의 최대공약수는 $2 \times 3 = 6$이므로, 주어진 철판의 가로를 $42 \div 6 = 7$(등분), 세로를 $90 \div 6 = 15$(등분)한다. 이렇게 하면 한 변의 길이가 6cm인 정사각형이 $7 \times 15 = 105$(개) 만들어진다.

2.4 공학문제

전구

어두운 공간을 환하게 밝히는 **전구**light bulb는 우리 삶에서 뗄 수 없는 중요한 조명 기구이다. 요즘에는 인테리어 도구로서 조명이 각광받고 있어 전구의 역할이 더 커지고 있다. 전구의 종류로는 백열등, 형광등, 할로겐, LED 등이 있는데, 최근 신축 아파트나 빌라에는 눈의 피로도를 낮추며, 크기가 작고 수명이 길다는 장점을 가진 LED 전구가 주로 사용되고 있다.

[그림 2-1] LED 전구

예제 2-15

[그림 2-1]과 같은 두 개의 LED 전구 중 왼쪽의 전구는 3분마다 한 번씩 깜빡이고 오른쪽 전구는 3분 30초마다 한 번씩 깜빡인다고 한다. 두 전구가 오전 11시 정각에 동시에 깜빡였다고 하면, 오전 11시 이후 이 두 전구가 다시 동시에 깜빡이는 최초의 시간이 언제인지를 구하라.

TIP 두 수의 최소공배수를 이용한다.

풀이

3분은 180초, 3분 30초는 210초이므로, 180초와 210초의 최소공배수를 구해야 한다.

$$\begin{array}{r|rr} 2 & 180 & 210 \\ \hline 5 & 90 & 105 \\ \hline 3 & 18 & 21 \\ \hline & 6 & 7 \end{array}$$

위 계산에 의해 180초와 210초의 최소공배수는 $2 \times 5 \times 3 \times 6 \times 7 = 1260$(초)이고, 초를 분으로 나타내면 $1260 \div 60 = 21$(분)이다. 따라서 두 전구가 다시 동시에 깜빡이는 시간은 오전 11시 21분이다.

신호등

교통공학traffic engineering은 교통의 안전성과 경제적 기능의 향상 등을 종합적으로 연구하는 공학이다. 교통공학의 연구 대상으로는 신속하고 안전하며 경제적인 도로교통의 확보, 도로의 구조, 교통관리 방법 등이 있다. 교통공학과 관련된 연구 대상 중 하나가 바로 신호등인데, 그 이유는 신호등의 위치나 점등 시간 등이 교통안전과 교통흐름에 큰 영향을 주기 때문이다.

[그림 2-2] 신호등

예제 2-16

어떤 도로에 두 개의 신호등이 있다. 첫 번째 신호등의 초록색 등은 30초 동안 켜진 후 30초 동안 꺼짐을 반복하고, 두 번째 신호등의 초록색 등은 20초 동안 켜진 후 60초 동안 꺼짐을 반복한다. 두 신호등의 초록색 등이 동시에 켜졌다면, 다음에 두 신호등의 초록색 등이 첫 번째로 동시에 켜지는 데 걸리는 시간은 몇 분 후인지를 구하라.

TIP 먼저 두 신호등의 초록색 등이 켜지는 주기를 구한다.

풀이

첫 번째 신호등의 초록색 등이 켜지는 주기는 $30 + 30 = 60$(초)이고, 두번째 신호등의 초록색 등이 켜지는 주기는 $20 + 60 = 80$(초)이다.

$$\begin{array}{r|rr} 2 & 60 & 80 \\ \hline 2 & 30 & 40 \\ \hline 5 & 15 & 20 \\ \hline & 3 & 4 \end{array}$$

위 계산에 의해 60초와 80초의 최소공배수는 $2 \times 2 \times 5 \times 3 \times 4 = 240$(초)이고, 초를 분으로 나타내면 $240 \div 60 = 4$(분)이다. 따라서 4분 후에 두 신호등의 초록색 등이 동시에 켜진다.

톱니바퀴

톱니바퀴tooth wheel는 바퀴 주변에 일정한 간격으로 배치한 톱니들이 회전하면서 맞물리는 힘을 통해 동력을 전달하는 장치로, 회전과 관련된 대부분의 기계에서 기본적으로 사용한다. 시계, 자동차와 자전거의 변속기는 톱니바퀴를 활용한 대표적인 예이다. 톱니바퀴의 회전 수는 톱니 개수에 따라 달라지기 때문에 톱니와 톱니바퀴의 개수를 조절하면 기계의 회전 방향과 속도를 바꿀 수 있다. 이 원리를 통해 시계의 초침, 분침, 시침의 속도를 바꿀 수 있고, 자동차와 자전거의 방향과 속도를 조절할 수 있다.

[그림 2-3] 톱니바퀴

예제 2-17

[그림 2-3]과 같은 형태로 큰 톱니바퀴와 작은 톱니바퀴가 맞물려 있다고 하자. 큰 톱니바퀴의 톱니 개수가 72개, 작은 톱니바퀴의 톱니 개수가 45개일 때, 큰 톱니바퀴와 작은 톱니바퀴가 각각 몇 바퀴를 회전하면 처음 위치로 오게 되는지를 구하라.

TIP 큰 톱니바퀴의 톱니 개수와 작은 톱니바퀴의 톱니 개수의 최소공배수를 구한다.

풀이

우선 72와 45의 최소공배수를 구해야 한다.

$$\begin{array}{r|rr} 3 & 72 & 45 \\ \hline 3 & 24 & 15 \\ \hline & 8 & 5 \end{array}$$

위 계산에 의해 72와 45의 최소공배수는 $3 \times 3 \times 8 \times 5 = 360$이고 $360 \div 72 = 5$, $360 \div 45 = 8$이다. 따라서 큰 톱니바퀴가 5바퀴, 작은 톱니바퀴가 8바퀴를 회전하면 두 톱니바퀴는 처음 위치로 오게 된다.

CHAPTER 02 연습문제

2.1 주어진 두 수에 대하여 하나의 수가 다른 수의 약수인지를 판정하라.

(a) 12, 16
(b) 15, 75
(c) 1236, 6
(d) 2163, 9

2.2 주어진 두 수에 대하여 하나의 수가 다른 수의 배수인지를 판정하라.

(a) 6, 196
(b) 7, 812
(c) 284, 12
(d) 627, 57

2.3 주어진 양의 정수가 소수인지를 판정하라.

(a) 37
(b) 87
(c) 102
(d) 113

2.4 주어진 양의 정수를 소인수분해하라.

(a) 42
(b) 54
(c) 128
(d) 250

2.5 주어진 양의 정수에 대하여 모든 양의 약수를 구하라.

(a) 22
(b) 42
(c) 112
(d) 168

2.6 주어진 양의 정수가 3의 배수인지를 판정하라.

(a) 1032
(b) 7121
(c) 42510
(d) 53387

2.7 주어진 다섯 자리 양의 정수가 4의 배수이다. □ 안에 들어갈 수 있는 수를 모두 구하라.

(a) 123□2
(b) 208□0
(c) 4078□
(d) 7970□

2.8 주어진 양의 정수가 6의 배수인지를 판정하라.

(a) 726
(b) 806
(c) 4710
(d) 9262

2.9 주어진 다섯 자리 양의 정수가 9의 배수이다. □ 안에 들어갈 수 있는 수를 모두 구하라.

(a) 3□268
(b) 51□12
(c) 622□1
(d) 9987□

2.10 주어진 두 수의 최대공약수와 최소공배수를 구하라.

(a) 15, 55
(b) 24, 36
(c) 28, 84
(d) 36, 108

2.11 두 수 $\frac{18}{n}$과 $\frac{24}{n}$가 자연수이기 위한 양의 정수 n값을 모두 구하라.

2.12 20m보다는 길고 30m보다는 짧은 길이를 갖는 철근이 있다. 이 철근을 4m 단위로 자르면 마지막에 3m가 남고, 6m 단위로 자르면 마지막에 5m가 남는다. 이 철근의 길이를 구하라.

2.13 서울역에서 부산행 열차가 10분 간격으로 출발하고 광주행 열차가 16분 간격으로 출발한다. 오전 8시에 서울역에서 부산행 열차와 광주행 열차가 동시에 출발하였을 때, 오전 8시에서 오전 11시 사이에 서울역에서 부산행 열차와 광주행 열차가 동시에 출발하는 시간을 모두 구하라.

2.14 길이가 각각 112cm와 210cm인 두 개의 통나무가 있다. 목공소에서 이 두 개의 통나무를 남는 부분이 없이 잘라 모두 같은 길이의 통나무를 만들려고 한다. 가능한 가장 긴 길이로 자른다고 할 때, 잘린 통나무 한 개의 길이와 잘린 통나무의 총 개수를 구하라.

CHAPTER 03
소수와 백분율

CONTENTS

학습목표

- 소수를 분수로, 분수를 소수로 변환하는 방법을 학습한다.
- 백분율의 의미를 이해하고, 소수와 분수를 백분율로 표현하는 방법을 익힌다.
- 백분율을 활용하여 증가와 감소를 설명하는 방법을 이해한다.

우리가 매일 접하는 뉴스에서는 소수를 쉽게 찾아 볼 수 있다. 예를 들어 '전국 아파트 가격 0.26% 상승', '소득 0.4% 늘 때, 밥상 물가 14.8% 급등'과 같이 우리는 주변에서 일어나는 다양한 상황을 소수로 표현한다. 이처럼 소수를 이용하면 어떤 수치를 자연수보다 더 정확하게 나타낼 수 있다는 장점이 있다.

위의 예시에서 또 다른 수학 용어를 찾을 수 있는데 바로 백분율(%)이다. 백분율 또한 소수와 마찬가지로 물가 상승, 야구의 타율 등의 다양한 상황을 표현할 때 자주 사용된다. 백분율은 정확한 수치를 표현함과 동시에 자료가 차지하는 비율을 한눈에 보여준다는 큰 장점이 있다.

%와 유사한 용어로 통계학과 경제학 분야에서 자주 사용하는 '%포인트'가 있다. %와 %포인트는 비슷해 보이지만 명확히 구분되는 용어이며, 실제로 2015년 대학수학능력시험에서 두 용어의 혼동으로 인해 문항 오류가 발생하기도 하였다.

두 용어의 차이를 알아보기 위하여 어떤 드라마의 시청률이 지난주 4%에서 이번 주 8%로 상승하였다고 가정하자.

❶ %를 이용하여 이 상황을 올바르게 설명하려면, "시청률이 지난주에 비해 100% 상승하였다"고 해야 한다.

❷ %포인트를 이용하여 이 상황을 올바르게 설명하려면, "시청률이 지난주에 비해 4%포인트 상승하였다"고 해야 한다.

3.1 소수와 분수

정수가 아닌 유리수를 나타내는 방법으로 소수와 분수가 있다. 그리고 소수는 분수로, 분수는 소수로 나타낼 수 있다.

■ 소수를 분수로 나타내는 방법

- 소수점 아래 수가 1개일 때, 주어진 소수에 $\frac{10}{10}$을 곱하고 약분한다.
- 소수점 아래 수가 2개일 때, 주어진 소수에 $\frac{100}{100}$을 곱하고 약분한다.
- 소수점 아래 수가 3개일 때, 주어진 소수에 $\frac{1000}{1000}$을 곱하고 약분한다.

주어진 소수점 아래 수가 3개보다 많은 경우에도 위와 같은 방법으로 계산하면 된다.

예제 3-1

다음 소수를 분수로 나타내라.

(a) 0.3 (b) 0.52

(c) 0.048 (d) 0.0604

TIP 소수점 아래 수의 개수를 확인한다.

풀이

(a) 소수점 아래 수가 1개이므로, $0.3 = \frac{0.3 \times 10}{10} = \frac{3}{10}$이다.

(b) 소수점 아래 수가 2개이므로, $0.52 = \frac{0.52 \times 100}{100} = \frac{52}{100} = \frac{13}{25}$이다.

(c) 소수점 아래 수가 3개이므로, $0.048 = \frac{0.048 \times 1000}{1000} = \frac{48}{1000} = \frac{6}{125}$이다.

(d) 소수점 아래 수가 4개이므로, $0.0604 = \frac{0.0604 \times 10000}{10000} = \frac{604}{10000} = \frac{151}{2500}$이다.

■ 분수를 소수로 나타내는 방법

분수를 소수로 나타내려면 분자를 분모로 나눠야 한다. 예를 들어 $\frac{1}{4}$ 을 소수로 나타내기 위해 분자를 분모로 나누면 오른쪽과 같으므로, $\frac{1}{4} = 0.25$이다.

```
     0.25
  4) 1 0
     8
     20
     20
      0
```

예제 3-2

다음 분수를 소수로 나타내라.

(a) $\frac{3}{8}$ (b) $\frac{9}{20}$

(c) $\frac{39}{50}$ (d) $\frac{98}{625}$

TIP 분자를 분모로 나눈다.

풀이

(a)
```
     0.375
  8) 3 0
     2 4
       60
       56
        40
        40
         0
```

(b)
```
      0.45
  20) 9 0
      8 0
      1 00
      1 00
         0
```

(c)
```
       0.78
  50)  39 0
       35 0
        4 00
        4 00
           0
```

(d)
```
        0.1568
  625)  98 0
        62 5
        35 50
        31 25
         4 250
         3 750
           5000
           5000
              0
```

[예제 3-2]에서와 같이 분수가 소수점 아래 유한개의 자릿수만으로 표현되려면, 분자와 분모를 서로소가 될 때까지 약분한 후의 분모가 2와 5의 소인수로만 이루어져야 한다. 실제로 [예제 3-2]에 있는 분수들의 분모를 소인수분해하면 $8 = 2 \times 2 \times 2$, $20 = 2 \times 2 \times 5$, $50 = 2 \times 5 \times 5$, $625 = 5 \times 5 \times 5 \times 5$이다.

그러나 $\frac{1}{7} = 0.14285\cdots$, $\frac{5}{13} = 0.38461\cdots$ 과 같이 소수점 아래 무한개의 자릿수로 표현되는 분수가 있다. 이와 같은 경우 주어진 분수를 소수점 아래 무한개의 자릿수로 표현하는 대신 소수점 아래 n자릿수로 나타내도록 하며, 이때 일반적으로 $(n+1)$번째 자릿수를 반올림하여 나타낸다.

예를 들어, $\frac{1}{7}$을 소수점 아래 3자릿수로 나타내면, 소수점 아래 4번째 자리에 있는 8을 반올림하여 $\frac{1}{7} = 0.143$이다. 만일 $\frac{1}{7}$을 소수점 아래 2자릿수로 나타내면, 소수점 아래 3번째 자리에 있는 2를 반올림하여 $\frac{1}{7} = 0.14$이다. 또한 $\frac{5}{13}$를 소수점 아래 4자릿수로 나타내면 소수점 아래 5번째 자릿수인 1을 반올림하여 $\frac{5}{13} = 0.3846$이고, 소수점 아래 3자릿수로 나타내면 소수점 아래 4번째 자릿수인 6을 반올림하여 $\frac{5}{13} = 0.385$이다.[1]

예제 3-3

다음 분수를 주어진 자릿수에 맞게 소수로 나타내라.

(a) $\frac{2}{7}$, 소수점 아래 3자릿수

(b) $\frac{15}{37}$, 소수점 아래 4자릿수

(c) $\frac{21}{129}$, 소수점 아래 5자릿수

(d) $\frac{572}{603}$, 소수점 아래 6자릿수

TIP 지정된 자릿수 다음에 있는 수를 반올림한다.

풀이

(a) $\frac{2}{7} = 0.28571428\cdots$ 이므로, $\frac{2}{7}$를 소수점 아래 3자릿수로 나타내면 소수점 아래 4번째 자릿수인 7을 반올림하여 0.286이다.

(b) $\frac{15}{37} = 0.40540540\cdots$ 이므로, $\frac{15}{37}$를 소수점 아래 4자릿수로 나타내면 소수점 아래 5번째 자릿수인 0을 반올림하여 0.4054이다.

(c) $\frac{21}{129} = 0.16279069\cdots$ 이므로, $\frac{21}{129}$을 소수점 아래 5자릿수로 나타내면 소수점 아래 6번째 자릿수인 0을 반올림하여 0.16279이다.

(d) $\frac{572}{603} = 0.94859038\cdots$ 이므로, $\frac{572}{603}$를 소수점 아래 6자릿수로 나타내면 소수점 아래 7번째 자릿수인 3을 반올림하여 0.948590이다.

1 반올림 이외에 주어진 분수를 소수점 아래 n자릿수로 나타내는 방법으로 **버림**chopping이 있다. 이 방법은 $(n+1)$번째 자릿수 이하를 무조건 버리는 방법으로 오차가 크게 발생하는 문제가 있다.

3.2 백분율

백분율percent이라는 말은 라틴어에서 유래되었으며, 그 의미는 '100의' 또는 '100중의'이다. 따라서 1백분율은 '100중의 1'을, 10백분율은 '100중의 10'을 의미한다. 백분율의 수학 기호는 %이고, %는 '퍼센트'라고 읽는다.

주어진 소수와 분수를 백분율로, 백분율을 소수와 분수로 바꾸는 방법에 대하여 알아보자.

■ 소수를 백분율로 나타내는 방법

소수에 100을 곱한 결과가 백분율이다. 예를 들어 0.37을 백분율로 나타내면 $0.37 \times 100 = 37(\%)$이고, 0.0527을 백분율로 나타내면 $0.0527 \times 100 = 5.27(\%)$이다.

예제 3-4

다음 소수를 백분율로 나타내라.

(a) 2.35　　(b) 0.101

(c) 0.049　　(d) 0.00832

TIP 소수에 100을 곱한다.

풀이

(a) $2.35 \times 100 = 235$이므로, 2.35를 백분율로 나타내면 235%이다.

(b) $0.101 \times 100 = 10.1$이므로, 0.101을 백분율로 나타내면 10.1%이다.

(c) $0.049 \times 100 = 4.9$이므로, 0.049를 백분율로 나타내면 4.9%이다.

(d) $0.00832 \times 100 = 0.832$이므로, 0.00832를 백분율로 나타내면 0.832%이다.

■ 백분율을 소수로 나타내는 방법

백분율을 100으로 나눈 결과가 소수이다. 예를 들어 12%를 소수로 나타내면 $12 \div 100 = 0.12$이고, 7.1%를 소수로 나타내면 $7.1 \div 100 = 0.071$이다.

예제 3-5

다음 백분율을 소수로 나타내라.

(a) 321%　　(b) 17.9%

(c) 6.58%　　(d) 0.416%

TIP 백분율을 100으로 나눈다.

풀이

(a) $321 \div 100 = 3.21$이므로, 321%를 소수로 나타내면 3.21이다.

(b) $17.9 \div 100 = 0.179$이므로, 17.9%를 소수로 나타내면 0.179이다.

(c) $6.58 \div 100 = 0.0658$이므로, 6.58%를 소수로 나타내면 0.0658이다.

(d) $0.416 \div 100 = 0.00416$이므로, 0.416%를 소수로 나타내면 0.00416이다.

■ 분수를 백분율로 나타내는 방법

분수에 100을 곱한 결과가 백분율이다. 예를 들어 $\frac{1}{2}$을 백분율로 나타내면 $\frac{1}{2} \times 100 = 50(\%)$이고, $\frac{4}{25}$를 백분율로 나타내면 $\frac{4}{25} \times 100 = 16(\%)$이다. 일반적으로 분수를 백분율로 나타낼 때 분수가 아닌 정수 또는 소수로 나타낸다.

예제 3-6

다음 분수를 백분율로 나타내라.

(a) $\frac{1}{4}$　　(b) $\frac{4}{5}$　　(c) $\frac{5}{8}$　　(d) $\frac{3}{40}$

TIP 분수에 100을 곱한 결과를 정수 또는 소수로 나타낸다.

풀이

(a) $\frac{1}{4} \times 100 = 25$ 이므로, $\frac{1}{4}$을 백분율로 나타내면 25%이다.

(b) $\frac{4}{5} \times 100 = 80$이므로, $\frac{4}{5}$를 백분율로 나타내면 80%이다.

(c) $\frac{5}{8} \times 100 = \frac{500}{8} = 62.5$이므로, $\frac{5}{8}$를 백분율로 나타내면 62.5%이다.

(d) $\frac{3}{40} \times 100 = \frac{300}{40} = 7.5$이므로, $\frac{3}{40}$을 백분율로 나타내면 7.5%이다.

백분율로 나타냈을 때 소수점 아래 무한개의 자릿수로 표현되는 경우를 생각해보자. 예를 들어 $\frac{4}{7} = 0.57142857\cdots$ 이므로 $\frac{4}{7} \times 100 = 57.142857 \cdots$ 이다. 따라서 $\frac{4}{7}$를 소수점 아래 2자릿수를 사용하여 백분율로 나타내면 57.14(%)이고, 소수점 아래 3자릿수를 사용하여 백분율로 나타내면 57.143(%)이다.

■ 백분율을 분수로 나타내는 방법

백분율을 100으로 나눈 값을 분자와 분모가 모두 정수인 값으로 나타낸 결과가 분수이다. 만일 백분율을 100으로 나누었을 때 분자가 정수가 아닌 경우에는 적절한 정수를 분자와 분모에 곱해서 분자와 분모가 모두 정수가 되도록 해야 한다.

예제 3-7

다음 백분율을 분수로 나타내라.

(a) 36% (b) 2.2%

(c) 0.307% (d) 0.0161%

TIP 백분율을 100으로 나누어 분수로 나타낸다.

풀이

(a) $36 \div 100 = \frac{36}{100} = \frac{9}{25}$ 이므로, 36%를 분수로 나타내면 $\frac{9}{25}$ 이다.

(b) $2.2 \div 100 = \frac{2.2}{100} = \frac{22}{1000} = \frac{11}{500}$ 이므로, 2.2%를 분수로 나타내면 $\frac{11}{500}$ 이다.

(c) $0.307 \div 100 = \frac{0.307}{100} = \frac{307}{100000}$ 이므로, 0.307%를 분수로 나타내면 $\frac{307}{100000}$ 이다.

(d) $0.0161 \div 100 = \frac{0.0161}{100} = \frac{161}{1000000}$ 이므로, 0.0161%를 분수로 나타내면 $\frac{161}{1000000}$ 이다.

3.3 백분율의 활용

주어진 양의 백분율 값 구하기

인터넷을 3년 사용하기로 약정하였을 때, 정상가격인 월 18000원에서 20%를 할인하여 준다면 얼마나 요금을 절약할 수 있을까? 이처럼 주어진 양의 백분율 값을 구하고자 할 때 다음 방법을 사용한다.

$$\text{주어진 양 } x\text{에 대한 } y\% \ : \ x \times \frac{y}{100}$$

예제 3-8

구형 3D 프린터로 의자를 만드는 데 32분이 걸렸다. 신형 3D 프린터로 같은 의자를 만들면 구형 3D 프린터를 사용할 때보다 시간을 18.75% 줄일 수 있다고 한다. 다음 물음에 답하라.

(a) 신형 3D 프린터로 의자를 만들 때 줄어드는 시간을 구하라.

(b) 신형 3D 프린터로 의자를 만드는 데 걸리는 시간을 구하라.

TIP 구형 3D 프린터 작업시간인 32분의 18.75%의 값을 구한다.

풀이

(a) 32분의 18.75%는 $32 \times \frac{18.75}{100} = \frac{600}{100} = 6$(분)이다. 따라서 신형 3D 프린터로 의자를 만들 때 줄어드는 시간은 6분이다.

(b) 32분에서 6분이 줄어들었으므로, 신형 3D 프린터로 의자를 제작하는 데 걸리는 시간은 $32 - 6 = 26$(분)이다.

[예제 3-8(b)]를 다른 방법으로도 풀 수 있다. 신형 3D 프린터로 의자를 제작하면 시간을 18.75% 줄일 수 있다는 것은 신형 3D 프린터를 사용하여 의자를 제작하면 구형 3D 프린터의 $100\,(\%) - 18.75\,(\%) = 81.25\,(\%)$의 시간만 사용하여 의자를 제작할 수 있음을 의미하므로, $32 \times 81.25\,(\%) = 32 \times \frac{81.25}{100} = 26$(분)으로 계산해도 된다.

앞에서 언급한 인터넷 요금 문제에서 18000원의 20%는 $18000 \times \frac{20}{100} = 3600$(원)이고, 3년(36개월)간 할인을 받으면 절약할 수 있는 금액은 $3600 \times 36 = 129600$(원)이다.

특정한 값을 전체에 대한 백분율로 나타내기

길이가 13cm인 막대는 길이가 56cm인 막대의 몇 %일까? 이와 같이 특정한 값을 전체에 대하여 백분율로 나타내고자 할 때 다음 방법을 사용한다.

$$\text{특정한 값의 전체에 대한 백분율} : \frac{(\text{특정한 값})}{(\text{전체 값})} \times 100$$

예제 3-9

공학수학을 수강한 40명의 학생 중 17명이 A 학점을 받았다면, A 학점을 받은 학생 수가 공학수학을 수강한 학생 수의 몇 %인지를 구하라.

TIP 공학수학을 수강한 학생 수를 전체 값으로, A 학점을 받은 학생 수를 특정한 값으로 놓는다.

풀이

$\frac{17}{40} \times 100 = 42.5(\%)$이다. 따라서 공학수학을 수강한 학생 중 A 학점을 받은 학생 수는 공학수학을 수강한 학생 수의 42.5%이다.

앞에서 언급한 막대의 문제에서 $\frac{13}{56} \times 100 = 23.21428 \cdots$ 이므로, 소수점 아래 3자릿수로 표현하면 길이가 13cm인 막대는 길이가 56cm인 막대의 23.214%이다.

변화량의 백분율 구하기

원래 가격이 96000원인 운동화가 세일 기간에 67200원에 팔렸다면 운동화는 가격을 몇 % 할인한 것일까? 이처럼 어떤 대상의 값이 변화한 경우 그 변화를 백분율로 나타내는 방법은 다음과 같다.

$$\text{원래의 값에 대한 변화량의 백분율} : \frac{(\text{새로운 값}) - (\text{원래의 값})}{(\text{원래의 값})} \times 100$$

이 경우 변화량의 백분율은 양수일 수도 있고 음수일 수도 있다. 변화량의 백분율이 양수이면 새로운 값이 원래의 값보다 증가한 값임을 의미하고, 변화량의 백분율이 음수이면 새로운 값이 원래의 값보다 감소한 값임을 의미한다.

예제 3-10

800000원인 휴대폰을 x% 할인하여 680000원에 구입하였다. x값을 구하라.

TIP 변화량은 (새로운 값)−(원래의 값)이고, 원래의 가격이 더 높으므로 결과가 음수임에 주의한다.

풀이

$$\frac{(\text{새로운 값}) - (\text{원래의 값})}{(\text{원래의 값})} \times 100 = \frac{680000-800000}{800000} \times 100 = -\frac{12000000}{800000} = -15$$

따라서 800000원에서 15% 할인하여 680000원에 구입한 것이므로 $x = 15$이다.

예제 3-11

정가가 y원인 운동복을 18% 할인하여 34440원에 구입하였다. y값을 구하라.

TIP 정가가 원래의 가격이고, $\frac{(\text{새로운 가격}) - (\text{원래의 가격})}{(\text{원래의 가격})} \times 100 = -18$임을 이용한다.

풀이

$$\frac{(\text{새로운 가격}) - (\text{원래의 가격})}{(\text{원래의 가격})} \times 100 = \frac{34440 - y}{y} \times 100 = -18$$

에서 식의 양변에 y를 곱하면 $3444000 - 100y = -18y$이다. 따라서 정가 y는 $y = \frac{3444000}{82} = 42000$(원)이다.

앞에서 언급한 운동화 문제에서 96000원인 운동화가 세일 기간에 67200원에 팔렸기 때문에

$$\frac{67200 - 96000}{96000} \times 100 = -30$$

이므로, 운동화 가격이 30% 할인되었음을 알 수 있다.

백분율을 이용하여 원래 값 구하기

백화점에 가서 옷에 붙은 가격표를 보니, 40% 할인하여 92400원이라고 적혀 있었다. 이 옷의 정상가격은 얼마였을까? [예제 3-11]에서와 같이 변화량의 백분율을 구하는 방법을 이용하여 구할 수도 있지만, 어떤 대상의 변화된 값으로부터 원래의 값을 계산하는 다음 방법을 사용하면 좀 더 쉽게 구할 수 있다.

$$\text{백분율을 이용하여 구한 원래의 값} : \frac{(\text{새로운 값})}{100 + (\text{변화된 백분율})} \times 100$$

변화된 백분율이 $a\%$라 할 때, 증가하거나 할증된 경우 변화된 백분율에 a를 대입하고, 감소하거나 할인된 경우 변화된 백분율에 $-a$를 대입한다.

예제 3-12

어느 운전자가 단속카메라에 찍혀 속도위반으로 적발되어 과태료 고지서를 받았다. 이 운전자가 사전납부기간에 과태료를 낼 경우 정상과태료의 20%가 할인된 32000원을 내면 된다고 할 때, 정상과태료를 구하라.

TIP 변화된 백분율 20%는 할인된 경우임에 주의한다.

풀이

사전납부기간에 과태료를 납부할 경우 정상과태료의 20%가 할인되므로, '변화된 백분율'은 -20이다. 따라서

$$\frac{(\text{새로운 값})}{100 + (\text{변화된 백분율})} \times 100 = \frac{32000}{100 - 20} \times 100 = 40000(\text{원})$$

이므로, 정상과태료는 40000원이다.

예제 3-13

어느 커플이 소셜 커머스에서 25% 할인된 가격으로 뷔페의 2인용 외식상품권을 54000원에 구입하였다. 뷔페의 2인용 외식상품권의 정상가격을 구하라.

TIP 변화된 백분율 25%는 할인된 경우임에 주의한다.

풀이

외식상품권을 25% 할인된 가격으로 구입했으므로, '변화된 백분율'은 -25이다. 따라서

$$\frac{(\text{새로운 값})}{100 + (\text{변화된 백분율})} \times 100 = \frac{54000}{100 - 25} \times 100 = 72000(\text{원})$$

이므로 뷔페의 2인용 외식상품권의 정상가격은 72000원이다.

앞에서 언급한 백화점 옷의 정상가격 문제에서

$$\frac{(\text{새로운 값})}{100 + (\text{변화된 백분율})} \times 100 = \frac{92400}{100 - 40} \times 100 = 154000(\text{원})$$

이므로 백화점 옷의 정상가격은 154000원이다.

3.4 공학문제

데이터 전송

LTE 휴대폰의 최대 데이터 전송 속도는 1Gbps[2]인 반면, 요즘 많은 사람들이 사용하는 5G 휴대폰의 최대 데이터 전송 속도는 LTE 휴대폰의 20배에 해당하는 20Gbps이다. 따라서 LTE 휴대폰으로 영화 1편을 다운로드하는 데 20분이 걸렸다면, 5G 휴대폰을 사용할 경우 1분밖에 걸리지 않는다.

[그림 3-1] **휴대폰**

예제 3-14

정부는 최대 데이터 전송 속도가 5G 휴대폰의 50배에 달하는 1Tbps[3]인 6G 휴대폰의 개발을 미래 과제로 선정하여 개발을 추진하고 있다. 6G 휴대폰으로 데이터를 전송한다면 같은 데이터를 5G 휴대폰으로 전송할 때보다 전송 시간을 몇 % 줄일 수 있는지를 구하라.

TIP 전송 속도가 50배이면, 전송 시간은 $\frac{1}{50}$배이다.

풀이

6G 휴대폰의 전송 속도가 5G 휴대폰의 전송 속도의 50배이므로 같은 데이터를 전송하는 데 걸리는 시간은 $\frac{1}{50}$로 줄어든다. 따라서 6G 휴대폰으로 데이터를 전송하면 5G 휴대폰으로 전송할 때보다 전송 시간을 $\frac{49}{50}$만큼 줄일 수 있고, 이를 백분율로 나타내면 $\frac{49}{50} \times 100 = 98(\%)$이다.

2 bps는 초당 비트수를 의미하며, 통신 기기의 속도를 나타낼 때 주로 쓰인다. 마찬가지로 1Gbps는 1초에 10^9 비트의 데이터를 보낼 수 있다는 뜻이다.

3 1Tbps는 1초에 10^{12} 비트의 데이터를 보낼 수 있다는 뜻이다.

집단면역

집단에 속한 상당수의 사람들이 예방접종 등을 통해 어떤 감염병에 대한 면역성을 가졌을 때, 해당 집단의 감염병에 대한 방어수준을 높여 면역성이 없는 사람들이 간접적인 보호를 받는 것을 **집단면역**herd immunity이라고 한다. 코로나-19에 감염된 1명이 3명에게 바이러스를 전파할 수 있다고 할 때 3명 중 2명이 예방접종을 통해 면역력을 갖게 된다고 하자. 그러면 면역력을 갖지 않은 사람을 찾아 1차 감염, 2차 감염, 3차 감염 등으로 전파되는 과정에서 전파할 수 있는 사람을 찾지 못해 코로나-19는 점차 소멸할 것으로 예상한다. 이때 3명 중 2명이 면역력을 갖고 있음을 소수점 아래 1자릿수를 갖는 백분율로 나타내면 $\frac{2}{3} \times 100 = 66.7(\%)$이다.

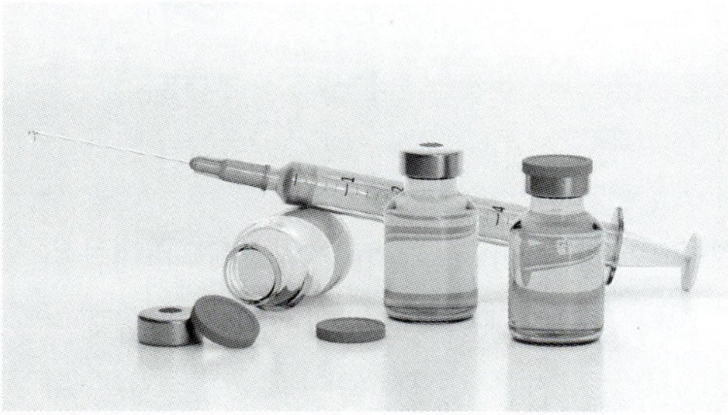

[그림 3-2] **예방접종**

예제 3-15

바이러스 감염증에 감염된 1명이 16명에게 바이러스를 전파할 수 있다고 할 때, 다음 물음에 답하라.

(a) 16명 중 3명이 면역력을 갖고 있음을 백분율로 나타내라.

(b) 16명 중 11명이 면역력을 갖고 있음을 백분율로 나타내라.

TIP 면역력을 가진 사람의 수를 전체 사람의 수로 나눈 후 100을 곱한다.

풀이

(a) 전체 16명 중 3명이 면역력을 갖고 있으므로, 이를 백분율로 나타내면 다음과 같다.

$$\frac{3}{16} \times 100 = 18.75(\%)$$

(b) 전체 16명 중 11명이 면역력을 갖고 있으므로, 이를 백분율로 나타내면 다음과 같다.

$$\frac{11}{16} \times 100 = 68.75(\%)$$

옴의 법칙

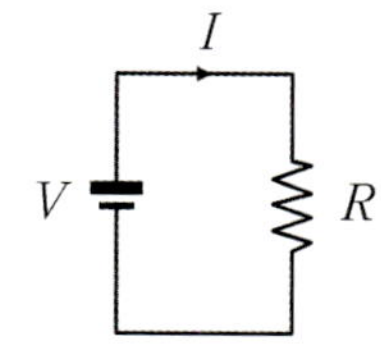

[그림 3-3] **옴의 법칙**

독일의 과학자 게오르크 시몬 옴[Georg Simon Ohm]은 1827년에 전류에 대한 기본 원리로서 **옴의 법칙**[Ohm's law]을 제시하였다. 옴은 다양한 길이와 재질을 갖는 도선들에 흐르는 전류를 측정하기 위하여 수많은 실험을 한 결과, 다음과 같이 전류의 세기는 두 점 사이의 전위차(전압)에 비례하고 전기 저항에 반비례한다는 결론을 얻었다.

$$I = \frac{V}{R}$$

여기서 V는 전압, I는 전류, R은 저항을 나타낸다.[4]

예제 3-16

전압이 3.7V인 전기 회로에 6.1Ω의 저항이 걸렸을 때, 옴의 법칙을 이용하여 전류를 소수점 아래 5자릿수로 나타내라.

TIP 분자와 분모에 10을 곱해서 계산한다.

풀이

$$I = \frac{V}{R} = \frac{3.7}{6.1} = \frac{37}{61} = 0.6065573\cdots$$

이다. 이 값을 소수점 아래 5자릿수로 나타내면 소수점 아래 6번째 자릿수인 7을 반올림하여 $I = 0.60656(\mathrm{A})$이다.

하이브리드 자동차

휘발유만을 동력원으로 사용하는 일반 자동차와 달리, 전기와 휘발유의 두 종류의 동력원을 사용하는 자동차를 **하이브리드 자동차**[hybrid car]라 한다. 하이브리드 자동차는 기존의 자동차에 비해 연료를 적게 사용하기 때문에 대기오염 물질의 배출량을 줄일 수 있다는 장점이 있어서 자동차 구입 시 세금 감면, 주차장 이용요금 할인 등의 다양한 혜택을 받을 수 있다.

4 I(전류), V(전압), R(저항)의 기본 단위는 각각 A[ampere], V[volt], Ω[ohm]이다.

[그림 3-4] 하이브리드 자동차

예제 3-17

A 자동차 회사에서 판매하는 자동차 중 휘발유를 사용하는 자동차 B의 연비는 12km/L 이고, 하이브리드 자동차 C의 연비는 20km/L이다. 다음 물음에 답하라.

(a) 자동차 B의 연비는 자동차 C의 연비의 몇 %인지를 구하라.

(b) 서울에서 부산까지의 거리가 420km이고 자동차가 평균적으로 연비에 맞게 운행된다고 하자. 휘발유의 가격이 리터당 1600원일 때 서울에서 부산까지 하이브리드 자동차 C를 이용하였다면, 자동차 B를 이용할 때보다 휘발유 요금을 얼마나 절약할 수 있는지를 구하라.

TIP $\frac{\text{자동차 B의 연비}}{\text{자동차 C의 연비}} \times 100$을 구한다.

풀이

(a) $\frac{\text{자동차 B의 연비}}{\text{자동차 C의 연비}} \times 100 = \frac{12}{20} \times 100 = 60(\%)$

(b) 자동차 B로 서울에서 부산까지 가려면 $\frac{420}{12} = 35(\text{L})$가 필요하다. 따라서 휘발유 35L를 구입하려면 $35 \times 1600 = 56000$(원)이 필요하다. 자동차 C로 서울에서 부산까지 가려면 $\frac{420}{20} = 21(\text{L})$가 필요하다. 따라서 휘발유 21L를 구입해야 하므로 $21 \times 1600 = 33600$(원)이 필요하다.

그러므로 자동차 C를 이용하면 $56000 - 33600 = 22400$(원)을 절약할 수 있다.

CHAPTER 03 연습문제

3.1 다음 소수를 분수로 나타내라.

(a) 1.7 (b) 0.3
(c) 0.91 (d) 0.087
(e) 0.00301 (f) 0.000623

3.2 다음 분수를 소수로 나타내라.

(a) $\frac{3}{20}$ (b) $\frac{31}{40}$
(c) $\frac{34}{125}$ (d) $\frac{321}{625}$
(e) $\frac{99}{750}$ (f) $\frac{1232}{4375}$

3.3 다음 분수를 주어진 자릿수에 맞게 소수로 나타내라.

(a) $\frac{8}{9}$, 소수점 아래 2자릿수 (b) $\frac{3}{13}$, 소수점 아래 3자릿수
(c) $\frac{47}{123}$, 소수점 아래 4자릿수 (d) $\frac{92}{217}$, 소수점 아래 5자릿수
(e) $\frac{175}{1302}$, 소수점 아래 6자릿수 (f) $\frac{5}{17026}$, 소수점 아래 7자릿수

3.4 다음 소수를 백분율로 나타내라.

(a) 51.243 (b) 3.08
(c) 0.61 (d) 0.031
(e) 0.00827 (f) 0.000508

3.5 다음 백분율을 소수로 나타내라.

(a) 197% (b) 42.7%
(c) 8.09% (d) 0.52%
(e) 0.0109% (f) 0.0038%

3.6 다음 분수를 백분율로 나타내라.

(a) $\frac{1}{8}$ (b) $\frac{13}{16}$

(c) $\frac{33}{40}$ (d) $\frac{27}{80}$

(e) $\frac{1}{125}$ (f) $\frac{1}{1280}$

3.7 다음 백분율을 분수로 나타내라.

(a) 412% (b) 63.4%

(c) 5.07% (d) 0.291%

(e) 0.0331% (f) 0.00509%

3.8 수민이가 6개월 동안 헬스클럽을 이용하려고 한다. 헬스클럽의 월 이용요금은 36000원인데 6개월을 등록하면 매월 12%를 할인해 준다고 한다. 6개월을 등록했을 때, 할인을 받게 될 금액을 구하라.

3.9 우리 대학의 1학년 학생은 모두 1600명이고 우리 학과의 1학년 학생은 37명 이라고 할 때, 우리 학과 1학년 학생의 수는 우리 대학의 1학년 학생 수의 몇 %인지를 구하라.

3.10 정상가격이 128만 원인 노트북을 할인하여 100만 원에 판매한다면, 이 노트북은 정상가격에서 몇 %를 할인한 것인지를 구하라.

3.11 어떤 만년필을 30% 할인하여 64400원에 구입하였다. 이 만년필의 정상가격을 구하라.

3.12 도매가게에서 20000원에 가져온 옷에 20%의 이익을 붙여 정가로 정했다. 인터넷을 통해 정가에서 10%를 할인하여 옷을 팔았을 때, 이 옷의 판매가격을 구하라.

3.13 도매가게에서 40000원에 가져온 구두의 정가를 결정했다. 정가의 20%를 할인하여 구두를 판매하였는데도 10%의 수익을 보았다고 할 때, 이 구두의 정가를 구하라.

3.14 정가가 30000원인 물건을 A 백화점과 B 백화점에서 판매하고 있다. 다음 물음에 답하라.

(a) A 백화점에서는 이 물건 정가의 20%를 할인해서 팔기로 하였다. 판매가격을 구하라.

(b) B 백화점에서는 이 물건 정가의 10%를 할인해서 팔다가 할인된 가격에서 추가로 10%를 더 할인해서 팔기로 하였다. 판매가격을 구하라.

3.15 옴의 법칙을 이용하여 저항이 $7.3\,\Omega$ 이고 전압이 $4.5\,\mathrm{V}$ 인 전기 회로의 전류를 소수점 아래 4자릿수로 나타내라.

3.16 g가 중력가속도, t가 시간, s가 거리일 때,

$$s = \frac{1}{2}gt^2$$

이다. 시간이 20% 증가하면, 거리는 몇 %가 증가하는지를 구하라.

3.17 어느 반도체 회사에서 새로운 기기에 사용하기 위하여 기존의 정사각형 모양의 컴퓨터 칩의 가로 길이를 20% 늘이고 세로 길이를 20% 줄였다. 새로운 컴퓨터 칩의 넓이는 기존 칩의 넓이에 비해 몇 %가 변했는지를 설명하라.

CHAPTER 04
비와 비례식

CONTENTS

학습목표

- 비의 정의를 이해하고, 비례식의 계산법을 익힌다.
- 연비의 단계적 계산 방법을 익힌다.
- 비를 활용한 다양한 공학문제를 알아본다.

전자제품 매장을 방문하면 우리는 다양한 크기의 TV를 볼 수 있다. 85인치 TV와 55인치 TV를 비교해서 보면 85인치 TV 화면의 크기가 55인치 TV 화면의 크기보다 2배 이상 커 보인다. 이것은 착시현상일까?

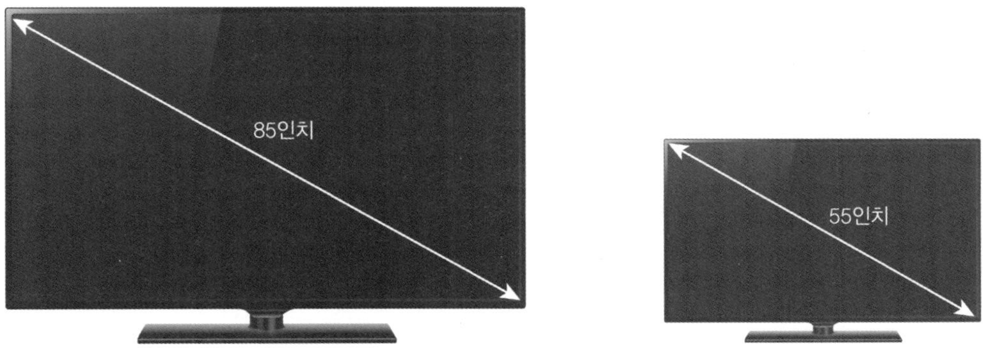

TV의 크기를 설명하는 85인치, 55인치는 TV 화면의 대각선 길이를 나타낸다. 이때 85인치 TV와 55인치 TV의 대각선 길이의 비는

$$85 : 55 = \frac{85}{55} : 1 = 1.545\cdots \ : 1$$

이다. 하지만 넓이의 비는 길이의 제곱의 비와 같기 때문에 85인치 TV와 55인치 TV의 넓이의 비는

$$85^2 : 55^2 = \left(\frac{85}{55}\right)^2 : 1^2 = 2.388\cdots \ : 1$$

이다. 이 비례식은 대각선의 길이가 85인치인 TV 화면의 넓이가 실제로 대각선의 길이가 55인치인 TV 화면의 넓이의 2배 이상임을 설명한다.

4.1 비

먼저 비의 정의를 알아보자.

정의 4-1 비
한쪽의 수가 증가하는 만큼 그와 관련 있는 다른 쪽의 수도 증가할 때 또는 한쪽의 수가 감소하는 만큼 그와 관련 있는 다른 쪽의 수도 감소할 때, 이를 나타내는 것을 **비**ratio라 한다.

예를 들어 실제 거리가 2000m인 거리를 지도상에 1cm로 나타내면, 그 지도의 축척은 200000 : 1이다. 실제 거리가 1000m일 때 $1000 = 2000 \times \frac{1}{2}$이므로, 이 거리를 지도상에 나타내면 $1 \times \frac{1}{2} = 0.5(\mathrm{cm})$이다. 반대로 지도상에서 3cm는 $3 = 1 \times 3$이므로, 실제 거리로는 $2000 \times 3 = 6000(\mathrm{m})$이다.

예제 4-1

어느 대학교의 남학생과 여학생의 비가 17 : 13일 때, 다음 물음에 답하라.
(a) 이 대학교의 남학생이 850명일 때, 여학생의 수를 구하라.
(b) 이 대학교의 여학생이 910명일 때, 남학생의 수를 구하라.

TIP 남학생의 수와 여학생의 수는 각각의 항에 비례한다.

풀이

(a) 17 : 13에서 남학생의 항이 17이고 $850 = 17 \times 50$이므로, 여학생의 수는

$$(\text{여학생의 비}) \times 50$$

이다. 따라서 여학생의 수는 $13 \times 50 = 650$(명)이다.

(b) 17 : 13에서 여학생의 항이 13이고 $910 = 13 \times 70$이므로, 남학생의 수는

$$(\text{남학생의 비}) \times 70$$

이다. 따라서 남학생의 수는 $17 \times 70 = 1190$(명)이다.

주어진 비를 이용하여 새로운 비를 구할 때 다음 비의 성질을 이용한다.

정리 4-1 비의 성질

비의 두 항에 0이 아닌 상수를 곱하거나 나누어도 비는 같다.

비의 성질에 의하여 $4:6$의 모든 항에 3을 곱하면 $12:18$이므로 $4:6=12:18$이다. 또한 $4:6$의 모든 항을 2로 나누면 $2:3$이므로 $4:6=2:3$이다. 따라서

$$2:3=4:6=12:18$$

이다. 이때 $a:b$에서 a를 **전항**, b를 **후항**이라 한다.

예제 4-2

다음 주어진 비를 가장 간단한 자연수 비로 나타내라.

(a) $\frac{3}{4}:\frac{2}{5}$ (b) $0.7:0.63$ (c) $1.3:\frac{1}{3}$

TIP 비의 성질을 이용하여 적당한 수를 곱하거나 적당한 수로 나눈다.

풀이

(a) 두 항을 자연수로 만들기 위해 모든 항에 20을 곱한다.

$$\frac{3}{4}:\frac{2}{5}=\frac{3}{4}\times 20:\frac{2}{5}\times 20=15:8$$

따라서 가장 간단한 자연수 비는 $15:8$이다.

(b) 두 항을 자연수로 만들기 위해 모든 항에 100을 곱한 후 7로 나눈다.

$$0.7:0.63=0.7\times 100:0.63\times 100=70:63=10:9$$

따라서 가장 간단한 자연수 비는 $10:9$이다.

(c) 두 항을 자연수로 만들기 위해 모든 항에 30을 곱한다.

$$1.3:\frac{1}{3}=1.3\times 30:\frac{1}{3}\times 30=39:10$$

따라서 가장 간단한 자연수 비는 $39:10$이다.

4.2 비례식

이제 비를 이용한 식인 비례식을 살펴보자.

정의 4-2 비례식

비의 값이 같은 두 비를 등식으로 나타낸 식을 **비례식**proportional expression이라 한다.

가로와 세로의 비가 $1:3$이 되도록 종이를 잘라야 할 경우를 생각해보자. 비례식의 정의를 이용하면, 가로의 길이가 5로 주어졌을 경우에는 세로의 길이가 15가 되도록 잘라야 함을 알 수 있다.

비례식의 성질은 다음과 같다.

정리 4-2 비례식의 성질

두 비 $a:b$와 $c:d$에 대하여 $a:b=c:d$의 관계가 있을 때, $b\times c=a\times d$가 성립한다.

내항

$$a:b=c:d \quad \Rightarrow \quad b\times c=a\times d$$

외항

반대로 $b\times c=a\times d$일 때, 두 비 $a:b$와 $c:d$는 같다. 비례식 $a:b=c:d$에서 바깥쪽에 있는 두 항 a와 d를 **외항**, 안쪽에 있는 두 항 b와 c를 **내항**이라 한다.

예제 4-3

다음 식에서 w, x, y, z값을 구하라.

(a) $4:7=w:28$

(b) $6:19=3:x$

(c) $5:y=8:22$

(d) $z:9=8:12$

TIP $a:b=c:d$이면 $b\times c=a\times d$임을 이용한다.

풀이

(a) $4 : 7 = w : 28$에서 $7 \times w = 4 \times 28$이다. 따라서 $w = \frac{4 \times 28}{7} = 16$이다.

(b) $6 : 19 = 3 : x$에서 $6 \times x = 19 \times 3$이다. 따라서 $x = \frac{19 \times 3}{6} = \frac{19}{2}$이다.

(c) $5 : y = 8 : 22$에서 $y \times 8 = 5 \times 22$이다. 따라서 $y = \frac{5 \times 22}{8} = \frac{55}{4}$이다.

(d) $z : 9 = 8 : 12$에서 $z \times 12 = 9 \times 8$이다. 따라서 $z = \frac{9 \times 8}{12} = 6$이다.

비례식의 성질을 이용하면 같은 비인지 아닌지를 판별할 수 있다.

예제 4-4

다음 비가 $3 : 4$와 같은 비인지를 판정하라.

(a) $4 : 3$　　(b) $9 : 16$　　(c) $12 : 16$

(d) $\frac{1}{3} : \frac{1}{4}$　　(e) $\frac{1}{4} : \frac{1}{3}$　　(f) $0.6 : 0.8$

TIP $b \times c = a \times d$이면 $a : b = c : d$이고, $b \times c \neq a \times d$이면 $a : b \neq c : d$이다.

풀이

(a) $3 : 4 = 4 : 3$이 성립한다면 $4 \times 4 = 3 \times 3$이어야 하는데, $16 \neq 9$이므로 $4 : 3$은 $3 : 4$와 같은 비가 아니다.

(b) $3 : 4 = 9 : 16$이 성립한다면 $3 \times 16 = 4 \times 9$이어야 하는데, $48 \neq 36$이므로 $9 : 16$은 $3 : 4$와 같은 비가 아니다.

(c) $3 : 4 = 12 : 16$이 성립한다면 $3 \times 16 = 4 \times 12$이어야 하는데, $48 = 48$이므로 $12 : 16$은 $3 : 4$와 같은 비이다.

(d) $3 : 4 = \frac{1}{3} : \frac{1}{4}$이 성립한다면 $3 \times \frac{1}{4} = 4 \times \frac{1}{3}$이어야 하는데, $\frac{3}{4} \neq \frac{4}{3}$이므로 $\frac{1}{3} : \frac{1}{4}$은 $3 : 4$와 같은 비가 아니다.

(e) $3 : 4 = \frac{1}{4} : \frac{1}{3}$이 성립한다면 $3 \times \frac{1}{3} = 4 \times \frac{1}{4}$이어야 하는데, $1 = 1$이므로 $\frac{1}{4} : \frac{1}{3}$은 $3 : 4$와 같은 비이다.

(f) $3 : 4 = 0.6 : 0.8$이 성립한다면 $3 \times 0.8 = 4 \times 0.6$이어야 하는데, $2.4 = 2.4$이므로 $0.6 : 0.8$은 $3 : 4$와 같은 비이다.

4.3 연비

$1를 원화로 바꾸면 1100원이고, ¥100을 원화로 바꾸면 1050원이라 하자. 그렇다면 $760를 엔화로 바꾸면 얼마일까? 이 문제를 해결하기 위해서는 달러와 원화의 비, 원화와 엔화의 비를 계산하고, 이를 이용하여 달러와 엔화의 비를 구해야 한다.

정의 4-3 연비

셋 이상의 대상이 갖고 있는, 양의 비를 나타내는 것을 **연비**(continued ratio)라 한다.

연비의 성질

연비는 다음과 같은 성질을 갖고 있는데, 이러한 연비의 성질을 이용하여 연비를 계산하는 방법까지 알아보자.

정리 4-3 연비의 성질

연비의 모든 항에 0이 아닌 수를 곱하거나 나누어도 연비는 변하지 않는다.

연비의 성질을 이용하면 주어진 연비를 간단한 자연수 비로 나타낼 수 있다. 예를 들어 연비 $\frac{1}{2} : \frac{1}{3} : \frac{1}{4}$의 모든 항에 12를 곱하면

$$\frac{1}{2} : \frac{1}{3} : \frac{1}{4} = \frac{1}{2} \times 12 : \frac{1}{3} \times 12 : \frac{1}{4} \times 12 = 6 : 4 : 3$$

이고, $32 : 44 : 8$의 모든 항을 4로 나누면

$$32 : 44 : 8 = 32 \div 4 : 44 \div 4 : 8 \div 4 = 8 : 11 : 2$$

이다.

예제 4-5

다음 연비를 가장 간단한 자연수 비로 나타내라.

(a) $\frac{4}{3} : \frac{3}{2} : \frac{1}{5}$　　　　(b) $11 : 0.3 : \frac{2}{5}$

TIP 연비의 성질을 이용한다.

풀이

(a) 연비의 모든 항에 분모의 최소공배수인 30을 곱한다.

$$\frac{4}{3} : \frac{3}{2} : \frac{1}{5} = \frac{4}{3} \times 30 : \frac{3}{2} \times 30 : \frac{1}{5} \times 30 = 40 : 45 : 6$$

따라서 가장 간단한 자연수 비는 $40 : 45 : 6$이다.

(b) 0.3을 자연수로 만들려면 10을 곱해야 하고 $\frac{2}{5}$를 자연수로 만들려면 5를 곱해야 하므로, 연비의 모든 항에 5와 10의 최소공배수인 10을 곱한다.

$$11 : 0.3 : \frac{2}{5} = 11 \times 10 : 0.3 \times 10 : \frac{2}{5} \times 10 = 110 : 3 : 4$$

따라서 가장 간단한 자연수 비는 $110 : 3 : 4$이다.

연비의 계산

정리 4-4 연비의 계산법

두 비의 관계를 이용하여 연비를 구할 때, 다음 단계에 따라서 계산한다.

[1단계] 공통으로 있는 항을 찾는다.

[2단계] [1단계]에서 찾은 공통항들의 값을 곱한다.

[3단계] 비례식의 성질을 이용하여 연비를 구한다.

이제 공통항에 따라서 다음 세 가지 예를 통해 연비가 어떻게 계산되는가를 알아보도록 하자.

❶ $a : b = 2 : 3$이고 $a : c = 4 : 5$인 경우

[1단계] a가 두 비에 공통으로 있는 항이다.

[2단계] a에 있는 값들을 곱하면 $a = 2 \times 4 = 8$이다.

a	:	b	:	c
2	:	3		
4			:	5
8	:	□	:	△

[3단계] $a : b = 2 : 3 = 8 : \square$에서 $2 \times \square = 24$이므로 $\square = 12$이다.

$a : c = 4 : 5 = 8 : \triangle$에서 $4 \times \triangle = 40$이므로 $\triangle = 10$이다.

따라서 $a : b : c = 8 : 12 : 10$이다.

❷ $a : b = 2 : 3$이고 $b : c = 4 : 5$인 경우

[1단계] b가 두 비에 공통으로 있는 항이다.

[2단계] b에 있는 값들을 곱하면 $b = 3 \times 4 = 12$이다.

a	:	b	:	c
2	:	3		
		4	:	5
□	:	12	:	△

[3단계] $a : b = 2 : 3 = \square : 12$에서 $3 \times \square = 24$이므로 $\square = 8$이다.

$b : c = 4 : 5 = 12 : \triangle$에서 $4 \times \triangle = 60$이므로 $\triangle = 15$이다.

따라서 $a : b : c = 8 : 12 : 15$이다.

❸ $a : c = 2 : 3$이고 $b : c = 4 : 5$인 경우

[1단계] c가 두 비에 공통으로 있는 항이다.

[2단계] c에 있는 값들을 곱하면 $c = 3 \times 5 = 15$이다.

a	:	b	:	c
2		:		3
		4	:	5
□	:	△	:	15

[3단계] $a : c = 2 : 3 = \square : 15$에서 $3 \times \square = 30$이므로 $\square = 10$이다.

$b : c = 4 : 5 = \triangle : 15$에서 $5 \times \triangle = 60$이므로 $\triangle = 12$이다.

따라서 $a : b : c = 10 : 12 : 15$이다.

예제 4-6

주어진 비를 이용하여 $a:b:c$를 가장 간단한 자연수 비로 나타내라.

(a) $a:b=2:3,\ b:c=2:5$ (b) $a:c=4:\frac{1}{6},\ b:c=3:4$

TIP 연비의 계산법에 따라 계산한다.

풀이

(a) [1단계] b가 두 비에 공통으로 있는 항이다.

[2단계] b에 있는 값들을 곱하면 $b=3\times2=6$이다.

$$\begin{array}{ccccc} a & : & b & : & c \\ 2 & : & 3 & & \\ & & 2 & : & 5 \\ \hline \square & : & 6 & : & \triangle \end{array}$$

[3단계] $a:b=2:3=\square:6$에서 $3\times\square=12$이므로 $\square=4$이다.

$b:c=2:5=6:\triangle$에서 $2\times\triangle=30$이므로 $\triangle=15$이다.

따라서 $a:b:c=4:6:15$이다.

(b) [1단계] c가 두 비에 공통으로 있는 항이다.

[2단계] c에 있는 값들을 곱하면 $c=\frac{1}{6}\times4=\frac{2}{3}$이다.

$$\begin{array}{ccccc} a & : & b & : & c \\ 4 & & : & & \frac{1}{6} \\ & & 3 & : & 4 \\ \hline \square & : & \triangle & : & \frac{2}{3} \end{array}$$

[3단계] $a:c=4:\frac{1}{6}=\square:\frac{2}{3}$에서 $\frac{1}{6}\times\square=\frac{8}{3}$이므로 $\square=16$이다.

$b:c=3:4=\triangle:\frac{2}{3}$에서 $4\times\triangle=2$이므로 $\triangle=\frac{1}{2}$이다.

따라서 $a:b:c=16:\frac{1}{2}:\frac{2}{3}$이므로, 모든 항에 6을 곱하면 $a:b:c=96:3:4$이다.

4.4 비의 활용

A 학과와 B 학과가 전산실을 나누어 사용하려 한다. 전산실은 2시간만 사용할 수 있는데, A 학과와 B 학과가 2 : 5의 비율로 시간을 나누어 사용한다면 A 학과와 B 학과는 각각 몇 시간 동안 전산실을 사용하게 될까?

주어진 비로 전체 나누기

전체의 양을 비를 이용하여 나누는 방법은 다음과 같다.

전체의 양을 X라 할 때, X를 (가)와 (나)에게 $a : b$로 나눠야 하면 다음과 같이 분배한다.

$$(\text{가}) = \frac{a}{a+b} \times X, \quad (\text{나}) = \frac{b}{a+b} \times X$$

따라서 A 학과와 B 학과가 전산실을 사용하는 시간을 계산하면 다음과 같다.

$$(\text{A 학과 사용시간}) = \frac{2}{2+5} \times 2 = \frac{4}{7}(\text{시간})$$

$$(\text{B 학과 사용시간}) = \frac{5}{2+5} \times 2 = \frac{10}{7}(\text{시간})$$

예제 4-7

다음 물음에 답하라.

(a) 55개의 연필을 형과 동생이 8 : 3의 비율로 나누어 가지려 한다. 형과 동생은 연필을 몇 개씩 가지면 되는지를 구하라.

(b) 350g의 스테이크를 누나와 동생이 $\frac{1}{3} : \frac{1}{4}$의 비율로 나누어 먹으려 한다. 누나와 동생은 얼마큼씩 먹으면 되는지를 구하라.

TIP 전체를 $a : b$로 비례배분하는 방법을 이용한다.

풀이

(a) 형이 갖게 될 연필의 개수는

$$\frac{8}{8+3} \times 55 = 40(\text{개})$$

이고, 동생이 갖게 될 연필의 개수는

$$\frac{3}{8+3}\times 55 = 15(\text{개})$$

이다.

(b) 누나가 먹을 스테이크의 양은

$$\frac{\frac{1}{3}}{\frac{1}{3}+\frac{1}{4}}\times 350 = \frac{\frac{1}{3}}{\frac{7}{12}}\times 350 = \frac{4}{7}\times 350 = 200(\text{g})$$

이고, 동생이 먹을 스테이크의 양은

$$\frac{\frac{1}{4}}{\frac{1}{3}+\frac{1}{4}}\times 350 = \frac{\frac{1}{4}}{\frac{7}{12}}\times 350 = \frac{3}{7}\times 350 = 150(\text{g})$$

이다.

[예제 4-7(b)]는 누나와 동생의 비인 $\frac{1}{3} : \frac{1}{4}$을 간단한 자연수 비인 $4 : 3$으로 나타낸 다음 누나가 먹을 스테이크의 양을 $\frac{4}{4+3}\times 350 = 200(\text{g})$, 동생이 먹을 스테이크의 양을 $\frac{3}{4+3}\times 350 = 150(\text{g})$으로 계산할 수도 있다.

연비로 전체 나누기

전체의 양을 연비를 이용하여 나누는 방법은 다음과 같다.

전체의 양을 X라 할 때, X를 (가), (나), (다)에게 $a : b : c$의 비율로 나눠야 하면 다음과 같이 분배한다.

$$(\text{가}) = \frac{a}{a+b+c}\times X,\quad (\text{나}) = \frac{b}{a+b+c}\times X,\quad (\text{다}) = \frac{c}{a+b+c}\times X$$

예제 4-8

48L의 우유를 A, B, C 세 개의 통에 2 : 3 : 7의 비율로 담으려 한다. 각각의 통에 들어갈 우유의 양을 구하라.

TIP 전체를 연비로 비례배분하는 방법을 이용한다.

풀이

A통에 들어갈 우유의 양은

$$\frac{2}{2+3+7} \times 48 = \frac{2}{12} \times 48 = 8(\text{L})$$

이고, B통에 들어갈 우유의 양은

$$\frac{3}{2+3+7} \times 48 = \frac{3}{12} \times 48 = 12(\text{L})$$

이며, C통에 들어갈 우유의 양은

$$\frac{7}{2+3+7} \times 48 = \frac{7}{12} \times 48 = 28(\text{L})$$

이다.

일차함수의 응용

a가 0이 아닌 상수일 때, 일차함수 $y = ax$에 대하여 $x : y = 1 : a$가 성립한다. 따라서 x, y값을 비례식을 이용하여 구할 수 있다.

예제 4-9

a가 0이 아닌 상수일 때 $y = ax$라 하자. 다음 물음에 답하라.

(a) $x = 4$일 때 $y = 8$이다. $x = 3$일 때 y값을 구하라.

(b) $x = 5$일 때 $y = 7$이다. $y = 5$일 때 x값을 구하라.

TIP 비례상수 a를 구하는 대신 비례식을 이용한다.

풀이

(a) $4 : 8 = 3 : y$에서 $4y = 24$이므로 $y = 6$이다.

(b) $5 : 7 = x : 5$에서 $7x = 25$이므로 $x = \frac{25}{7}$이다.

4.5 공학문제

후크의 법칙

물리학과 공학에서 자주 사용되는 **후크의 법칙**Hooke's law은 용수철에 물체를 매달았을 때 스프링의 움직임을 다음과 같이 설명한다.

$$F = -kx$$

여기서 F[1]는 스프링의 탄성력, x는 늘어난 길이, k는 스프링 상수이다.

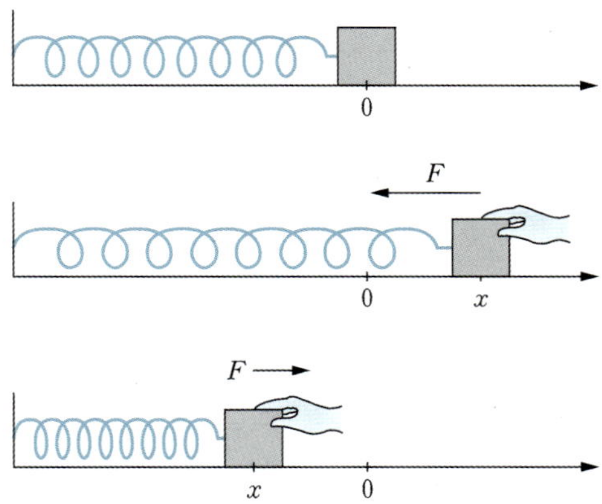

[그림 4-1] **후크의 법칙**

예제 4-10

천장에 매달린 어떤 스프링은 $F = 30(\mathrm{N})$일 때 $x = 0.24(\mathrm{m})$라 한다. 이 스프링에 대하여 다음 물음에 답하라. (단, F는 스프링의 탄성력, x는 늘어난 길이이다.)

(a) $F = 8(\mathrm{N})$일 때, x값을 구하라.

(b) $x = 0.6(\mathrm{m})$일 때, F값을 구하라.

TIP 후크의 법칙 $F = -kx$를 이용한다.

풀이

(a) $30 : 0.24 = 8 : x$로부터 $30x = 0.24 \times 8$이다. 따라서 $x = \frac{1.92}{30} = 0.064(\mathrm{m})$이다.

(b) $30 : 0.24 = F : 0.6$으로부터 $0.24F = 30 \times 0.6$이다.

따라서 $F = \frac{18}{0.24} = 75(\mathrm{N})$이다.

1 F는 힘을 나타내며, 주로 쓰이는 단위는 N(뉴턴)이다.

샤를의 법칙

화학과 환경공학 등의 학과에서 기본 공식으로 쓰이는 **샤를의 법칙**Charle's law은 온도와 기체의 부피에 관한 법칙으로 기체팽창의 법칙이라고도 하며, 일정한 압력에서 기체의 부피는 그 종류와는 관계없이 절대온도에 정비례한다는 것을 설명한다. 이를 간단히 식으로 나타내면 다음과 같다.

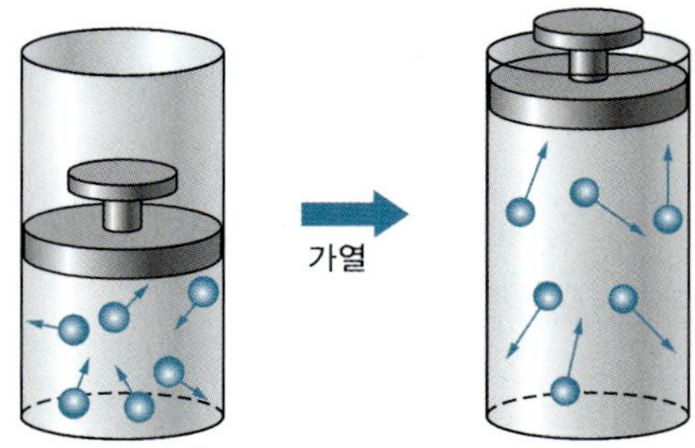

[그림 4-2] 샤를의 법칙

$$V = kT$$

여기서 T는 절대온도이고, V는 기체의 부피, k는 비례상수이다.[2]

예제 4-11

절대온도가 200K일 때, 어떤 가스의 부피가 1.5L라 한다. 다음 물음에 답하라. (단, 압력은 일정하다.)

(a) 이 가스의 부피가 2.4L일 때, 온도 T값을 구하라.

(b) 이 가스의 온도가 절대온도로 640K일 때, 부피 V값을 구하라.

TIP 샤를의 법칙 $V = kT$를 이용한다.

풀이

(a) $1.5 : 200 = 2.4 : T$로부터 $1.5T = 200 \times 2.4$이다.

따라서 $T = \dfrac{480}{1.5} = 320(\mathrm{K})$이다.

(b) $1.5 : 200 = V : 640$으로부터 $200V = 1.5 \times 640$이다.

따라서 $V = \dfrac{960}{200} = 4.8(\mathrm{L})$이다.

용해도

온도가 20℃인 물 100g에 소금과 설탕을 녹이면, 소금은 36g 정도가 녹지만 설탕은 204g 정도가 녹는다. 이와 같이 용매(물)에 용질(소금, 설탕)이 녹는 현상을 용해라고 하며, 용매에 녹을 수 있는 어떤 용질의 최대의 양을 **용해도**solubility라고 한다. 보통 고체의 용해도는 용매 100g에 들어 있는 용질의 양(g)을 말하며, 용질과 용매를 합쳐서 용액이

2 V(부피)가 기체의 부피를 나타낼 때는 주로 L(리터)의 단위를 쓰고, T(온도)가 절대온도일 때는 K(칼빈)의 단위를 쓴다.

라고 한다. 만약 설탕을 물에 녹인 용액의 온도가 낮아지면 어떻게 될까? 용액의 온도를 낮추면 고체(설탕)가 분리되어 생성되는데, 이러한 현상을 **석출**eductio이라고 한다.

[그림 4-3] 용해

예제 4-12

온도에 따른 용매 100g당 질산나트륨의 용해도는 아래 표와 같다. 다음 물음에 답하라.

[표 4-1]

온도	0℃	20℃	40℃	60℃	80℃
용해도	73g	88g	105g	124g	148g

(a) 80℃ 질산나트륨 포화용액[3] 62g의 온도를 40℃로 낮추었을 때, 석출되는 질산나트륨의 양을 구하라.

(b) 60℃ 질산나트륨 포화용액 112g의 온도를 40℃로 낮추었을 때, 석출되는 질산나트륨의 양을 구하라.

TIP 용매 100g을 기준으로 하는 포화용액의 질량을 구한 후 비례식을 적용한다.

풀이

(a) [표 4-1]에 따르면 용매 100g을 기준으로 하는 80℃ 질산나트륨 포화용액의 질량이 $100 + 148 = 248(\text{g})$일 때, 40℃ 질산나트륨 포화용액의 질량은 $100 + 105 = 205(\text{g})$이다. 따라서 80℃ 질산나트륨 포화용액의 질량이 62g일 때 40℃ 질산나트륨 포화용액의 질량을 xg이라 하면, $248 : 205 = 62 : x$이므로 $x = \frac{205 \times 62}{248} = 51.25(\text{g})$이다. 따라서 석출되는 질산나트륨의 양은 $62 - 51.25 = 10.75(\text{g})$이다.

3 일정 온도에서 더 이상 녹을 수 없는 용액을 **포화용액**saturated solution이라 한다.

(b) [표 4-1]에 따르면 용매 100g을 기준으로 하는 60℃ 질산나트륨 포화용액의 질량이 $100 + 124 = 224(g)$일 때 40℃ 질산나트륨 포화용액의 질량은 $100 + 105 = 205(g)$이다. 따라서 60℃ 질산나트륨 포화용액의 질량이 112g일 때 40℃ 질산나트륨 포화용액의 질량을 yg이라 하면, $224 : 205 = 112 : y$이므로 $y = \frac{205 \times 112}{224} = 102.5(g)$이다. 따라서 석출되는 질산나트륨의 양은 $112 - 102.5 = 9.5(g)$이다.

데이터 압축

비ratio는 종종 분수로 표현되는 경우가 있다. 예를 들어 어떤 파일을 압축하면 파일을 업로드하거나 다운로드할 때 또는 자료를 보관할 때 저장 공간을 줄일 수 있다. 그렇다면 텍스트 문자열은 어떻게 압축할 수 있을까? 특정한 패턴이 반복되는 문자열의 경우에는 좀 더 짧은 문자열로 나타낼 수 있다. 대표적인 방법으로 RLE Run Length Encoding 방법이 있는데, 이는 문자열에서 어떤 문자가 반복될 경우 해당 문자는 한 번만 저장하고 대신 반복횟수를 저장하는 방법이다. 이 방법을 이용하면 aaaaabbccc는 a5b2c3과 같이 압축할 수 있다.

데이터 압축과 관련된 비율 용어가 있는데, **데이터 압축비**data compression ratio는 $\frac{\text{압축 전 크기}}{\text{압축 후 크기}}$, **공간 절약비**data space savings는 $1 - \frac{\text{압축 후 크기}}{\text{압축 전 크기}}$로 정의한다.

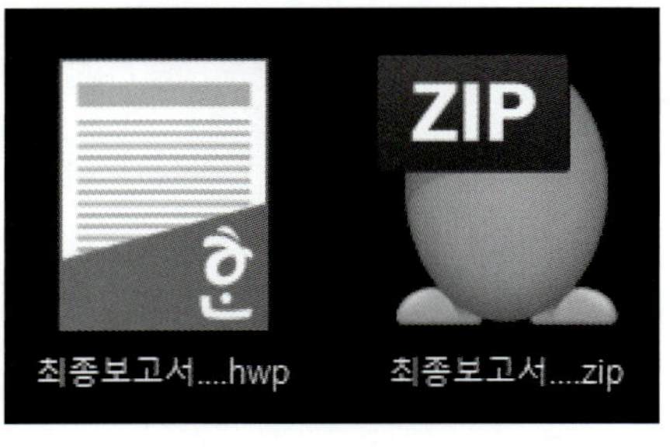

[그림 4-4] **압축 파일**

예제 4-13

문자열 aaaabbccccccddd에 대하여 다음 물음에 답하라.

(a) 주어진 문자열을 RLE 방법으로 압축하라.

(b) 데이터 압축비를 구하라.

(c) 공간 절약비를 구하라.

TIP 데이터 압축비와 공간 절약비를 구할 때 분자와 분모의 값을 확인한다.

풀이

(a) 주어진 문자열에서 a가 연달아 4번, b가 연달아 2번, c가 연달아 6번, d가 연달아 3번 나타나므로, 주어진 문자열을 RLE 방법으로 압축하면 a4b2c6d3이다.

(b) 압축 전 주어진 문자열은 15개의 문자로 구성되었고, 압축 후 문자열은 8개의 문자로 구성되었으므로 데이터 압축비는 $\frac{15}{8}$이다.

(c) (b)의 결과를 이용하면 공간 절약비는 $1 - \frac{8}{15} = \frac{7}{15}$이다.

CHAPTER 04 연습문제

4.1 다음 비례식에서 x, y값을 구하라.

(a) $4 : 16 = x : 512$

(b) $3 : 17 = 5 : x$

(c) $\frac{1}{3} : 4 = y : 7$

(d) $\frac{1}{2} : \frac{1}{5} = 4 : y$

4.2 다음 주어진 비를 가장 간단한 자연수 비로 나타내라.

(a) $\frac{1}{5} : \frac{2}{3}$

(b) $\frac{3}{4} : \frac{5}{7}$

(c) $0.7 : 0.17$

(d) $0.26 : 0.663$

4.3 다음 연비를 가장 간단한 자연수 비로 나타내라.

(a) $2 : \frac{1}{3} : \frac{3}{7}$

(b) $\frac{1}{6} : \frac{4}{5} : \frac{2}{3}$

(c) $0.1 : 0.21 : 0.003$

(d) $0.7 : 2 : \frac{3}{8}$

4.4 주어진 비를 이용하여 $a : b : c$를 가장 간단한 자연수 비로 나타내라.

(a) $a : b = 2 : 3, \quad a : c = 6 : 7$

(b) $a : b = \frac{1}{3} : \frac{1}{4}, \quad a : c = \frac{1}{4} : \frac{1}{3}$

(c) $a : b = 0.2 : 0.5, \quad b : c = 0.4 : 3$

(d) $a : b = 6 : \frac{1}{2}, \quad b : c = \frac{1}{3} : 5$

4.5 어느 숲에 토끼와 다람쥐가 살고 있는데, 이 숲의 토끼와 다람쥐의 비는 $11 : 8$이다. 다음 물음에 답하라.

(a) 이 숲에 토끼가 330마리 있다면, 다람쥐는 몇 마리 있는지를 구하라.

(b) 이 숲에 다람쥐가 192마리 있다면, 토끼는 몇 마리 있는지를 구하라.

4.6 \$1를 원화로 바꾸면 1100원이고 ¥100을 원화로 바꾸면 1050원이라 하자. \$760를 엔화로 바꾸면 얼마인지를 구하라.

4.7 1940년대에 TV가 처음 등장하였을 때 가로와 세로의 비는 4 : 3이었다. 그런데 1980년대 후반 HDTV가 나오면서 가로와 세로의 비가 16 : 9인 TV가 출시되었고, 최근에는 가로와 세로의 비가 21 : 9인 TV가 나와서 인기를 끌고 있다. 다음 물음에 답하라.

(a) 가로와 세로의 비가 4 : 3이고 가로 길이가 190cm인 TV의 세로 길이를 구하라.
(b) 가로와 세로의 비가 16 : 9이고 가로 길이가 190cm인 TV의 세로 길이를 구하라.
(c) 가로와 세로의 비가 21 : 9이고 가로 길이가 190cm인 TV의 세로 길이를 구하라.

4.8 24K는 순금이 100%이고 18K는 전체의 $\frac{3}{4}$이 순금으로 구성되어 있으며, 14K는 전체의 $\frac{7}{12}$이 순금으로 구성되어 있다. 24K, 18K, 14K에 포함된 금의 비율을 가장 간단한 자연수 비로 나타내라.

4.9 천장에 매달린 어떤 스프링은 $x = 0.6(\text{m})$일 때, $F = 30(\text{N})$이라 한다. 이 스프링에 대하여 다음 물음에 답하라. (단, F는 스프링의 탄성력, x는 늘어난 길이이다.)

(a) $F = 18(\text{N})$일 때, x값을 구하라.
(b) $x = 0.32(\text{m})$일 때, F값을 구하라.

4.10 온도에 따른 용매 100g당 질산칼륨의 용해도는 아래 표와 같다. 다음 물음에 답하라.

[표 4-2]

온도	0℃	20℃	40℃	60℃	80℃
용해도	13g	32g	64g	110g	169g

(a) 60℃ 질산칼륨 포화용액 70g의 온도를 0℃로 낮추었을 때, 석출되는 질산칼륨의 양을 구하라.
(b) 40℃ 질산칼륨 포화용액 41g의 온도를 20℃로 낮추었을 때, 석출되는 질산칼륨의 양을 구하라.

4.11 문자열 xxxyyyzzzzz에 대하여 다음 물음에 답하라.

(a) 주어진 문자열을 RLE 방법으로 압축하라.
(b) 데이터 압축비를 구하라.
(c) 공간 절약비를 구하라.

CHAPTER 05

거듭제곱과 제곱근

CONTENTS

학습목표

- 거듭제곱의 의미를 이해한다.
- 제곱근을 간단히 나타내는 방법을 학습한다.
- 분모를 유리화하는 방법을 익힌다.

A4 용지를 반복해서 반으로 접으면 용지의 두께가 얼마나 두꺼워질까? 일반적인 A4 용지 한 장의 두께는 $0.2\mathrm{mm}$로 알려져 있다. 이 용지를 반으로 접으면 두께는 $0.2 \times 2^1 = 0.4(\mathrm{mm})$이고, 이를 한 번 더 반으로 접으면 용지의 두께는 $0.2 \times 2^2 = 0.8(\mathrm{mm})$이다.

이와 같은 방식으로 A4 용지를 여러 번 반으로 접으면 두께는 매우 빠르게 두꺼워진다. 그렇다면 A4 용지를 몇 번 접었을 때, 그 두께 길이가 서울에서 부산까지의 거리와 비슷해질까?

서울에서 부산까지의 거리는 약 $477(\mathrm{km}) = 4.77 \times 10^8(\mathrm{mm})$이다. A4 용지를 31번 반으로 접으면 용지의 두께는 $0.2 \times 2^{31} = 4.29497 \times 10^8(\mathrm{mm})$이고, 32번 반으로 접으면 용지의 두께는 $0.2 \times 2^{32} = 8.583993 \times 10^8(\mathrm{mm})$이다. 따라서 A4 용지를 반으로 32번 접은 A4 용지의 두께 길이는 서울에서 부산까지의 거리보다 더 길다.

그렇다면 종이를 직접 접어서 이 결과를 확인할 수 있을까? A4 용지를 반으로 접을수록 두께는 2배씩 증가하기 때문에 실제로는 A4 용지를 7번 이상 반으로 접기 어렵다.

5.1 거듭제곱

8배를 $2 \times 2 \times 2$배로, 16배를 $2 \times 2 \times 2 \times 2$배로 나타내는 것은 복잡하기 때문에 이를 간단히 나타내는 방법을 알아보자.

정의 5-1 거듭제곱
같은 수를 여러 번 곱하는 연산을 **거듭제곱**power이라 한다.

n이 자연수일 때, a를 n번 곱하면 이를 a^n[1]으로 나타낸다. 이때 n을 **지수**exponent라 하고 a를 **밑**base이라 한다. 따라서 $2 \times 2 \times 2$를 거듭제곱으로 나타내면 밑이 2이고 지수가 3인 2^3이고, $3 \times 3 \times 3 \times 3$을 거듭제곱으로 나타내면 밑이 3이고 지수가 4인 3^4이다.

예제 5-1

다음을 계산하라.

(a) 2^6 (b) 3^3

(c) $(-5)^2$ (d) $(-5)^3$

TIP 밑에 있는 수를 지수에 있는 수만큼 곱한다.

풀이

(a) $2^6 = 2 \times 2 \times 2 \times 2 \times 2 \times 2 = 64$

(b) $3^3 = 3 \times 3 \times 3 = 27$

(c) $(-5)^2 = (-5) \times (-5) = 25$

(d) $(-5)^3 = (-5) \times (-5) \times (-5) = -125$

[예제 5-1(c)]의 경우, 밑이 -5이고 지수가 짝수이므로 $(-5) \times (-5) = (-1)^2 \times 5^2 = 25$이다. 반면 [예제 5-1(d)]의 경우, 밑은 같은 음수인 -5이지만 지수가 홀수이므로 $(-5) \times (-5) \times (-5) = (-1)^3 \times 5^3 = -125$이다. 따라서 밑 a가 음수일 때 a^n은 n

1 a^n은 'a의 n제곱'이라고 읽는다.

이 짝수이면 양수, n이 홀수이면 음수이다.

정의 5-2 거듭제곱의 역수

n이 자연수이고 a가 0이 아닌 실수일 때 a^n의 역수, 즉 $\frac{1}{a^n}$은 a^{-n}으로 나타낸다.

예를 들어, $\frac{1}{2^3} = 2^{-3}$이고 $4^{-8} = \frac{1}{4^8}$이며 $(-3)^{-7} = \frac{1}{(-3)^7}$이다.

예제 5-2

다음을 계산하라.

(a) 3^{-2}

(b) 3^{-3}

(c) $(-3)^{-2}$

(d) $(-3)^{-3}$

TIP $a^{-n} = \frac{1}{a^n}$임을 이용한다.

풀이

(a) $3^{-2} = \frac{1}{3^2} = \frac{1}{3 \times 3} = \frac{1}{9}$

(b) $3^{-3} = \frac{1}{3^3} = \frac{1}{3 \times 3 \times 3} = \frac{1}{27}$

(c) $(-3)^{-2} = \frac{1}{(-3)^2} = \frac{1}{(-3) \times (-3)} = \frac{1}{9}$

(d) $(-3)^{-3} = \frac{1}{(-3)^3} = \frac{1}{(-3) \times (-3) \times (-3)} = -\frac{1}{27}$

[예제 5-2(c)]에서 $(-3)^{-2} = \frac{1}{9}$이지만 $-3^{-2} = -(3^{-2}) = -\left(\frac{1}{9}\right) = -\frac{1}{9}$이다. 또한 [예제 5-2(d)]에서 $(-3)^{-3} = -\frac{1}{27}$이지만 $-3^{-3} = -(3^{-3}) = -\left(\frac{1}{27}\right) = -\frac{1}{27}$이고 $-(-3)^{-3} = -\frac{1}{(-3)^3} = -\left(-\frac{1}{27}\right) = \frac{1}{27}$이다.

주어진 수를 거듭제곱으로 나타내려면 여러 번 반복하여 가능한 작은 수의 곱으로 나타내야 한다.

예제 5-3

다음 수를 거듭제곱으로 나타내라.

(a) 729

(b) 3125

(c) $\frac{1}{128}$

(d) $\frac{1}{2401}$

TIP 소인수분해를 이용한다.

풀이

(a)
$$729 = 3 \times 243 = 3 \times 3 \times 81 = 3 \times 3 \times 3 \times 27 = 3 \times 3 \times 3 \times 3 \times 9 = \underbrace{3 \times 3 \times 3 \times 3 \times 3 \times 3}_{6\text{개}} = 3^6$$

(b)
$$3125 = 5 \times 625 = 5 \times 5 \times 125 = 5 \times 5 \times 5 \times 25 = \underbrace{5 \times 5 \times 5 \times 5 \times 5}_{5\text{개}} = 5^5$$

(c)
$$\frac{1}{128} = \frac{1}{2} \times \frac{1}{64} = \frac{1}{2} \times \frac{1}{2} \times \frac{1}{32} = \frac{1}{2} \times \frac{1}{2} \times \frac{1}{2} \times \frac{1}{16} = \frac{1}{2} \times \frac{1}{2} \times \frac{1}{2} \times \frac{1}{2} \times \frac{1}{8}$$
$$= \frac{1}{2} \times \frac{1}{2} \times \frac{1}{2} \times \frac{1}{2} \times \frac{1}{2} \times \frac{1}{4} = \underbrace{\frac{1}{2} \times \frac{1}{2} \times \frac{1}{2} \times \frac{1}{2} \times \frac{1}{2} \times \frac{1}{2} \times \frac{1}{2}}_{7\text{개}} = \left(\frac{1}{2}\right)^7$$

(d)
$$\frac{1}{2401} = \frac{1}{7} \times \frac{1}{343} = \frac{1}{7} \times \frac{1}{7} \times \frac{1}{49} = \underbrace{\frac{1}{7} \times \frac{1}{7} \times \frac{1}{7} \times \frac{1}{7}}_{4\text{개}} = \left(\frac{1}{7}\right)^4$$

주어진 수를 거듭제곱으로 나타내는 방법은 다양하다. 예를 들어, $-\frac{1}{8}$은 $\left(-\frac{1}{2}\right)^3$으로 나타낼 수도 있고, $-\left(\frac{1}{2}\right)^3$으로 나타낼 수도 있다.

5.2 거듭제곱의 계산

거듭제곱의 성질

거듭제곱은 다음과 같은 성질을 갖는다.

정리 5-1 거듭제곱의 성질

a가 양수이고 n, m이 자연수일 때, 다음이 성립한다.

(1) $a^n \times a^m = a^{n+m}$

(2) $a^n \div a^m = \dfrac{a^n}{a^m} = a^{n-m}$

(3) $(a^n)^m = a^{n \times m}$

(4) $a^0 = 1, \ a^1 = a$

거듭제곱의 성질을 이용하여 다음을 계산해보자.

예제 5-4

다음 식을 거듭제곱으로 나타내라.

(a) $2^9 \times 2^4$

(b) $3^8 \div 3^4$

(c) $5^4 \times 5^7 \div 5^3$

(d) $(7^6)^5$

TIP 거듭제곱의 곱셈과 나눗셈은 각각 지수의 덧셈과 뺄셈으로 계산한다.

풀이

(a) $2^9 \times 2^4 = 2^{9+4} = 2^{13}$

(b) $3^8 \div 3^4 = 3^{8-4} = 3^4$

(c) $5^4 \times 5^7 \div 5^3 = 5^{4+7-3} = 5^8$

(d) $(7^6)^5 = 7^{6 \times 5} = 7^{30}$

거듭제곱의 곱셈과 나눗셈의 성질을 확장하면, $3^8 \div 3^4 \div 3^2 = 3^{8-4-2} = 3^2$임을 알 수 있다. 거듭제곱의 성질은 n, m이 자연수일 때뿐만이 아니라 정수, 유리수, 실수일 때에도 사용할 수 있다. 예를 들어 a가 양수이고 $m = \dfrac{1}{3}$, $n = \dfrac{1}{4}$일 때 $a^m \times a^n = a^{\frac{1}{3}} \times a^{\frac{1}{4}} = a^{\frac{1}{3}+\frac{1}{4}} = a^{\frac{7}{12}}$이며, b가 양수이고 $m = 5$, $n = \dfrac{1}{3}$일 때 $(b^m)^n = (b^5)^{\frac{1}{3}} = b^{5 \times \frac{1}{3}} = b^{\frac{5}{3}}$이다.

예제 5-5

다음 식을 거듭제곱으로 나타내라.

(a) $2^{\frac{1}{4}} \times 2^{\frac{2}{5}}$　　　(b) $3^{-\frac{1}{3}} \div 3^{\frac{3}{4}}$

(c) $5^{\frac{2}{3}} \times 5^{\frac{1}{4}} \div 5^{-\frac{3}{5}}$　　　(d) $(7^{\frac{1}{6}})^{\frac{3}{7}}$

TIP 지수가 분수인 경우에도 거듭제곱의 성질을 적용한다.

풀이

(a) $2^{\frac{1}{4}} \times 2^{\frac{2}{5}} = 2^{\frac{1}{4}+\frac{2}{5}} = 2^{\frac{13}{20}}$

(b) $3^{-\frac{1}{3}} \div 3^{\frac{3}{4}} = 3^{-\frac{1}{3}-\frac{3}{4}} = 3^{-\frac{13}{12}}$

(c) $5^{\frac{2}{3}} \times 5^{\frac{1}{4}} \div 5^{-\frac{3}{5}} = 5^{\frac{2}{3}+\frac{1}{4}+\frac{3}{5}} = 5^{\frac{91}{60}}$

(d) $(7^{\frac{1}{6}})^{\frac{3}{7}} = 7^{\frac{1}{6}\times\frac{3}{7}} = 7^{\frac{1}{14}}$

거듭제곱의 활용

이제 거듭제곱을 활용하는 예를 알아보자.

■ 원리합계

원금 a원을 연이율 r로 1년마다의 복리로 예금할 때, n년 후의 원리합계는 $a(1+r)^n$이다. 은행에 a원을 예금하고 매년 이자가 $r\,\%$이면, 1년 후에 원금과 이자를 합하여

$$\underbrace{a}_{\text{원금}} + \underbrace{a \times r\,\%}_{\text{이자}} = a + a \times \frac{r}{100} = a\left(1 + \frac{r}{100}\right)(\text{원})$$

을 받는다. 이 돈을 다시 은행에 예금하면, 1년 후에 원금과 이자를 합하여

$$\underbrace{a\left(1+\frac{r}{100}\right)}_{\text{원금}} + \underbrace{a\left(1+\frac{r}{100}\right) \times \frac{r}{100}}_{\text{이자}} = a\left(1+\frac{r}{100}\right)\left(1+\frac{r}{100}\right) = a\left(1+\frac{r}{100}\right)^2(\text{원})$$

을 받는다. 이제 이 돈을 다시 은행에 예금하면, 1년 후에 원금과 이자를 합하여

$$\underbrace{a\left(1+\frac{r}{100}\right)^2}_{\text{원금}} + \underbrace{a\left(1+\frac{r}{100}\right)^2 \times \frac{r}{100}}_{\text{이자}} = a\left(1+\frac{r}{100}\right)^2\left(1+\frac{r}{100}\right) = a\left(1+\frac{r}{100}\right)^3(\text{원})$$

을 받는다. 이 관계를 이용하면 은행에 a원을 예금하고 매년 이자가 r% 일 때, n년 후에는

$$a\left(1+\frac{r}{100}\right)^n(\text{원})$$

을 받게 됨을 알 수 있다.

예제 5-6

은행에 100만 원을 예금하고 1년마다 복리로 5%의 이자를 받는다고 할 때, 다음 물음에 답하라.

(a) 은행에 2년간 예금을 하면, 원금과 이자를 합하여 얼마를 받을 수 있는지를 구하라.

(b) 은행에 20년간 예금을 하면, 원금과 이자를 합하여 얼마를 받을 수 있는지를 구하라.

TIP $(1.05)^2$과 $(1.05)^{20}$을 계산하여 원리합계를 구한다.

풀이

(a) $5\%=\frac{5}{100}=0.05$이고 $(1+0.05)^2=1.05^2=1.1025$이다. 따라서 은행에 2년간 예금을 하면, 원금과 이자를 합하여

$$1000000\times(1.05)^2=1000000\times1.1025=1102500(\text{원})$$

을 받게 된다.

(b) $5\%=\frac{5}{100}=0.05$이고, $(1+0.05)^{20}$을 소수점 아래 4자릿수로 나타내면 $(1+0.05)^{20}=1.05^{20}=2.6533$이다. 따라서 은행에 20년간 예금을 하면, 원금과 이자를 합하여

$$1000000\times(1.05)^{20}=1000000\times2.6533=2653300(\text{원})$$

을 받게 된다.

5.3 제곱근

$x^2 = 4$를 만족하는 x값은 양수 2와 음수 -2가 있다. 이와 같이 제곱하여 4가 되는 2와 -2의 관계를 다음과 같이 정의한다.

정의 5-3 제곱근

$a \geq 0$일 때, 제곱하여 a가 되는 수를 a의 **제곱근**square root이라 한다.

2를 제곱하면 4가 되고 -2를 제곱해도 4가 되므로, [정의 5-3]에 의해 2와 -2는 모두 4의 제곱근이다.

예제 5-7

다음 수의 제곱근을 구하라.

(a) 1　　(b) 9　　(c) 64　　(d) 144

TIP 제곱하여 주어진 수가 되는 수를 찾는다.

풀이

(a) $1^2 = 1$이고 $(-1)^2 = 1$이므로, 1과 -1은 1의 제곱근이다.

(b) $3^2 = 9$이고 $(-3)^2 = 9$이므로, 3과 -3은 9의 제곱근이다.

(c) $8^2 = 64$이고 $(-8)^2 = 64$이므로, 8과 -8은 64의 제곱근이다.

(d) $12^2 = 144$이고 $(-12)^2 = 144$이므로, 12와 -12는 144의 제곱근이다.

$a > 0$일 때 a의 제곱근 중 양수인 것은 $\sqrt{a}$로 나타내고, 음수인 것은 $-\sqrt{a}$로 나타낸다. 따라서 양수 a는 2개의 제곱근을 갖는다.

예제 5-8

다음 수의 제곱근을 구하라.

(a) 7 (b) 13 (c) 29 (d) 173

TIP 제곱하여 주어진 수가 되는 무리수를 찾는다.

풀이

(a) 7의 제곱근은 $\sqrt{7}$과 $-\sqrt{7}$이다.

(b) 13의 제곱근은 $\sqrt{13}$과 $-\sqrt{13}$이다.

(c) 29의 제곱근은 $\sqrt{29}$와 $-\sqrt{29}$이다.

(d) 173의 제곱근은 $\sqrt{173}$과 $-\sqrt{173}$이다.

$a > 0$일 때 a의 제곱근 중에서 양수인 $\sqrt{a}$를 이용하여 제곱근 a를 다음과 같이 정의한다.

정의 5-4 제곱근 a

$a > 0$일 때, $\sqrt{a}$를 **제곱근 a**^square root a^라 한다.

[정의 5-3]과 [정의 5-4]에서 '제곱근'과 'a'의 어순에 따라 결과가 달라진다는 점에 주의해야 한다. 즉, $a > 0$일 때 a의 제곱근은 $\sqrt{a}$와 $-\sqrt{a}$이지만 제곱근 a는 $\sqrt{a}$ 뿐이다.

예제 5-9

다음을 구하라.

(a) 49의 제곱근과 제곱근 49 (b) 256의 제곱근과 제곱근 256

(c) 19의 제곱근과 제곱근 19 (d) 79의 제곱근과 제곱근 79

TIP $a > 0$일 때 a의 제곱근은 2개 존재하고, 제곱근 a는 1개 존재한다.

풀이

(a) 49의 제곱근은 7과 -7이다. 제곱근 49는 7이다.

(b) 256의 제곱근은 16과 -16이다. 제곱근 256은 16이다.

(c) 19의 제곱근은 $\sqrt{19}$와 $-\sqrt{19}$이다. 제곱근 19는 $\sqrt{19}$이다.

(d) 79의 제곱근은 $\sqrt{79}$와 $-\sqrt{79}$이다. 제곱근 79는 $\sqrt{79}$이다.

a의 제곱근의 개수는 다음과 같다.

- a가 양수일 때 : a의 제곱근은 $\sqrt{a}$와 $-\sqrt{a}$이므로, a의 제곱근 개수는 2개이다.
- a가 0일 때 : 0의 제곱근은 $\sqrt{0}=0=-\sqrt{0}$이므로, a의 제곱근 개수는 1개이다.
- a가 음수일 때 : a의 제곱근은 없으므로, a는 제곱근 개수는 0개다.

제곱근을 간단히 나타내기

제곱근을 간단히 나타내고자 할 때 다음 방법을 이용한다.

정리 5-2 제곱근을 간단히 나타내는 방법 1

(1) $a \geq 0$일 때, $\sqrt{a^2}=a$이다.

(2) $a<0$일 때, $\sqrt{a^2}=-a$이다.

[정리 5-2]의 (2)에서 $a<0$이지만 $a^2>0$이므로 제곱근 a^2은 정의된다. [정리 5-2]에 따라 $\sqrt{5^2}=5$이고 $\sqrt{(-7)^2}=-(-7)=7$이다.

예제 5-10

다음 식을 간단히 하라.

(a) $\sqrt{8^2}$

(b) $\sqrt{(-19)^2}$

(c) $a>3$일 때 $\sqrt{(a-3)^2}$

(d) $b<4$일 때 $\sqrt{(2b-8)^2}$

TIP 근호 안의 수가 양수인지 음수인지를 확인한다.

풀이

(a) 8은 양수이므로, $\sqrt{8^2}=8$이다.

(b) -19가 음수이므로, $\sqrt{(-19)^2}=-(-19)=19$이다.

(c) $a>3$이면 $a-3$은 양수이므로, $\sqrt{(a-3)^2}=a-3$이다.

(d) $b<4$이면 $2b-8$은 음수이므로, $\sqrt{(2b-8)^2}=-(2b-8)=-2b+8$이다.

정리 5-3 제곱근을 간단히 나타내는 방법 2

$b>0$, $c>0$이고 $a=b^2\times c$일 때, $\sqrt{a}$를 간단히 나타내면 다음과 같다.

$$\sqrt{a}=\sqrt{b^2\times c}=b\sqrt{c}$$

[정리 5–3]에 따라 $\sqrt{12}=\sqrt{2^2\times 3}=2\sqrt{3}$이고 $\sqrt{32}=\sqrt{4^2\times 2}=4\sqrt{2}$이다.

예제 5-11

다음 식을 간단히 하라.

(a) $\sqrt{18}$ (b) $\sqrt{24}$ (c) $\sqrt{500}$ (d) $\sqrt{\dfrac{11}{36}}$

TIP 근호 안의 수를 $a^2\times b$의 꼴로 나타낸다.

풀이

(a) $\sqrt{18}=\sqrt{3^2\times 2}=3\sqrt{2}$

(b) $\sqrt{24}=\sqrt{2^2\times 6}=2\sqrt{6}$

(c) $\sqrt{500}=\sqrt{10^2\times 5}=10\sqrt{5}$

(d) $\sqrt{\dfrac{11}{36}}=\sqrt{\dfrac{1}{36}\times 11}=\sqrt{\left(\dfrac{1}{6}\right)^2\times 11}=\dfrac{1}{6}\sqrt{11}$

제곱근의 성질

제곱근은 다음과 같은 성질을 갖는다.

정리 5-4 제곱근의 성질

$a>0$, $b>0$이고 m, n이 실수일 때, 다음이 성립한다.

(1) $\sqrt{a}\sqrt{b}=\sqrt{ab}$

(2) $\dfrac{\sqrt{a}}{\sqrt{b}}=\sqrt{\dfrac{a}{b}}$

(3) $m\sqrt{a}+n\sqrt{a}=(m+n)\sqrt{a}$

(4) $m\sqrt{a}-n\sqrt{a}=(m-n)\sqrt{a}$

분배법칙 $a(b+c)=ab+ac$, $a(b-c)=ab-ac$와 제곱근의 성질을 이용하여 $\sqrt{2}(\sqrt{3}+\sqrt{5})$를 간단히 하면 다음과 같다.

$$\sqrt{2}(\sqrt{3}+\sqrt{5})=\sqrt{2}\times\sqrt{3}+\sqrt{2}\times\sqrt{5}=\sqrt{6}+\sqrt{10}$$

예제 5-12

다음 식을 간단히 하라.

(a) $\sqrt{3}(\sqrt{2}-\sqrt{6})$

(b) $\sqrt{128}-3\sqrt{32}+5\sqrt{8}$

(c) $(3\sqrt{2}+4\sqrt{5})(\sqrt{2}-2\sqrt{5})$

(d) $\sqrt{\frac{1}{3}}\left(\sqrt{\frac{3}{4}}-\sqrt{\frac{1}{27}}\right)$

TIP 제곱근의 성질과 분배법칙을 이용한다.

풀이

(a) $$\begin{aligned}\sqrt{3}(\sqrt{2}-\sqrt{6})&=\sqrt{3}\times\sqrt{2}-\sqrt{3}\times\sqrt{6}\\&=\sqrt{6}-\sqrt{18}\\&=\sqrt{6}-\sqrt{3^2\times 2}\\&=\sqrt{6}-3\sqrt{2}\end{aligned}$$

(b) $$\begin{aligned}\sqrt{128}-3\sqrt{32}+5\sqrt{8}&=\sqrt{8^2\times 2}-3\sqrt{4^2\times 2}+5\sqrt{2^2\times 2}\\&=8\sqrt{2}-12\sqrt{2}+10\sqrt{2}\\&=6\sqrt{2}\end{aligned}$$

(c) $$\begin{aligned}(3\sqrt{2}+4\sqrt{5})(\sqrt{2}-2\sqrt{5})&=3\sqrt{2}(\sqrt{2}-2\sqrt{5})+4\sqrt{5}(\sqrt{2}-2\sqrt{5})\\&=6-6\sqrt{10}+4\sqrt{10}-40\\&=-34-2\sqrt{10}\end{aligned}$$

(d) $$\begin{aligned}\sqrt{\frac{1}{3}}\left(\sqrt{\frac{3}{4}}-\sqrt{\frac{1}{27}}\right)&=\sqrt{\frac{1}{3}}\times\sqrt{\frac{3}{4}}-\sqrt{\frac{1}{3}}\times\sqrt{\frac{1}{27}}\\&=\sqrt{\frac{1}{4}}-\sqrt{\frac{1}{81}}\\&=\sqrt{\left(\frac{1}{2}\right)^2}-\sqrt{\left(\frac{1}{9}\right)^2}\\&=\frac{1}{2}-\frac{1}{9}=\frac{7}{18}\end{aligned}$$

5.4 분모의 유리화

분수식에서 분모에 무리수가 있는 경우, 거듭제곱의 계산을 이용해 분모를 유리화하면 더 간편하게 분수식을 계산할 수 있다.

정의 5-5 분모의 유리화

분모에 무리수가 있는 분수의 분모와 분자에 0이 아닌 같은 수를 곱하여 분모를 유리수로 만드는 것을 분모의 **유리화** rationalization 라 한다.

분수식에서 분모가 $\sqrt{a}$ 와 같이 하나의 제곱근으로 되어 있는 경우 분모와 분자에 $\sqrt{a}$ 를 곱하고 정리하여 분모를 유리화한다. 예를 들어 다음과 같다.

$$\frac{\sqrt{3}}{\sqrt{2}} = \frac{\sqrt{3} \times \sqrt{2}}{\sqrt{2} \times \sqrt{2}} = \frac{\sqrt{6}}{2}$$

$\frac{3}{\sqrt{20}}$ 과 같이 분모의 근호 안의 수가 $a^2 b$ 꼴로 소인수분해되면, $\sqrt{a^2 b} = a\sqrt{b}$ 임을 이용하여 다음과 같이 분모를 유리화한다.

$$\frac{3}{\sqrt{20}} = \frac{3}{\sqrt{2^2 \times 5}} = \frac{3}{2\sqrt{5}} = \frac{3 \times \sqrt{5}}{2\sqrt{5} \times \sqrt{5}} = \frac{3\sqrt{5}}{10}$$

예제 5-13

다음 식의 분모를 유리화하라.

(a) $\frac{\sqrt{3}}{\sqrt{5}}$ (b) $\frac{\sqrt{7}}{\sqrt{19}}$ (c) $\frac{5}{\sqrt{35}}$

(d) $\frac{7}{\sqrt{27}}$ (e) $\frac{4}{3\sqrt{2}}$ (f) $\frac{1}{\sqrt{40}}$

TIP 분자와 분모에 각각 분모에 있는 제곱근을 곱한다.

풀이

(a) $\dfrac{\sqrt{3}}{\sqrt{5}} = \dfrac{\sqrt{3} \times \sqrt{5}}{\sqrt{5} \times \sqrt{5}} = \dfrac{\sqrt{15}}{5}$

(b) $\dfrac{\sqrt{7}}{\sqrt{19}} = \dfrac{\sqrt{7} \times \sqrt{19}}{\sqrt{19} \times \sqrt{19}} = \dfrac{\sqrt{133}}{19}$

(c) $\dfrac{5}{\sqrt{35}} = \dfrac{5 \times \sqrt{35}}{\sqrt{35} \times \sqrt{35}} = \dfrac{5\sqrt{35}}{35} = \dfrac{\sqrt{35}}{7}$

(d) $\dfrac{7}{\sqrt{27}} = \dfrac{7}{3\sqrt{3}} = \dfrac{7 \times \sqrt{3}}{3\sqrt{3} \times \sqrt{3}} = \dfrac{7\sqrt{3}}{9}$

(e) $\dfrac{4}{3\sqrt{2}} = \dfrac{4 \times \sqrt{2}}{3\sqrt{2} \times \sqrt{2}} = \dfrac{4\sqrt{2}}{6} = \dfrac{2\sqrt{2}}{3}$

(f) $\dfrac{1}{\sqrt{40}} = \dfrac{1}{2\sqrt{10}} = \dfrac{1 \times \sqrt{10}}{2\sqrt{10} \times \sqrt{10}} = \dfrac{\sqrt{10}}{20}$

유리화의 응용

이제 분수식의 분모에 항이 2개인 경우를 살펴보자. 분수식의 분모에 제곱근이 있는 경우 공식 $(a+b)(a-b) = a^2 - b^2$을 이용하여 분자와 분모에 같을 식을 곱하여 분모를 유리화한다.

❶ $\dfrac{1}{\sqrt{a}+\sqrt{b}}$의 유리화 : 분모와 분자에 $\sqrt{a}-\sqrt{b}$를 곱하여 유리화한다.

$$\frac{1}{\sqrt{a}+\sqrt{b}} = \frac{1}{\sqrt{a}+\sqrt{b}} \times \frac{\sqrt{a}-\sqrt{b}}{\sqrt{a}-\sqrt{b}} = \frac{\sqrt{a}-\sqrt{b}}{a-b}$$

❷ $\dfrac{1}{\sqrt{a}-\sqrt{b}}$의 유리화 : 분모와 분자에 $\sqrt{a}+\sqrt{b}$를 곱하여 유리화한다.

$$\frac{1}{\sqrt{a}-\sqrt{b}} = \frac{1}{\sqrt{a}-\sqrt{b}} \times \frac{\sqrt{a}+\sqrt{b}}{\sqrt{a}+\sqrt{b}} = \frac{\sqrt{a}+\sqrt{b}}{a-b}$$

분모를 유리화할 때 위에 설명한 바와 같이 주어진 분모의 두 수 사이에 $+$가 있으면 두 수 사이에 $-$가 있는 수를 곱하면 되고, 반대로 주어진 분모의 두 수 사이에 $-$가 있으면 두 수 사이에 $+$가 있는 수를 곱하면 된다.

예제 5-14

다음 식의 분모를 유리화하라.

(a) $\dfrac{\sqrt{5}}{\sqrt{2}+\sqrt{3}}$　　(b) $\dfrac{\sqrt{7}}{\sqrt{3}-\sqrt{5}}$

(c) $\dfrac{4}{\sqrt{3}+1}$　　(d) $\dfrac{2}{4-\sqrt{5}}$

TIP $(a+b)(a-b)=a^2-b^2$을 이용하여 분모를 유리화한다.

풀이

(a) 분모에 $\sqrt{2}+\sqrt{3}$이 있으므로, 유리화를 위하여 분모와 분자에 $\sqrt{2}-\sqrt{3}$을 곱한다.

$$\frac{\sqrt{5}}{\sqrt{2}+\sqrt{3}}=\frac{\sqrt{5}(\sqrt{2}-\sqrt{3})}{(\sqrt{2}+\sqrt{3})(\sqrt{2}-\sqrt{3})}=\frac{\sqrt{10}-\sqrt{15}}{-1}=\sqrt{15}-\sqrt{10}$$

(b) 분모에 $\sqrt{3}-\sqrt{5}$가 있으므로, 유리화를 위하여 분모와 분자에 $\sqrt{3}+\sqrt{5}$를 곱한다.

$$\frac{\sqrt{7}}{\sqrt{3}-\sqrt{5}}=\frac{\sqrt{7}(\sqrt{3}+\sqrt{5})}{(\sqrt{3}-\sqrt{5})(\sqrt{3}+\sqrt{5})}=\frac{\sqrt{21}+\sqrt{35}}{-2}=-\frac{\sqrt{21}+\sqrt{35}}{2}$$

(c) 분모에 $\sqrt{3}+1$이 있으므로, 유리화를 위하여 분모와 분자에 $\sqrt{3}-1$을 곱한다.

$$\frac{4}{\sqrt{3}+1}=\frac{4(\sqrt{3}-1)}{(\sqrt{3}+1)(\sqrt{3}-1)}=\frac{4\sqrt{3}-4}{2}=2\sqrt{3}-2$$

(d) 분모에 $4-\sqrt{5}$가 있으므로, 유리화를 위하여 분모와 분자에 $4+\sqrt{5}$를 곱한다.

$$\frac{2}{4-\sqrt{5}}=\frac{2(4+\sqrt{5})}{(4-\sqrt{5})(4+\sqrt{5})}=\frac{8+2\sqrt{5}}{11}$$

분모를 유리화하는 방법과 같은 방법으로 분자도 유리화할 수 있다. 예를 들어 $\dfrac{\sqrt{5}-1}{4}$의 분자를 유리화하려면 분자에 $\sqrt{5}-1$이 있으므로, 분모와 분자에 $\sqrt{5}+1$을 곱하여 다음과 같이 분자를 유리화할 수 있다.

$$\frac{\sqrt{5}-1}{4}=\frac{(\sqrt{5}-1)(\sqrt{5}+1)}{4(\sqrt{5}+1)}=\frac{4}{4(\sqrt{5}+1)}=\frac{1}{\sqrt{5}+1}$$

5.5 공학문제

무어의 법칙과 황의 법칙

인텔Intel의 공동 설립자인 고든 무어Gordon Moore는 1965년에 "반도체 메모리의 집적도가 24개월마다 2배씩 증가한다"는 **무어의 법칙**Moore's law을 발표하였고, 이 법칙은 반도체 업계를 주도하는 하나의 지침과 같았다. 무어의 법칙 외에도 반도체 메모리의 집적도와 관련된 법칙이 있다. 전 삼성전자 기술총괄 사장인 황창규 박사가 2002년에 발표한 **황의 법칙**Hwang's law으로 "반도체 메모리의 집적도가 1년에 2배씩 증가한다"는 내용이다. 두 법칙은 모두 발표 이후 한 동안 법칙을 뒷받침하는 제품이 개발되었으나, 현재는 사실상 비용 등의 문제로 법칙이 깨졌다.

[그림 5-1] 메모리 카드

예제 5-15

반도체 메모리의 집적도가 황의 법칙에 따라서 10년간 증가한다면, 무어의 법칙에 따라서 10년간 증가할 때보다 집적도가 몇 배 더 증가하는지를 구하라.

TIP 10(년) = 24(개월) × 5임을 이용한다.

풀이

현재 반도체 메모리의 집적도를 a라 할 때 황의 법칙에 따라서 10년간 집적도가 증가하면 집적도는 $a \times 2^{10} = 1024a$이고, 무어의 법칙에 따라서 10년간 집적도가 증가하면 집적도는 $a \times 2^5 = 32a$이다. $1024a = 32 \times 32a$이므로 황의 법칙에 따라서 집적도가 증가한다면 무어의 법칙에 따라서 집적도가 증가할 때보다 32배 더 증가한다.

등속원운동

등속원운동uniform circular motion이란 물체가 원 둘레를 일정한 속력으로 움직이는 운동을 말한다. 이때 원운동을 하는 물체의 속력은 일정하지만, 운동 방향이 항상 원 둘레의 접선 방향으로서 물체의 위치에 따라 변하기 때문에 등속원운동은 가속도 운동의 일부이다.

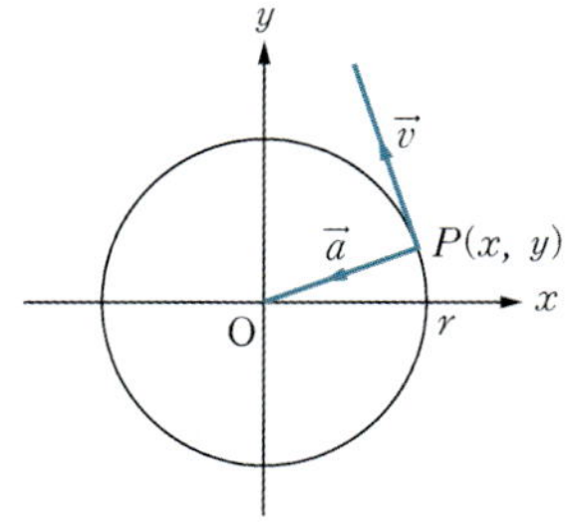

[그림 5-2] 등속원운동

반지름이 r인 원 둘레를 속력 v로 움직일 때 물체의 가속도 a와 반지름, 속력의 관계는 다음과 같다.[2]

$$a = \frac{v^2}{r}$$

예제 5-16

반지름이 81m인 원형 도로에서 신형 자동차를 테스트하려 한다. 자동차 바퀴가 미끄러지지 않고 돌 수 있는 가속도가 $64\mathrm{m/s^2}$일 때, 자동차가 안전하게 회전할 수 있는 최대 속력을 구하라.

TIP 등속원운동 공식 $a = \frac{v^2}{r}$을 이용한다.

풀이

등속원운동의 공식에서 $a = 64$이고 $r = 81$이므로 $v^2 = a \times r = 64 \times 81$이다. 속력은 양의 값으로 나타내므로 $v = \sqrt{64 \times 81} = \sqrt{8^2 \times 9^2} = 72(\mathrm{m/s})$이다.

탈출속도

[그림 5-3] **우주선**

공을 하늘 위로 던지면 만유인력에 의하여 공이 떨어진다. 그런데 하늘로 던진 공과는 달리 우주선은 속력이 어느 수준을 넘으면 지구로 추락하지 않고 우주로 날아갈 수 있다. 지구의 질량이 M, 만유인력 상수가 G, 지구의 반지름이 R, 우주선의 질량이 m, 우주선의 속력이 v라고 하면, 우주선의 위치에너지는 $E_p = -G\frac{mM}{R}$이고 우주선의 운동에너지는 $E_k = \frac{1}{2}mv^2$이므로 총 역학적 에너지는 $E = E_k + E_p = \frac{1}{2}mv^2 - G\frac{mM}{R}$이다. 따라서 역학적 에너지가 0이 될 때의 v값은 $v = \sqrt{2G\frac{M}{R}}$이므로, 지표면에서 쏘아 올린 우주선이 지구를 탈출하여 무한히 먼 곳까지 도달하는 데 필요한 최소 속력은 다음과 같다.

$$v = \sqrt{2\,G\frac{M}{R}}$$

2 반지름이 r m일 때, 속력의 단위는 m/s, 가속도의 단위는 $\mathrm{m/s^2}$이다.

예제 5-17

만유인력 상수는 $6.673 \times 10^{-11}\,\mathrm{Nm^2/kg^2}$, 지구의 질량은 $6 \times 10^{24}\,\mathrm{kg}$, 지구의 반지름은 $64 \times 10^5\,\mathrm{m}$이다. 750 kg의 우주선이 지구를 탈출한다고 할 때, 우주선의 최소 속력을 구하라.

TIP 지구 탈출을 위한 최소 속력을 구할 때, 우주선의 무게는 고려하지 않는다.

풀이

$$v = \sqrt{2G\frac{M}{R}} = \sqrt{2 \times 6.673 \times 10^{-11} \times \frac{6 \times 10^{24}}{64 \times 10^5}} = \sqrt{1.2511875} \times 10^4\,(\mathrm{m/s})\text{이다.}$$

$\sqrt{1.2511875} \times 10^4 \fallingdotseq 11186$이므로, 우주선이 지구를 탈출하기 위한 최소 속력은 대략 초속 11186 m이다.

속도압

고깃집에서는 천장에 달린 환풍기를 흔하게 볼 수 있다. 산업 위생학의 산업 환기 분야에서는 이러한 환풍기에서 공기를 빨아들이는 관을 후드hood라 하고, 후드에서 빨아들인 공기가 지나가는 관을 덕트duct라 한다. 송풍 시설을 설계하기 위해서는 반드시 **속도압**velocity pressure v_p를 계산해야 하는데, 이는 다음과 같이 구한다.

[그림 5-4] **환풍기**

$$v_p = \frac{\gamma v^2}{2g}$$

여기서 v는 덕트에서의 공기의 속도이고, γ는 공기의 밀도, g는 중력가속도이다.[3]

예제 5-18

공기 밀도가 $1\,\mathrm{kg/m^3}$일 때, 속도압이 $19.6\,\mathrm{mmH_2O}$인 덕트의 공기의 속도를 구하라. (단, 중력가속도는 $9.8\,\mathrm{m/s^2}$이다.)

TIP 속도압 공식을 공기 속도에 대하여 정리한다.

풀이

속도압은 $v_p = \frac{\gamma v^2}{2g}$이므로, 이를 속도에 대하여 정리하면 $v = \sqrt{\frac{2g\,v_p}{\gamma}}$이다. 이 식에 $v_p = 19.6$, $\gamma = 1$, $g = 9.8$을 대입하면 다음과 같다.

$$v = \sqrt{\frac{2 \times 9.8 \times 19.6}{1}} = \sqrt{19.6 \times 19.6} = 19.6\,(\mathrm{m/s})$$

3 속도압이란 공기의 흐름 방향으로 미치는 속도의 압력을 말하며, 단위는 주로 $\mathrm{mmH_2O}$를 사용한다. 공기 속도 v의 단위는 m/s, 공기 밀도 γ의 단위는 $\mathrm{kg/m^3}$이고, 중력가속도는 $9.8\mathrm{m/s^2}$이다.

CHAPTER 05 연습문제

5.1 다음을 계산하라.

(a) 2^7　　(b) 5^4

(c) 3^{-4}　　(d) 4^{-3}

(e) $(-5)^3$　　(f) $(-7)^4$

(g) $(-4)^{-4}$　　(h) $(-5)^{-3}$

5.2 다음 수를 거듭제곱으로 나타내라.

(a) 729　　(b) 2048

(c) 1296　　(d) 2197

(e) $\dfrac{1}{243}$　　(f) $\dfrac{1}{256}$

(g) $\dfrac{1}{1331}$　　(h) $\dfrac{1}{3125}$

5.3 다음 식을 거듭제곱으로 나타내라.

(a) $3^4 \times 3^7 \div 3^2$　　(b) $5^6 \div 5^4 \times 5^3$

(c) $\dfrac{6^{11} \times 6^{-3}}{6^5}$　　(d) $\dfrac{7^{-4}}{7^5 \times 7^7}$

(e) $(10^4 \times 10^7) \div (10^{-2} \times 10^4)$　　(f) $(11^4 \div 11^3) \times (11^5 \div 11^{-6})$

(g) $(13^6)^{-7}$　　(h) $\left(\dfrac{1}{13^5}\right)^{-6}$

5.4 다음 수의 제곱근을 구하라.

(a) 81　　(b) 121

(c) 225　　(d) 361

(e) 11　　(f) 19

(g) 101　　(h) 311

5.5 다음을 구하라.

(a) 169의 제곱근과 제곱근 169　　(b) 289의 제곱근과 제곱근 289

(c) 39의 제곱근과 제곱근 39　　(d) 122의 제곱근과 제곱근 122

5.6 다음 식을 간단히 하라.

(a) $\sqrt{2}(2\sqrt{2}+3\sqrt{3})$

(b) $\sqrt{3}(\sqrt{8}-\sqrt{12})$

(c) $(\sqrt{3}+2\sqrt{5})(3\sqrt{5}-\sqrt{3})$

(d) $(2\sqrt{2}-3\sqrt{7})(3\sqrt{2}+5\sqrt{7})$

(e) $\sqrt{\frac{1}{3}}\left(\sqrt{\frac{2}{27}}-\sqrt{\frac{5}{9}}\right)$

(f) $\sqrt{\frac{1}{2}}\left(\sqrt{\frac{5}{6}}+\sqrt{\frac{1}{8}}\right)$

5.7 다음 식을 간단히 하라.

(a) $\sqrt{15^2}$

(b) $\sqrt{(-17)^2}$

(c) $a>2$일 때, $\sqrt{(a-2)^2}$

(d) $a<2$일 때, $\sqrt{(a-2)^2}$

(e) $b>-1$일 때, $\sqrt{(1+b)^2}$

(f) $b<-1$일 때, $\sqrt{(1+b)^2}$

5.8 다음 식을 간단히 하라.

(a) $\sqrt{48}$

(b) $\sqrt{88}$

(c) $\sqrt{112}$

(d) $\sqrt{150}$

(e) $\sqrt{\frac{7}{64}}$

(f) $\sqrt{\frac{11}{361}}$

5.9 다음 식의 분모를 유리화하라.

(a) $\sqrt{\frac{5}{11}}$

(b) $\frac{\sqrt{7}}{\sqrt{13}}$

(c) $\sqrt{\frac{13}{18}}$

(d) $\frac{\sqrt{11}}{\sqrt{32}}$

(e) $\frac{1}{\sqrt{80}}$

(f) $\frac{8}{\sqrt{88}}$

5.10 다음 식의 분모를 유리화하라.

(a) $\dfrac{2}{\sqrt{5}+\sqrt{3}}$ (b) $\dfrac{3}{\sqrt{7}-\sqrt{5}}$

(c) $\dfrac{1}{\sqrt{7}+2}$ (d) $\dfrac{2}{\sqrt{11}-3}$

(e) $\dfrac{2}{5+\sqrt{2}}$ (f) $\dfrac{7}{6-\sqrt{3}}$

(g) $\dfrac{\sqrt{5}}{4+3\sqrt{2}}$ (h) $\dfrac{\sqrt{3}}{5-4\sqrt{2}}$

5.11 은행에 1000만 원을 예금하고 1년마다 복리로 10%의 이자를 받는다고 할 때, 다음 물음에 답하라.

(a) 은행에 3년간 예금을 하면 원금과 이자를 합하여 얼마를 받을 수 있는지를 구하라.

(b) 은행에 15년간 예금을 하면 원금과 이자를 합하여 얼마를 받을 수 있는지를 구하라.

5.12 우주의 어느 별에서는 거리가 r만큼 떨어져 있는 질량이 m_1인 물체와 질량이 m_2인 물체가 서로 끌어당기는 힘 F는 $F=\dfrac{m_1 m_2}{r^2}$로 설명된다. $F=10(\mathrm{N})$이고 $m_1=16(\mathrm{kg})$, $m_2=35(\mathrm{kg})$일 때, r값을 구하라.

5.13 지구의 질량이 $6\times10^{24}\,\mathrm{kg}$, 지구의 반지름이 $64\times10^{5}\,\mathrm{m}$이고 달의 질량은 지구 질량의 $\dfrac{1}{81}$, 달의 반지름은 지구 반지름의 $\dfrac{1}{4}$이다. 930 kg의 우주선이 달을 탈출하고자 할 때, 우주선의 최소 속력을 구하라. (단, 만유인력 상수 G는 6.673 × 6.673 $\times 10^{-11}\,\mathrm{N\,m^2/kg^2}$이다.)

CHAPTER 06

기본 단위와 단위 변환

CONTENTS

학습목표

- 국제단위계에서 사용하는 다양한 단위들을 살펴본다.
- 10의 거듭제곱과 관련된 다양한 접두사들의 의미를 알아본다.
- 과학적 표기법과 공학적 표기법을 익히고, 표기법을 전환하는 방법을 학습한다.

과학과 공학 분야에서는 도구를 사용하여 아주 작은 길이를 측정한다. 해변의 고운 모래 입자의 지름은 $90\mu m$, 세균bacteria의 크기는 $1\mu m$에서 $5\mu m$ 정도로 알려져 있다. 이런 길이와 크기는 너무 작고 미세해서 우리가 시각적으로나 촉각적으로는 확인하기 어렵다.

생활 속에서는 측정하기 어려운 작은 길이의 경우 길이 대신 무게를 사용하여 두께를 나타내는 경우가 있다. 예를 들어 A4 용지 한 장의 두께가 얼마일지 생각해보자. 공학적 도구를 사용하면 측정이 가능하겠지만, A4 용지를 만드는 회사들은 고객이 쉽게 이해하기 어려운 종이의 두께를 알려주는 대신에 종이의 무게를 알려주어 종이의 두께가 어느 정도인지 확인할 수 있도록 한다.

위 사진은 우리가 A4 용지 1팩을 구입했을 때 포장지에서 찾을 수 있는 종이에 대한 정보이다. 주어진 정보에서 80gsm[1]는 $80g/1m^2$을 의미한다. 따라서 이 사진의 A4 용지는 가로가 210mm, 세로가 297mm이고 $1m^2$당 무게가 80g인 두께를 가지고 있다.

일반적으로 명함에 사용되는 용지는 200gsm, 상장에 사용되는 용지는 150gsm, 영수증에 사용되는 용지는 60gsm, 휴지는 10gsm이다. 따라서 A4 용지보다 명함은 더 두껍게 느껴지고 영수증은 더 얇게 느껴진다.

1 gsm은 gram per square meter의 약어로 '$1m^2$당 그램'의 의미이다.

6.1 기본 단위

국제단위계International System of Units는 무게와 측정에 관한 국제회의에서 개발된 단위계로 대부분의 국가에서 채택하고 있다. 국제단위계는 줄여서 SI 단위계라 하며, SI 단위계는 MKSAMeter-Kilogram-Second-Ampere 단위계에 기초를 두고 있다.

SI 기본 단위

SI 단위계에는 다음 표와 같이 7개의 기본단위가 있다.

[표 6-1] SI 기본 단위

분류	SI 기본 단위	기호
길이	미터(meter)	m
질량	킬로그램(kilogram)	kg
시간	초(second)	s
전류	암페어(ampere)	A
열역학적 온도	켈빈(kelvin)	K
광도	칸델라(candela)	cd
물질의 양	몰(mole)	mol

SI 기본 단위에 대한 정의는 다음과 같다.

정의 6-1 SI 기본 단위

(1) **미터**meter는 빛이 진공 중에서 1/299792458초 동안 진행한 거리이다.

(2) **킬로그램**kilogram은 질량의 단위이며, 국제적인 킬로그램원기의 질량으로 정의한다.

(3) **초**second는 세슘-133 원자가 갖는 바닥상태의 두 초미세 준위 사이의 전이에 해당하는 복사선 주기의 9192631770배 지속 시간이다. (절대온도 0도에 있는 세슘 원자 기준)

(4) **암페어**ampere는 진공 상태에서 1미터 떨어져 있고 단면적을 무시할 수 있는 무한히 긴 평행도체 사이에 미터당 2×10^{-7}N의 힘이 작용하도록 하는 정상 전류이다.

(5) **켈빈**kelvin은 물의 삼중점에 대한 열역학적 온도의 $\frac{1}{273.16}$을 단위로 한 열역학적 온도 단위이다.

(6) **칸델라**candela는 진동수 540×10^{12} Hz인 단색광을 방출하는 광원의 복사도가 어떤 방향으로 스테라디안당 $\frac{1}{683}$ W일 때, 이 방향에 대한 광도이다.

(7) **몰**mole은 0.012 kg의 탄소-12에 존재하는 탄소 원자의 수와 같은 기본 입자를 포함하고 있는 계의 물질의 양이다.

[정의 6-1]의 (2)에서 킬로그램원기는 무게와 측정에 관한 프랑스 국제사무국의 Sevres 지하실에 보관되어 있는 백금과 이리듐의 합금으로 특수 제작된 원기둥을 말한다. [정의 6-1]의 (3)에서 절대온도absolute temperature는 −273.15℃를 절대 영점으로 하여 섭씨온도에 273.15를 더해 얻은 온도이다. [정의 6-1]의 (5)에서 삼중점triple point은 기체, 액체, 고체의 세 가지 상이 평형상태일 때의 온도와 압력을 말한다. 또한 [정의 6-1]의 (6)에서 스테라디안steradian은 구의 반지름의 제곱과 넓이가 같은 구면 위의 넓이에 대하여 구의 중심으로부터 잘린 입체각이고 기호는 sr이다.

SI 유도 단위

SI 단위계에는 7개의 기본 단위 이외에 다음과 같은 유도 단위가 있다.

[표 6-2] SI 유도 단위

분류	SI 유도 단위	기호	SI 기본 단위로 표시
면적	제곱미터(square meter)	m^2	
부피	세제곱미터(cubic meter)	m^3	
각도	라디안(radian) 또는 도(degree)	rad 또는 °	
속력, 속도	초당 미터 (meter per second)	m/s	
가속도	초의 제곱당 미터 (meter per second squared)	m/s^2	
각속도	초당 라디안(radian per second)	rad/s	
힘	뉴턴(newton)	N	$kg \cdot m \cdot s^{-2}$
압력	파스칼(pascal)	Pa	$m^{-1} \cdot kg \cdot s^{-2}$ $(=N/m^2)$

분류	SI 유도 단위	기호	SI 기본 단위로 표시
일 또는 에너지	줄(joule)	J	$m^2 \cdot kg \cdot s^{-2}$ $(=C \cdot V)$
일률	와트(watt)	W	$m^2 \cdot kg \cdot s^{-3}$ $(=J/s)$
주파수 또는 진동수	헤르츠(hertz)	Hz	s^{-1}
전하량	쿨롱(coulomb)	C	$s \cdot A$
전기용량	패럿(farad)	F	$m^2 \cdot kg^{-1} \cdot s^4 \cdot A^2$ $(=C/V)$
전위차 또는 기전력	볼트(volt)	V	$m^2 \cdot kg \cdot s^{-3} \cdot A^{-1}$ $(=W/A)$
전기저항	옴(ohm)	Ω	$m^2 \cdot kg \cdot s^{-3} \cdot A^{-2}$ $(=V/A)$
인덕턴스	헨리(henry)	H	$m^2 \cdot kg \cdot s^{-2} \cdot A^{-2}$ $(=V \cdot s/A)$
조명도	럭스(lux)	lx	$m^{-2} \cdot cd \cdot sr$
방사능	베크렐(becquerel)	Bq	s^{-1}
	시버트(sievert)	Sv	$m^2 \cdot s^{-2}(=J/kg)$

SI 유도 단위에 대한 정의는 다음과 같다.

정의 6-2 SI 유도 단위

(1) **라디안**radian은 원 둘레에서 반지름의 길이와 같은 호에 대응하는 중심각의 크기이다.

(2) **뉴턴**newton은 1kg의 질량에 제곱초당 1m의 가속도가 생기게 하는 힘이다.

(3) **파스칼**pascal은 $1m^2$에 1N의 힘이 작용하는 압력이다.

(4) **줄**joule은 1N의 힘으로 물체를 1m만큼 움직이는 동안 하는 일 또는 그렇게 움직이는 데 필요한 에너지이다.

(5) **와트**watt는 초당 1J의 비율로 에너지를 발생시켜주는 전력이다.

(6) **헤르츠**hertz는 진동 운동에서 물체가 일정한 왕복 운동을 지속적으로 반복할 때, 초당 이러한 반복 운동이 일어난 횟수이다.

(7) **쿨롱**coulomb은 1A의 전류가 1초 동안 흘렀을 때 이동한 전하량이다.

(8) **패럿**farad은 커패시터(축전기)capacitor의 두 판이 각각 1C의 동일한 전기량으로 대전되었을 때, 그 판들 사이에 전위차가 1V가 되는 커패시터의 전기용량이다.

(9) **볼트**volt는 1A의 전류가 도체의 두 점 사이를 흐를 때 소모되는 전력량이 1W일 경우, 그 두 점 사이의 전압이다.

(10) **옴**ohm은 도체의 두 점 사이에 1A의 전류가 흐를 때, 1V의 전위차를 일으킬 때 나타나는 전기저항이다.

(11) **헨리**henry는 닫힌회로에서 전류가 초당 1A의 비율로 균일하게 변할 때, 회로에 1V의 기전력이 생기는 닫힌회로의 인덕턴스이다.

(12) **럭스**lux는 1cd의 점광원point source으로부터 1m 떨어진 곳에 있는 광선에 수직인 면의 조명도이다.

(13) **배크렐**becquerel은 1초에 원자 1개가 붕괴되는 단위이다.

(14) **시버트**sievert는 흡수선량에 선질계수와 기타의 수정계수를 곱한 값이다.

다음은 [표 6-2]와 [정의 6-2]에 사용된 물리학과 공학의 용어를 정리한 것이다.

- 전하량quantity of electric charge : 어떤 물체 또는 입자가 띠고 있는 전기의 양이다.
- 인덕턴스inductance : 요약 회로를 흐르는 전류의 변화에 의해 전자기 유도로 생기는 역기전력의 비율을 나타내는 양이다.
- 흡수선량absorbed dose : 조사 물질에 흡수되는 방사선의 단위 질량당 에너지의 양이다.
- 선질계수quality factor : 흡수선량이 같더라도 방사선의 성질에 따라 다른 생물학적 효과를 수정하기 위한 계수이다.
- 수정계수modifying factor : 흡수선량으로부터 선량당량을 구할 때 고려되는 인자이다.

6.2 단위의 변환

SI 단위계의 단위들은 [표 6-3]에 있는 접두사를 사용하여 주어진 값에 적절한 10의 거듭제곱을 곱하거나 나누어 큰 값과 작은 값을 쉽게 나타낼 수 있다.

[표 6-3] SI 단위계에서의 접두사

10의 지수	접두사	약어	10의 지수	접두사	약어
10^{-24}	욕토(yocto)	y	10^{3}	킬로(kilo)	k
10^{-21}	젭토(zepto)	z	10^{6}	메가(mega)	M
10^{-18}	아토(atto)	a	10^{9}	기가(giga)	G
10^{-15}	펨토(femto)	f	10^{12}	테라(tera)	T
10^{-12}	피코(pico)	p	10^{15}	페타(peta)	P
10^{-9}	나노(nano)	n	10^{18}	엑사(exa)	E
10^{-6}	마이크로(micro)	μ	10^{21}	제타(zetta)	Z
10^{-3}	밀리(milli)	m	10^{24}	요타(yotta)	Y

이외에도 10^{-2}을 나타내는 센티(c)^{centi}, 10^{-1}을 나타내는 데시(d)^{deci}, 10^{1}을 나타내는 데카(da)^{deca}, 10^{2}을 나타내는 헥토(h)^{hecto} 등의 접두사가 있다.

이제 [표 6-3]의 접두사들 사이의 관계를 알아보자.

예제 6-1

다음 괄호 안에 들어갈 알맞은 수를 구하라.

(a) $1\text{m} = 1 \times 10^{(\ \ )}\text{M}$

(b) $1\text{m} = 1 \times 10^{(\ \ )}\text{T}$

(c) $1\text{P} = 1 \times 10^{(\ \ )}\text{M}$

(d) $1\text{P} = 1 \times 10^{(\ \ )}\text{T}$

TIP 거듭제곱의 성질 $a^m \times a^n = a^{m+n}$을 이용한다.

풀이

(a) $1\text{m} = 1 \times 10^{-3}$이고 $1\text{M} = 1 \times 10^{6}$이다. 따라서

$$1\text{m} = 1 \times 10^{-3} = 1 \times 10^{-9} \times 10^{6} = 1 \times 10^{-9}\text{M}$$

이므로 ( ) = -9이다.

(b) $1\text{m} = 1 \times 10^{-3}$이고 $1\text{T} = 1 \times 10^{12}$이다. 따라서

$$1\text{m} = 1 \times 10^{-3} = 1 \times 10^{-15} \times 10^{12} = 1 \times 10^{-15}\text{T}$$

이므로 ( ) = −15이다.

(c) $1\text{P} = 1 \times 10^{15}$이고 $1\text{M} = 1 \times 10^{6}$이다. 따라서

$$1\text{P} = 1 \times 10^{15} = 1 \times 10^{9} \times 10^{6} = 1 \times 10^{9}\text{M}$$

이므로 ( ) = 9이다.

(d) $1\text{P} = 1 \times 10^{15}$이고 $1\text{T} = 1 \times 10^{12}$이다. 따라서

$$1\text{P} = 1 \times 10^{15} = 1 \times 10^{3} \times 10^{12} = 1 \times 10^{3}\text{T}$$

이므로 ( ) = 3이다.

[표 6-3]의 접두사들은 [표 6-1]과 [표 6-2]에 있는 기본 단위와 유도 단위 앞에 약어를 써서 나타낸다. 이 접두사들 중 사용하는 빈도수가 높은 접두사들은 나노, 마이크로, 밀리, 킬로, 메가, 기가이다.

예를 들어 시간 300ns에서 s는 기본 단위의 초second이고 n은 접두사 나노의 약어이므로, 300ns는 300×10^{-9}s를 의미한다. 또 다른 예로 기전력 25MV에서 V는 유도 단위의 볼트volt이고 M은 접두사 메가의 약어이므로, 25MV는 25×10^{6}V를 의미한다.

예제 6-2

다음 괄호 안에 들어갈 알맞은 수를 구하라.

(a) 15nN = ( )N

(b) 320GF = ( )F

(c) 180μm = ( )m

(d) 95.3MHz = ( )Hz

TIP 접두사인 n, G, μ, M의 의미를 이용한다.

풀이

(a) n은 10^{-9}을 나타내는 접두사 나노의 약어이므로, $15\text{nN} = 15 \times 10^{-9}\text{N}$이다.

(b) G는 10^{9}을 나타내는 접두사 기가의 약어이므로, $320\text{GF} = 320 \times 10^{9}\text{F}$이다.

(c) μ는 10^{-6}을 나타내는 접두사 마이크로의 약어이므로, $180\mu\text{m} = 180 \times 10^{-6}\text{m}$이다.

(d) M은 10^{6}을 나타내는 접두사 메가의 약어이므로, $95.3\text{MHz} = 95.3 \times 10^{6}\text{Hz}$이다.

[예제 6-2]의 경우와 반대로, 주어진 단위를 적당한 접두사를 이용하여 다르게 나타낼 수 있다.

예제 6-3

다음 괄호 안에 들어갈 알맞은 수를 구하라.

(a) $2500\text{W} = (\quad)\text{kW}$

(b) $0.035\text{Sv} = (\quad)\text{mSv}$

(c) $8200\text{V} = (\quad)\text{MV}$

(d) $0.00012\text{Bq} = (\quad)\text{nBq}$

TIP 접두사인 k, m, M, n의 의미를 이용한다.

풀이

(a) k는 10^3을 나타내는 접두사 킬로의 약어이고 $2500 = 2.5 \times 10^3$이므로,

$$2500\text{W} = 2.5 \times 10^3\text{W} = 2.5\text{kW}$$

이다.

(b) m은 10^{-3}을 나타내는 접두사 마이크로의 약어이고 $0.035 = 35 \times 10^{-3}$이므로,

$$0.035\text{Sv} = 35 \times 10^{-3}\text{Sv} = 35\text{mSv}$$

이다.

(c) M은 10^6을 나타내는 접두사 메가의 약어이고 $8200 = 0.0082 \times 10^6$이므로,

$$8200\text{V} = 0.0082 \times 10^6\text{V} = 0.0082\text{MV}$$

이다.

(d) n은 10^{-9}을 나타내는 접두사 나노의 약어이고 $0.00012 = 120000 \times 10^{-9}$이므로,

$$0.00012\text{Bq} = 120000 \times 10^{-9}\text{Bq} = 120000\text{nBq}$$

이다.

[예제 6-2]와 [예제 6-3]의 경우를 응용하여 하나의 접두사를 이용하여 설명된 단위를 다른 접두사를 이용하여 새롭게 나타낼 수 있다.

예제 6-4

다음 괄호 안에 들어갈 알맞은 수를 구하라.

(a) $27\text{TSv} = (\quad)\text{mSv}$ (b) $36\text{GN} = (\quad)\text{nN}$

(c) $45\mu\text{V} = (\quad)\text{MV}$ (d) $67\text{mC} = (\quad)\text{EC}$

TIP 접두사인 T, m, G, n, μ, M, E의 의미를 이용한다.

풀이

(a) $27\text{TSv} = 27 \times 10^{12}\text{Sv}$이고 $\text{mSv} = 10^{-3}\text{Sv}$이다. 따라서

$$27\text{TSv} = 27 \times 10^{12}\text{Sv} = 27 \times 10^{15} \times 10^{-3}\text{Sv} = 27 \times 10^{15}\text{mSv}$$

이므로 $(\quad) = 27 \times 10^{15}$이다.

(b) $36\text{GN} = 36 \times 10^{9}\text{N}$이고 $\text{nN} = 10^{-9}\text{N}$이다. 따라서

$$36\text{GN} = 36 \times 10^{9}\text{N} = 36 \times 10^{18} \times 10^{-9}\text{N} = 36 \times 10^{18}\text{nN}$$

이므로 $(\quad) = 36 \times 10^{18}$이다.

(c) $45\mu\text{V} = 45 \times 10^{-6}\text{V}$이고 $\text{MV} = 10^{6}\text{V}$이다. 따라서

$$45\mu\text{V} = 45 \times 10^{-6}\text{V} = 45 \times 10^{-12} \times 10^{6}\text{V} = 45 \times 10^{-12}\text{MV}$$

이므로 $(\quad) = 45 \times 10^{-12}$이다.

(d) $67\text{mC} = 67 \times 10^{-3}\text{C}$이고 $\text{EC} = 10^{18}\text{C}$이다. 따라서

$$67\text{mC} = 67 \times 10^{-3}\text{C} = 67 \times 10^{-21} \times 10^{18}\text{C} = 67 \times 10^{-21}\text{EC}$$

이므로 $(\quad) = 67 \times 10^{-21}$이다.

6.3 과학적 표기법과 공학적 표기법

과학과 공학에서 사용하는 숫자는 958800000000000 처럼 아주 크거나 0.00000000007873 처럼 아주 작은 경우가 많다. 이런 경우 이 숫자들을 그대로 나타냈을 때 읽기도 불편하고 다른 수와의 차이를 쉽게 확인하기 어렵다. 이러한 문제를 해결하기 위하여 주어진 수를 과학적 표기법과 공학적 표기법이라는 특별한 표현법을 사용하여 나타낸다.

정의 6-3 과학적 표기법

주어진 수를 $a \times 10^n$(단, $1 \le a < 10$이고 n은 정수)으로 나타낸 것을 **과학적 표기법**scientific notation이라 한다. 과학적 표기법은 **표준형**standard form이라 불리기도 한다.

[정의 6-3]에 의하여 주어진 수를 과학적 표기법으로 나타내려면 소수점 왼쪽에 0이 아닌 하나의 숫자를 쓰고 여기에 적당한 10의 거듭제곱을 곱하여 표현한다.

예를 들어 36.5를 과학적 표기법으로 나타내려면, 숫자 3을 소수점 왼쪽에 나타내고 여기에 10^1을 곱하여 3.65×10^1으로 표현한다. 또 다른 예로 0.0746을 과학적 표기법으로 나타내려면, 0이 아니면서 처음으로 나타나는 수인 7을 소수점 왼쪽에 나타내고 여기에 10^{-2}을 곱하여 7.46×10^{-2}으로 표현한다. 이와 같이 주어진 수를 과학적 표기법으로 나타내고자 할 때 [표 6-4]의 예시를 참조하면 편리하다.

[표 6-4] 과학적 표기법으로 나타내는 예시

수	과학적 표기법
0.0001234	1.234×10^{-4}
0.001234	1.234×10^{-3}
0.01234	1.234×10^{-2}
0.1234	1.234×10^{-1}
1.234	1.234×10^0
12.34	1.234×10^1
123.4	1.234×10^2
1234	1.234×10^3
12340	1.234×10^4

예제 6-5

주어진 수를 과학적 표기법으로 나타내라.

(a) 32.892　　(b) 62438

(c) 0.4207　　(d) 0.00001618

TIP 주어진 수를 $a \times 10^n$ 으로 나타내고, $1 \le a < 10$이 되도록 한다.

풀이

(a) $32.892 = 3.2892 \times 10^1$이므로, 32.892의 과학적 표기법은 3.2892×10^1이다.

(b) $62438 = 6.2438 \times 10^4$이므로, 62438의 과학적 표기법은 6.2438×10^4이다.

(c) $0.4207 = 4.207 \times 10^{-1}$이므로, 0.4207의 과학적 표기법은 4.207×10^{-1}이다.

(d) $0.00001618 = 1.618 \times 10^{-5}$이므로, 0.00001618의 과학적 표기법은 1.618×10^{-5}이다.

주어진 수를 과학적 표기법으로 나타낼 수 있는 것과 같이 과학적 표기법으로 나타낸 수를 소수로도 나타낼 수 있다. $a \times 10^n$ 으로 표현된 과학적 표기법을 소수로 나타낼 때 n이 양의 정수이면 a에 있는 소수점을 오른쪽으로 n칸 이동하고, n이 음의 정수이면 a에 있는 소수점을 왼쪽으로 n칸 이동한다.

예제 6-6

주어진 과학적 표기법을 소수로 나타내라.

(a) 3.22×10^3　　(b) 1.9×10^5

(c) 4.03×10^{-2}　　(d) 7.1×10^{-4}

TIP 10^n 을 곱할 때, n이 양의 정수이면 소수점을 오른쪽으로 n칸 이동하고 n이 음의 정수이면 소수점을 왼쪽으로 n칸 이동한다.

풀이

(a) 10^3을 곱했으므로, 3.22의 소수점을 오른쪽으로 3칸 이동하여 $3.22 \times 10^3 = 3220$이다.

(b) 10^5을 곱했으므로, 1.9의 소수점을 오른쪽으로 5칸 이동하여 $1.9 \times 10^5 = 190000$이다.

(c) 10^{-2}을 곱했으므로, 4.03의 소수점을 왼쪽으로 2칸 이동하여 $4.03 \times 10^{-2} = 0.0403$이다.

(d) 10^{-4}을 곱했으므로, 7.1의 소수점을 왼쪽으로 4칸 이동하여 $7.1 \times 10^{-4} = 0.00071$이다.

공학적 표기법

주어진 수를 나타내는 또 다른 방법인 공학적 표기법에 대해 알아보자.

정의 6-4 공학적 표기법

주어진 수를 $b \times 10^n$(단, $1 \leq b < 1000$이고 n은 3의 배수인 정수)으로 나타낸 것을 **공학적 표기법**engineering notation이라 한다.

주어진 수를 공학적 표기법으로 나타낼 때 10의 지수인 n을 3의 배수인 정수로 나타내는 이유는 [표 6-3]의 접두사들이 모두 10^3, 10^6, $\cdots$, 10^{-3}, 10^{-6}, $\cdots$ 들을 나타내기 때문이다.

예제 6-7

다음 수를 공학적 표기법으로 나타내라.

(a) 32451 (b) 4280000

(c) 0.08254 (d) 0.000229

TIP 주어진 수를 $b \times 10^n$ 으로 나타낼 때, n이 3의 배수인 정수가 되도록 한다.

풀이

(a) $32451 = 32.451 \times 10^3$ (b) $4280000 = 4.28 \times 10^6$

(c) $0.08254 = 82.54 \times 10^{-3}$ (d) $0.000229 = 229 \times 10^{-6}$

[예제 6-7(b)]를 4280×10^3이라 하면 4280이 1000보다 큰 값이라서 공학적 표기법의 정의에 맞지 않고, [예제 6-7(c)]를 0.00008254×10^3이라 하면 0.00008254가 1보다 작은 값이라 마찬가지로 공학적 표기법의 정의에 맞지 않는다.

예제 6-8

주어진 공학적 표기법을 소수로 나타내라.

(a) 1.2×10^6 (b) 13.145×10^9

(c) 543.2×10^{-3} (d) 73.685×10^{-6}

TIP 10^n 을 곱할 때, n에 따라서 오른쪽 또는 왼쪽으로 n칸 이동한다.

풀이

(a) 10^6을 곱했으므로, 1.2의 소수점을 오른쪽으로 6칸 이동하여 $1.2 \times 10^6 = 1200000$이다.

(b) 10^9을 곱했으므로, 13.145의 소수점을 오른쪽으로 9칸 이동하여 $13.145 \times 10^9 = 13145000000$이다.

(c) 10^{-3}을 곱했으므로, 543.2 의 소수점을 왼쪽으로 3칸 이동하여 $543.2 \times 10^{-3} = 0.5432$이다.

(d) 10^{-6}을 곱했으므로, 73.685의 소수점을 왼쪽으로 6칸 이동하여 $73.685 \times 10^{-6} = 0.000073685$이다.

6.4 공학문제

미세먼지

날이 갈수록 황사와 미세먼지에 의한 대기오염이 극심해지면서 학자뿐만 아니라 일반인들도 환경 문제에 많은 관심을 갖고 있다. 미세먼지는 우리 눈에 보이지 않을 정도로 가늘고 작은 먼지 입자로 지름 $10\mu m$ 이하의 먼지를 말하며, 미세먼지보다 더 작은 초미세먼지는 지름 $2.5\mu m$ 이하의 먼지를 말한다. 먼지의 입자가 작을수록 단기간만 노출되어도 인체에 심각한 영향을 미치기 때문에 초미세먼지에 대한 우려감이 커지고 있다.

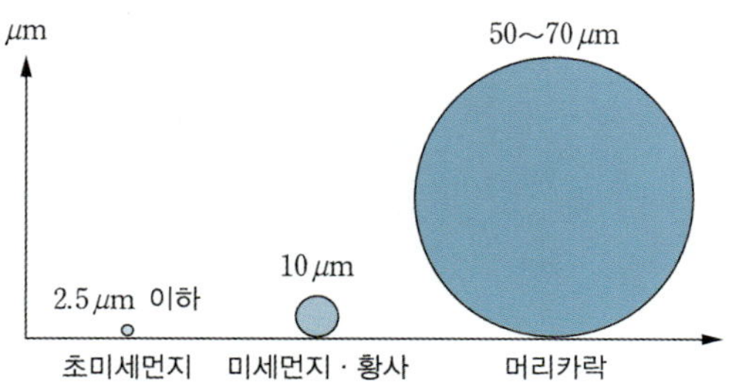

[그림 6-1] **미세먼지 크기 비교**

> ACGIH(미국 산업위생사협회)에서 제정한 입자 크기별 먼지 기준
>
> ① 흡입성 입자상 물질 : 호흡기에 영향을 주는 물질로서 크기는 $100\mu m$ 이하이다.
>
> ② 흉곽성 입자상 물질(미세먼지) : 호흡기를 지나 기도에 영향을 주는 물질로서 크기는 평균 $10\mu m$이다.
>
> ③ 호흡성 입사상 물질(초미세먼지) : 호흡기, 기도를 지나 폐포에까지 영향을 주는 물질로서 크기는 평균 $2.5\mu m$이다.

예제 6-9

어떤 연필의 길이가 21.9cm일 때, 다음 물음에 답하라.

(a) 지름이 $73\mu m$인 머리카락을 얼마나 쌓으면 연필의 길이와 같아지는지를 구하라.

(b) 지름이 $1.825\mu m$인 초미세먼지를 일렬로 얼마나 쌓으면 연필의 길이와 같아지는지를 구하라.

TIP $\mu = 10^{-6}$임을 이용한다.

풀이

(a) 연필의 길이는 $21.9cm = 21.9 \times 10^{-2}m$이고, 머리카락의 지름은 $73\mu m = 73 \times 10^{-6}m$이다. 따라서 머리카락을 x개 쌓아서 $21.9 \times 10^{-2}m$가 되려면, $21.9 \times 10^{-2} = 73 \times 10^{-6} \times x$에서

$$x = \frac{21.9 \times 10^{-2}}{73 \times 10^{-6}} = 0.3 \times 10^4 = 3000(\text{개})$$

이다.

(b) 연필의 길이는 $21.9\text{cm} = 21.9 \times 10^{-2}\text{m}$이고, 초미세먼지의 지름은 $1.825\mu\text{m} = 1.825 \times 10^{-6}\text{m}$이다. 따라서 초미세먼지를 y개 쌓아서 $21.9\text{cm} = 21.9 \times 10^{-2}\text{m}$가 되려면, $21.9 \times 10^{-2} = 1.825 \times 10^{-6} \times y$에서

$$y = \frac{21.9 \times 10^{-2}}{1.825 \times 10^{-6}} = 12 \times 10^{4} = 120000(\text{개})$$

이다.

비행기의 속도

마하mach는 오스트리아의 과학자 에른스트 마하Ernst Mach가 초음속 연구에서 도입한 개념으로 대기 중에서 비행기, 미사일과 같은 고속 비행체의 속력을 나타낼 때 사용하는 단위이다. 마하 1은 대기 중에서 음속인 시속 약 1200km에 해당한다. 최신형 전투기들의 속력은 대부분 마하 2 정도이므로 시속 2400km로 비행한다.

[그림 6-2] **전투기**

예제 6-10

다음 물음에 답하라.

(a) 1903년 라이트 형제가 개발한 비행기는 첫 비행에서 12초 동안 37m 비행하였고, 속력은 약 시속 10.9km였다. 이 비행기의 속력을 과학적 표기법을 사용하여 마하로 나타내라.

(b) 우주선이 지구를 탈출하려면 속력이 초속 11.2km이어야 한다. 우주선의 지구탈출 속력을 과학적 표기법을 사용하여 마하로 나타내라.

TIP 과학적 표기법은 $a \times 10^{n}$(단, $1 \leq a < 10$)임을 이용한다.

풀이

(a) 1200km/h : 마하 1 = 10.9km/h : 마하 x에서 $x = \dfrac{10.9}{1200} \fallingdotseq 0.009083$이고 0.009083의 과학적 표기법은 9.083×10^{-3}이다. 따라서 라이트 형제가 개발한 비행기의 속력은 마하 9.083×10^{-3}이다.

(b) 11.2km/s는 시속 $11.2 \times 3600 = 40320(\text{km})$이다. 1200km/h : 마하 1 = 40320km/h : 마하 y에서 $y = \dfrac{40320}{1200} = 33.6$이고, 33.6의 과학적 표기법은 3.36×10^{1}이다. 따라서 우주선의 지구 탈출 속력은 마하 3.36×10^{1}이다.

세균과 바이러스

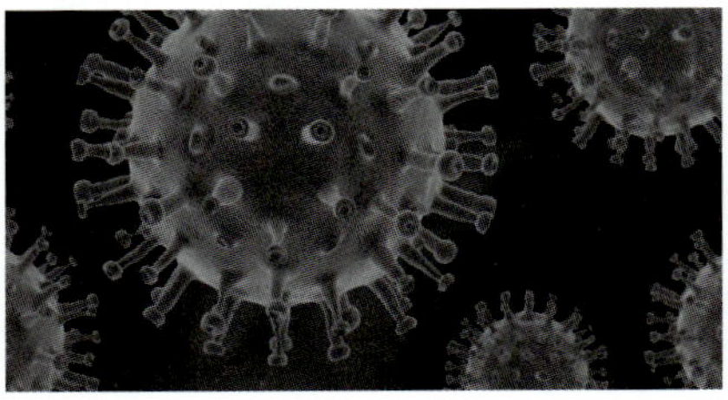

[그림 6-3] 바이러스

세균bacteria은 세포막, 세포벽, 핵으로 구성된 단세포 생물로 스스로 살아갈 수 있는 완전한 생명체이지만, **바이러스**virus는 세균과 다르게 스스로 양분을 먹고 소화하는 능력이 없는 반생명체이다. 이러한 특징에 따라 바이러스는 오래 살아남을 수도, 수를 늘릴 수도 없기 때문에 코로나-19 바이러스를 퇴치하기 위해 2주 정도의 격리 기간만을 갖는다. 세균의 크기는 1μm에서 5μm 정도이고, 바이러스의 크기는 세균 크기의 $\frac{1}{100}$ 정도로 알려져 있다.

예제 6-11

어떤 바이러스의 크기가 0.025μm일 때, 다음 물음에 답하라.

(a) 이 바이러스의 크기가 25×10^{x}am이라 할 때, x값을 구하라.

(b) 이 바이러스의 크기가 2.5×10^{y}Pm이라 할 때, y값을 구하라.

TIP a는 아토, P는 페타를 나타낸다.

풀이

(a) $0.025(\mu\text{m}) = 25 \times 10^{-9}(\text{m}) = 25 \times 10^{9} \times 10^{-18}(\text{m}) = 25 \times 10^{9}(\text{am})$이므로, x값은 9이다.

(b) $0.025(\mu\text{m}) = 2.5 \times 10^{-8}(\text{m}) = 2.5 \times 10^{-23} \times 10^{15}(\text{m}) = 25 \times 10^{-23}(\text{Pm})$이므로, y값은 -23이다.

우주 탐사선

[그림 6-4] 우주 탐사선

인류는 지구 외의 다른 행성에 생명체가 살고 있는지, 태양계 밖은 어떤 환경인지 등을 탐구하기 위하여 지난 수십 년간 끊임없이 우주로 탐사선spaceship을 보냈다. 2006년 NASA는 탐사선 뉴허라이즌스New Horizons를 우주로 보냈는데, 이 탐사선은 2015년 명왕성을 통과하여 2021년 지구에서 50AUastronomical unit 떨어진 지점을 지나 현재 먼 우주를 탐험하고 있다. 1AU는 지구에서 태양까지의 거리를 나타내는 천문 단위로 1.5억km를 나타내며, 이 거리는 빛의 속도로 8분 20초가 걸리는 거리를 의미한다.

예제 6-12

우주에서의 거리를 km로 나타내고자 할 때, 다음 물음에 답하라.

(a) 지구에서 명왕성까지의 거리는 32AU이다. 32AU를 과학적 표기법으로 나타내라.

(b) 2021년 탐사선은 지구에서 50AU 떨어진 지점에 있다. 50AU를 공학적 표기법으로 나타내라.

TIP 과학적 표기법과 공학적 표기법의 정의를 이용한다.

풀이

(a) $32\text{AU} = 32 \times 1.5\text{억km} = 48\text{억km} = 48 \times 10^{8}\text{km} = 4.8 \times 10^{9}\text{km}$

(b) $50\text{AU} = 50 \times 1.5\text{억km} = 75\text{억km} = 75 \times 10^{8}\text{km} = 7.5 \times 10^{9}\text{km}$

CHAPTER 06 연습문제

6.1 다음 ( ) 안에 들어갈 수를 구하라.

(a) $1\text{a} = 1 \times 10^{(\ \ )}\text{y}$
(b) $1\text{f} = 1 \times 10^{(\ \ )}\text{a}$
(c) $1\text{M} = 1 \times 10^{(\ \ )}\mu$
(d) $1\text{Y} = 1 \times 10^{(\ \ )}\text{E}$
(e) $1\text{T} = 1 \times 10^{(\ \ )}\text{Y}$
(f) $1\text{k} = 1 \times 10^{(\ \ )}\text{Z}$
(g) $1\text{z} = 1 \times 10^{(\ \ )}\text{Z}$
(h) $1\text{P} = 1 \times 10^{(\ \ )}\text{p}$

6.2 다음 ( ) 안에 들어갈 수를 구하라.

(a) $512\mu\text{s} = (\ \ )\text{s}$
(b) $0.24\text{mA} = (\ \ )\text{A}$
(c) $0.7\text{MV} = (\ \ )\text{V}$
(d) $2.8\text{Gb} = (\ \ )\text{b}$
(e) $0.019\text{YHz} = (\ \ )\text{Hz}$
(f) $3.6\text{fPa} = (\ \ )\text{Pa}$

6.3 다음 ( ) 안에 들어갈 수를 구하라.

(a) $125\text{J} = (\ \ )\text{mJ}$
(b) $5200\Omega = (\ \ )\text{M}\Omega$
(c) $0.17\text{A} = (\ \ )\mu\text{A}$
(d) $0.016\text{mol} = (\ \ )\text{mmol}$
(e) $620\text{cd} = (\ \ )\text{Gcd}$
(f) $307\text{K} = (\ \ )\text{kK}$

6.4 다음 ( ) 안에 들어갈 수를 구하라.

(a) $380\text{mJ} = (\ \ )\text{kJ}$
(b) $925\text{kW} = (\ \ )\text{MW}$
(c) $93\text{pm} = (\ \ )\text{zm}$
(d) $41\text{Gb} = (\ \ )\text{Eb}$
(e) $1.4\text{ZN} = (\ \ )\text{zN}$
(f) $286\text{pC} = (\ \ )\text{PC}$

6.5 다음 수를 과학적 표기법으로 나타내라.

(a) 123.4
(b) 0.00912
(c) 24567
(d) 36.5
(e) 51.2×10^4
(f) 321.5×10^5
(g) 0.00301×10^{-3}
(h) 0.00042×10^{-5}

6.6 다음 수를 공학적 표기법으로 나타내라.

(a) 132.6
(b) 0.00813
(c) 5437
(d) 19.833
(e) 5.12×10^4
(f) 321.5×10^5
(g) 0.0301×10^{-3}
(h) 0.0000421×10^{-5}

6.7 지구에서 달까지의 거리는 383000km이다. 이 거리를 과학적 표기법과 공학적 표기법으로 나타내라.

6.8 용량이 800MB인 영화 한 편을 속도가 100Mbps인 광랜으로 다운받는 데 1분 3초가 걸린다고 한다. 다음 물음에 답하라.

(a) 데이터 전송 속도가 75Mbps인 LTE 휴대폰으로 800MB인 영화 한 편을 다운받는 데 얼마나 걸리는지를 구하라.
(b) 데이터 전송 속도가 4.25Gbps인 5G 휴대폰으로 800MB인 영화 한 편을 다운받는 데 얼마나 걸리는지를 구하라.

6.9 2019년 우리나라 국민의 연간 진단용 방사선 검사 건수가 3억 4천만 번 정도인 것으로 알려져 있다. 다음 물음에 답하라.

(a) 2019년 3억 4천만 번의 방사선 검사 건수 중 1800만 번은 CT 촬영을 한 것이었고, CT 촬영 시 10mSv의 방사선에 노출된다고 한다. 2019년에 CT 촬영을 통해서 우리나라 국민에게 쏘인 방사선의 총량이 x kSv라 할 때, x값을 구하라.
(b) 2019년 3억 4천만 번의 방사선 검사 건수 중 2억 6천만 번은 X-ray 촬영을 한 것이었고, X-ray 촬영 시 0.2mSv의 방사선에 노출된다고 한다. 2019년에 X-ray 촬영을 통해서 우리나라 국민에게 쏘인 방사선의 총량이 y Sv라 할 때, y값을 구하라.

CHAPTER 07

오차와 유효숫자

CONTENTS

학습목표

- 절댓값의 정의를 이해하고, 절댓값 기호 없이 식을 나타내는 방법을 익힌다.
- 참값, 측정값, 오차의 개념을 엄밀하게 학습한다.
- 유효숫자를 고려하여 사칙연산을 계산하는 방법을 알아본다.

아주 작은 오차가 세상을 바꾸는 결과를 가져올 수도 있다. 물리학자 알베르트 아인슈타인[Albert Einstein]이 1905년에 특수 상대성이론[special theory of relativity]을 발표하면서 인류는 100년이 넘도록 시간여행을 불가능한 것으로 생각했다.

그런데 2011년 9월에 이러한 생각을 뒤집을 소식이 전해졌다. 스위스 제네바 근방에 있는 유럽입자물리연구소[CERN]는 이곳에서 약 730km 떨어진 이탈리아의 그란사소[Gran Sasso]로 중성미자를 쏘아 속도를 측정하는 실험을 하였고, 중성미자의 속도가 빛의 속도보다 약 $\frac{6}{100000000}$초 빠르다는 결과를 발표하였다. 이에 따라 "빛보다 빠른 물질이 존재하며, 이제 시간여행은 더 이상 불가능한 일이 아니다."라는 의견이 전 세계에서 논의되었다.

비록 0에 가까운 숫자이지만, $\frac{6}{100000000}$초는 정말 중요한 값일까? 유럽입자물리연구소의 발표가 맞다면 시간여행이 가능할 뿐 아니라, 점 상태의 우주가 대폭발로 인해 팽창하여 현재 상태에 이르렀다는 '빅뱅 이론'도 수정할 수밖에 없다는 의미가 된다. 하지만 6개월 후 유럽입자물리연구소는 실험 과정의 잘못을 인정하였다. 즉, 빛보다 빠른 중성미자는 존재하지 않는다.

이처럼 작은 오류가 우리가 알고 있는 과학적 결과와 정반대인 결과를 야기하는 심각한 문제를 만들어낼 수도 있다.

7.1 측정값과 오차

절댓값

측정값과 오차를 설명하기 위해 절댓값에 대해 알아보자.

정의 7-1 절댓값

x의 **절댓값**absolute value은 다음과 같이 정의한다.

$$|x| = \begin{cases} x, & x \geq 0 \\ -x, & x < 0 \end{cases}$$

절댓값의 정의에 의해 $|2| = 2$이고 $|-3| = -(-3) = 3$이다. 이와 같이 절댓값 안에 있는 수가 0이거나 양수일 경우에는 절댓값 기호를 아무런 조건 없이 없애고, 절댓값 안에 있는 수가 음수일 경우에는 절댓값 기호를 없앨 때 절댓값 안에 있는 수 앞에 $-$를 붙인다.

예제 7-1

다음 절댓값을 풀어서 간단히 나타내라.

(a) $|9.27|$

(b) $|-0.81|$

(c) $|15-8|$

(d) $|6-17|$

TIP 절댓값 안에 있는 수가 양수인지 음수인지 구분한다.

풀이

(a) 9.27은 양수이므로, $|9.27| = 9.27$이다.

(b) -0.81은 음수이므로, $|-0.81| = -(-0.81) = 0.81$이다.

(c) $15-8$은 양수이므로, $|15-8| = 15-8 = 7$이다.

(d) $6-17$은 음수이므로, $|6-17| = -(6-17) = -(-11) = 11$이다.

절댓값 안에 숫자가 아닌 식이 들어있는 경우에는 식의 값이 양수인지 음수인지를 명확하게 알 수 없다. 이러한 경우 다음에 제시하는 방법을 이용하여 간단히 나타낼 수 있다.

정리 7-1 절댓값을 간단하게 나타내는 방법

(1) 절댓값 안의 모든 식을 □에 담는다.

(2) $y = |\square|$일 때,

$$y = \begin{cases} \square, & \square \geq 0 \\ -\square, & \square < 0 \end{cases}$$

로 풀어쓴 후 $\square \geq 0$과 $\square < 0$을 정리한다.

예제 7-2

다음 식의 절댓값을 풀어서 간단히 나타내라.

(a) $y = |x + 3|$

(b) $y = |x - 4|$

(c) $y = |-2x + 4|$

(d) $y = |-3x - 9|$

TIP 절댓값을 간단하게 나타내는 방법을 이용한다.

풀이

(a) $y = |x + 3|$이면 $\square = x + 3$이므로,

$$y = \begin{cases} x + 3, & x+3 \geq 0 \\ -(x + 3), & x+3 < 0 \end{cases}$$

이다. 이를 정리하면 다음과 같다.

$$y = \begin{cases} x + 3, & x \geq -3 \\ -x - 3, & x < -3 \end{cases}$$

(b) $y = |x - 4|$이면 $\square = x - 4$이므로,

$$y = \begin{cases} x - 4, & x - 4 \geq 0 \\ -(x - 4), & x - 4 < 0 \end{cases}$$

이다. 이를 정리하면 다음과 같다.

$$y = \begin{cases} x - 4, & x \geq 4 \\ -x + 4, & x < 4 \end{cases}$$

(c) $y=|-2x+4|$이면 $\square=-2x+4$이므로,

$$y=\begin{cases} -2x+4, & -2x+4\geq 0 \\ -(-2x+4), & -2x+4<0 \end{cases}$$

이다. 이를 정리하면 다음과 같다.

$$y=\begin{cases} -2x+4, & x\leq 2 \\ 2x-4, & x>2 \end{cases}$$

(d) $y=|-3x-9|$이면 $\square=-3x-9$이므로,

$$y=\begin{cases} -3x-9, & -3x-9\geq 0 \\ -(-3x-9), & -3x-9<0 \end{cases}$$

이다. 이를 정리하면 다음과 같다.

$$y=\begin{cases} -3x-9, & x\leq -3 \\ 3x+9, & x>-3 \end{cases}$$

측정값과 오차

측정값은 간단히 말해 측정 도구에 의해 실제 측정된 값을 말한다. 이때 사용한 측정 도구나 측정하는 사람, 측정 환경 등에 따라 측정값이 다르게 나타날 수 있는데, 실제 값과 다르게 나오는 값을 오차라고 한다.

정의 7-2 측정값
어떤 양을 재어 얻은 값을 **측정값**observed value이라 한다.

측정값에는 실제 값인 참값과 참값에 가까운 근삿값이 있다. 공학문제를 다루기 위해 다음과 같은 참값, 근삿값, 오차의 개념을 반드시 알아두어야 한다.

정의 7-3 참값, 근삿값, 오차
(1) 측정되는 양의 올바른 값을 **참값**true value이라 한다.
(2) 어떤 양을 재어 얻은 측정값을 **근삿값**approximate value이라 한다.
(3) 근삿값과 참값과의 차이를 **오차**error라 한다.

[정의 7-3]의 (1)에서 참값이라는 것은 특별한 경우를 제외한 관념적인 값이며 측정해서

구하기는 어렵다. 예를 들어 포천에 있는 유명한 호수인 산정호수에는 많은 양의 물이 있지만, 이 호수에 있는 물의 양에 대한 참값은 어떤 도구를 사용하더라도 정확히 알기 어렵다.

[정의 7–3]의 (2)에서 근삿값은 참값은 아니지만 일반적으로 참값을 대신할 수 있는 아주 가까운 값을 의미하며, 일상생활에서 대부분 정확한 측정값을 얻기 어려우므로 근삿값을 구하여 사용한다.

[정의 7–3]의 (3)에 의하여

$$\text{오차} = |\text{참값} - \text{측정값}| = |\text{측정값} - \text{참값}|$$

으로 나타낼 수 있다. 예를 들어 3.141592는 원주율 π의 근삿값이며, 1.4142는 $\sqrt{2}$의 근삿값이다. 이 경우 π에 대한 오차는 $|\pi - 3.141592|$이고, $\sqrt{2}$에 대한 오차는 $|\sqrt{2} - 1.4142|$이다. 하지만 근삿값은 유일하지 않기 때문에 원주율 π의 근삿값으로 3.141592 대신에 3.14를 사용할 수 있으며, 이 경우 π에 대한 오차는 $|\pi - 3.14|$이다.

절대오차와 상대오차

대표적인 오차에는 절대오차와 상대오차가 있는데 이를 엄밀하게 정의하면 다음과 같다.

정의 7-4 절대오차와 상대오차

T가 참값이고 A가 근삿값이라 하자.

(1) $|T - A|$를 **절대오차**absolute error라 한다.

(2) $\dfrac{|T - A|}{|T|}$를 **상대오차**relative error라 한다.

다음 예를 통해 절대오차와 상대오차의 차이를 알아보자.

민수는 참값이 1m인 물체의 길이를 측정하여 이 물체의 길이를 99cm라 하였고, 정후는 참값이 1km인 도로의 길이를 측정하여 이 도로의 길이를 999m라 하였다. 그렇다면 누가 더 엄밀하게 측정을 한 것일까?

■ 절대오차로 비교하기

민수의 절대오차는

$$|100 - 99| = 1(\text{cm})$$

이고, 정후의 절대오차는

$$|1000 - 999| = 1(\text{m})$$

이다. 따라서 절대오차의 관점에서 보면 민수가 정후보다 좀 더 엄밀한 근삿값을 구한 것으로 판정한다.

■ 상대오차로 비교하기

민수의 상대오차는

$$\frac{|100 - 99|}{|100|} = \frac{1}{100} = 0.01$$

이고, 이 상대오차를 %로 나타내면 $0.01 \times 100 = 1(\%)$이다. 정후의 상대오차는

$$\frac{|1000 - 999|}{|1000|} = \frac{1}{1000} = 0.001$$

이고, 이 상대오차를 %로 나타내면 $0.001 \times 100 = 0.1(\%)$이다. 따라서 상대오차의 관점에서 보면 정후가 민수보다 좀 더 엄밀한 근삿값을 구한 것으로 판정한다.

예제 7-3

다음 참값과 근삿값에 대하여 절대오차와 상대오차를 구하고, 상대오차를 %로 나타내라.

(a) 참값 -0.2, 근삿값 -0.23

(b) 참값 -0.016, 근삿값 -0.015

TIP 절대오차와 상대오차의 정의를 이용한다.

풀이

(a) 절대오차는 $|-0.2-(-0.23)| = 0.03$,

상대오차는 $\dfrac{|-0.2-(-0.23)|}{|-0.2|} = \dfrac{0.03}{0.2} = 0.15$이다.

따라서 상대오차를 %로 나타내면, $0.15 \times 100 = 15(\%)$이다.

(b) 절대오차는 $|-0.016-(-0.015)| = 0.001$,

상대오차는 $\dfrac{|-0.016-(-0.015)|}{|-0.016|} = \dfrac{0.001}{0.016} = 0.0625$이다.

따라서 상대오차를 %로 나타내면, $0.0625 \times 100 = 6.25(\%)$이다.

7.2 유효숫자

일반적으로 측정값에는 오차가 포함되어 있다. 따라서 측정값을 나타낼 때 오차를 고려한다고 해도 신뢰할 수 있는 숫자로 나타낼 필요가 있다.

정의 7-5 유효숫자

근삿값을 나타내는 숫자 중에서 반올림하지 않은 자리의 숫자 또는 측정하여 얻은 믿을 수 있는 숫자를 **유효숫자** significant digit 라 한다.

유효숫자는 공학적인 측정이나 연산에 관계하여 그 측정 결과나 연산 결과의 정밀도를 주기 위한 숫자이며, 신뢰할 수 있는 숫자를 의미한다. 수가 주어지면 그 수의 일부는 유효숫자일 수 있고 일부는 유효숫자가 아닐 수도 있다.

다음에 제시하는 유효숫자 판별법을 이용하여 주어진 수의 유효숫자를 판정한다.

정리 7-2 유효숫자 판별법

(1) **0이 아닌 숫자는 모두 유효숫자이다.**

예를 들어 123에서 1, 2, 3은 모두 유효숫자이다.

(2) **0이 아닌 숫자 사이에 있는 0은 유효숫자이다.**

예를 들어 507에서 0은 5와 7 사이에 있으므로 5, 0, 7은 모두 유효숫자이다.

(3) **자연수 끝에 오는 0은 유효숫자인지 아닌지 판정할 수 없다.**

예를 들어 790에서 7과 9는 유효숫자이지만 끝에 있는 0은 유효숫자인지 아닌지 판정할 수 없다. 또한 8060에서 8과 6 사이에 있는 0은 유효숫자이지만 끝에 있는 0은 유효숫자인지 아닌지 판정할 수 없다.

(4) **소수점이 있을 때, 소수점 아래의 끝자리에 있는 0은 유효숫자이다.**

예를 들어 0.18230에서 끝에 있는 0은 소수점 아래의 끝자리에 있는 숫자이므로 유효숫자이다.

(5) **소수점이 있을 때, 0이 아닌 수가 처음 나타나기 전까지의 0은 유효숫자가 아니다.**

예를 들어 0.0079에서 7이 처음으로 0이 아닌 수이므로 7의 왼쪽에 있는 세 개의 0은 모두 유효숫자가 아니다.

예제 7-4

다음 수에서 유효숫자를 모두 구하라.

(a) 10036 (b) 3.210 (c) 0.874 (d) 0.09035

TIP 유효숫자 판별법을 이용한다.

풀이

(a) 유효숫자 판별법 (1)과 (2)에 의하여 1, 0, 0, 3, 6이 유효숫자이다.

(b) 유효숫자 판별법 (1)과 (4)에 의하여 3, 2, 1, 0이 유효숫자이다.

(c) 유효숫자 판별법 (1)과 (5)에 의하여 8, 7, 4가 유효숫자이다.

(d) 유효숫자 판별법 (1), (2), (5)에 의하여 9, 0, 3, 5가 유효숫자이다.

주어진 수를 n개의 유효숫자로 나타내고자 할 때, n번째 유효숫자 다음 자리에 있는 수를 반올림한다. 예를 들어 3.141592는 7개의 유효숫자를 갖는다. 만일 이 수를 6개의 유효숫자로 나타내려면 7번째 자릿수인 2를 반올림하여 3.14159로 나타내며, 4개의 유효숫자로 나타내려면 5번째 자릿수인 5를 반올림하여 3.142로 나타낸다.

예제 7-5

다음 수를 지정한 개수의 유효숫자로 나타내라.

(a) 32.147, 4개의 유효숫자 (b) 32.147, 3개의 유효숫자

(c) 0.03918, 2개의 유효숫자 (d) 0.03918, 3개의 유효숫자

TIP 지정한 개수의 유효숫자 다음 자릿수를 반올림한다.

풀이

(a) 32.147에서 3, 2, 1, 4, 7이 유효숫자이므로, 4번째 유효숫자 다음 자리에 있는 수인 7을 반올림하면 $32.147 \fallingdotseq 32.15$이다.

(b) 32.147에서 3, 2, 1, 4, 7이 유효숫자이므로, 3번째 유효숫자 다음 자리에 있는 수인 4를 반올림하면 $32.147 \fallingdotseq 32.1$이다.

(c) 0.03918에서 3, 9, 1, 8이 유효숫자이므로, 2번째 유효숫자 다음 자리에 있는 수인 1을 반올림하면 $0.03918 \fallingdotseq 0.039$이다.

(d) 0.03918에서 3, 9, 1, 8이 유효숫자이므로, 3번째 유효숫자 다음 자리에 있는 수인 8을 반올림하면 $0.03918 \fallingdotseq 0.0392$이다.

7.3 유효숫자들 사이의 사칙연산

유효숫자들 사이의 덧셈과 뺄셈

유효숫자들 사이의 덧셈과 뺄셈은 다음 계산법에 따라 계산한다.

정리 7-3 유효숫자들 사이의 덧셈과 뺄셈 계산법

(1) 두 수의 유효숫자의 소수점 아래 자릿수를 확인한다.

(2) 덧셈 또는 뺄셈 결과의 소수점 아래의 자릿수는 두 수의 유효숫자 중 소수점 아래 자릿수가 적은 것과 같도록 한다.

예를 들어 19.3은 소수점 아래 1개의 자릿수를 가지고 372.07은 소수점 아래 2개의 자릿수를 가지므로, 이 두 수를 더하여 결과를 나타낼 때 결과는 유효숫자들 사이의 덧셈 계산법에 의하여 소수점 아래 1개의 자릿수를 갖는 수로 나타내야 한다. 따라서 다음과 같이 계산하여 나타낸다.

$$19.3 + 372.07 = 391.37 \fallingdotseq 391.4$$

예제 7-6

유효숫자를 고려하여 다음을 계산하라.

(a) $351.6 + 3.511$ (b) $23.09 + 4.1$

(c) $9.1 - 0.78$ (d) $39.341 - 15$

TIP 유효숫자를 고려하여 덧셈과 뺄셈을 할 때, 소수점 아래 유효숫자의 개수가 적은 쪽에 맞춰서 계산한다.

풀이

(a) 351.6은 소수점 아래 1자릿수를 가지고 3.511은 소수점 아래 3자릿수를 가지므로, 덧셈 결과는 소수점 아래 1자릿수를 갖는 수로 나타내야 한다. 따라서

$$351.6 + 3.511 = 355.111 \fallingdotseq 355.1$$

이다.

(b) 23.09는 소수점 아래 2자릿수를 가지고 4.1은 소수점 아래 1자릿수를 가지므로, 덧셈 결과는 소수점 아래 1자릿수를 갖는 수로 나타내야 한다. 따라서

$$23.09 + 4.1 = 27.19 \fallingdotseq 27.2$$

이다.

(c) 9.1은 소수점 아래 1자릿수를 가지고 0.78은 소수점 아래 2자릿수를 가지므로, 뺄셈 결과는 소수점 아래 1자릿수를 갖는 수로 나타내야 한다. 따라서

$$9.1 - 0.78 = 8.32 \fallingdotseq 8.3$$

이다.

(d) 39.341은 소수점 아래 3자릿수를 가지고 15는 소수점 아래 자릿수를 가지지 않으므로, 뺄셈 결과는 소수점 아래 자릿수가 나타나지 않아야 한다. 따라서

$$39.341 - 15 = 24.341 \fallingdotseq 24$$

이다.

유효숫자들 사이의 곱셈과 나눗셈

유효숫자들 사이의 곱셈과 나눗셈 계산법은 덧셈과 뺄셈의 계산법과는 다르다. 덧셈과 뺄셈을 계산할 때는 소수점 아래의 자릿수를 활용하였지만, 곱셈과 나눗셈을 계산할 때는 주어진 유효숫자 전체의 자릿수를 활용해야 한다.

정리 7-4 유효숫자들 사이의 곱셈과 나눗셈 계산법

(1) 두 수의 유효숫자의 개수를 확인한다.

(2) 곱셈 또는 나눗셈 결과의 자릿수는 두 수의 유효숫자 중 유효숫자의 개수가 적은 것과 같도록 한다.

예를 들어 1983은 유효숫자를 4개 가지고 5.3은 유효숫자를 2개 가지므로, 이 두 수를 곱하여 결과를 나타낼 때 그 결과는 유효숫자들 사이의 곱셈 계산법에 의하여 유효숫자 2개로 나타내야 한다. 따라서 다음과 같이 계산하여 나타낸다.

$$1983 \times 5.3 = 10509.9 \fallingdotseq 11000$$

예제 7-7

유효숫자를 고려하여 다음을 계산하라.

(a) 23.4×3.16

(b) 41.24×3.16

(c) $74.3 \div 5.32$

(d) $74.3 \div 5.3$

TIP 유효숫자를 고려하여 곱셈과 나눗셈을 할 때, 두 수의 유효숫자의 개수 중 적은 쪽에 맞춰 계산한다.

풀이

(a) 23.4의 유효숫자는 3개이고 3.16의 유효숫자도 3개이므로, 곱셈 결과는 유효숫자 3개로 나타내야 한다. 따라서

$$23.4 \times 3.16 = 73.944 \fallingdotseq 73.9$$

이다.

(b) 41.24의 유효숫자는 4개이고 3.16의 유효숫자는 3개이므로, 곱셈 결과는 유효숫자 3개로 나타내야 한다. 따라서

$$41.24 \times 3.16 = 130.3184 \fallingdotseq 130$$

이다.

(c) 74.3의 유효숫자는 3개이고 5.32의 유효숫자도 3개이므로, 나눗셈 결과는 유효숫자 3개로 나타내야 한다. 따라서

$$74.3 \div 5.32 = 13.96616 \cdots \fallingdotseq 14.0$$

이다.

(d) 74.3의 유효숫자는 3개이고 5.3의 유효숫자는 2개이므로, 나눗셈 결과는 유효숫자 2개로 나타내야 한다. 따라서

$$74.3 \div 5.3 = 14.01886 \cdots \fallingdotseq 14$$

이다.

유효숫자들 사이의 혼합계산

유효숫자들 사이의 혼합계산을 할 때는 각 연산의 결과마다 유효숫자의 사칙연산 계산법을 적용해야 한다. 예를 들어 유효숫자를 고려하여 $3.18 \times 2.7 + 8.31$을 계산할 때, 첫 번째 계산 $3.18 \times 2.7 = 8.586$은 유효숫자 2개로 나타내야 하므로 결과 값은 8.6이고,

이 값과 8.31의 덧셈 결과는 소수점 아래 1자릿수여야 하므로 $8.6 + 8.31 = 16.91 \fallingdotseq 16.9$이다.

예제 7-8

유효숫자를 고려하여 다음을 계산하라.

(a) $(32.07 + 4.7) \times 3.5$
(b) $(1.201 - 0.76) \div 231$
(c) $23.4 \times 2.03 + 5.18$
(d) $52.9 \div 5.82 - 1.653$

TIP 계산의 우선순위를 고려하여 유효숫자들의 계산법을 이용한다.

풀이

(a) 괄호 안의 덧셈을 한 결과를 소수점 아래 1자릿수로 나타내면 36.8이고, 이 값에 곱셈을 한 결과는 유효숫자 2개로 나타내야 한다. 따라서

$$(32.07 + 4.7) \times 3.5 \fallingdotseq 36.8 \times 3.5 = 128.8 \fallingdotseq 130$$

이다.

(b) 괄호 안의 뺄셈을 한 결과를 소수점 아래 2자릿수로 나타내면 0.44이고, 이 값에 나눗셈을 한 결과는 유효숫자 2개로 나타내야 한다. 따라서

$$(1.201 - 0.76) \div 231 \fallingdotseq 0.44 \div 231 = 0.0019047 \cdots \fallingdotseq 0.0019$$

이다.

(c) 곱셈을 한 결과를 유효숫자 3개로 나타내면 47.5이고, 이 값에 5.18을 더한 결과는 소수점 아래 1자릿수로 나타내야 한다. 따라서

$$23.4 \times 2.03 + 5.18 = 47.502 + 5.18 \fallingdotseq 47.5 + 5.18 = 52.68 \fallingdotseq 52.7$$

이다.

(d) 나눗셈을 한 결과를 유효숫자 3개로 나타내면 9.09이고, 이 값에서 1.653을 뺀 결과를 소수점 아래 2자릿수로 나타내야 한다. 따라서

$$52.9 \div 5.82 - 1.653 = 9.08934 \cdots - 1.653 \fallingdotseq 9.09 - 1.653 = 7.437 \fallingdotseq 7.44$$

이다.

7.4 공학문제

뉴턴의 제2법칙

뉴턴의 제2법칙(가속도의 법칙)Newton's second law은 물체에 힘이 가해졌을 때 물체가 얻는 가속도는 가해지는 힘에 비례하고 물체의 질량에 반비례한다는 법칙을 말한다. F를 힘, m을 물체의 질량, a를 가속도라 할 때, 뉴턴의 제2법칙을 식으로 나타내면 다음과 같다.

$$F = ma$$

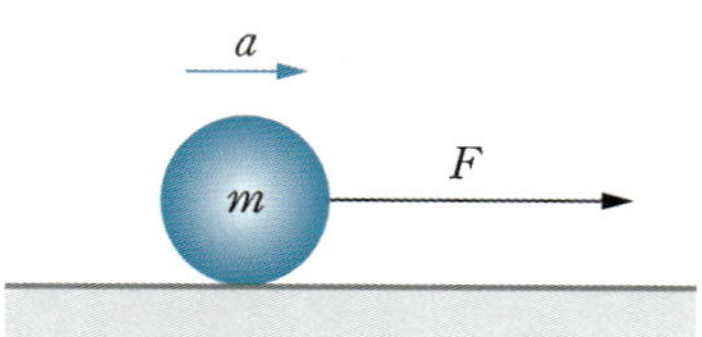

[그림 7-1] **운동하는 물체의 가속도**

예제 7-9

유효숫자를 고려하여 4.381kg의 물체가 3.27m/s^2의 가속도로 움직이게 하는 힘의 크기를 구하라.

TIP 뉴턴의 제2법칙 공식 $F = ma$를 이용한다.

풀이

4.381의 유효숫자는 4개이고 3.27의 유효숫자는 3개이므로, 두 수를 곱한 결과는 유효숫자를 고려하여 유효숫자 3개로 나타낸다. 따라서

$$F = ma = 4.381 \times 3.27 = 14.32587 \fallingdotseq 14.3(\text{N})$$

이다.

충격량

물리학에서 **충격량**impulse이란 물체에 힘을 작용하여 운동 상태를 바꿀 때 가한 충격의 정도를 설명한다. 이를 식으로 나타내면

$$P = Ft$$

이다. 여기서 P는 충격량, F는 힘, t는 시간을 나타낸다.

[그림 7-2] 볼링

예제 7-10

$P = 1.628(\mathrm{N \cdot s})$이고 $F = 4.3(\mathrm{N})$일 때, 유효숫자를 고려하여 충격이 가해진 시간 t값을 구하라. (단, P는 충격량, F는 가해진 힘이다.)

TIP 충격량 공식 $P = Ft$를 이용한다.

풀이

1.628의 유효숫자는 4개이고 4.3의 유효숫자는 2개이므로, 두 수의 나눗셈 결과는 유효숫자를 고려하여 유효숫자 2개로 나타낸다. 따라서

$$t = \frac{P}{F} = \frac{1.628}{4.3} = 0.37860 \cdots \fallingdotseq 0.38(\text{초})$$

이다.

활공거리

착륙 시 속력이 시속 200km를 넘고 기본 무게만 해도 수백 톤에 달하는 거대한 항공기는 어떻게 공항 활주로로 안전하게 진입하여 착륙할 수 있을까? 그 이유는 항공기가 적절한 착륙 각도를 유지하며 착륙할 수 있도록 유도하는 활공각도계가 있기 때문이다. 활공각도계는 전방 7.4km~13km 지점에서부터 활공각이 3°가 되도록 지시한다. 활공각이 3°이고 고도가 hm인 비행기의 활공거리를 구하는 공식은 다음과 같다.

$$\text{활공거리} = \frac{\text{고도}}{\tan 3^\circ}$$

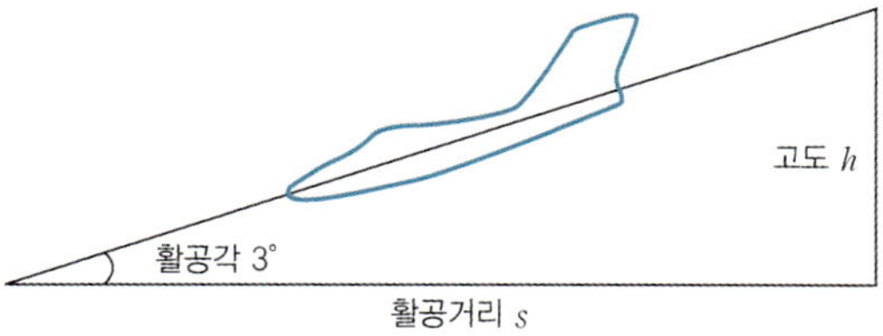

[그림 7-3] **활공각과 활공거리**

예제 7-11

활공각이 3°이고 항공기가 고도 142m인 지점에 있을 때 유효숫자를 고려하여 항공기의 활공거리를 구하라. (단, $\tan 3° \fallingdotseq 0.0524$)

TIP 활공거리에 관한 공식을 이용한다.

풀이

$\tan 3°$와 항공기의 고도는 모두 유효숫자가 3개이다. 따라서

$$\text{활공거리} = \frac{\text{고도}}{\tan 3°} = \frac{142}{0.0524} = 2709.923 \cdots \fallingdotseq 2710(\text{m})$$

이다.

체질량 지수

비만은 모든 성인병의 원인으로 알려져 있다. 비만인 사람은 정상 체중인 사람보다 당뇨병, 고지혈증, 고혈압, 관상동맥질환에 걸릴 확률이 높을 뿐 아니라 암과 관절질환의 발병률 또한 높은 것으로 알려져 있다.

[그림 7-4] **체중계**

사람의 키와 몸무게를 이용하여 비만도를 측정하는 방법 중 하나가 바로 **체질량 지수**BMI, Body Mass Index이다. 키가 h m이고 몸무게가 w kg일 때, 체질량 지수를 구하는 식은 다음과 같다.

$$\text{체질량 지수} = \frac{w}{h^2}$$

다음은 세계보건기구(WHO)가 정한 체질량 지수와 비만의 관계를 나타낸 표이다.

[표 7-1] **체질량 지수와 비만도**

체질량 지수	판정
~ 18.5미만	저체중
18.5이상 ~ 23미만	정상
23이상 ~ 25미만	과체중 의심
25이상 ~ 30미만	비만
30이상 ~	고도비만

예제 7-12

현진이는 키가 178cm이고 몸무게가 73.2kg이다. 유효숫자를 고려하여 현진이의 체질량 지수를 구하라.

TIP 유효숫자들 사이의 곱셈과 나눗셈 계산법을 이용한다.

풀이

178cm = 1.78m이고 현진이의 키와 몸무게는 모두 유효숫자가 3개이다.

$$\frac{73.2}{1.78 \times 1.78} = \frac{73.2}{3.1684} = 23.1031\cdots \fallingdotseq 23.1$$

이므로, 현진이의 체질량 지수는 23.1이다.

CHAPTER 07 연습문제

7.1 다음 절댓값을 풀어서 간단히 나타내라.

(a) $|21.37|$

(b) $|-2.87|$

(c) $|16-3.27|$

(d) $|2.3-9.18|$

(e) $|131\times(-5)|$

(f) $|-9\div 2|$

7.2 다음 절댓값을 풀어서 간단히 나타내라.

(a) $y=|x+6|$

(b) $y=|x-11|$

(c) $y=|-x+1|$

(d) $y=|-x-1|$

(e) $y=|2x+5|$

(f) $y=|3x-4|$

7.3 다음 참값과 근삿값에 대하여 절대오차와 상대오차를 구하라.

(a) 참값 27, 근삿값 29

(b) 참값 113, 근삿값 110

(c) 참값 -50, 근삿값 -53

(d) 참값 -72, 근삿값 -68

(e) 참값 0.17, 근삿값 0.19

(f) 참값 0.17, 근삿값 0.11

7.4 다음 수의 유효숫자를 구하라.

(a) 12.57

(b) 9.207

(c) 2.00

(d) 0.61000

(e) 0.0019

(f) 0.00108

7.5 다음 수를 지정한 개수의 유효숫자로 나타내라.

(a) 13579, 4개의 유효숫자

(b) 13579, 3개의 유효숫자

(c) 6.9210, 4개의 유효숫자

(d) 6.9210, 2개의 유효숫자

(e) 0.0009028, 3개의 유효숫자

(f) 0.0009028, 2개의 유효숫자

7.6 유효숫자를 고려하여 덧셈과 뺄셈을 계산하라.

(a) $3.52 + 1.9$　　(b) $4.58 + 2.067$
(c) $0.0467 + 0.29$　　(d) $123.5261 + 0.345$
(e) $12.47 - 15.5$　　(f) $6.33 - 19.162$

7.7 유효숫자를 고려하여 곱셈과 나눗셈을 계산하라.

(a) 7.23×3.2　　(b) 7.23×3.200
(c) 0.0326×19　　(d) 0.004×1984
(e) $13.31 \div 4.8$　　(f) $13.31 \div 4.800$

7.8 유효숫자를 고려하여 다음을 계산하라.

(a) $(1.32 + 5.913) \times 3.2$　　(b) $(1.9621 - 0.432) \times 6.524$
(c) $(1.32 + 5.913) \div 3.2$　　(d) $(1.9621 - 0.432) \div 6.524$
(e) $3.45 \times 2.047 + 1.9$　　(f) $146 \times 1.537 - 11.43$
(g) $292.3 \div 3.25 + 10.78$　　(h) $119 \div 9.11 - 2$

7.9 일정 온도에서 기체의 압력과 그 부피는 서로 반비례한다는 법칙을 보일의 법칙 Boyle's law이라 하는데, 이 법칙은 1662년 영국의 보일이 실험을 통해 발견하였다. 보일의 법칙을 식으로 나타내면 다음과 같다.

$$PV = k$$

여기서 P는 압력, V는 부피, k는 상수이다. $k = 0.3176$이고 $V = 4.7211$일 때, 유효숫자를 고려하여 P값을 구하라.

7.10 현재 속도는 초기 속도에 가속도와 시간을 곱한 값을 더해서 얻을 수 있으며, 이를 식으로 나타내면 다음과 같다.

$$v = v_0 + at$$

여기서 v는 현재 속도, v_0는 초기 속도, a는 가속도, t는 시간이다. $v_0 = 3.071$(m/s), $a = 2.119(\mathrm{m/s^2})$, $t = 3.26$(s)일 때, 유효숫자를 고려하여 v값을 구하라.

7.11 활공각이 4°이고 항공기가 고도 118m인 지점에 있을 때, 유효숫자를 고려하여 항공기의 활공거리를 구하라. (단, $\tan 4° \fallingdotseq 0.0699$)

7.12 진수의 키는 174cm, 몸무게는 67.0kg일 때, 유효숫자를 고려하여 진수의 체질량 지수를 구하라.

CHAPTER 08
복소수

CONTENTS

학습목표

- 복소수의 정의를 알고, 실수와의 차이를 이해한다.
- 복소수의 사칙연산을 익힌다.
- 켤레복소수의 정의를 이해하고, 성질을 알아본다.

실제 존재하지 않는 상상속의 수, 즉 허수가 있다고 하자. 이러한 '허수'의 개념을 공학에 적용할 수 있을까? 적용할 수 있다면 어떤 형태로 사용할 수 있을까?

16세기 이탈리아 수학자인 카르다노Cardano는 삼차방정식의 근을 연구하는 과정에서 제곱하면 음수가 되는 수가 있음을 발견하였다. 당시에 카르다노는 이 수를 '쓸모없고 이해하기 어려운 수'라고 했지만, 이를 이용해서 삼차방정식의 실근을 구하는 방법을 찾는 데 성공하였다. 이 수가 바로 허수이다.

또한 러시아 수학자인 쥬코스키Joukowski는 허수의 개념을 적용한 '복소수'를 이용하여 다음 그림과 같이 비행기 날개의 단면을 상세히 분석하고, 날개 주위를 지나는 공기의 흐름을 연구하였다. 쥬코스키의 연구 결과는 비행기 날개를 설계하는 데 사용되었을 뿐만 아니라 차량과 선박의 설계를 혁신적으로 발전시키는 데 중요한 역할을 하였다.

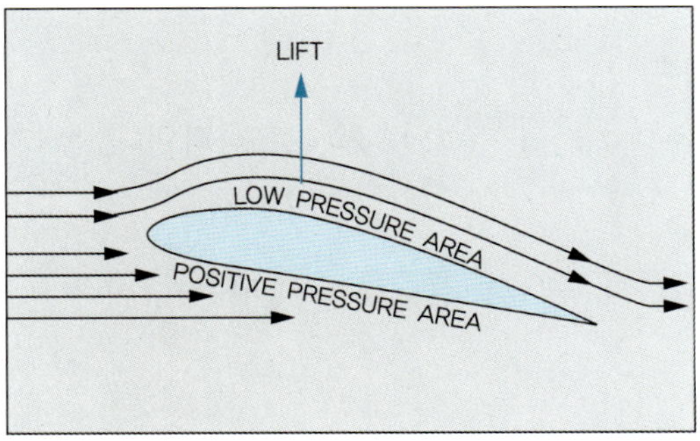

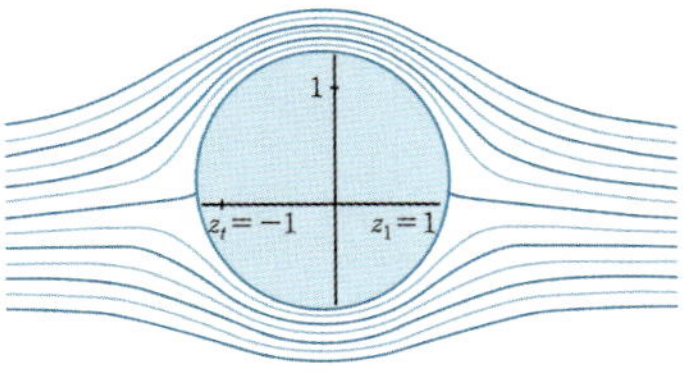

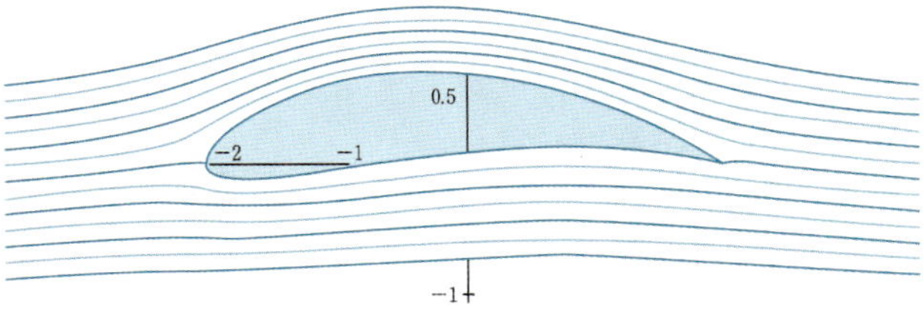

8.1 허수와 복소수

허수

'허수'라는 용어는 프랑스의 철학자인 데카르트Descartes가 처음 사용하였다.

정의 8-1 허수단위

제곱하여 -1이 되는 수인 $\sqrt{-1}$을 **허수단위**imaginary unit라 하고 i로 나타낸다.

[정의 8-1]에 의하여 $i^2 = -1$, 즉 $i = \sqrt{-1}$이다. i가 허수단위이므로 i에 0이 아닌 실수 r을 곱한 ri는 허수이다.

정의 8-2 음수의 제곱근

$a > 0$일 때, $\sqrt{-a} = \sqrt{a \times (-1)} = \sqrt{a}\, i$로 나타낸다.

[정의 8-2]에 의하여 $\sqrt{-1} = \sqrt{1 \times (-1)} = \sqrt{1}\, i = i$이다.

예제 8-1

다음 수를 허수단위 i를 이용하여 나타내라.

(a) $\sqrt{-9}$ (b) $\sqrt{-16}$ (c) $\sqrt{-3}$ (d) $\sqrt{-8}$

TIP $\sqrt{-1} = i$임을 이용한다.

풀이

(a) $\sqrt{-9} = \sqrt{9 \times (-1)} = \sqrt{9}i = 3i$

(b) $\sqrt{-16} = \sqrt{16 \times (-1)} = \sqrt{16}i = 4i$

(c) $\sqrt{-3} = \sqrt{3 \times (-1)} = \sqrt{3}\, i$

(d) $\sqrt{-8} = \sqrt{8 \times (-1)} = \sqrt{8}\, i = \sqrt{2^3}\, i = 2\sqrt{2}i$

[정의 8-2]에서 사용한 근호의 성질을 정리하면 다음과 같다.

정리 8-1 음수의 제곱근의 성질 1

a, b가 실수일 때, $a<0, b<0$인 경우를 제외하면 다음이 성립한다.

$$\sqrt{ab} = \sqrt{a}\,\sqrt{b}$$

[정리 8-1]은 a와 b가 모두 양수이거나 둘 중 하나만 음수인 경우에만 성립한다. a와 b가 모두가 음수일 때, [정리 8-1]이 성립하지 않음을 다음 식에서 확인할 수 있다.

$$1 \underset{①}{=} \sqrt{1} \underset{②}{=} \sqrt{1\times 1} \underset{③}{=} \sqrt{(-1)\times(-1)} \underset{④}{=} \sqrt{-1}\times\sqrt{-1} \underset{⑤}{=} i\times i \underset{⑥}{=} i^2 \underset{⑦}{=} -1$$

1과 -1이 같게 되는 모순은 위의 전개에 있는 ④번 등호에서 근호 안의 두 수가 모두 음수임에도 [정리 8-1]을 적용하였기 때문에 발생한다.

정리 8-2 음수의 제곱근의 성질 2

(1) $a<0, b<0$일 때, $\sqrt{a}\,\sqrt{b} = -\sqrt{ab}$ 이다.

(2) $a>0, b<0$일 때, $\dfrac{\sqrt{a}}{\sqrt{b}} = -\sqrt{\dfrac{a}{b}}$ 이다.

증명

(1) $\sqrt{a}\,\sqrt{b} = \sqrt{-a}\,i \times \sqrt{-b}\,i = \sqrt{-a}\,\sqrt{-b}\,i^2$
$= -\sqrt{(-a)\times(-b)} = -\sqrt{ab}$

(2) $\dfrac{\sqrt{a}}{\sqrt{b}} = \dfrac{\sqrt{a}}{\sqrt{-b}\,i} = \dfrac{\sqrt{a}\,i}{\sqrt{-b}\,i^2} = -\sqrt{\dfrac{a}{-b}}\,i = -\sqrt{\dfrac{a\times(-1)}{-b}} = -\sqrt{\dfrac{a}{b}}$ ■

[정리 8-2]의 (2)는 $a>0, b<0$일 때만 성립한다. 예를 들어, $a=-3, b=2$이면 $\dfrac{\sqrt{a}}{\sqrt{b}} = \dfrac{\sqrt{-3}}{\sqrt{2}} = \dfrac{\sqrt{3}}{\sqrt{2}}i = \sqrt{\dfrac{3}{2}}\,i$ 이지만 $-\sqrt{\dfrac{a}{b}} = -\sqrt{\dfrac{-3}{2}} = -\sqrt{\dfrac{3}{2}}\,i$ 이다.

따라서 이 경우에는 $\dfrac{\sqrt{a}}{\sqrt{b}} \neq -\sqrt{\dfrac{a}{b}}$ 이다.

예제 8-2

다음을 간단히 하라.

(a) $\sqrt{-3}\,\sqrt{-5}$　　(b) $\sqrt{-2}\,\sqrt{-8}$　　(c) $\dfrac{\sqrt{-27}}{\sqrt{-3}}$　　(d) $\dfrac{\sqrt{3}}{\sqrt{-5}}$

TIP 음수의 제곱근의 성질을 이용한다.

풀이

(a) $\sqrt{-3}\,\sqrt{-5} = \sqrt{3}\,i\,\sqrt{5}\,i = \sqrt{15}\,i^2 = -\sqrt{15}$

(b) $\sqrt{-2}\,\sqrt{-8} = \sqrt{2}\,i\,\sqrt{8}\,i = \sqrt{16}\,i^2 = \sqrt{4^2}\,i^2 = -4$

(c) $\dfrac{\sqrt{-27}}{\sqrt{-3}} = \dfrac{\sqrt{27}\,i}{\sqrt{3}\,i} = \dfrac{\sqrt{27}}{\sqrt{3}} = \sqrt{9} = 3$

(d) $\dfrac{\sqrt{3}}{\sqrt{-5}} = \dfrac{\sqrt{3}}{\sqrt{5}\,i} = \dfrac{\sqrt{3}\,i}{\sqrt{5}\,i^2} = -\dfrac{\sqrt{3}\,i}{\sqrt{5}} = -\sqrt{\dfrac{3}{5}}\,i$

[예제 8-2(c)]에서 두 근호 안의 값이 모두 음수이므로, [정리 8-2]의 (2)를 사용할 수 없다. 따라서 [예제 8-2(c)]를 $\dfrac{\sqrt{-27}}{\sqrt{-3}} = -\sqrt{\dfrac{-27}{-3}} = -\sqrt{9} = -3$ 이라고 풀면 안 된다.

복소수

이제 실수와 허수의 합으로 이루어지는 수인 복소수에 대해 알아보자.

> **정의 8-3 복소수**
> a, b가 실수일 때, $z = a + bi$를 **복소수** complex number라 한다. 이때 a를 복소수 z의 **실수 부분** real part, b를 복소수 z의 **허수 부분** imaginary part이라 한다.

[정의 8-3]에서 $b = 0$인 경우 $z = a$가 복소수이므로, 복소수는 실수를 포함한다. 따라서 복소수 집합을 $\mathbb{C}$, 실수 집합을 $\mathbb{R}$이라 할 때, $\mathbb{R} \subset \mathbb{C}$가 성립한다.

실수에서는 언제나 서로 다른 두 실수의 대소 관계를 알 수 있지만, 복소수에서는 허수 부분이 0이 아닌 두 복소수의 대소 관계를 알 수 없다. 예를 들어 $2 < 3$이지만 $2i$와 $3i$의 대소 관계는 알 수 없으며, $4 + 2i$와 $1 + 3i$의 대소 관계도 알 수 없다.

이와 같이 두 복소수의 대소 관계는 비교할 수 없지만, 각 복소수의 절댓값(크기)은 다음과 같이 정의한다.

정의 8-4 복소수의 절댓값(크기)

a, b가 실수일 때, 복소수 $z = a + bi$의 **절댓값** absolute value은 다음과 같다.

$$|z| = |a + bi| = \sqrt{a^2 + b^2}$$

[정의 8-4]에 의하여 복소수 $2 - 3i$의 절댓값은 $|2 - 3i| = \sqrt{2^2 + (-3)^2} = \sqrt{13}$이다.

두 복소수가 같은지 다른지는 다음 정리를 통해 알 수 있다.

정리 8-3 복소수의 상등

a, b, c, d가 실수일 때, 다음이 성립한다.

(1) $a + bi = c + di$이면, $a = c$이고 $b = d$이다.
역으로 $a = c$이고 $b = d$이면, $a + bi = c + di$이다.

(2) $a + bi = 0$이면, $a = 0$이고 $b = 0$이다.
역으로 $a = 0$이고 $b = 0$이면, $a + bi = 0$이다.

[정리 8-3]에 의하여 $a \neq c$이거나 $b \neq d$이면 $a + bi \neq c + di$이다.

예제 8-3

다음 등식을 만족하는 두 실수 a, b값을 구하라.

(a) $2 - bi = (a - 3) + 5i$

(b) $(3a + 2) - (6 - 2b)i = 0$

(c) $4a + (b - 3a)i = 8 - 3i$

(d) $(3a - 2b + 1) - (1 - a)i = 0$

TIP 복소수의 상등을 이용한다.

풀이

(a) $2 = a - 3$이고 $-b = 5$여야 한다. 따라서 $a = 5$, $b = -5$이다.

(b) $3a + 2 = 0$이고 $6 - 2b = 0$이어야 한다. 따라서 $a = -\frac{2}{3}$, $b = 3$이다.

(c) $4a = 8$이고 $b - 3a = -3$이어야 한다. 따라서 $a = 2$, $b = 3$이다.

(d) $3a - 2b + 1 = 0$이고 $1 - a = 0$이어야 한다. 따라서 $a = 1$, $b = 2$이다.

8.2 복소수의 연산

복소수의 사칙연산

이제 복소수의 사칙연산에 대하여 알아보자.

정의 8-5 복소수의 덧셈과 뺄셈

a, b, c, d가 실수일 때, 복소수의 덧셈과 뺄셈은 다음과 같이 정의한다.

(1) 복소수의 덧셈 : $(a+bi)+(c+di)=(a+c)+(b+d)i$

(2) 복소수의 뺄셈 : $(a+bi)-(c+di)=(a-c)+(b-d)i$

[정의 8-5]에서 알 수 있듯이 복소수의 덧셈과 뺄셈을 계산할 때, 실수 부분끼리 덧셈과 뺄셈을 계산하고 허수 부분끼리 덧셈과 뺄셈을 계산한다. 또한 k가 실수일 때,

$$k(a+bi)=ka+kbi, \quad k(a-bi)=ka-kbi$$

로 정의한다.

예제 8-4

$z_1=2+3i$, $z_2=4-i$일 때, 다음을 구하라.

(a) z_1+z_2

(b) z_1-z_2

(c) $3z_1+2z_2$

(d) $-2z_1+5z_2$

TIP 복수수의 덧셈과 뺄셈을 계산할 때 실수 부분끼리, 허수 부분끼리 따로 계산한다.

풀이

(a) $z_1+z_2=(2+3i)+(4-i)=(2+4)+(3-1)i=6+2i$

(b) $z_1-z_2=(2+3i)-(4-i)=(2-4)+(3+1)i=-2+4i$

(c) $3z_1+2z_2=3(2+3i)+2(4-i)=(6+8)+(9-2)i=14+7i$

(d) $-2z_1+5z_2=-2(2+3i)+5(4-i)=(-4+20)+(-6-5)i=16-11i$

정리 8-4 복소수의 곱셈과 나눗셈

a, b, c, d가 실수일 때, 복소수의 곱셈과 나눗셈은 다음과 같다.

(1) 복소수의 곱셈 : $(a+bi)(c+di) = (ac-bd)+(ad+bc)i$

(2) 복소수의 나눗셈 : $\dfrac{a+bi}{c+di} = \dfrac{(ac+bd)+(bc-ad)i}{c^2+d^2}$ (단, $c+di \neq 0$)

증명

(1) $i^2 = -1$과 식의 전개 $(p+q)(r+s) = pr+ps+qr+qs$를 이용한다.

$$\begin{aligned}(a+bi)(c+di) &= ac+adi+bci+bdi^2 \\ &= ac+adi+bci-bd \\ &= (ac-bd)+(ad+bc)i\end{aligned}$$

(2) $i^2 = -1$과 식의 전개 $(p+q)(p-q) = p^2-q^2$을 이용하여 분모에 허수 부분이 없도록 한다.

$$\begin{aligned}\frac{a+bi}{c+di} &= \frac{(a+bi)(c-di)}{(c+di)(c-di)} = \frac{ac-adi+bci-bdi^2}{c^2-(di)^2} \\ &= \frac{ac-adi+bci+bd}{c^2-d^2i^2} = \frac{(ac+bd)+(bc-ad)i}{c^2+d^2}\end{aligned}$$

■

예제 8-5

$z_1 = 2+3i$, $z_2 = 4-i$일 때, 다음을 구하라.

(a) $z_1 z_2$ (b) z_2^2 (c) $\dfrac{z_1}{z_2}$ (d) $\dfrac{z_2}{z_1}$

TIP $i^2 = -1$과 $(p+q)(p-q) = p^2-q^2$을 이용하여 구한다.

풀이

(a) $z_1 z_2 = (2+3i)(4-i) = 8-2i+12i-3i^2 = 11+10i$

(b) $z_2^2 = (4-i)(4-i) = 16-4i-4i+i^2 = 15-8i$

(c) $\dfrac{z_1}{z_2} = \dfrac{2+3i}{4-i} = \dfrac{(2+3i)(4+i)}{(4-i)(4+i)} = \dfrac{8+2i+12i+3i^2}{16-i^2} = \dfrac{5+14i}{17}$

(d) $\dfrac{z_2}{z_1} = \dfrac{4-i}{2+3i} = \dfrac{(4-i)(2-3i)}{(2+3i)(2-3i)} = \dfrac{8-12i-2i+3i^2}{4-9i^2} = \dfrac{5-14i}{13}$

i의 거듭제곱

$i^2 = -1$임을 이용하여 i의 거듭제곱을 다음과 같이 구할 수 있다.

$$i^3 = i^2 \times i = -i, \qquad i^4 = i^2 \times i^2 = (-1) \times (-1) = 1$$
$$i^5 = i^4 \times i = 1 \times i = i, \qquad i^6 = i^4 \times i^2 = 1 \times i^2 = -1$$
$$i^7 = i^4 \times i^3 = 1 \times i^3 = -i, \qquad i^8 = i^4 \times i^4 = 1 \times 1 = 1$$
$$i^9 = i^8 \times i = 1 \times i = i, \qquad i^{10} = i^8 \times i^2 = 1 \times i^2 = -1$$
$$\cdots\cdots$$

위의 결과를 임의의 자연수 k에 대하여 정리하면 다음이 성립한다.

$$i^{4k-3} = i,\ i^{4k-2} = -1,\ i^{4k-1} = -i,\ i^{4k} = 1$$

따라서 지수를 4로 나누었을 때의 나머지를 구하면 i의 거듭제곱을 간단히 나타낼 수 있다.

예제 8-6

다음 식을 간단히 나타내라.

(a) i^{431} (b) i^{336}

(c) $i^5 + i^6 + i^7 + i^8$ (d) $i^{202} + i^{204} + i^{206} + i^{208}$

TIP i의 거듭제곱에 있는 지수를 4로 나누었을 때의 나머지를 이용한다.

풀이

(a) $i^{431} = i^{428+3} = i^{4\times107+3} = 1^{107} \times i^3 = -i$

(b) $i^{336} = i^{4\times84} = 1^{84} = 1$

(c) $i^5 + i^6 + i^7 + i^8 = i^1 + i^2 + i^3 + i^4 = i - 1 - i + 1 = 0$

(d) $i^{202} + i^{204} + i^{206} + i^{208} = i^2 + i^4 + i^6 + i^8 = -1 + 1 - 1 + 1 = 0$

8.3 켤레복소수

복소수와 짝을 이루는 켤레복소수에 대해 알아보자.

정의 8-6 켤레복소수

a, b가 실수일 때, 복소수 $z = a + bi$에 대하여 $\bar{z} = a - bi$를 z의 **켤레복소수** conjugate complex number라 한다.

[정의 8–6]에 의하여 복소수 $z = a + bi$의 켤레복소수는 z의 실수 부분은 그대로 두고, 허수 부분의 부호를 바꾸어 얻을 수 있음을 알 수 있다.

예제 8-7

다음 복소수의 켤레복소수를 구하라.

(a) $5 + 3i$

(b) $4 - 2i$

(c) -3

(d) $9i$

TIP 허수 부분의 부호를 바꾸어 켤레복소수를 구한다.

풀이

(a) $5 + 3i$의 허수 부분이 $3i$이므로, $5 + 3i$의 켤레복소수는 $5 - 3i$이다.

(b) $4 - 2i$의 허수 부분이 $-2i$이므로, $4 - 2i$의 켤레복소수는 $4 + 2i$이다.

(c) -3의 허수 부분은 없으므로, -3의 켤레복소수는 -3이다.

(d) $9i$의 허수 부분이 $9i$이므로, $9i$의 켤레복소수는 $-9i$이다.

$z = a + bi$일 때 $\bar{z}$의 켤레복소수는 $\bar{\bar{z}}$로 나타내고, [정의 8–6]에 의하여 $\bar{\bar{z}} = a + bi = z$이다.

다음은 켤레복소수에 관한 성질이다.

정리 8-5 켤레복소수의 성질

$z = a + bi$, $w = c + di$일 때, 다음이 성립한다.

(1) $\overline{z + w} = \overline{z} + \overline{w}$

(2) $\overline{z - w} = \overline{z} - \overline{w}$

(3) $\overline{zw} = \overline{z}\,\overline{w}$

(4) $\overline{\left(\dfrac{z}{w}\right)} = \dfrac{\overline{z}}{\overline{w}}$ (단, $w \neq 0$)

증명

(1) $$\begin{aligned}\overline{z + w} &= \overline{(a + bi) + (c + di)} = \overline{(a + c) + (b + d)i} \\ &= (a + c) - (b + d)i = (a - bi) + (c - di) \\ &= \overline{z} + \overline{w}\end{aligned}$$

(2) $$\begin{aligned}\overline{z - w} &= \overline{(a + bi) - (c + di)} = \overline{(a - c) + (b - d)i} \\ &= (a - c) - (b - d)i = (a - bi) - (c - di) \\ &= \overline{z} - \overline{w}\end{aligned}$$

(3) $$\begin{aligned}\overline{zw} &= \overline{(a + bi)(c + di)} = \overline{ac + adi + bci + bdi^2} \\ &= \overline{(ac - bd) + (ad + bc)i} = (ac - bd) - (ad + bc)i \\ &= (a - bi)(c - di) = \overline{z}\,\overline{w}\end{aligned}$$

(4) [정리 8-4]의 (2)에 의하여

$$\overline{\left(\frac{z}{w}\right)} = \overline{\left(\frac{a + bi}{c + di}\right)} = \overline{\frac{(ac + bd) + (bc - ad)i}{c^2 + d^2}} = \frac{(ac + bd) - (bc - ad)i}{c^2 + d^2}$$

이고,

$$\frac{\overline{z}}{\overline{w}} = \frac{a - bi}{c - di} = \frac{(a - bi)(c + di)}{(c - di)(c + di)} = \frac{(ac + bd) - (bc - ad)i}{c^2 + d^2}$$

이다. 따라서 $\overline{\left(\dfrac{z}{w}\right)} = \dfrac{\overline{z}}{\overline{w}}$이다. ■

[정리 8-4]의 (2)에서 설명한 분모의 유리화는 결국 분모의 켤레복소수를 분자, 분모에 각각 곱하는 것임을 알 수 있다.

예제 8-8

$z_1 = 5 + 3i$, $z_2 = 2 - i$일 때, 다음을 구하라.

(a) $\overline{z_1 + z_2}$

(b) $\overline{z_1 - z_2}$

(c) $z_1 + \overline{z_1}$

(d) $z_2 - \overline{z_2}$

(e) $\overline{z_1 z_2}$

(f) $\overline{\left(\dfrac{z_1}{z_2}\right)}$

TIP 켤레복소수의 성질을 이용한다.

풀이

(a) $\overline{z_1 + z_2} = \overline{(5+3i)+(2-i)} = \overline{7+2i} = 7-2i$

(b) $\overline{z_1 - z_2} = \overline{(5+3i)-(2-i)} = \overline{3+4i} = 3-4i$

(c) $z_1 + \overline{z_1} = (5+3i) + \overline{5+3i} = (5+3i)+(5-3i) = 10$

(d) $z_2 - \overline{z_2} = (2-i) - \overline{2-i} = (2-i)-(2+i) = -2i$

(e) $\overline{z_1 z_2} = \overline{(5+3i)(2-i)} = \overline{10-5i+6i-3i^2} = \overline{13+i} = 13-i$

(f) $\overline{\left(\dfrac{z_1}{z_2}\right)} = \dfrac{\overline{z_1}}{\overline{z_2}} = \dfrac{\overline{5+3i}}{\overline{2-i}} = \dfrac{5-3i}{2+i} = \dfrac{(5-3i)(2-i)}{(2+i)(2-i)}$

$$= \frac{10-5i-6i+3i^2}{4-i^2} = \frac{7-11i}{5}$$

8.4 공학문제

임피던스

전자공학에서는 신호를 최대로 증폭시키기 위해 교류회로에서의 임피던스 개념을 반드시 알아야 한다. 교류회로에서 전류의 흐름을 방해하는 성질을 **임피던스**impedance라 한다. 임피던스는 교류회로에서 인가전압 V와 회로에 흐르는 전류 I의 비율로, 다음과 같이 기호 Z로 나타낸다.

$$Z = \frac{V}{I}$$

이 값은 위상도 함께 나타나는 벡터량이기 때문에 복소수 형태로 나타낼 수 있으며, 이를 식으로 나타내면 다음과 같다.

$$Z = R + jX$$

여기서 실수 부분인 R은 전기저항, 허수 부분인 X는 리액턴스이고, j는 허수단위이다. (공학에서는 i가 전류 기호를 나타내는 데 사용하기 때문에 허수단위로 j를 사용한다.)

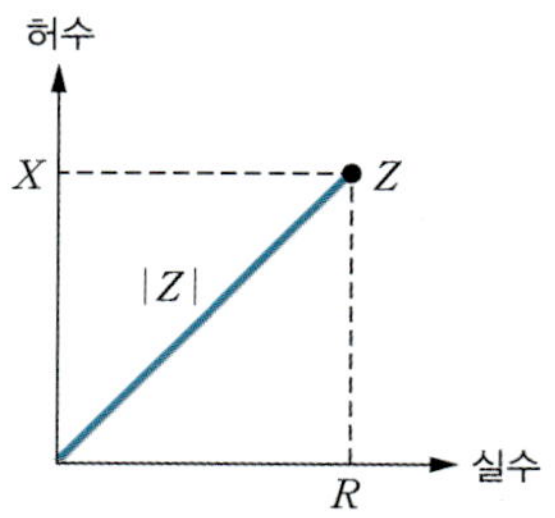

[그림 8-1] **임피던스와 저항, 리액턴스의 관계**

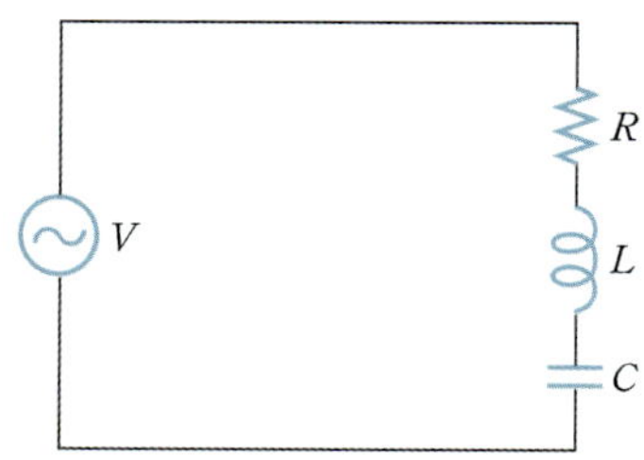

[그림 8-2] **RLC 직렬회로**

임피던스란 저항resistance(R), 코일inductance(L), 축전기capacitor(C)가 직렬로 연결된 교류회로(RLC 직렬회로)의 합성저항으로서 SI 단위계로 옴(Ω)을 사용하고, 기호 Z로 나타낸다. (ω : 교류의 각 주파수)

- 전기저항에 의한 저항 : $Z_R = R$
- 코일에 의한 저항(유도 리액턴스) : $Z_L = j\omega L$
- 축전기에 의한 저항(용량 리액턴스) : $Z_C = \frac{1}{j\omega C}$

따라서 합성저항인 임피던스 Z는 다음과 같다.

$$Z = R + j\omega L + \frac{1}{j\omega C} = R + jX$$

예제 8-9

RLC 직렬회로에서 전압이 $(20+30j)$ V이고 전류가 $(4-2j)$ A일 때, 임피던스 Z값을 구하라.

TIP 임피던스를 구하는 공식 $Z = \frac{V}{I}$ 를 이용한다.

풀이

$$Z = \frac{20+30j}{4-2j} = \frac{(20+30j)(4+2j)}{(4-2j)(4+2j)} = \frac{20+160j}{20} = 1+8j(\Omega)$$

[예제 8-9]에서 임피던스의 크기는 $|Z| = \sqrt{1^2+8^2} = \sqrt{65}$ 이다.

예제 8-10

교류회로에서 $R_1 = 3$, $R_2 = 4$이고 $X_1 = 5$, $X_2 = 1$일 때, 다음 물음에 답하라.

(a) 임피던스 $Z_1 + Z_2$값을 구하라.

(b) 임피던스 $Z_1 Z_2$값을 구하라.

TIP 임피던스의 정의와 복소수의 사칙연산을 이용하여 구한다.

풀이

(a) $Z_1 + Z_2 = (3+5j) + (4+j) = 7+6j$

(b) $Z_1 Z_2 = (3+5j)(4+j) = 12+3j+20j+5j^2 = 7+23j$

정현파

정현파sine wave는 파형이 사인곡선[1]이 되는 파동을 말하며, 사인파라고도 한다. 교류(AC)Alternating Current 파형의 가장 기본적인 형태로서 교류 발전기나 진공관 발진기에 의해 얻어지는 교류 전압 및 전류는 거의 정현파에 가깝다고 할 수 있다.

1 사인곡선은 사인함수 $y = \sin\theta$ 값의 변화를 나타낸 그래프이다. 이 사인함수의 그래프는 17장에서 다룬다.

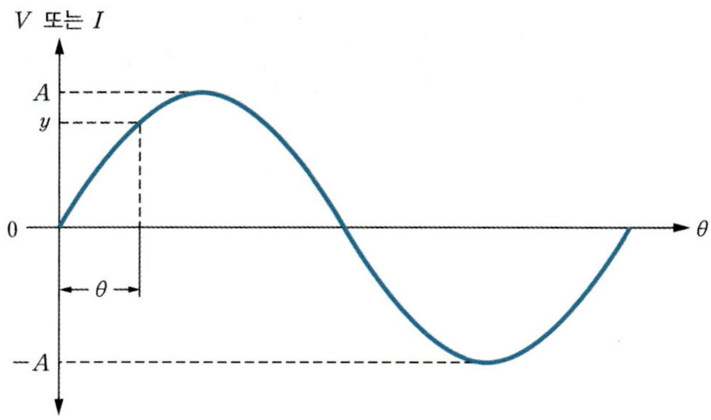

[그림 8-3] **정현파의 한 주기**

예제 8-11

정현파 교류의 전압 V가

$$V = 100\sqrt{2}\sin(\omega t + \theta) = 100(\cos(-60°) + j\sin(-60°))$$

일 때, V의 크기를 구하라. (단, ω는 각 주파수이고, $\cos(-60°) = \frac{1}{2}$, $\sin(-60°) = -\frac{\sqrt{3}}{2}$이다.)

TIP $V = a + bj$일 때, $|V| = \sqrt{a^2 + b^2}$이다.

풀이

$V = 100(\cos(-60°) + j\sin(-60°)) = 100\left(\frac{1}{2} - \frac{\sqrt{3}}{2}j\right) = 50 - 50\sqrt{3}j$이므로 V의 크기 $|V|$는

$$|V| = \sqrt{50^2 + (50\sqrt{3})^2} = \sqrt{2500 + 7500} = \sqrt{10000} = 100$$

이다.

CHAPTER 08 연습문제

8.1 다음 수를 허수단위 i를 이용하여 나타내라.

(a) $\sqrt{-16}$ (b) $\sqrt{-65}$

(c) $\sqrt{-121}$ (d) $\sqrt{-120}$

(e) $\sqrt{-84}$ (f) $\sqrt{-243}$

8.2 다음 등식 중 잘못된 등식의 번호를 골라라.

$$\sqrt{3} \underset{①}{=} \sqrt{3\times 1} \underset{②}{=} \sqrt{(-3)\times(-1)} \underset{③}{=} \sqrt{-3}\times\sqrt{-1} \underset{④}{=} \sqrt{3}i\times i \underset{⑤}{=} -\sqrt{3}$$

8.3 다음 식을 간단히 하라.

(a) $\sqrt{-3}\,\sqrt{-3}$ (b) $\sqrt{-2}\,\sqrt{-8}$

(c) $\sqrt{-5}\,\sqrt{-25}$ (d) $\dfrac{\sqrt{-2}}{\sqrt{5}}$

(e) $\dfrac{\sqrt{2}}{\sqrt{-5}}$ (f) $\dfrac{\sqrt{-2}}{\sqrt{-5}}$

8.4 다음 등식을 만족하는 두 실수 x, y값을 구하라.

(a) $(x-3)+(2y+1)i=0$

(b) $2y-(x+2)i=0$

(c) $(2-x)+(3x+y-1)i=0$

(d) $(2x+3)-(2y-1)i=-5+yi$

(e) $(x+y-1)+2yi=3+(x-1)i$

(f) $2x+(4+x-y)i=-4+3yi$

8.5 $z_1 = 2 - 3i$, $z_2 = 3 + i$일 때, 다음을 구하라.

(a) $z_1 + z_2$

(b) $z_1 - z_2$

(c) $2z_1 + 3z_2$

(d) $\frac{1}{3}z_1 + 2z_2$

(e) $-3z_1 + \frac{1}{3}z_2$

(f) $\frac{1}{4}z_1 - \frac{1}{5}z_2$

8.6 $z_1 = 2 - 3i$, $z_2 = 3 + i$일 때, 다음을 구하라.

(a) $z_1 z_2$

(b) z_1^2

(c) $\frac{z_1}{z_2}$

(d) $\frac{z_2}{z_1}$

(e) $(z_1 + z_2)^2$

(f) $(z_1 - z_2)^2$

8.7 다음 식을 간단히 나타내라.

(a) i^{64}

(b) i^{321}

(c) $(-i)^{38}$

(d) $(-i)^{231}$

(e) $i^{150} + i^{151}$

(f) $i^{191} + i^{193}$

(g) $i^{131} + i^{132} + i^{133} + i^{134}$

(h) $i^{312} + i^{314} + i^{316} + i^{318}$

8.8 다음 복소수의 켤레복소수를 구하라.

(a) 15

(b) -19

(c) $32i$

(d) $-48i$

(e) $3 + 9i$

(f) $7 - 2i$

(g) $-6 + 5i$

(h) $-10 - i$

8.9 $z_1 = -2+2i$, $z_2 = 1+5i$일 때, 다음을 구하라.

(a) $z_1 + \overline{z_1}$

(b) $z_2 - \overline{z_2}$

(c) $\overline{z_1} - z_2$

(d) $z_1 \overline{z_2}$

(e) $\overline{z_1 z_2}$

(f) $\overline{\left(\dfrac{z_2}{z_1}\right)}$

8.10 RLC 직렬회로에서 전류가 $(4-2j)\,\mathrm{A}$이고 임피던스가 $(7+4j)\,\Omega$일 때, 전압을 구하라.

8.11 RLC 직렬회로에서 합성 임피던스 Z는 다음과 같다.

$$Z = R + j\omega L + \frac{1}{j\omega C}$$

여기서 R은 전기저항, ω는 교류의 각 주파수, L은 인덕턴스, C는 전기용량, j는 허수단위를 의미한다. 합성 임피던스 Z의 허수 부분을 구하라.

CHAPTER 09
벡터

CONTENTS

학습목표

- 벡터의 정의를 이해하고, 스칼라와의 차이를 익힌다.
- 벡터의 크기, 단위벡터, 벡터의 직교성을 이해한다.
- 벡터의 내적과 외적을 정의하고, 이를 계산하는 방법을 학습한다.

어떤 물체의 움직임이나 변화를 표현하는 방법에는 무엇이 있을까? 우리에게 친숙한 방법 중 하나는 함수의 그래프이다. 함수 $y=f(x)$가 주어지면 여러 조건을 확인하여 다음과 같이 함수의 그래프를 그린다. 그런데 함수의 그래프만으로는 어떤 물체가 어느 방향으로 얼마나 빠르게 움직이는지를 전혀 설명할 수 없다.

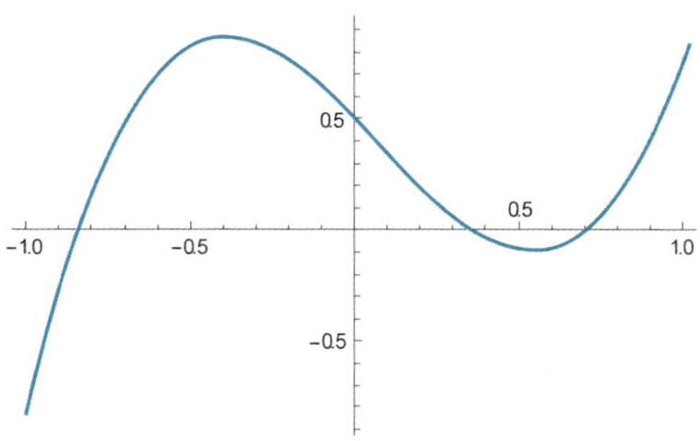

$$y=\frac{7}{3}x^3-\frac{1}{2}x^2-\frac{3}{2}x+\frac{1}{2}$$

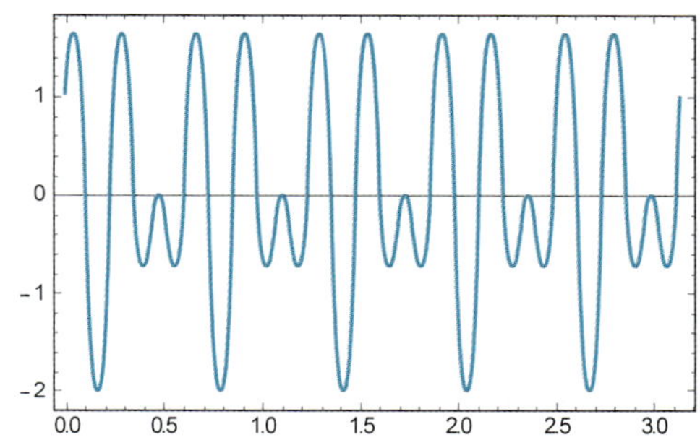

$$y=\sin 30x+\cos 20x$$

물체가 움직이는 방향과 크기를 나타낼 수 있는 방법이 바로 벡터이다. 벡터는 크기뿐 아니라 '방향'을 갖기 때문에 화살표로 이동 속도와 방향을 나타낸 벡터를 이용해 그래프를 그리면 어떤 현상을 시각적으로 더 쉽게 이해할 수 있다. 아래의 왼쪽 그림은 세면대의 물이 회전하면서 배수구로 빠져나가는 현상을, 오른쪽 그림은 문으로 들어온 바람이 반대편 창문으로 빠져나가는 현상을 벡터로 나타낸 것이다.

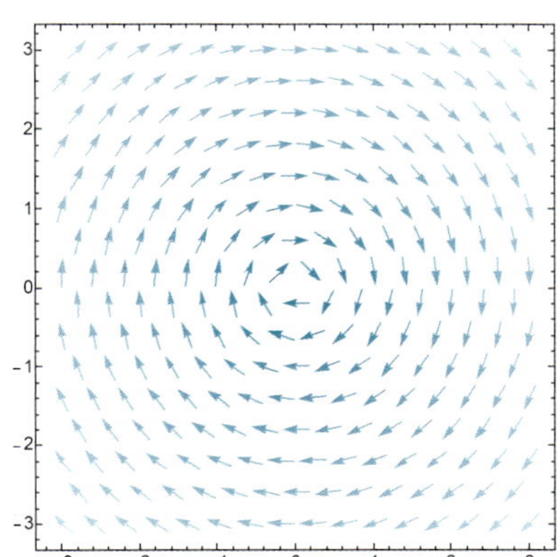

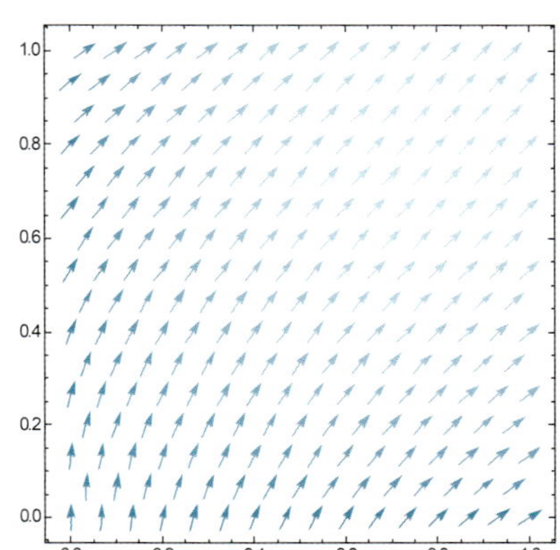

9.1 스칼라와 벡터

스칼라와 벡터

물리학에서 어떤 대상의 물리량을 설명하고자 할 때 대표적으로 스칼라와 벡터를 사용한다.

정의 9-1 스칼라

방향을 가지지 않고 크기만 가지고 있는 물리량을 **스칼라** scalar 라고 한다.

예를 들어 어느 대학의 학생 수, 어느 강의실의 온도, 시간, 길이 등이 스칼라이다.

정의 9-2 벡터

크기와 함께 방향을 가지고 있는 물리량을 **벡터** vector 라고 한다.

- **수학적 정의** : 스칼라 배와 덧셈, 이 두 연산에 대하여 닫혀있고, 일정한 법칙들(결합법칙, 교환법칙, 분배법칙 등)을 만족시키는 집합을 벡터공간이라 하며, 벡터공간의 원소를 벡터라 한다.
- **물리학·공학적 정의** : 무수히 많은 벡터공간 중 크기와 방향으로 결정되는 원소를 갖는 벡터공간을 택하여 각각의 원소를 벡터라 정의한다.

수학에서의 벡터공간은 추상적이고 일반화됐지만, 공학에서는 이 중 일부를 직관적인 정의로 택하여 사용한다.

예를 들어 자동차가 동쪽 방향으로 시속 60km로 달린다고 할 때 이를 나타내는 속도, 어떤 물체가 $10\mathrm{m/s^2}$으로 지상으로 떨어지고 있다는 것을 나타내는 가속도 등이 벡터이다.

예제 9-1

다음 물리량이 스칼라인지 벡터인지를 판정하라.

(a) 30km의 거리 (b) 아래로 향하는 20N의 힘

(c) $10\mathrm{m}^3$의 부피 (d) 12노트의 속도인 남동풍

TIP 방향을 지정한 내용이 있는 경우 그 물리량은 벡터이다. 참고로 1노트(knot) = 1.852km/h이다.

풀이

(a) 거리는 방향성이 없으므로, 30km의 거리는 스칼라이다.

(b) 아래로 향하는 방향성을 가지므로, 아래로 향하는 20N의 힘은 벡터이다.

(c) 부피는 방향성이 없으므로, 10m^3의 부피는 스칼라이다.

(d) 남동풍은 방향성을 가지므로, 12노트의 속도인 남동풍은 벡터이다.

이제 평면인 2차원에서 벡터를 나타내는 방법과 공간인 3차원에서 벡터를 나타내는 방법에 대하여 알아보자.

정의 9-3 2차원 평면과 3차원 공간에서의 벡터

(1) 2차원 평면의 벡터는 두 실수의 순서쌍 $\vec{a} = \langle a_1, a_2 \rangle$로 나타낸다.

(2) 3차원 공간의 벡터는 세 실수의 순서쌍 $\vec{a} = \langle a_1, a_2, a_3 \rangle$로 나타낸다.

[정의 9-3]의 $\vec{a} = \langle a_1, a_2, a_3 \rangle$에서 사용한 a_1, a_2, a_3를 각각 $\vec{a}$의 첫 번째 성분, 두 번째 성분, 세 번째 성분이라고 한다.

벡터의 크기

주어진 벡터의 크기는 다음과 같이 정의한다.

정의 9-4 노름

3차원 공간에서 $\vec{a} = \langle a_1, a_2, a_3 \rangle$의 크기는

$$\|\vec{a}\| = \sqrt{a_1^2 + a_2^2 + a_3^2}$$

으로 정의하고, $\|\vec{a}\|$를 $\vec{a}$의 **노름**[norm]이라 한다.

[정의 9-4]와 같이 $\vec{a} = \langle a_1, a_2 \rangle$가 2차원 평면의 벡터일 때, $\vec{a}$의 크기는 다음과 같다.

$$\|\vec{a}\| = \sqrt{a_1^2 + a_2^2}$$

예제 9-2

다음 벡터의 크기를 구하라.

(a) $\vec{a} = \langle 3, 2, -1 \rangle$ (b) $\vec{b} = \langle 0, 3, -3 \rangle$

(c) $\vec{c} = \langle 1, -4 \rangle$ (d) $\vec{d} = \langle -3, -2 \rangle$

TIP 노름의 정의를 이용한다.

풀이

(a) $\|\vec{a}\| = \sqrt{3^2 + 2^2 + (-1)^2} = \sqrt{14}$ (b) $\|\vec{b}\| = \sqrt{0^2 + 3^2 + (-3)^2} = 3\sqrt{2}$

(c) $\|\vec{c}\| = \sqrt{1^2 + (-4)^2} = \sqrt{17}$ (d) $\|\vec{d}\| = \sqrt{(-3)^2 + (-2)^2} = \sqrt{13}$

벡터의 방향성

벡터의 방향성은 다음과 같이 설명한다.

정의 9-5 $\overrightarrow{\mathrm{AB}}$

[그림 9-1]과 같이 방향이 주어진 선분을 **유향선분** directional line segment 이라 한다. 이때 점 A에서 점 B로 향하는 유향선분 AB를 **벡터** AB라 하고, $\overrightarrow{\mathrm{AB}}$로 나타낸다. 여기서 점 A를 $\overrightarrow{\mathrm{AB}}$의 **시점** initial point, 점 B를 $\overrightarrow{\mathrm{AB}}$의 **종점** terminal point 이라 한다.

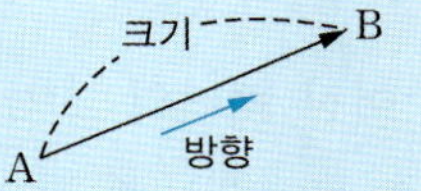

[그림 9-1] $\overrightarrow{\mathrm{AB}}$

3차원 공간에 있는 두 점 $\mathrm{A}(a, b, c)$와 $\mathrm{B}(p, q, r)$에 대하여 벡터 $\overrightarrow{\mathrm{AB}}$는 다음과 같다.

$$\overrightarrow{\mathrm{AB}} = \langle p - a, q - b, r - c \rangle$$

특별히 시점이 원점인 벡터를 다음과 같이 정의한다.

정의 9-6 위치벡터

시점이 원점 $\mathrm{O}(0, 0, 0)$이고 종점이 점 $\mathrm{P}(a_1, a_2, a_3)$인 벡터를

$$\overrightarrow{\mathrm{OP}} = \langle a_1 - 0, a_2 - 0, a_3 - 0 \rangle = \langle a_1, a_2, a_3 \rangle$$

로 나타내고, 이를 점 $\mathrm{P}(a_1, a_2, a_3)$의 **위치벡터** position vector 라 한다.

예제 9-3

3차원 공간에 있는 네 점 P(2, 3, −1), Q(−1, 4, 2), R(3, −5, 0), O(0, 0, 0)에 대하여 다음을 구하라.

(a) $\overrightarrow{PQ}$ (b) $\overrightarrow{QR}$ (c) $\overrightarrow{PR}$

(d) $\overrightarrow{RP}$ (e) $\overrightarrow{OP}$ (f) $\overrightarrow{OR}$

TIP $\overrightarrow{AB}$는 시점이 A이고 종점이 B인 벡터임을 이용한다.

풀이

(a) $\overrightarrow{PQ} = \langle -1-2, 4-3, 2-(-1) \rangle = \langle -3, 1, 3 \rangle$

(b) $\overrightarrow{QR} = \langle 3-(-1), -5-4, 0-2 \rangle = \langle 4, -9, -2 \rangle$

(c) $\overrightarrow{PR} = \langle 3-2, -5-3, 0-(-1) \rangle = \langle 1, -8, 1 \rangle$

(d) $\overrightarrow{RP} = \langle 2-3, 3-(-5), -1-0 \rangle = \langle -1, 8, -1 \rangle$

(e) $\overrightarrow{OP} = \langle 2-0, 3-0, -1-0 \rangle = \langle 2, 3, -1 \rangle$

(f) $\overrightarrow{OR} = \langle 3-0, -5-0, 0-0 \rangle = \langle 3, -5, 0 \rangle$

2차원 평면에서 벡터의 방향도 3차원 공간에서 벡터의 방향을 설명하는 것과 같은 방법으로 설명할 수 있다.

예를 들어 점 A(2, 3), 점 B(3, −5), 점 O(0, 0)가 2차원 평면의 세 점일 때

$$\overrightarrow{AB} = \langle 3-2, -5-3 \rangle = \langle 1, -8 \rangle$$
$$\overrightarrow{BA} = \langle 2-3, 3-(-5) \rangle = \langle -1, 8 \rangle$$

이고, 점 A와 점 B의 위치벡터는 각각

$$\overrightarrow{OA} = \langle 2-0, 3-0 \rangle = \langle 2, 3 \rangle$$
$$\overrightarrow{OB} = \langle 3-0, -5-0 \rangle = \langle 3, -5 \rangle$$

이다.

벡터의 합과 차, 스칼라 배

이제 두 벡터의 합과 차, 그리고 스칼라 배를 정의해보자.

정의 9-7 벡터의 합과 차, 스칼라 배

두 벡터 $\vec{a} = \langle a_1, a_2, a_3 \rangle$, $\vec{b} = \langle b_1, b_2, b_3 \rangle$에 대하여

(1) 두 벡터의 합 $\vec{a} + \vec{b}$는 다음과 같이 정의한다.

$$\vec{a} + \vec{b} = \langle a_1 + b_1, a_2 + b_2, a_3 + b_3 \rangle$$

(2) 두 벡터의 차 $\vec{a} - \vec{b}$는 다음과 같이 정의한다.

$$\vec{a} - \vec{b} = \langle a_1 - b_1, a_2 - b_2, a_3 - b_3 \rangle$$

(3) c가 실수일 때 벡터의 스칼라 배 $c\vec{a}$는 다음과 같이 정의한다.

$$c\vec{a} = \langle ca_1, ca_2, ca_3 \rangle$$

기하학적으로 두 벡터의 합과 차를 나타내면 [그림 9-2]와 같다.

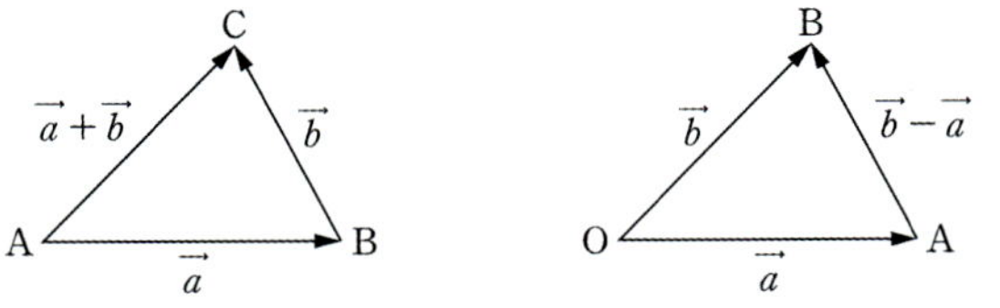

(a) 벡터의 합 (b) 벡터의 차

[그림 9-2] **벡터의 합과 차**

예제 9-4

$\vec{a} = \langle 3, -2, 1 \rangle$, $\vec{b} = \langle 0, 5, -4 \rangle$일 때, 다음을 구하라.

(a) $\vec{a} + \vec{b}$ (b) $\vec{a} - \vec{b}$ (c) $2\vec{a} + 3\vec{b}$ (d) $3\vec{a} - 4\vec{b}$

TIP 벡터의 합, 차, 스칼라 배의 정의를 이용한다.

풀이

(a) $\vec{a} + \vec{b} = \langle 3, -2, 1 \rangle + \langle 0, 5, -4 \rangle$
$= \langle 3+0, -2+5, 1-4 \rangle = \langle 3, 3, -3 \rangle$

(b) $\vec{a} - \vec{b} = \langle 3, -2, 1 \rangle - \langle 0, 5, -4 \rangle$
$= \langle 3-0, -2-5, 1-(-4) \rangle = \langle 3, -7, 5 \rangle$

(c) $2\vec{a} + 3\vec{b} = \langle 6, -4, 2 \rangle + \langle 0, 15, -12 \rangle$
$= \langle 6+0, -4+15, 2-12 \rangle = \langle 6, 11, -10 \rangle$

(d) $3\vec{a} - 4\vec{b} = \langle 9, -6, 3 \rangle - \langle 0, 20, -16 \rangle$
$= \langle 9-0, -6-20, 3-(-16) \rangle = \langle 9, -26, 19 \rangle$

9.2 단위벡터

단위벡터

$\vec{a} = \langle 3, 1, 0 \rangle$, $\vec{b} = \langle 0, -3, 0 \rangle$일 때, $\vec{a}$와 $\vec{b}$의 크기는 각각 $\|\vec{a}\| = \sqrt{3^2 + 1^2 + 0^2} = \sqrt{10}$, $\|\vec{b}\| = \sqrt{0^2 + (-3)^2 + 0^2} = 3$이다. 이와 같이 벡터의 크기를 구하면 다양한 결과가 나오는데, 그중에서도 벡터의 크기가 1인 벡터는 특별히 다음과 같이 정의한다.

정의 9-8 단위벡터

$\|\vec{a}\| = 1$인 벡터 $\vec{a}$를 **단위벡터** unit vector라 한다.

[정의 9-8]에 의하여 $\|\vec{a}\| \neq 1$이면, $\vec{a}$는 단위벡터가 아니다.

예제 9-5

다음 벡터가 단위벡터인지를 판정하라.

(a) $\vec{a} = \langle 0, 1, -1 \rangle$

(b) $\vec{b} = \langle 0, -1, 0 \rangle$

(c) $\vec{c} = \left\langle \frac{1}{2}, 0, \frac{1}{2} \right\rangle$

(d) $\vec{d} = \left\langle 0, -\frac{3}{5}, \frac{4}{5} \right\rangle$

TIP 주어진 벡터의 노름이 1인지를 확인한다.

풀이

(a) $\|\vec{a}\| = \sqrt{0^2 + 1^2 + (-1)^2} = \sqrt{2}$ 이므로, $\vec{a}$는 단위벡터가 아니다.

(b) $\|\vec{b}\| = \sqrt{0^2 + (-1)^2 + 0^2} = 1$이므로, $\vec{b}$는 단위벡터이다.

(c) $\|\vec{c}\| = \sqrt{\left(\frac{1}{2}\right)^2 + 0 + \left(\frac{1}{2}\right)^2} = \sqrt{\frac{1}{2}}$ 이므로, $\vec{c}$는 단위벡터가 아니다.

(d) $\|\vec{d}\| = \sqrt{0^2 + \left(-\frac{3}{5}\right)^2 + \left(\frac{4}{5}\right)^2} = \sqrt{\frac{9}{25} + \frac{16}{25}} = 1$이므로, $\vec{d}$는 단위벡터이다.

■ 단위벡터를 만드는 방법

주어진 벡터가 단위벡터가 아닌 경우 다음의 방법을 이용하여 단위벡터를 만들 수 있다. $\vec{a} \neq \vec{0}$이고 $\vec{a}$가 단위벡터가 아닌 경우 $\frac{1}{\|\vec{a}\|}\vec{a}$가 $\vec{a}$와 **같은 방향을 갖는 단위벡터**이고, $-\frac{1}{\|\vec{a}\|}\vec{a}$가 $\vec{a}$와 **반대 방향을 갖는 단위벡터**이다. $\vec{a}$와 같은 방향을 갖는 단위벡터를 만드는 것을 $\vec{a}$의 **정규화**normalization라 한다.

예제 9-6

$\vec{a} = \langle 2, 1, -4 \rangle$, $\vec{b} = \langle 0, -1, 2 \rangle$일 때, 다음을 구하라.

(a) $\vec{a}$와 같은 방향을 갖는 단위벡터 (b) $\vec{b}$와 반대 방향을 갖는 단위벡터

TIP 단위벡터를 만드는 방법을 이용한다.

풀이

(a) $\|\vec{a}\| = \sqrt{2^2 + 1^2 + (-4)^2} = \sqrt{21}$ 이므로, $\vec{a}$와 같은 방향을 갖는 단위벡터는

$$\frac{1}{\sqrt{21}}\langle 2, 1, -4 \rangle = \left\langle \frac{2}{\sqrt{21}}, \frac{1}{\sqrt{21}}, -\frac{4}{\sqrt{21}} \right\rangle$$

이다.

(b) $\|\vec{b}\| = \sqrt{0^2 + (-1)^2 + 2^2} = \sqrt{5}$ 이므로, $\vec{b}$와 반대 방향을 갖는 단위벡터는

$$-\frac{1}{\sqrt{5}}\langle 0, -1, 2 \rangle = \left\langle 0, \frac{1}{\sqrt{5}}, -\frac{2}{\sqrt{5}} \right\rangle$$

이다.

표준단위벡터

단위벡터 중에서 가장 표준이 되는 벡터를 다음과 같이 정의한다.

정의 9-9 표준단위벡터

3차원 공간에서

$$\vec{i} = \langle 1, 0, 0 \rangle, \quad \vec{j} = \langle 0, 1, 0 \rangle, \quad \vec{k} = \langle 0, 0, 1 \rangle$$

로 정의한 $\vec{i}$, $\vec{j}$, $\vec{k}$를 **표준단위벡터**standard unit vector라 한다.

9.3 벡터의 곱

두 실수의 곱과 달리 벡터의 곱에는 내적과 외적이 있다.

내적

동일한 차원에서 두 벡터 사이의 내적은 다음과 같이 정의한다.

정의 9-10 내적

두 벡터 $\vec{a} = \langle a_1, a_2, a_3 \rangle$, $\vec{b} = \langle b_1, b_2, b_3 \rangle$에 대하여 $\vec{a}$와 $\vec{b}$의 **내적** inner product 은 $\vec{a} \cdot \vec{b}$로 나타내고 다음과 같이 정의한다.

$$\vec{a} \cdot \vec{b} = a_1 b_1 + a_2 b_2 + a_3 b_3$$

두 벡터의 내적의 결과 값은 실수로서 스칼라이기 때문에 **스칼라 곱** scalar product 또는 **점곱** dot product 이라고도 한다. 두 벡터 $\vec{a}$, $\vec{b}$가 이루는 각이 θ일 때, 벡터의 내적은 다음과 같이 정의되기도 한다.

$$\vec{a} \cdot \vec{b} = \|\vec{a}\| \|\vec{b}\| \cos\theta$$

예제 9-7

$\vec{a} = \langle 5, 0, -3 \rangle$, $\vec{b} = \langle 3, -3, 2 \rangle$일 때, 다음을 구하라.

(a) $\vec{a} \cdot \vec{b}$

(b) $\vec{a} \cdot \vec{a}$

TIP 내적의 정의를 이용한다.

풀이

(a) $\vec{a} \cdot \vec{b} = \langle 5, 0, -3 \rangle \cdot \langle 3, -3, 2 \rangle = 5 \times 3 + 0 \times (-3) + (-3) \times 2 = 9$

(b) $\vec{a} \cdot \vec{a} = \langle 5, 0, -3 \rangle \cdot \langle 5, 0, -3 \rangle = 5 \times 5 + 0 \times 0 + (-3) \times (-3) = 34$

$\vec{0}$가 아닌 두 벡터 $\vec{a}$, $\vec{b}$가 이루는 각 θ에 대하여 $\cos\theta = \dfrac{\vec{a}\cdot\vec{b}}{\|\vec{a}\|\|\vec{b}\|}$이다. 따라서 두 벡터가 이루는 각이 90°이면, $\cos 90^\circ = 0$이므로 $\vec{a}\cdot\vec{b} = 0$이다. 내적을 이용하여 두 벡터의 직교성을 다음과 같이 정의한다.

정의 9-11 직교성

$\vec{a} \neq \vec{0}$이고 $\vec{b} \neq \vec{0}$라 하자. 만일 $\vec{a}\cdot\vec{b} = 0$이면, $\vec{a}$와 $\vec{b}$는 **직교한다** orthogonal 고 한다.

[정의 9–11]에 의하여 $\vec{a}\cdot\vec{b} \neq 0$이면, $\vec{a}$와 $\vec{b}$는 직교하지 않는다고 한다.

예제 9-8

다음 두 벡터가 직교하는지를 판정하라.

(a) $\vec{a} = \langle 3, 0, 0 \rangle$, $\vec{b} = \langle 0, 1, -3 \rangle$

(b) $\vec{c} = \langle 2, 0, -3 \rangle$, $\vec{d} = \langle 0, 1, -1 \rangle$

(c) $\vec{e} = \langle 3, 1, 2 \rangle$, $\vec{f} = \langle 1, -1, -2 \rangle$

(d) $\vec{g} = \langle 0, 4, -3 \rangle$, $\vec{h} = \langle 0, 3, 4 \rangle$

TIP 두 벡터의 내적이 0인지를 확인한다.

풀이

(a) $\vec{a}\cdot\vec{b} = \langle 3, 0, 0 \rangle \cdot \langle 0, 1, -3 \rangle = 3\times 0 + 0\times 1 + 0\times(-3) = 0$이므로,
$\vec{a}$와 $\vec{b}$는 직교한다.

(b) $\vec{c}\cdot\vec{d} = \langle 2, 0, -3 \rangle \cdot \langle 0, 1, -1 \rangle = 2\times 0 + 0\times 1 + (-3)\times(-1) = 3$이므로,
$\vec{c}$와 $\vec{d}$는 직교하지 않는다.

(c) $\vec{e}\cdot\vec{f} = \langle 3, 1, 2 \rangle \cdot \langle 1, -1, -2 \rangle = 3\times 1 + 1\times(-1) + 2\times(-2) = -2$이므로,
$\vec{e}$와 $\vec{f}$는 직교하지 않는다.

(d) $\vec{g}\cdot\vec{h} = \langle 0, 4, -3 \rangle \cdot \langle 0, 3, 4 \rangle = 0\times 0 + 4\times 3 + (-3)\times 4 = 0$이므로,
$\vec{g}$와 $\vec{h}$는 직교한다.

외적

공학에서 사용하는 벡터의 응용에 있어서 3차원 공간의 두 벡터에 동시에 직교하는 벡터를 구하는 것은 매우 중요하다. 이와 같은 벡터를 구하기 위해 외적을 정의한다.

정의 9-12 외적

$\vec{a} = \langle a_1, a_2, a_3 \rangle$, $\vec{b} = \langle b_1, b_2, b_3 \rangle$일 때, $\vec{a}$와 $\vec{b}$의 **외적**cross product은 $\vec{a} \times \vec{b}$로 나타내고 표준단위벡터와 행렬식[1]을 이용하여 다음과 같이 정의한다.

$$\begin{aligned}\vec{a} \times \vec{b} &= \begin{vmatrix} \vec{i} & \vec{j} & \vec{k} \\ a_1 & a_2 & a_3 \\ b_1 & b_2 & b_3 \end{vmatrix} \\ &= \begin{vmatrix} a_2 & a_3 \\ b_2 & b_3 \end{vmatrix} \vec{i} - \begin{vmatrix} a_1 & a_3 \\ b_1 & b_3 \end{vmatrix} \vec{j} + \begin{vmatrix} a_1 & a_2 \\ b_1 & b_2 \end{vmatrix} \vec{k} \\ &= (a_2 b_3 - a_3 b_2)\vec{i} - (a_1 b_3 - a_3 b_1)\vec{j} + (a_1 b_2 - a_2 b_1)\vec{k}\end{aligned}$$

벡터의 외적은 내적과는 달리 결과 값이 벡터이므로 **벡터 곱**vector product이라고 하며, 오직 3차원 공간에서만 정의된다. 또한, 기하학적으로 $\vec{a} \times \vec{b}$는 $\vec{a}$, $\vec{b}$와 동시에 직교하는 벡터이다.

외적의 정의를 암기하여 계산하는 것은 쉽지 않기 때문에 다음에 제시하는 단계에 따라서 외적을 계산하도록 한다.

정리 9-1 외적을 계산하는 방법

[1단계] 주어진 $\vec{a}$와 $\vec{b}$를 이용하여 $\vec{a} \times \vec{b} = \begin{vmatrix} \vec{i} & \vec{j} & \vec{k} \\ a_1 & a_2 & a_3 \\ b_1 & b_2 & b_3 \end{vmatrix}$로 나타낸다.

[2단계] $\vec{i}$가 포함된 가로줄과 세로줄을 삭제하면 남은 행렬식은 $\begin{vmatrix} a_2 & a_3 \\ b_2 & b_3 \end{vmatrix}$이다. 2×2 행렬의 행렬식 정의에 의하여 이 값은 $a_2 b_3 - a_3 b_2$이고, 여기에 $\vec{i}$를 곱하여

$$(a_2 b_3 - a_3 b_2)\vec{i}$$

를 얻는다.

1 벡터 곱에 사용되는 행렬식에 관련된 내용은 10장에서 자세히 다룬다.

[3단계] $\vec{j}$가 포함된 가로줄과 세로줄을 삭제하면 남은 행렬식은 $\begin{vmatrix} a_1 & a_3 \\ b_1 & b_3 \end{vmatrix}$이다. 2×2 행렬의 행렬식 정의에 의하여 이 값은 $a_1 b_3 - a_3 b_1$이고, 여기에 $-\vec{j}$를 곱하여

$$-(a_1 b_3 - a_3 b_1)\vec{j}$$

를 얻는다.

[4단계] $\vec{k}$가 포함된 가로줄과 세로줄을 삭제하면 남은 행렬식은 $\begin{vmatrix} a_1 & a_2 \\ b_1 & b_2 \end{vmatrix}$이다. 2×2 행렬의 행렬식 정의에 의하여 이 값은 $a_1 b_2 - a_2 b_1$이고, 여기에 $\vec{k}$를 곱하여

$$(a_1 b_2 - a_2 b_1)\vec{k}$$

를 얻는다.

[5단계] [2단계], [3단계], [4단계]에서 얻은 값들을 모두 더한 값이 $\vec{a} \times \vec{b}$이다.

[정리 9-1]의 [2단계], [4단계]와 달리 [3단계]에서 $\vec{j}$를 곱하지 않고 $-\vec{j}$를 곱하는 점에 유의해야 한다.

예제 9-9

$\vec{a} = \langle 3, 1, 2 \rangle$, $\vec{b} = \langle 2, 4, -1 \rangle$일 때, 다음을 구하라.

(a) $\vec{a} \times \vec{b}$ (b) $\vec{b} \times \vec{a}$

TIP 외적을 계산하는 방법에 따라 구한다.

풀이

(a) [1단계] $\vec{a} \times \vec{b} = \begin{vmatrix} \vec{i} & \vec{j} & \vec{k} \\ 3 & 1 & 2 \\ 2 & 4 & -1 \end{vmatrix}$로 나타낸다.

[2단계] $\vec{i}$가 포함된 가로줄과 세로줄을 삭제하면 남은 행렬식은 $\begin{vmatrix} 1 & 2 \\ 4 & -1 \end{vmatrix}$이고 $\begin{vmatrix} 1 & 2 \\ 4 & -1 \end{vmatrix} = 1 \times (-1) - 2 \times 4 = -9$이다. 따라서 $-9\vec{i}$를 얻는다.

[3단계] $\vec{j}$가 포함된 가로줄과 세로줄을 삭제하면 남은 행렬식은 $\begin{vmatrix} 3 & 2 \\ 2 & -1 \end{vmatrix}$이고 $\begin{vmatrix} 3 & 2 \\ 2 & -1 \end{vmatrix} = 3 \times (-1) - 2 \times 2 = -7$이다.

따라서 $(-7) \times (-\vec{j}) = 7\vec{j}$를 얻는다.

[4단계] $\vec{k}$가 포함된 가로줄과 세로줄을 삭제하면 남은 행렬식은 $\begin{vmatrix} 3 & 1 \\ 2 & 4 \end{vmatrix}$이고 $\begin{vmatrix} 3 & 1 \\ 2 & 4 \end{vmatrix} = 3 \times 4 - 1 \times 2 = 10$이다. 따라서 $10\vec{k}$를 얻는다.

[5단계] $\vec{a} \times \vec{b} = -9\vec{i} + 7\vec{j} + 10\vec{k} = \langle -9, 7, 10 \rangle$이다.

(b) [1단계] $\vec{b} \times \vec{a} = \begin{vmatrix} \vec{i} & \vec{j} & \vec{k} \\ 2 & 4 & -1 \\ 3 & 1 & 2 \end{vmatrix}$로 나타낸다.

[2단계] $\vec{i}$가 포함된 가로줄과 세로줄을 삭제하면 남은 행렬식은 $\begin{vmatrix} 4 & -1 \\ 1 & 2 \end{vmatrix}$이고 $\begin{vmatrix} 4 & -1 \\ 1 & 2 \end{vmatrix} = 4 \times 2 - (-1) \times 1 = 9$이다. 따라서 $9\vec{i}$를 얻는다.

[3단계] $\vec{j}$가 포함된 가로줄과 세로줄을 삭제하면 남은 행렬식은 $\begin{vmatrix} 2 & -1 \\ 3 & 2 \end{vmatrix}$이고 $\begin{vmatrix} 2 & -1 \\ 3 & 2 \end{vmatrix} = 2 \times 2 - (-1) \times 3 = 7$이다. 따라서 $7 \times (-\vec{j}) = -7\vec{j}$를 얻는다.

[4단계] $\vec{k}$가 포함된 가로줄과 세로줄을 삭제하면 남은 행렬식은 $\begin{vmatrix} 2 & 4 \\ 3 & 1 \end{vmatrix}$이고 $\begin{vmatrix} 2 & 4 \\ 3 & 1 \end{vmatrix} = 2 \times 1 - 4 \times 3 = -10$이다. 따라서 $10\vec{k}$를 얻는다.

[5단계] $\vec{b} \times \vec{a} = 9\vec{i} - 7\vec{j} - 10\vec{k} = \langle 9, -7, -10 \rangle$이다.

[예제 9-9(a)]와 [예제 9-9(b)]를 통해 벡터의 외적은 교환법칙이 성립하지 않음을 알 수 있고, 실제로 임의의 3차원 공간의 벡터 $\vec{a}$, $\vec{b}$에 대하여 $\vec{a} \times \vec{b} = -(\vec{b} \times \vec{a})$가 성립한다.

9.4 공학문제

일의 양

물체에 일정한 힘 F가 작용하여 그 힘의 방향으로 물체가 s만큼 이동하는 동안 한 일 W는 다음과 같이 힘의 크기와 이동한 거리의 곱으로 정의된다.[2]

$$W = Fs$$

만약 물체에 작용한 힘 F의 방향과 물체가 이동한 방향이 이루는 각이 θ이면, 물체의 변위벡터를 $\vec{r}$로 표시하여 일 W를 내적을 이용해 다음과 같이 나타낸다.

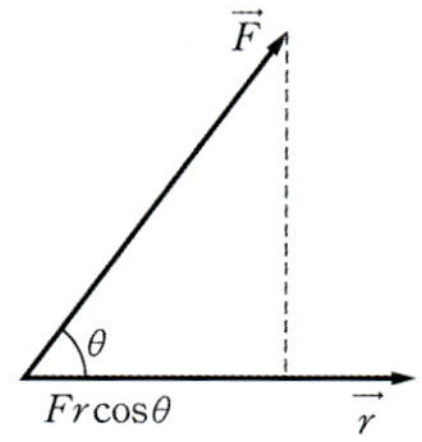

[그림 9-3] 벡터를 이용한 일의 양

$$W = \vec{F} \cdot \vec{r} = Fr\cos\theta$$

예제 9-10

질량이 5kg인 물체에 $(3\vec{i} + \vec{j})$N의 힘이 일정하게 작용하고 있다. 이 힘에 의하여 물체가 원점에서 양의 x축 방향으로 6m 이동하였을 때, 힘이 한 일 W값을 구하라.
(단, $\vec{i} = \langle 1, 0 \rangle$, $\vec{j} = \langle 0, 1 \rangle$이다.)

TIP 양의 x축 방향으로 6m 이동한 것을 벡터로 나타내면 $6\vec{i}$ 이다.

풀이

물체를 양의 x축 방향으로 6m 이동한 것을 벡터로 나타내면 $6\vec{i}$ 이므로, 힘이 한 일 W는 다음과 같다.

$$W = \vec{F} \cdot \vec{s} = (3\vec{i} + \vec{j}) \cdot (6\vec{i}) = \langle 3, 1 \rangle \cdot \langle 6, 0 \rangle = 18\,(\mathrm{J})$$

일률

일률[power]은 1초 동안 한 일의 양으로 정의하며, 1초 동안 1J의 일을 했을 때의 일률은 1W로 나타낸다. 우리는 생활 속에서 "효율성이 좋다"라는 말을 자주 사용한다. 이는 어떤 결과를 얻는 데 시간, 노력, 비용 등을 가능한 한 적게 사용함을 의미한다. 예를 들어

2 모든 물리량은 SI 기본 단위를 사용한다.

어떤 물체에 힘을 짧은 시간 동안 작용해서 한 일과 긴 시간 동안 작용해서 한 일이 같다고 하자. 그러면 짧은 시간 동안 한 일의 일률이 더 좋다고 말할 수 있다. 예를 들어 지게차를 이용하여 무거운 물건을 신속하게 옮긴다면 같은 물건을 일일이 직접 옮길 때보다 직원들의 일률이 높아지고 에너지 소모를 줄일 수 있다.

[그림 9-4] **효율적인 물건 옮기기**

힘 $\vec{F}$와 속도 $\vec{v}$가 벡터로 주어질 때, 일률 P를 다음과 같이 두 벡터의 내적으로 정의한다.

$$P = \vec{F} \cdot \vec{v}$$

예제 9-11

힘이 $\vec{F} = \langle 2, 7, 1 \rangle$, 속도가 $\vec{v} = \langle 5, -1, 4 \rangle$일 때, 일률 P값을 구하라.

TIP $P = \vec{F} \cdot \vec{v}$를 이용한다.

풀이

$P = \vec{F} \cdot \vec{v} = \langle 2, 7, 1 \rangle \cdot \langle 5, -1, 4 \rangle = 2 \times 5 + 7 \times (-1) + 1 \times 4 = 7$

오른손 법칙

플레밍의 **오른손 법칙** right hand law을 통해 도선 속에서 t초 동안 qC의 전하가 흐른다고 할 때, 자기장 $\vec{B}$에서 속도 $\vec{v}$로 움직이는 양전하 q에 작용하는 자기력 $\vec{F}$의 방향을 결정할 수 있다. 이를 벡터로 나타내면 다음과 같다.

$$\vec{F} = q\vec{v} \times \vec{B}$$

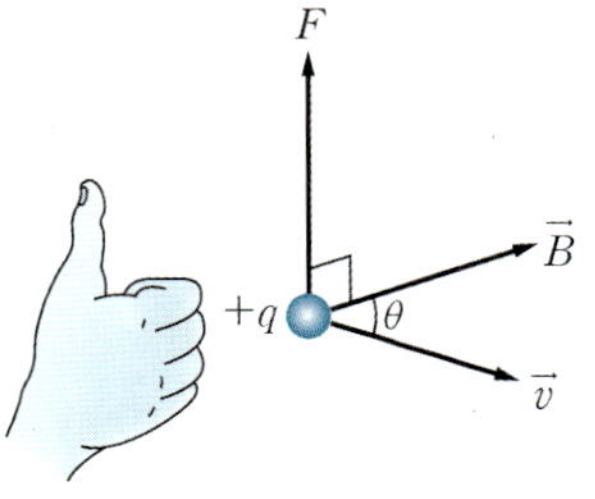

[그림 9-5] **플레밍의 오른손 법칙**

오른손 법칙은 오늘날 발전기의 기본 원리로 널리 쓰이는 법칙이다. 오른손 법칙의 공식을 통해 자기력 $\vec{F}$는 속도 $\vec{v}$와 자기장 $\vec{B}$에 동시에 직교함을 알 수 있다.

예제 9-12

$q = 4(\mathrm{C})$, $\vec{v} = \langle 1, 3, 4 \rangle$, $\vec{B} = \langle 3, 2, -2 \rangle$일 때, 플레밍의 오른손 법칙을 이용하여 자기력 $\vec{F}$값을 구하라. (단, q는 전하량, $\vec{v}$는 전하 q의 속도, $\vec{B}$는 자기장이다.)

TIP $\vec{F} = q\vec{v} \times \vec{B}$를 이용한다.

풀이

$$\vec{F} = 4\vec{v} \times \vec{B} = \langle 4, 12, 16 \rangle \times \langle 3, 2, -2 \rangle$$
$$= \begin{vmatrix} 12 & 16 \\ 2 & -2 \end{vmatrix} \vec{i} - \begin{vmatrix} 4 & 16 \\ 3 & -2 \end{vmatrix} \vec{j} + \begin{vmatrix} 4 & 12 \\ 3 & 2 \end{vmatrix} \vec{k}$$
$$= -56\vec{i} + 56\vec{j} - 28\vec{k} = \langle -56, 56, -28 \rangle$$

토크(돌림힘)

어떤 물체의 운동 방향에 평행한 '힘'이 작용해 직선으로 움직이는 운동을 직선운동이라고 한다. 이와 대비되는 개념으로 회전축을 중심으로 회전하는 곡선운동(회전운동)이 있는데, 이 회전운동을 일으키는 물리량을 **토크(돌림힘)**torque라고 한다.

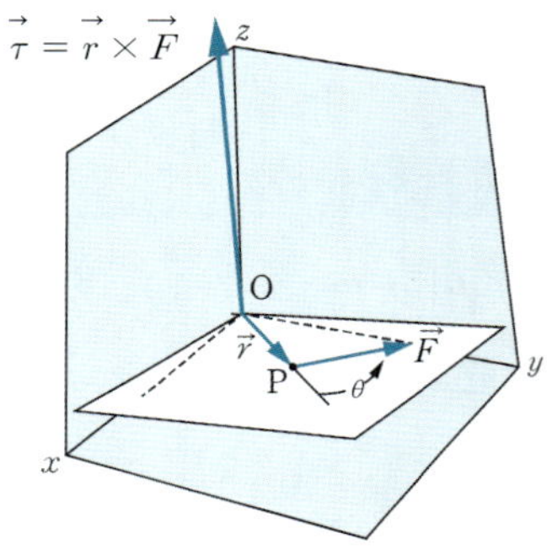

[그림 9-6] **토크**

[그림 9-6]과 같이 회전축(원점 O)에서 $\|\vec{r}\|$만큼 떨어진 지점에 있는 점 P에 힘 $\vec{F}$가 작용하였을 때, 토크 $\vec{\tau}$를 다음과 같이 정의한다.

$$\vec{\tau} = \vec{r} \times \vec{F}$$

예제 9-13

3차원 공간에서 점 P의 좌표가 $(-2, 1, 5)$이고 점 P에 작용하는 힘이 $\vec{F} = 4\vec{i} - \vec{j} - 2\vec{k}$일 때, 토크 $\vec{\tau}$값을 구하라.

TIP $\vec{r} = \overrightarrow{\mathrm{OP}}$ 임을 이용한다.

풀이

$\vec{r} = \overrightarrow{\mathrm{OP}} = \langle -2, 1, 5 \rangle$이다. 따라서

$$\vec{\tau} = \vec{r} \times \vec{F} = \begin{vmatrix} \vec{i} & \vec{j} & \vec{k} \\ -2 & 1 & 5 \\ 4 & -1 & -2 \end{vmatrix} = (-2+5)\vec{i} - (4-20)\vec{j} + (2-4)\vec{k} = 3\vec{i} + 16\vec{j} - 2\vec{k}$$

이므로, $\vec{\tau} = \langle 3, 16, -2 \rangle$이다.

CHAPTER 09 연습문제

9.1 다음 물리량이 스칼라인지 벡터인지를 판정하라.

(a) 37℃ 의 온도
(b) 12.4m 의 거리
(c) 19노트의 남동풍
(d) 223J 의 일
(e) 수평선과 20° 경사진 길에서 15m/s^2의 가속도
(f) 시속 72km 의 속력

9.2 다음 벡터의 크기를 구하라.

(a) $\vec{a} = \langle 4, 0 \rangle$
(b) $\vec{b} = \langle 0, -3 \rangle$
(c) $\vec{c} = \langle -1, 3 \rangle$
(d) $\vec{d} = \langle -4, -2 \rangle$
(e) $\vec{e} = \langle 0, 6, -1 \rangle$
(f) $\vec{f} = \langle 3, 0, -4 \rangle$
(g) $\vec{g} = \langle 5, -1, -2 \rangle$
(h) $\vec{h} = \langle 3, -4, 5 \rangle$

9.3 3차원 공간의 네 점 $\text{A}(4, -1, 1)$, $\text{B}(3, 5, -4)$, $\text{C}(-2, 1, -3)$, $\text{O}(0, 0, 0)$에 대하여 다음을 구하라.

(a) $\overrightarrow{\text{AB}}$
(b) $\overrightarrow{\text{AC}}$
(c) $\overrightarrow{\text{BC}}$
(d) $\overrightarrow{\text{CB}}$
(e) $\overrightarrow{\text{OA}}$
(f) $\overrightarrow{\text{AO}}$

9.4 $\vec{a} = \langle -1, -2, 3 \rangle$, $\vec{b} = \langle 5, 2, 0 \rangle$일 때, 다음을 구하라.

(a) $\vec{a} + \vec{b}$
(b) $\vec{a} - \vec{b}$
(c) $6\vec{a}$
(d) $-3\vec{b}$
(e) $4\vec{a} + 3\vec{b}$
(f) $4\vec{a} - 3\vec{b}$
(g) $-4\vec{a} + 3\vec{b}$
(h) $-4\vec{a} - 3\vec{b}$

9.5 $\vec{a} = \langle 1, 2, 5 \rangle$, $\vec{b} = \langle -3, 0, 4 \rangle$일 때, 다음을 구하라.

(a) $\vec{a}$와 같은 방향을 갖는 단위벡터

(b) $\vec{a}$와 반대 방향을 갖는 단위벡터

(c) $\vec{b}$와 같은 방향을 갖는 단위벡터

(d) $\vec{b}$와 반대 방향을 갖는 단위벡터

9.6 $\vec{a} = \langle -4, 3, -2 \rangle$, $\vec{b} = \langle -3, -1, 0 \rangle$일 때, 다음을 표준단위벡터 $\vec{i}$, $\vec{j}$, $\vec{k}$를 이용하여 나타내라.

(a) $\vec{a}$

(b) $-5\vec{b}$

(c) $7\vec{a} + 2\vec{b}$

(d) $6\vec{a} - 4\vec{b}$

9.7 다음 두 벡터의 내적을 구하라.

(a) $\vec{a} = \langle 1, 4 \rangle$, $\vec{b} = \langle 6, 3 \rangle$

(b) $\vec{c} = \langle -2, 5 \rangle$, $\vec{d} = \langle 4, -3 \rangle$

(c) $\vec{e} = \langle 4, 4, 1 \rangle$, $\vec{f} = \langle 5, 2, 3 \rangle$

(d) $\vec{g} = \langle 1, -2, 0 \rangle$, $\vec{h} = \langle 4, 0, -5 \rangle$

9.8 다음 두 벡터가 직교하는지를 판정하라.

(a) $\vec{a} = \langle 1, 0, -3 \rangle$, $\vec{b} = \langle 0, 4, 0 \rangle$

(b) $\vec{c} = \langle 0, 1, 1 \rangle$, $\vec{d} = \langle 1, -1, 0 \rangle$

(c) $\vec{e} = \langle 3, 0, -4 \rangle$, $\vec{f} = \langle 4, 4, 3 \rangle$

(d) $\vec{g} = \langle 1, 3, -1 \rangle$, $\vec{h} = \langle 3, -1, 3 \rangle$

9.9 두 벡터 $\vec{a}$와 $\vec{b}$가 직교할 때, x, y값을 구하라.

(a) $\vec{a} = \langle 2, 1, 1 \rangle$, $\vec{b} = \langle 3, 2, x \rangle$
(b) $\vec{a} = \langle -2, y, 4 \rangle$, $\vec{b} = \langle 1, 2, 3 \rangle$
(c) $\vec{a} = \langle 6, x, -1 \rangle$, $\vec{b} = \langle -2, 2, x+3 \rangle$
(d) $\vec{a} = \langle -1, 2, 2y+1 \rangle$, $\vec{b} = \langle 3y, 9, 1 \rangle$

9.10 다음 두 벡터 $\vec{a}$와 $\vec{b}$에 대하여 $\vec{a} \times \vec{b}$를 구하라.

(a) $\vec{a} = \langle 0, 1, 0 \rangle$, $\vec{b} = \langle 0, 0, -1 \rangle$
(b) $\vec{a} = \langle -3, 0, 0 \rangle$, $\vec{b} = \langle 0, 1, 2 \rangle$
(c) $\vec{a} = \langle 1, 3, 0 \rangle$, $\vec{b} = \langle 2, 6, 0 \rangle$
(d) $\vec{a} = \langle 4, 1, 2 \rangle$, $\vec{b} = \langle -3, -3, -3 \rangle$

9.11 질량이 8kg인 물체에 $(2\vec{i} - 7\vec{j})$N의 힘이 일정하게 작용하고 있다. 이 힘에 의하여 물체가 원점에서 음의 y축 방향으로 5m 이동하였을 때, 힘이 한 일 W값을 구하라. (단, $\vec{i} = \langle 1, 0 \rangle$, $\vec{j} = \langle 0, 1 \rangle$이다.)

9.12 힘 $\vec{F}$의 크기가 7, 속도 $\vec{v}$의 크기가 3이고, $\vec{F}$와 $\vec{v}$ 사이의 각에 대한 코사인 값이 0.4231일 때, 일률 P값을 구하라.

9.13 $q = 2$, $\vec{v} = \langle 5, 3, -1 \rangle$이고 $\vec{B} = \langle 2, 0, x \rangle$일 때, 플레밍의 오른손 법칙에 의한 자기력은 $\vec{F} = \langle 12, -24, 2y \rangle$이다. x, y값을 구하라. (단, q는 전하량, $\vec{v}$는 전하 q의 속도, $\vec{B}$는 자기장이다.)

9.14 [그림 9–6]의 상황에서 $\vec{r} = \vec{i} + 3\vec{j} - 2\vec{k}$, $\vec{F} = 3\vec{i} - 3\vec{j} + 5\vec{k}$일 때, 점 P$(1, 3, -2)$에서의 토크 $\vec{\tau}$값을 구하라.

CHAPTER 10
행렬

CONTENTS

학습목표

- 행렬의 정의를 이해하고, 행렬의 합과 차를 계산하는 방법을 익힌다.
- 행렬의 곱을 정의하고, 곱에 관련된 다양한 성질을 학습한다.
- 행렬에 스칼라를 대응하는 함수인 행렬식을 이해한다.

생물학적 신경망의 구조와 기능을 모방하여 소프트웨어로 구현한 것을 인공 신경망artificial neural network이라고 한다. 생물학적으로 뉴런neuron은 시냅스synapse에 의해 이웃한 다른 뉴런과 연결되고, 일정 강도 이상의 전기적 또는 화학적 신호가 주어지면 이웃한 뉴런으로 신호를 전달한다. 이 과정을 가장 간단한 인공 신경망으로 나타내면 아래 그림과 같다.

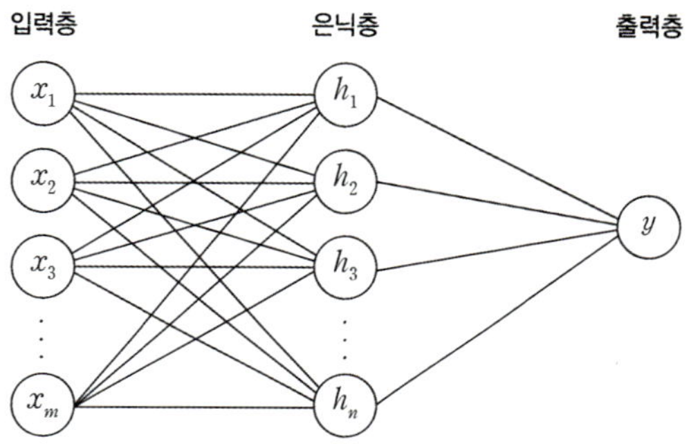

예를 들어 입력층에 있는 귀, 코, 눈을 통해 소리, 냄새, 움직임에 대한 정보가 들어오면 이 정보는 은닉층에 있는 뇌의 뉴런으로 전달되고, 정보들이 종합적으로 모여서 눈을 감거나 팔로 막는 등의 출력층의 결과를 만들어낸다.

오른쪽 그림은 입력층에 있는 3개의 입력 신호 x_1, x_2, x_3에 가중값weight w_{ij}가 곱해져서 은닉층에 있는 신호 h_1과 h_2에 전달되는 과정을 보여준다.

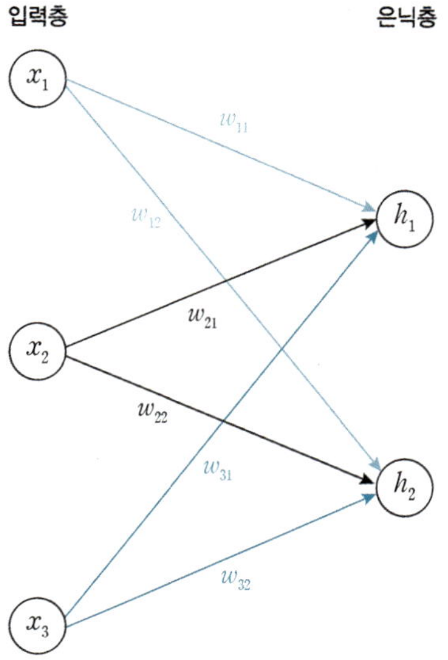

이와 같이 신호가 전달되는 과정은 행렬을 사용하면 간단히 나타낼 수 있다.

$$\begin{bmatrix} h_1 \\ h_2 \end{bmatrix} = \begin{bmatrix} w_{11} & w_{21} & w_{31} \\ w_{12} & w_{22} & w_{32} \end{bmatrix} \begin{bmatrix} x_1 \\ x_2 \\ x_3 \end{bmatrix}$$

10.1 행렬

행렬의 정의

21세기 정보화 시대를 살아가는 현대인은 정보를 수집하고 선택하여 활용할 수 있어야 한다. 다양한 정보를 분석하여 나아가 미래를 예측할 수 있도록 하는 수단 중 하나가 바로 다음과 같은 행렬이다.

정의 10-1 행렬

수 또는 문자를 배열의 형태로 나타낸 것을 **행렬** matrix이라 한다.

행렬에서 **행** row은 가로줄을, **열** column은 세로줄을 의미한다. 행렬은 가로줄의 개수와 세로줄의 개수를 이용하여 나타낸다. 예를 들어

$$A = \begin{bmatrix} 1 & 4 & 3 \\ 2 & 5 & 8 \end{bmatrix}$$

는 가로줄이 2줄, 세로줄이 3줄이므로 2×3 행렬이라 한다. 따라서 m, n이 자연수일 때 어떤 행렬이 $m \times n$ 행렬이면, 이 행렬은 m개의 행과 n개의 열로 구성되어있음을 의미한다. 행렬 A를 나타내는 데 사용된 $1, 4, 3, 2, 5, 8$을 행렬 A의 **항** entry 또는 **성분** component이라 한다.

예제 10-1

다음 행렬이 $m \times n$ 행렬일 때, m, n값을 구하라.

(a) $A = \begin{bmatrix} 1 & 0 \\ 2 & 3 \\ 5 & 1 \end{bmatrix}$

(b) $B = \begin{bmatrix} 3 & 4 & 1 & 2 \\ 2 & 8 & 6 & 6 \end{bmatrix}$

(c) $C = \begin{bmatrix} 4 & 0 & 0 & 5 & 1 \end{bmatrix}$

(d) $D = \begin{bmatrix} 9 \\ 5 \\ 8 \\ 8 \end{bmatrix}$

TIP 주어진 행렬의 행과 열의 개수를 세어 m, n값을 구한다.

풀이

(a) 행렬 A는 3개의 행과 2개의 열을 가지므로 3×2 행렬이다.
따라서 $m = 3, n = 2$이다.

(b) 행렬 B는 2개의 행과 4개의 열을 가지므로 2×4 행렬이다.
따라서 $m = 2, n = 4$이다.

(c) 행렬 C는 1개의 행과 5개의 열을 가지므로 1×5 행렬이다.
따라서 $m = 1, n = 5$이다.

(d) 행렬 D는 4개의 행과 1개의 열을 가지므로 4×1 행렬이다.
따라서 $m = 4, n = 1$이다.

$m \times n$ 행렬 A를 $A = [a_{ij}]_{m \times n}$으로 나타내기도 한다. 이때 a_{ij}는 i번째 행과 j번째 열이 만나는 곳에 있는 항이다. 예를 들어 $A = \begin{bmatrix} 1 & 7 \\ 2 & 5 \end{bmatrix}$일 때, $a_{11} = 1$, $a_{12} = 7$, $a_{21} = 2$, $a_{22} = 5$이다.

행렬의 기본 연산

행렬 A와 B가 모두 $m \times n$ 행렬일 때, 즉 두 행렬의 크기가 같을 때 두 행렬의 합과 차는 다음과 같이 정의한다.

정의 10-2 행렬의 덧셈과 뺄셈

$A = [a_{ij}]_{m \times n}$, $B = [b_{ij}]_{m \times n}$일 때, $A + B$와 $A - B$는 다음과 같이 정의한다.

(1) $A + B = [a_{ij} + b_{ij}]_{m \times n}$ (2) $A - B = [a_{ij} - b_{ij}]_{m \times n}$

[정의 10-2]에 의하여 행렬의 합과 차는 두 행렬의 같은 위치에 있는 항들끼리의 합과 차를 계산하여 얻는다는 것을 알 수 있다.

예제 10-2

$A = \begin{bmatrix} 3 & -1 & 4 \\ 6 & 0 & 5 \end{bmatrix}$, $B = \begin{bmatrix} 2 & -2 & 3 \\ 4 & 1 & 5 \end{bmatrix}$일 때, 다음을 구하라.

(a) $A + B$ (b) $A - B$

TIP 두 행렬의 같은 위치에 있는 항들끼리의 덧셈과 뺄셈을 계산한다.

풀이

(a) $A+B=\begin{bmatrix} 3+2 & -1+(-2) & 4+3 \\ 6+4 & 0+1 & 5+5 \end{bmatrix}=\begin{bmatrix} 5 & -3 & 7 \\ 10 & 1 & 10 \end{bmatrix}$

(b) $A-B=\begin{bmatrix} 3-2 & -1-(-2) & 4-3 \\ 6-4 & 0-1 & 5-5 \end{bmatrix}=\begin{bmatrix} 1 & 1 & 1 \\ 2 & -1 & 0 \end{bmatrix}$

행렬의 합과 차는 두 행렬의 크기가 같을 때만 계산할 수 있다. 예를 들어 $C=\begin{bmatrix} 5 & 4 & -1 \\ -2 & -3 & 1 \end{bmatrix}$, $D=\begin{bmatrix} 7 & 3 \\ 0 & 5 \end{bmatrix}$일 때, C는 2×3 행렬이고 D는 2×2 행렬이라서 두 행렬의 크기가 다르므로 $C+D$와 $C-D$는 모두 정의되지 않는다.

행렬의 성질

정의 10-3 행렬의 실수 배

행렬 A와 실수 k에 대하여 $A=[a_{ij}]_{m\times n}$일 때, k와 행렬 A의 곱 kA는 다음과 같이 정의한다.

$$kA=[ka_{ij}]_{m\times n}$$

[정의 10–3]에 의하여 행렬의 실수 배는 행렬의 모든 항에 상수를 곱하는 것임을 알 수 있다.

예제 10-3

$A=\begin{bmatrix} 7 & 1 & 3 \\ -4 & 2 & -1 \end{bmatrix}$, $B=\begin{bmatrix} 1 & 6 \\ 2 & 5 \\ -4 & 3 \end{bmatrix}$일 때, 다음을 구하라.

(a) $3A$

(b) $-2B$

TIP 주어진 행렬의 모든 항에 상수를 곱한다.

풀이

(a) $3A=3\begin{bmatrix} 7 & 1 & 3 \\ -4 & 2 & -1 \end{bmatrix}=\begin{bmatrix} 3\times 7 & 3\times 1 & 3\times 3 \\ 3\times(-4) & 3\times 2 & 3\times(-1) \end{bmatrix}=\begin{bmatrix} 21 & 3 & 9 \\ -12 & 6 & -3 \end{bmatrix}$

(b) $-2B=-2\begin{bmatrix} 1 & 6 \\ 2 & 5 \\ -4 & 3 \end{bmatrix}=\begin{bmatrix} (-2)\times 1 & (-2)\times 6 \\ (-2)\times 2 & (-2)\times 5 \\ (-2)\times(-4) & (-2)\times 3 \end{bmatrix}=\begin{bmatrix} -2 & -12 \\ -4 & -10 \\ 8 & -6 \end{bmatrix}$

[예제 10-3]의 행렬 A와 행렬 B에 대하여 $0A = \begin{bmatrix} 0 & 0 & 0 \\ 0 & 0 & 0 \end{bmatrix}$, $0B = \begin{bmatrix} 0 & 0 \\ 0 & 0 \\ 0 & 0 \end{bmatrix}$이다.

정의 10-4 행렬의 상등

두 행렬 A, B에 대하여 $A = [a_{ij}]_{m \times n}$이고 $B = [b_{ij}]_{m \times n}$이며 두 행렬의 대응하는 모든 항이 각각 같으면, 행렬 A와 행렬 B는 **상등**equal이라 한다.

행렬 A와 행렬 B가 상등이라는 것은 두 행렬이 완벽하게 같음을 의미하며, 행렬의 상등을 이용하여 행렬과 관련된 방정식을 풀 수 있다.

예제 10-4

다음 등식이 성립할 때, a, b, c값을 구하라.

(a) $\begin{bmatrix} a & b \\ 1 & c \end{bmatrix} = \begin{bmatrix} 3 & 2 \\ 1 & -2 \end{bmatrix}$

(b) $\begin{bmatrix} 2 & a \\ b & -3 \end{bmatrix} = \begin{bmatrix} c & 1 \\ 1 & d \end{bmatrix}$

(c) $\begin{bmatrix} a-2 & b+1 \\ c-3 & 4 \end{bmatrix} = \begin{bmatrix} 1 & 4 \\ 5 & 4 \end{bmatrix}$

(d) $\begin{bmatrix} a-b & 1 \\ c+3 & b-1 \end{bmatrix} = \begin{bmatrix} 2 & 1 \\ 5 & 1 \end{bmatrix}$

TIP 두 행렬에 대응하는 모든 항은 같은 값을 갖는다.

풀이

(a) 두 행렬의 같은 위치에 있는 항을 비교하면, $a = 3, b = 2, c = -2$이다.

(b) 두 행렬의 같은 위치에 있는 항을 비교하면, $a = 1, b = 1, c = 2, d = -3$이다.

(c) 두 행렬의 같은 위치에 있는 항을 비교하면, $a - 2 = 1, b + 1 = 4, c - 3 = 5$이다.
따라서 $a = 3, b = 3, c = 8$이다.

(d) 두 행렬의 같은 위치에 있는 항을 비교하면, $a - b = 2, c + 3 = 5, b - 1 = 1$이다.
따라서 $a = 4, b = 2, c = 2$이다.

10.2 행렬의 곱

행렬의 합 또는 차와는 달리 행렬의 곱을 계산하는 방법은 복잡하기 때문에 정의 대신에 예제를 이용하여 계산하는 방법을 설명하기로 한다.

행렬의 곱이 정의되는 조건

두 행렬 A와 B에 대하여 곱 AB가 정의되려면, A의 세로줄(열)의 개수와 B의 가로줄(행)의 개수가 반드시 같아야 한다. 따라서 A의 세로줄의 개수와 B의 가로줄의 개수가 다른 경우 AB는 정의되지 않는다. 행렬의 곱이 정의되는 것을 식으로 나타내면 다음과 같다.

A가 $m \times s$ 행렬이면 A의 세로줄의 개수는 s개이다. B가 $s \times n$ 행렬이면 B의 가로줄의 개수도 s개이므로 AB가 정의되며 AB의 결과는 $m \times n$ 행렬이다. 이를 [그림 10-1]과 같이 나타낼 수 있다.

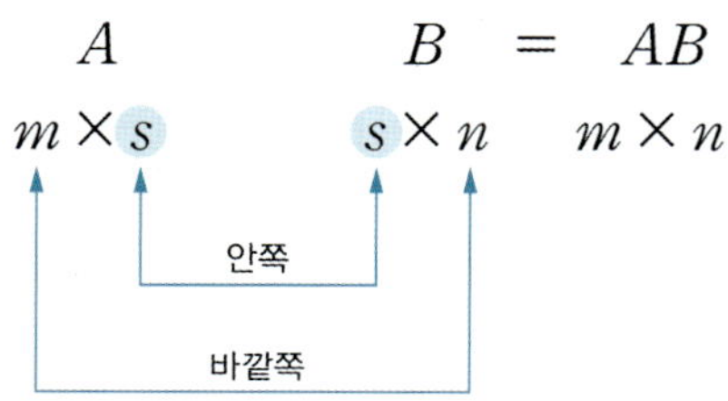

[그림 10-1] 행렬의 곱

예제 10-5

$a \times b$ 행렬과 $c \times d$ 행렬의 곱을 $(a \times b)(c \times d)$라 할 때 행렬의 곱이 정의되는지를 판정하고, 정의되는 경우 곱한 결과로 나타나는 행렬을 크기를 구하라.

(a) $(3 \times 5)(4 \times 5)$ (b) $(3 \times 1)(1 \times 2)$

(c) $(4 \times 3)(3 \times 5)$ (d) $(2 \times 3)(2 \times 3)$

TIP 행렬의 곱이 정의되는 조건을 이용한다.

풀이

(a) $(3 \times 5)(4 \times 5)$에서 안쪽에 있는 두 수가 5와 4로 서로 다르기 때문에 행렬의 곱이 정의되지 않는다.

(b) $(3 \times 1)(1 \times 2)$에서 안쪽에 있는 두 수가 1로 같기 때문에 행렬의 곱이 정의되고, 곱한 결과는 3×2 행렬이다.

(c) $(4 \times 3)(3 \times 5)$에서 안쪽에 있는 두 수가 3으로 같기 때문에 행렬의 곱이 정의되고, 곱한 결과는 4×5 행렬이다.

(d) $(2\times3)(2\times3)$에서 안쪽에 있는 두 수가 3과 2로 서로 다르기 때문에 행렬의 곱이 정의되지 않는다.

행렬의 곱 계산법

다음 세 가지 예를 통해 행렬의 곱을 계산하는 방법을 알아보자.

❶ $A=\begin{bmatrix}1&2\\3&4\end{bmatrix}$이고 $B=\begin{bmatrix}5&6\\7&8\end{bmatrix}$이라 하자.

A가 2×2 행렬이고 B도 2×2 행렬이므로, 행렬의 곱의 정의에 의하여 AB도 2×2 행렬이다. 이제

$$\begin{bmatrix}1&2\\3&4\end{bmatrix}\begin{bmatrix}5&6\\7&8\end{bmatrix}=\begin{bmatrix}a&b\\c&d\end{bmatrix}$$

라 하면, a, b, c, d는 다음과 같이 좌측 행렬의 가로줄에 있는 항들과 우측 행렬의 세로줄에 있는 항들을 곱하고, 이들을 더한 값으로 구한다.

$$\begin{bmatrix}1&2\\3&4\end{bmatrix}\begin{bmatrix}5&6\\7&8\end{bmatrix} \rightarrow a=1\times5+2\times7=19$$

$$\begin{bmatrix}1&2\\3&4\end{bmatrix}\begin{bmatrix}5&6\\7&8\end{bmatrix} \rightarrow b=1\times6+2\times8=22$$

$$\begin{bmatrix}1&2\\3&4\end{bmatrix}\begin{bmatrix}5&6\\7&8\end{bmatrix} \rightarrow c=3\times5+4\times7=43$$

$$\begin{bmatrix}1&2\\3&4\end{bmatrix}\begin{bmatrix}5&6\\7&8\end{bmatrix} \rightarrow d=3\times6+4\times8=50$$

따라서

$$AB=\begin{bmatrix}1&2\\3&4\end{bmatrix}\begin{bmatrix}5&6\\7&8\end{bmatrix}=\begin{bmatrix}19&22\\43&50\end{bmatrix}$$

이다.

❷ $A=\begin{bmatrix}1&2\\3&4\end{bmatrix}$이고 $C=\begin{bmatrix}3&2&1\\0&4&5\end{bmatrix}$라 하자.

A가 2×2 행렬이고 C는 2×3 행렬이므로, 행렬의 곱의 정의에 의하여 AC는 2×3 행렬이다. 이제

$$\begin{bmatrix}1&2\\3&4\end{bmatrix}\begin{bmatrix}3&2&1\\0&4&5\end{bmatrix}=\begin{bmatrix}a&b&c\\d&e&f\end{bmatrix}$$

라 하면, a, b, c, d, e, f는 다음과 같이 좌측 행렬의 가로줄에 있는 항들과 우측 행렬의 세로줄에 있는 항들을 곱하고, 이들을 더한 값으로 구한다.

$$\begin{bmatrix} 1 & 2 \\ 3 & 4 \end{bmatrix}\begin{bmatrix} 3 & 2 & 1 \\ 0 & 4 & 5 \end{bmatrix} \rightarrow a = 1\times3+2\times0=3$$

$$\begin{bmatrix} 1 & 2 \\ 3 & 4 \end{bmatrix}\begin{bmatrix} 3 & 2 & 1 \\ 0 & 4 & 5 \end{bmatrix} \rightarrow b = 1\times2+2\times4=10$$

$$\begin{bmatrix} 1 & 2 \\ 3 & 4 \end{bmatrix}\begin{bmatrix} 3 & 2 & 1 \\ 0 & 4 & 5 \end{bmatrix} \rightarrow c = 1\times1+2\times5=11$$

$$\begin{bmatrix} 1 & 2 \\ 3 & 4 \end{bmatrix}\begin{bmatrix} 3 & 2 & 1 \\ 0 & 4 & 5 \end{bmatrix} \rightarrow d = 3\times3+4\times0=9$$

$$\begin{bmatrix} 1 & 2 \\ 3 & 4 \end{bmatrix}\begin{bmatrix} 3 & 2 & 1 \\ 0 & 4 & 5 \end{bmatrix} \rightarrow e = 3\times2+4\times4=22$$

$$\begin{bmatrix} 1 & 2 \\ 3 & 4 \end{bmatrix}\begin{bmatrix} 3 & 2 & 1 \\ 0 & 4 & 5 \end{bmatrix} \rightarrow f = 3\times1+4\times5=23$$

따라서

$$AC = \begin{bmatrix} 1 & 2 \\ 3 & 4 \end{bmatrix}\begin{bmatrix} 3 & 2 & 1 \\ 0 & 4 & 5 \end{bmatrix} = \begin{bmatrix} 3 & 10 & 11 \\ 9 & 22 & 23 \end{bmatrix}$$

이다.

❸ $A = \begin{bmatrix} 1 & 2 \\ 3 & 4 \end{bmatrix}$이고 $D = \begin{bmatrix} 4 \\ 3 \end{bmatrix}$이라 하자.

A가 2×2 행렬이고 D는 2×1 행렬이므로, 행렬의 곱의 정의에 의하여 AD는 2×1 행렬이다. 이제

$$\begin{bmatrix} 1 & 2 \\ 3 & 4 \end{bmatrix}\begin{bmatrix} 4 \\ 3 \end{bmatrix} = \begin{bmatrix} a \\ b \end{bmatrix}$$

라 하면, a, b는 다음과 같이 좌측 행렬의 가로줄에 있는 항들과 우측 행렬의 세로줄에 있는 항들을 곱하고, 이들을 더한 값으로 구한다.

$$\begin{bmatrix} 1 & 2 \\ 3 & 4 \end{bmatrix}\begin{bmatrix} 4 \\ 3 \end{bmatrix} \rightarrow a = 1\times4+2\times3=10$$

$$\begin{bmatrix} 1 & 2 \\ 3 & 4 \end{bmatrix}\begin{bmatrix} 4 \\ 3 \end{bmatrix} \rightarrow b = 3\times4+4\times3=24$$

따라서

$$AD = \begin{bmatrix} 1 & 2 \\ 3 & 4 \end{bmatrix}\begin{bmatrix} 4 \\ 3 \end{bmatrix} = \begin{bmatrix} 10 \\ 24 \end{bmatrix}$$

이다.

일반적으로 $m \times s$ 행렬 A와 $s \times n$ 행렬 B의 행렬 곱 AB도 같은 방법으로 구한다.

예제 10-6

$A = \begin{bmatrix} 1 & 4 \\ 0 & 3 \end{bmatrix}$, $B = \begin{bmatrix} 0 & 1 \\ -2 & 3 \end{bmatrix}$, $C = \begin{bmatrix} 3 & -2 & 4 \\ 0 & 1 & 3 \end{bmatrix}$일 때, 다음을 구하라.

(a) AB

(b) BC

TIP 왼쪽 행렬의 가로줄에 있는 항들과 오른쪽 행렬의 세로줄에 있는 항들을 곱하고, 이 값들을 더한다.

풀이

(a) $\begin{bmatrix} 1 & 4 \\ 0 & 3 \end{bmatrix}\begin{bmatrix} 0 & 1 \\ -2 & 3 \end{bmatrix} = \begin{bmatrix} a & b \\ c & d \end{bmatrix}$에서

$$a = 1 \times 0 + 4 \times (-2) = -8, \qquad b = 1 \times 1 + 4 \times 3 = 13$$

$$c = 0 \times 0 + 3 \times (-2) = -6, \qquad d = 0 \times 1 + 3 \times 3 = 9$$

이다. 따라서

$$AB = \begin{bmatrix} 1 & 4 \\ 0 & 3 \end{bmatrix}\begin{bmatrix} 0 & 1 \\ -2 & 3 \end{bmatrix} = \begin{bmatrix} -8 & 13 \\ -6 & 9 \end{bmatrix}$$

이다.

(b) $\begin{bmatrix} 0 & 1 \\ -2 & 3 \end{bmatrix}\begin{bmatrix} 3 & -2 & 4 \\ 0 & 1 & 3 \end{bmatrix} = \begin{bmatrix} a & b & c \\ d & e & f \end{bmatrix}$에서

$$a = 0 \times 3 + 1 \times 0 = 0, \qquad b = 0 \times (-2) + 1 \times 1 = 1$$

$$c = 0 \times 4 + 1 \times 3 = 3, \qquad d = (-2) \times 3 + 3 \times 0 = -6$$

$$e = (-2) \times (-2) + 3 \times 1 = 7, \qquad f = (-2) \times 4 + 3 \times 3 = 1$$

이다. 따라서

$$BC = \begin{bmatrix} 0 & 1 \\ -2 & 3 \end{bmatrix}\begin{bmatrix} 3 & -2 & 4 \\ 0 & 1 & 3 \end{bmatrix} = \begin{bmatrix} 0 & 1 & 3 \\ -6 & 7 & 1 \end{bmatrix}$$

이다.

[예제 10-6]의 행렬 A와 B에 대하여 $AB = \begin{bmatrix} -8 & 13 \\ -6 & 9 \end{bmatrix}$이다. 이제 BA를 계산해보면

$$BA = \begin{bmatrix} 0 & 1 \\ -2 & 3 \end{bmatrix}\begin{bmatrix} 1 & 4 \\ 0 & 3 \end{bmatrix} = \begin{bmatrix} 0 & 3 \\ -2 & 1 \end{bmatrix}$$

이므로 $AB \neq BA$이다. 이와 같이 행렬의 곱에서는 일반적으로 교환법칙이 성립하지 않으므로 행렬의 곱을 계산할 때는 계산하는 순서에 주의해야 한다.

행렬의 덧셈, 뺄셈과 달리 행렬의 곱의 정의는 왜 그렇게 복잡할까? 다음 예제를 통해 그 이유를 알아보자.

예제 10-7

민철이는 사과 5개와 참외 8개를, 정인이는 사과 7개와 참외 5개를 사려고 한다. A 마트에서는 사과 1개를 3000원, 참외 1개를 2600원에 판매하고, B 마트에서는 사과 1개를 2700원, 참외 1개를 2900원에 판매한다면 민철이와 정인이가 어느 마트에서 과일을 구입하는 것이 더 합리적인지를 설명하라. (단, 사과와 참외를 서로 다른 마트에서 구입하지는 않는다고 가정한다.)

TIP 행렬의 곱을 이용한다.

풀이

주어진 상황을 표로 나타내면 다음과 같다.

[표 10-1]

	사과	참외
민철	5개	8개
정인	7개	5개

[표 10-2]

	A 마트	B 마트
사과	3000원	2700원
참외	2600원	2900원

두 표의 값들을 각각 행렬로 나타낸 후, 두 행렬을 곱하면 결과는 다음과 같다.

$$\begin{bmatrix} 5 & 8 \\ 7 & 5 \end{bmatrix}\begin{bmatrix} 3000 & 2700 \\ 2600 & 2900 \end{bmatrix} = \begin{bmatrix} 35800 & 36700 \\ 34000 & 33400 \end{bmatrix}$$

이 결과를 표로 나타내면 다음과 같다.

[표 10-3]

	A 마트	B 마트
민철	35800원	36700원
정인	34000원	33400원

따라서 민철이는 A 마트, 정인이는 B 마트에서 과일을 구입하는 것이 더 합리적이다.

10.3 행렬식

행렬식에 대해 알아보기 전에 정사각행렬이라고 하는 정방행렬에 대해 먼저 살펴보자.

정의 10-5 정방행렬

A가 $m \times n$ 행렬이고 $m = n$이면, A를 **정방행렬**square matrix이라 한다.

예를 들어 $A = \begin{bmatrix} -3 & -2 \\ 7 & 0 \end{bmatrix}$은 2×2 행렬이므로 정방행렬이지만, $B = \begin{bmatrix} 0 & 5 & 1 \\ 9 & 3 & 5 \end{bmatrix}$는 2×3 행렬이므로 정방행렬이 아니다.

이제 행렬 A를 실수에 대응시키는 함수로 나타내는 행렬식을 소개한다.

정의 10-6 행렬식

정방행렬을 어느 한 실수에 대응시키는 함수를 **행렬식**determinant이라 하고, 2×2 행렬과 3×3 행렬로 나누어 다음과 같이 정의한다.

(1) $A = \begin{bmatrix} a_{11} & a_{12} \\ a_{21} & a_{22} \end{bmatrix}$일 때, 행렬식은 다음과 같이 구한다.

$$\det(A) = a_{11}a_{22} - a_{12}a_{21}$$

(2) $A = \begin{bmatrix} a_{11} & a_{12} & a_{13} \\ a_{21} & a_{22} & a_{23} \\ a_{31} & a_{32} & a_{33} \end{bmatrix}$일 때, 행렬식은 다음과 같이 구한다.

$$\begin{aligned} \det(A) = & \; a_{11}a_{22}a_{33} + a_{12}a_{23}a_{31} + a_{13}a_{21}a_{32} \\ & - a_{13}a_{22}a_{31} - a_{11}a_{23}a_{32} - a_{12}a_{21}a_{33} \end{aligned}$$

[정의 10-6]의 (1)을 이용하여 다음 2×2 행렬의 행렬식을 구해보자.

예제 10-8

다음 행렬의 행렬식을 구하라.

(a) $A = \begin{bmatrix} 9 & 6 \\ 2 & 3 \end{bmatrix}$ (b) $B = \begin{bmatrix} 2 & 5 \\ -3 & 4 \end{bmatrix}$

(c) $C = \begin{bmatrix} 1 & -9 \\ 0 & -8 \end{bmatrix}$ (d) $D = \begin{bmatrix} -6 & 4 \\ 3 & -2 \end{bmatrix}$

TIP 행렬 $\begin{bmatrix} a & b \\ c & d \end{bmatrix}$의 행렬식이 $ad - bc$임을 이용한다.

풀이

(a) $\det(A) = 9 \times 3 - 6 \times 2 = 27 - 12 = 15$

(b) $\det(B) = 2 \times 4 - 5 \times (-3) = 8 + 15 = 23$

(c) $\det(C) = 1 \times (-8) - (-9) \times 0 = -8 - 0 = -8$

(d) $\det(D) = (-6) \times (-2) - 4 \times 3 = 12 - 12 = 0$

[예제 10-8]에서 알 수 있듯이 행렬식의 결과는 양수이거나 음수일 수도 있으며, 또한 0일 수도 있다.

A가 3×3 행렬일 때 [정의 10-6]의 (2)에 제시한 행렬식은 복잡해 보이지만, 다음에 제시하는 3단계에 따라서 계산하면 쉽게 행렬식 값을 구할 수 있다.

정리 10-1 3×3 행렬의 행렬식 계산하는 방법

[1단계] 3×3 행렬에서 [그림 10-2]와 같이 왼쪽 위에서 오른쪽 아래로 향하는 선을 그어 그 선에 있는 3개의 원소들을 곱하면 각각 $a_{11}a_{22}a_{33}$, $a_{12}a_{23}a_{31}$, $a_{13}a_{21}a_{32}$이고, 이 값들을 더한다.

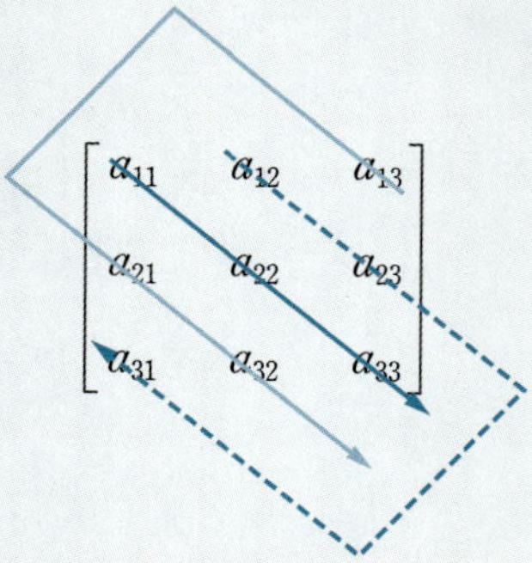

[그림 10-2] 3×3 행렬의 행렬식 구하는 방법 1

[2단계] 3×3 행렬에서 [그림 10-3]과 같이 오른쪽 위에서 왼쪽 아래로 향하는 선을 그어 그 선에 있는 3개의 원소들을 곱하면 각각 $a_{13}a_{22}a_{31}$, $a_{11}a_{23}a_{32}$, $a_{12}a_{21}a_{33}$이고, 이 값들을 더한다.

[3단계] [1단계]의 값에서 [2단계]의 값을 뺀 값이 $\det(A)$이다.

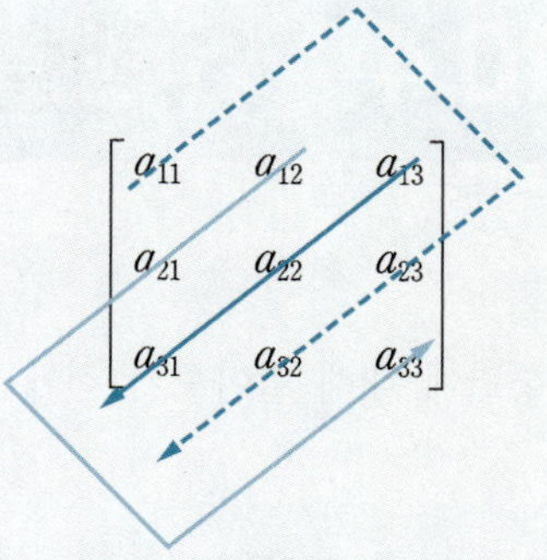

[그림 10-3] **3×3 행렬의 행렬식 구하는 방법 2**

예제 10-9

다음 행렬의 행렬식을 구하라.

(a) $A = \begin{bmatrix} 3 & 2 & 1 \\ 1 & 0 & 2 \\ 2 & 3 & 4 \end{bmatrix}$ (b) $B = \begin{bmatrix} -1 & -2 & 1 \\ 2 & -3 & -4 \\ 1 & 5 & -1 \end{bmatrix}$

TIP 3×3 행렬의 3단계 행렬식 계산법을 이용한다.

풀이

(a) $$\begin{aligned}\det(A) &= 3 \times 0 \times 4 + 2 \times 2 \times 2 + 1 \times 1 \times 3 \\ &\quad - (1 \times 0 \times 2) - (2 \times 1 \times 4) - (3 \times 2 \times 3) \\ &= 0 + 8 + 3 - 0 - 8 - 18 = -15\end{aligned}$$

(b) $$\begin{aligned}\det(B) &= (-1) \times (-3) \times (-1) + (-2) \times (-4) \times 1 + 1 \times 2 \times 5 \\ &\quad - \{1 \times (-3) \times 1\} - \{(-2) \times 2 \times (-1)\} - \{(-1) \times (-4) \times 5\} \\ &= -3 + 8 + 10 + 3 - 4 - 20 = -6\end{aligned}$$

n이 4 이상인 자연수이고 A가 $n \times n$ 행렬일 때, $\det(A)$를 구하는 방법은 선형대수학 linear algebra에서 다룬다.

10.4 역행렬

역행렬에 대해 알아보기 전에 먼저 단위행렬을 이해해보자.

정의 10-7 단위행렬

정방행렬 중에서 왼쪽 위에서 오른쪽 아래로 대각선 방향의 성분이 모두 1이고, 그 외의 성분은 모두 0인 행렬을 **단위행렬**identity matrix이라 한다.

다음과 같은 행렬이 단위행렬이다.

$$[1] \qquad \begin{bmatrix} 1 & 0 \\ 0 & 1 \end{bmatrix} \qquad \begin{bmatrix} 1 & 0 & 0 \\ 0 & 1 & 0 \\ 0 & 0 & 1 \end{bmatrix}$$

단위행렬의 개념을 이용하여 역행렬을 다음과 같이 정의한다.

정의 10-8 역행렬

행렬 $A = \begin{bmatrix} a & b \\ c & d \end{bmatrix}$에 대해 적당한 행렬 $B = \begin{bmatrix} p & q \\ r & s \end{bmatrix}$가 존재하여

$$AB = BA = I$$

가 성립하면, B를 A의 **역행렬**inverse matrix이라 한다. 이때 $I = \begin{bmatrix} 1 & 0 \\ 0 & 1 \end{bmatrix}$은 단위행렬이다.

행렬 B가 행렬 A의 역행렬일 때 $B = A^{-1}$로 표현하고, A는 역행렬을 갖는다고 한다. 모든 행렬이 역행렬을 갖는 것은 아니며, 특별한 조건을 갖는 행렬만 다음과 같은 역행렬을 갖는다.

정리 10-2 2×2 행렬의 역행렬

(1) $ad - bc \neq 0$이면, $A = \begin{bmatrix} a & b \\ c & d \end{bmatrix}$는 역행렬을 갖는다. 이때 A의 역행렬 A^{-1}는 다음과 같이 구한다.

$$A^{-1} = \frac{1}{ad - bc}\begin{bmatrix} d & -b \\ -c & a \end{bmatrix}$$

(2) $ad - bc = 0$이면, $A = \begin{bmatrix} a & b \\ c & d \end{bmatrix}$는 역행렬을 갖지 않는다.

예제 10-10

다음 행렬의 역행렬을 구하라.

(a) $A = \begin{bmatrix} 1 & 2 \\ 3 & 4 \end{bmatrix}$ (b) $B = \begin{bmatrix} 2 & -1 \\ -1 & 2 \end{bmatrix}$

(c) $C = \begin{bmatrix} 1 & 4 \\ 2 & 8 \end{bmatrix}$ (d) $D = \begin{bmatrix} 2 & 3 \\ 0 & 5 \end{bmatrix}$

TIP $ad - bc$의 값이 0인지 아닌지를 먼저 확인한다.

풀이

(a) $ad - bc = 1 \times 4 - 2 \times 3 = -2 \neq 0$이므로 A는 역행렬을 갖는다.
[정리 10-2]에 의하여 A의 역행렬은 $A^{-1} = -\frac{1}{2}\begin{bmatrix} 4 & -2 \\ -3 & 1 \end{bmatrix}$이다.

(b) $ad - bc = 2 \times 2 - (-1) \times (-1) = 4 - 1 = 3 \neq 0$이므로 B는 역행렬을 갖는다.
[정리 10-2]에 의하여 B의 역행렬은 $B^{-1} = \frac{1}{3}\begin{bmatrix} 2 & 1 \\ 1 & 2 \end{bmatrix}$이다.

(c) $ad - bc = 1 \times 8 - 4 \times 2 = 8 - 8 = 0$이므로 C는 역행렬을 갖지 않는다.

(d) $ad - bc = 2 \times 5 - 3 \times 0 = 10 - 0 = 10 \neq 0$이므로 D는 역행렬을 갖는다.
[정리 10-2]에 의하여 D의 역행렬은 $D^{-1} = \frac{1}{10}\begin{bmatrix} 5 & -3 \\ 0 & 2 \end{bmatrix}$이다.

역행렬을 구하는 이유는 무엇일까? 그리고 역행렬을 어떻게 이용할 수 있을까? 다음 예를 살펴보자.

$4x = 3$의 양변에 4의 곱셈에 대한 역수인 $\frac{1}{4}$을 곱하면, $x = \frac{1}{4} \times 3 = \frac{3}{4}$을 얻는다. 같은 방법으로 A가 역행렬을 갖는 2×2 행렬이고 $A\begin{bmatrix} x \\ y \end{bmatrix} = \begin{bmatrix} 3 \\ 2 \end{bmatrix}$일 때, 이를 만족하는 x, y값을 구해보자.

등식의 양변의 왼쪽에 A의 역행렬을 곱하면 $A^{-1}A\begin{bmatrix} x \\ y \end{bmatrix} = A^{-1}\begin{bmatrix} 3 \\ 2 \end{bmatrix}$이고, 이를 간단히 하면 $I\begin{bmatrix} x \\ y \end{bmatrix} = A^{-1}\begin{bmatrix} 3 \\ 2 \end{bmatrix}$이다. 여기서 단위행렬 I는 숫자 1과 같이 곱셈에 대한 항등원이므로 $\begin{bmatrix} x \\ y \end{bmatrix} = A^{-1}\begin{bmatrix} 3 \\ 2 \end{bmatrix}$이다. 이렇게 역행렬과 단위행렬의 성질을 이용하여 행렬로 나타낸 연립방정식의 해를 구할 수 있다.

예제 10-11

역행렬을 이용하여 다음 식에서 x, y값을 구하라.

(a) $\begin{bmatrix} 1 & 3 \\ 2 & 4 \end{bmatrix}\begin{bmatrix} x \\ y \end{bmatrix} = \begin{bmatrix} 2 \\ 1 \end{bmatrix}$ (b) $\begin{bmatrix} 1 & -2 \\ 1 & -3 \end{bmatrix}\begin{bmatrix} x \\ y \end{bmatrix} = \begin{bmatrix} 3 \\ 4 \end{bmatrix}$

TIP 2×2 행렬의 역행렬을 이용하여 구한다.

풀이

(a) $A = \begin{bmatrix} 1 & 3 \\ 2 & 4 \end{bmatrix}$라 할 때, A의 역행렬 A^{-1}는 $A^{-1} = -\frac{1}{2}\begin{bmatrix} 4 & -3 \\ -2 & 1 \end{bmatrix}$이다. 따라서

$\begin{bmatrix} x \\ y \end{bmatrix} = A^{-1}\begin{bmatrix} 2 \\ 1 \end{bmatrix} = -\frac{1}{2}\begin{bmatrix} 4 & -3 \\ -2 & 1 \end{bmatrix}\begin{bmatrix} 2 \\ 1 \end{bmatrix} = -\frac{1}{2}\begin{bmatrix} 5 \\ -3 \end{bmatrix} = \begin{bmatrix} -\frac{5}{2} \\ \frac{3}{2} \end{bmatrix}$이므로 $x = -\frac{5}{2}$, $y = \frac{3}{2}$이다.

(b) $B = \begin{bmatrix} 1 & -2 \\ 1 & -3 \end{bmatrix}$이라 할 때, B의 역행렬 B^{-1}는 $B^{-1} = -1\begin{bmatrix} -3 & 2 \\ -1 & 1 \end{bmatrix}$이다. 따라서

$\begin{bmatrix} x \\ y \end{bmatrix} = B^{-1}\begin{bmatrix} 3 \\ 4 \end{bmatrix} = -1\begin{bmatrix} -3 & 2 \\ -1 & 1 \end{bmatrix}\begin{bmatrix} 3 \\ 4 \end{bmatrix} = -1\begin{bmatrix} -1 \\ 1 \end{bmatrix} = \begin{bmatrix} 1 \\ -1 \end{bmatrix}$이므로 $x = 1$, $y = -1$ 이다.

n이 3 이상인 자연수이고 A가 $n \times n$ 행렬인 경우에도 $\det(A) \neq 0$이면 A는 역행렬을 갖는다. 하지만 n이 3 이상의 자연수인 경우에는 [정리 10-2]와 같이 A의 역행렬을 구하는 공식은 없다. n이 3 이상인 자연수일 때 $n \times n$ 행렬의 역행렬을 구하는 방법은 선형대수학에서 학습한다.

10.5 공학문제

마르코프 체인

매년 A 마을의 숲에 살고 있는 올빼미들 중 일부는 B 마을의 숲으로 이동하고, B 마을의 숲에 살고 있는 올빼미들 중 일부는 A 마을의 숲으로 이동한다고 하자. 매년 같은 비율로 이러한 이동이 일어난다면 2년, 3년, 4년이 지난 후 A 마을의 숲에는 올빼미가 얼마나 있을까?

[그림 10-4] 올빼미

이 문제에 대한 답을 구할 때 **마르코프 체인**Markov chain이라는 방법을 사용한다. 러시아의 수학자 안드레이 마르코프Andrei Markov가 도입한 이 방법은 각 시행의 결과가 바로 앞의 시행의 결과에만 영향을 받는 일련의 확률적 시행을 말하며, 식으로 나타내면 다음과 같다.

$$x_{n+1} = Px_n$$

이 식에서 P를 **추이행렬**transition matrix이라 한다. 올해 A 마을의 숲에 살고 있는 올빼미의 수 a_n과 B 마을의 숲에 살고 있는 올빼미의 수 b_n을 이용하여 $x_n = \begin{bmatrix} a_n \\ b_n \end{bmatrix}$이라 하고, 여기에 추이행렬 P를 곱하여 내년 A 마을의 숲에 살게 될 올빼미의 수 a_{n+1}과 B 마을의 숲에 살게 될 올빼미의 수 b_{n+1}로 만들어진 행렬 $x_{n+1} = \begin{bmatrix} a_{n+1} \\ b_{n+1} \end{bmatrix}$을 구할 수 있음을 설명한다.

예제 10-12

2022년 A 마을의 숲에 살고 있는 올빼미의 수는 600마리, B 마을의 숲에 살고 있는 올빼미의 수는 400마리로 조사되었다. 1년 동안 A 마을의 숲에 살고 있는 올빼미의 90%는 그대로 A 마을의 숲에 살고, 나머지 10%는 B 마을의 숲으로 이동한다고 한다. 또한 1년 동안 B 마을의 숲에 살고 있는 올빼미의 80%는 그대로 B 마을의 숲에 살고, 나머지 20%는 A 마을의 숲으로 이동한다고 한다. 이러한 올빼미의 이동 추이를 나타내는 추이행렬은 다음과 같다.

$$P = \begin{bmatrix} 0.9 & 0.2 \\ 0.1 & 0.8 \end{bmatrix}$$

$x_{2022} = \begin{bmatrix} 600 \\ 400 \end{bmatrix}$일 때, 2023년 A 마을의 숲에 살 것으로 예측되는 올빼미의 수와 B 마

을의 숲에 살 것으로 예측되는 올빼미의 수를 구하라. (단, A, B 마을 외부에서 오는 올빼미는 없다고 가정한다.)

TIP 마르코프 체인의 공식을 이용하여 구한다.

풀이

2022년 A 마을의 숲에 살고 있는 올빼미 600마리와 2022년 B 마을의 숲에 살고 있는 올빼미 400마리를 $x_{2022} = \begin{bmatrix} 600 \\ 400 \end{bmatrix}$으로 나타냈으므로, 2023년의 A 및 B 마을의 올빼미 수는

$$x_{2023} = \begin{bmatrix} a \\ b \end{bmatrix}$$

와 같이 나타낼 수 있다. 여기서 a는 2023년 A 마을의 숲에, b는 2023년 B 마을의 숲에 살 것으로 예측되는 올빼미의 수이다. 마르코프 체인 $x_{2023} = Px_{2022}$에 의하여

$$\begin{bmatrix} a \\ b \end{bmatrix} = \begin{bmatrix} 0.9 & 0.2 \\ 0.1 & 0.8 \end{bmatrix} \begin{bmatrix} 600 \\ 400 \end{bmatrix} = \begin{bmatrix} 620 \\ 380 \end{bmatrix}$$

이다. 따라서 2023년에 A 마을의 숲에는 620마리의 올빼미가 살 것으로 예측되고, B 마을의 숲에는 380마리의 올빼미가 살 것으로 예측된다.

키르히호프의 전류·전압 법칙

키르히호프의 법칙 Kirchhoff's law은 1857년 독일의 물리학자 구스타프 키르히호프Gustav Kirchhoff에 의하여 증명된 법칙으로, 옴의 법칙을 기초로 하여 발전시킨 법칙이다. 많은 수의 도체와 저항이 접속된 회로를 회로망이라 하는데, 이러한 회로망을 다룰 때에는 옴의 법칙만으로 불충분하므로 키르히호프의 법칙을 적용한다.

정리 10-3 키르히호프의 법칙

(1) **제1법칙 : 키르히호프의 전류법칙**

어떤 회로망 중에서 임의의 한 접속점에서 유입되는 전류의 합은 유출되는 전류의 합과 같다.

(2) **제2법칙 : 키르히호프의 전압법칙**

회로망 중 임의의 폐회로에서 정해진 방향의 기전력의 합은 그 방향으로 흐르는 전류에 의한 저항에 걸리는 전압의 합과 같다.

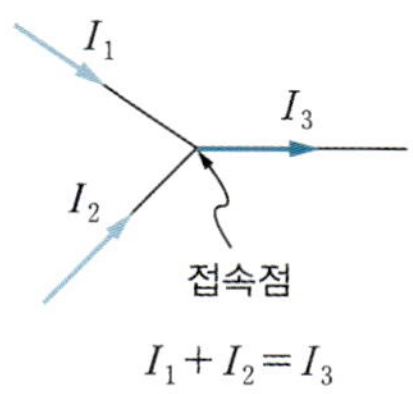

(a) 키르히호프의 제1법칙

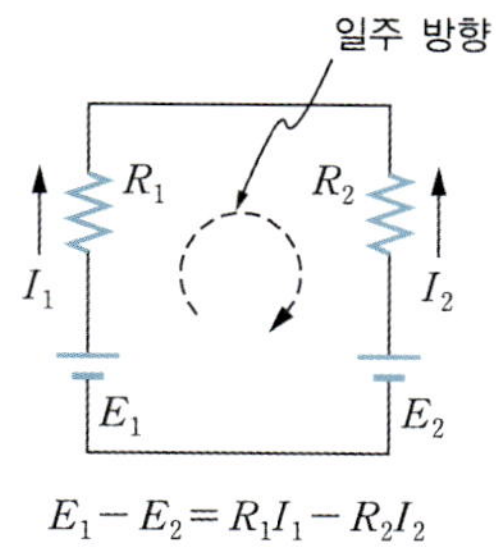

(b) 키르히호프의 제2법칙

[그림 10-5] **키르히호프의 법칙**

예제 10-13

[그림 10-6]과 같은 회로에 대하여 키르히호프의 법칙을 적용해보자. 키르히호프의 전류법칙을 접속점 B에 적용하면 $7 = I_1 + I_2$ (㉠)이고, 저항 2Ω과 저항 5Ω에 걸리는 전압은 같으므로 $2I_1 = 5I_2$이다. 즉 $2I_1 - 5I_2 = 0$ (㉡)이다.

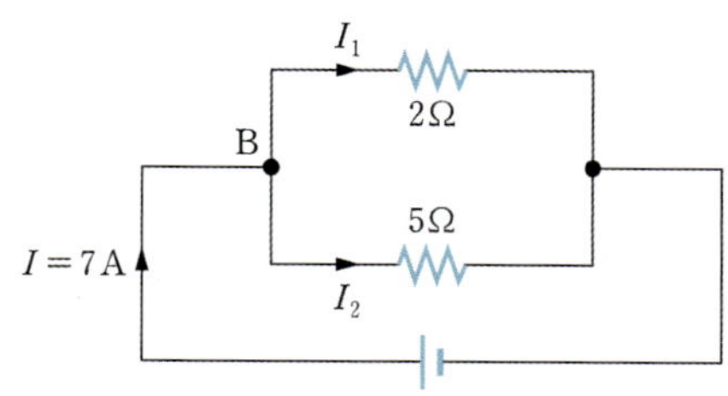

[그림 10-6]

㉠, ㉡을 행렬로 표현하면

$$\begin{bmatrix} 1 & 1 \\ 2 & -5 \end{bmatrix} \begin{bmatrix} I_1 \\ I_2 \end{bmatrix} = \begin{bmatrix} 7 \\ 0 \end{bmatrix}$$

이다. 2×2 행렬의 역행렬을 이용하여 두 전류 I_1, I_2값을 구하라.

TIP 좌측 행렬의 역행렬을 구해 양변의 왼쪽에 곱한다.

풀이

행렬 $\begin{bmatrix} 1 & 1 \\ 2 & -5 \end{bmatrix}$의 역행렬은

$$\frac{1}{-5-2}\begin{bmatrix} -5 & -1 \\ -2 & 1 \end{bmatrix} = \frac{1}{7}\begin{bmatrix} 5 & 1 \\ 2 & -1 \end{bmatrix}$$

이다. 역행렬을 주어진 등식의 양변 왼쪽에 각각 곱하면

$$\begin{bmatrix} I_1 \\ I_2 \end{bmatrix} = \frac{1}{7}\begin{bmatrix} 5 & 1 \\ 2 & -1 \end{bmatrix}\begin{bmatrix} 7 \\ 0 \end{bmatrix} = \begin{bmatrix} 5 \\ 2 \end{bmatrix}$$

이므로 $I_1 = 5(\text{A})$, $I_2 = 2(\text{A})$이다.

화학방정식

화학방정식 chemical equation이란 서로 다른 물질들이 반응하여 새로운 물질이 생성되는 과정을 수학적으로 표현한 것이다. 이때 화학반응에서의 반응물과 생성물은 원자의 종류나 수량이 같아야 한다. 예를 들어 두 물질 에탄(C_2H_6)과 산소(O_2)가 반응하면, 이산화탄소(CO_2)와 물(H_2O)이 생성된다. 이러한 관계를 화학반응식으로 표현하면 다음과 같다.

$$xC_2H_6 + yO_2 \rightarrow zCO_2 + wH_2O$$

이 화학반응식에서 화살표 기준으로 양쪽의 원자 수가 같도록 만드는, 즉 화학반응식이 평형을 이루도록 하는 x, y, z, w값은 다음 연립방정식을 만족한다.

$$C : 2x = z, \qquad H : 6x = 2w, \qquad O : 2y = 2z + w$$

이 식들은 차례로 $2x - z = 0$, $6x - 2w = 0$, $2y - 2z - w = 0$으로 나타낼 수 있고, 이 연립방정식을 행렬로 나타내면 다음과 같다.

$$\begin{bmatrix} 2 & 0 & -1 & 0 \\ 6 & 0 & 0 & -2 \\ 0 & 2 & -2 & -1 \end{bmatrix} \begin{bmatrix} x \\ y \\ z \\ w \end{bmatrix} = \begin{bmatrix} 0 \\ 0 \\ 0 \end{bmatrix}$$

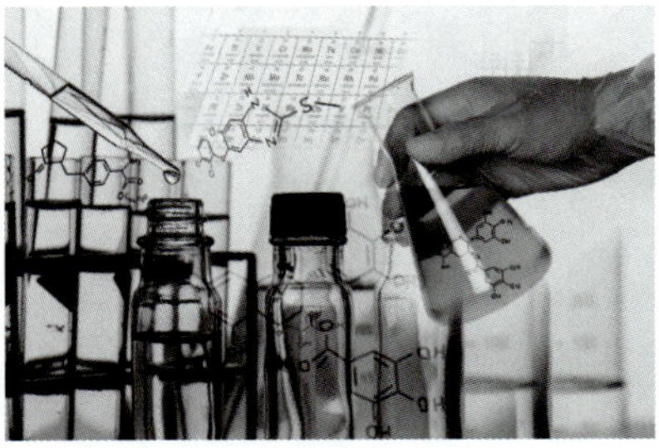

[그림 10-7] **화학반응**

예제 10-14

두 물질 나트륨(Na)과 물(H_2O)이 반응하면, 수산화나트륨(NaOH)과 수소(H_2)가 생성된다. 이러한 관계를 화학반응식으로 표현하면 다음과 같다.

$$x\text{Na} + yH_2O \rightarrow z\text{NaOH} + wH_2$$

이 화학반응식이 평형을 이루도록 하는 x, y, z, w값을 구하려면 연립방정식이 필요하다. 이 연립방정식을 행렬로 나타내라.

TIP 화학반응식에서 화살표 양옆의 원자 수가 같아야 한다.

풀이

화학반응식이 평형을 이루도록 하는 x, y, z, w값은 다음 연립방정식을 만족한다.

$$\text{Na} : x = z, \qquad \text{H} : 2y = z + 2w, \qquad \text{O} : y = z$$

이 식들은 차례로 $x - z = 0$, $2y - z - 2w = 0$, $y - z = 0$으로 나타낼 수 있고, 이 연립방정식을 행렬로 나타내면 다음과 같다.

$$\begin{bmatrix} 1 & 0 & -1 & 0 \\ 0 & 2 & -1 & -2 \\ 0 & 1 & -1 & 0 \end{bmatrix} \begin{bmatrix} x \\ y \\ z \\ w \end{bmatrix} = \begin{bmatrix} 0 \\ 0 \\ 0 \end{bmatrix}$$

교통 흐름

교통이 혼잡한 도시에서는 원활한 교통을 위해 자동차의 교통 흐름을 이해하는 것이 매우 중요하다. 도로망이 마치 거미줄처럼 이루어진 도시에서는 교차로에 진입하는 차량의 수와 진출하는 차량의 수를 분석하여 교차로의 교통 흐름을 효율적으로 운영한다.

[그림 10-8] **교차로**

예제 10-15

[그림 10-9]는 어느 동네의 교차로 A, B, C와 교차로에 진입 및 진출하는 자동차의 수를 나타낸다. 교차로에 진입한 자동차는 반드시 교차로에서 진출한다고 할 때, x, y, z에 대한 연립방정식을 행렬로 나타내라.

TIP 교차로에 진입한 자동차의 수와 진출한 자동차의 수는 같음을 이용한다.

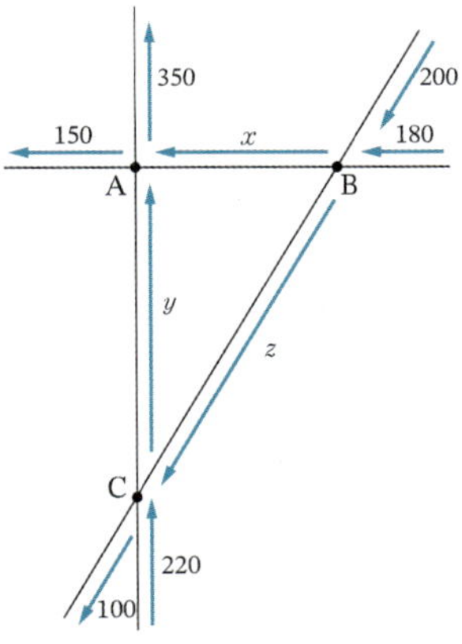

[그림 10-9]

풀이

각의 교차로에 진입 및 진출하는 자동차의 수를 연립방정식으로 나타내면 다음과 같다.

	진입		진출
A :	$x+y$	$=$	$350+150$
B :	$200+180$	$=$	$x+z$
C :	$z+220$	$=$	$y+100$

이 식들을 차례로 정리하면 $x+y=500$, $x+z=380$, $y-z=120$이고, 이 연립방정식을 행렬로 나타내면 다음과 같다.

$$\begin{bmatrix} 1 & 1 & 0 \\ 1 & 0 & 1 \\ 0 & 1 & -1 \end{bmatrix} \begin{bmatrix} x \\ y \\ z \end{bmatrix} = \begin{bmatrix} 500 \\ 380 \\ 120 \end{bmatrix}$$

CHAPTER 10 연습문제

10.1 다음 행렬이 $m \times n$ 행렬일 때, m, n값을 구하라.

(a) $A = \begin{bmatrix} 1 & 2 \end{bmatrix}$

(b) $B = \begin{bmatrix} 1 & 0 & 4 & 2 & 5 \end{bmatrix}$

(c) $C = \begin{bmatrix} 2 \\ 4 \\ 0 \end{bmatrix}$

(d) $D = \begin{bmatrix} 3 & 9 \\ 1 & 2 \\ 6 & 8 \end{bmatrix}$

(e) $E = \begin{bmatrix} 1 & 4 & 3 & 2 \\ 9 & 0 & 2 & 8 \end{bmatrix}$

(f) $F = \begin{bmatrix} 1 & 3 & 8 \\ 2 & 2 & 1 \\ 3 & 8 & 0 \end{bmatrix}$

10.2 $A = \begin{bmatrix} 1 & 4 & 0 \\ 2 & -3 & -4 \end{bmatrix}$, $B = \begin{bmatrix} 6 & 0 & 4 \\ -2 & 1 & 3 \end{bmatrix}$일 때, 다음을 구하라.

(a) $A + B$

(b) $A - B$

(c) $4A$

(d) $-3B$

(e) $2A + 3B$

(f) $3A - 2B$

10.3 다음 등식이 성립할 때, x, y, z값을 구하라.

(a) $\begin{bmatrix} x+1 & -y+2 \\ 0 & z-3 \end{bmatrix} = \begin{bmatrix} 1 & 1 \\ 0 & 1 \end{bmatrix}$

(b) $\begin{bmatrix} 3x & 2y-1 \\ z+2 & 3 \end{bmatrix} = \begin{bmatrix} 6 & 5 \\ -1 & 3 \end{bmatrix}$

(c) $\begin{bmatrix} 1 & x \\ x+y & x+y+z \end{bmatrix} = \begin{bmatrix} 1 & 3 \\ 1 & 4 \end{bmatrix}$

(d) $\begin{bmatrix} 2x-1 & -1 \\ -y+2 & -z+3 \end{bmatrix} = \begin{bmatrix} 3 & -1 \\ 4 & -2 \end{bmatrix}$

(e) $\begin{bmatrix} x+2 & y+1 \\ 1 & z-2 \end{bmatrix} = \begin{bmatrix} 2x+1 & 1-2y \\ 1 & 4-z \end{bmatrix}$

(f) $\begin{bmatrix} x-y & y-z \\ z-1 & 4 \end{bmatrix} = \begin{bmatrix} 2y & 2z \\ 3-z & 4 \end{bmatrix}$

10.4 $a \times b$ 행렬과 $c \times d$ 행렬의 곱을 $(a \times b)(c \times d)$라 할 때 행렬의 곱이 정의되는지를 판정하고, 정의되는 경우 곱한 결과로 나타나는 행렬의 크기를 구하라.

(a) $(4 \times 5)(4 \times 5)$

(b) $(4 \times 5)(5 \times 4)$

(c) $(2 \times 3)(3 \times 7)$

(d) $(3 \times 7)(3 \times 2)$

(e) $(6 \times 4)(4 \times 9)$

(f) $(9 \times 3)(9 \times 6)$

10.5 $A=\begin{bmatrix}2 & -4\\3 & -2\end{bmatrix}$, $B=\begin{bmatrix}5 & -3\\1 & 4\end{bmatrix}$일 때, 다음을 구하라.

(a) AB　　(b) BA

10.6 $A=\begin{bmatrix}5 & 2\\4 & 3\end{bmatrix}$, $B=\begin{bmatrix}2 & 2 & 5\\1 & -4 & 3\end{bmatrix}$, $C=\begin{bmatrix}1 & 6\\0 & 3\\4 & 1\end{bmatrix}$일 때, 다음을 구하라.

(a) AB　　(b) CA　　(c) BC　　(d) CB

10.7 $A=\begin{bmatrix}3 & 2 & -7\end{bmatrix}$, $B=\begin{bmatrix}-1\\2\\4\end{bmatrix}$일 때, 다음 물음에 답하라.

(a) AB가 정의되는지 판정하고, 정의된다면 AB를 구하라.

(b) BA가 정의되는지 판정하고, 정의된다면 BA를 구하라.

10.8 다음 행렬의 행렬식을 구하라.

(a) $A=\begin{bmatrix}6 & 2\\2 & 3\end{bmatrix}$　　(b) $B=\begin{bmatrix}2 & -3\\5 & 1\end{bmatrix}$

(c) $C=\begin{bmatrix}4 & -1\\-3 & 5\end{bmatrix}$　　(d) $D=\begin{bmatrix}-1 & -6\\4 & 4\end{bmatrix}$

(e) $E=\begin{bmatrix}-\frac{1}{3} & 2\\5 & \frac{1}{4}\end{bmatrix}$　　(f) $F=\begin{bmatrix}\frac{1}{2} & -\frac{1}{3}\\4 & 3\end{bmatrix}$

10.9 다음 행렬의 행렬식을 구하라.

(a) $A=\begin{bmatrix}5 & 2 & 3\\0 & 6 & -1\\0 & 0 & 2\end{bmatrix}$　　(b) $B=\begin{bmatrix}1 & 0 & 0\\5 & -3 & 0\\6 & 7 & 2\end{bmatrix}$

(c) $C=\begin{bmatrix}1 & 2 & 0\\3 & 1 & 4\\0 & 2 & 1\end{bmatrix}$　　(d) $D=\begin{bmatrix}3 & 0 & 2\\1 & 4 & -3\\5 & 4 & 3\end{bmatrix}$

(e) $E=\begin{bmatrix}-1 & 4 & 3\\5 & -1 & -1\\2 & -3 & 2\end{bmatrix}$　　(f) $F=\begin{bmatrix}-3 & -3 & 5\\2 & 4 & 1\\4 & 8 & 2\end{bmatrix}$

10.10 다음 행렬의 역행렬을 구하라.

(a) $A = \begin{bmatrix} 3 & 2 \\ 6 & 1 \end{bmatrix}$　　(b) $B = \begin{bmatrix} 3 & -1 \\ 2 & 7 \end{bmatrix}$

(c) $C = \begin{bmatrix} 3 & 0 \\ 0 & 3 \end{bmatrix}$　　(d) $D = \begin{bmatrix} 2 & -3 \\ -3 & 2 \end{bmatrix}$

(e) $E = \begin{bmatrix} 2 & 5 \\ -4 & -10 \end{bmatrix}$　　(f) $F = \begin{bmatrix} 3 & -2 \\ 0 & 0 \end{bmatrix}$

10.11 역행렬을 이용하여 다음 식에서 x, y값을 구하라.

(a) $\begin{bmatrix} 2 & 3 \\ 0 & 4 \end{bmatrix}\begin{bmatrix} x \\ y \end{bmatrix} = \begin{bmatrix} 5 \\ 4 \end{bmatrix}$　　(b) $\begin{bmatrix} 1 & 0 \\ -2 & 3 \end{bmatrix}\begin{bmatrix} x \\ y \end{bmatrix} = \begin{bmatrix} 2 \\ -1 \end{bmatrix}$

(c) $\begin{bmatrix} 3 & -2 \\ 5 & -4 \end{bmatrix}\begin{bmatrix} x \\ y \end{bmatrix} = \begin{bmatrix} -5 \\ -7 \end{bmatrix}$　　(d) $\begin{bmatrix} 5 & 1 \\ 2 & -2 \end{bmatrix}\begin{bmatrix} x \\ y \end{bmatrix} = \begin{bmatrix} 3 \\ -6 \end{bmatrix}$

10.12 2022년 A 도시의 인구는 300000명이고 B 도시의 인구는 200000명이다. 매년 A 도시에 사는 사람의 70%는 그대로 A 도시에 살고 30%는 B 도시로 이주하며, B 도시에 사는 사람의 60%는 그대로 B 도시에 살고 40%는 A 도시로 이주한다고 한다. 다음 물음에 답하라. (단, A 도시와 B 도시 외부에서 이주해오는 사람은 없다고 가정한다.)

(a) 2023년 A 도시의 인구수와 B 도시의 인구수를 추정하라.
(b) 2024년 A 도시의 인구수와 B 도시의 인구수를 추정하라.

10.13 두 물질, 프로판(C_3H_8)과 산소(O_2)가 반응하면 이산화탄소(CO_2)와 물(H_2O)가 생성된다. 이러한 관계를 화학반응식으로 표현하면 다음과 같다.

$$C_3H_8 + xO_2 \rightarrow 3CO_2 + yH_2O$$

이 화학반응식이 평형을 이룰 때, x, y값을 구하라.

P/A/R/T 02

수학의 기초

대부분의 공학문제는 수학에서 다루는 다양한 함수를 이용하여 설명하고 문제를 해결한다.

PART 02에서는 우리가 공학에서의 문제를 설명할 때 사용하는 다항함수, 유리함수, 무리함수, 지수·로그함수, 삼각함수의 엄밀한 정의와 기본적인 성질을 이해하고, 이들 함수와 관련된 기본적인 미분과 적분을 다룬다.

CHAPTER 11

함수의 이해

CONTENTS

학습목표

- 대응 관계를 이해하고, 함수의 엄밀한 정의를 학습한다.
- 단사 함수, 전사 함수, 전단사 함수의 개념을 익힌다.
- 두 함수를 합성하는 방법을 익힌다.

친구들과 내기를 통해 간식비를 모으려고 할 때, 쉽게 떠올릴 수 있는 게임 중 하나가 바로 사다리 타기 게임이다. 이 게임의 규칙은 다음과 같다.

> **[규칙 1]** 게임에 참가하는 인원수만큼의 세로줄을 긋고 각 세로줄의 맨 위에 참가자의 이름을 적는다. 그리고 세로줄 사이사이에 가로줄을 긋는다.
>
> **[규칙 2]** 세로줄을 따라 아래로 내려가다가 가로줄을 만나면 반드시 그 가로줄을 따라 이동한다. 가로줄을 따라 이동하다가 다른 세로줄을 만나면 그 세로줄을 따라 다시 아래로 이동한다.

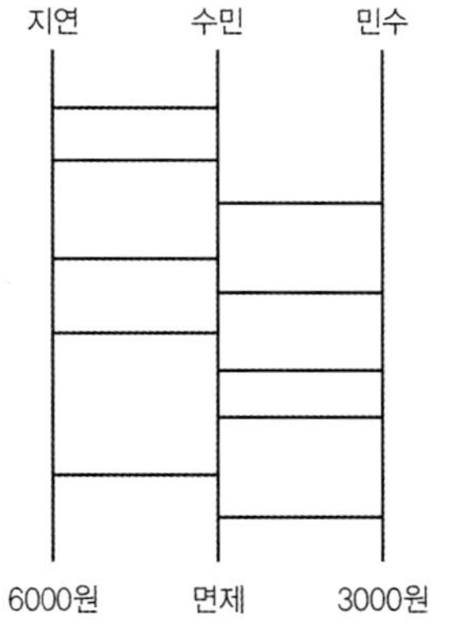

지연, 수민, 민수가 사다리 타기 게임으로 9000 원을 모아서 간식을 사려고 한다. 오른쪽 그림처럼 세 명이 각자 세로줄을 고른 후 게임을 진행하였더니 지연이는 면제, 수민이는 3000 원을 내게 되었다. 이때 민수의 결과를 확인하려면 사다리 타기를 통해 직접 확인해야만 할까?

사실 민수의 결과는 다시 확인할 필요가 없다. 사다리 타기 게임에는 '일대일 대응'이라는 원리가 숨어 있는데, 이는 세로줄의 위쪽에 적힌 참가자와 아래쪽에 적힌 간식비 결과가 서로 하나씩 대응한다는 의미이다. 아래 그림에서 볼 수 있듯이, 가로줄이 생기면 그 가로줄로 연결된 두 세로줄의 결과는 서로 맞바뀌기 때문에 가로줄의 수와 상관없이 항상 일대일 대응 관계가 발생한다.

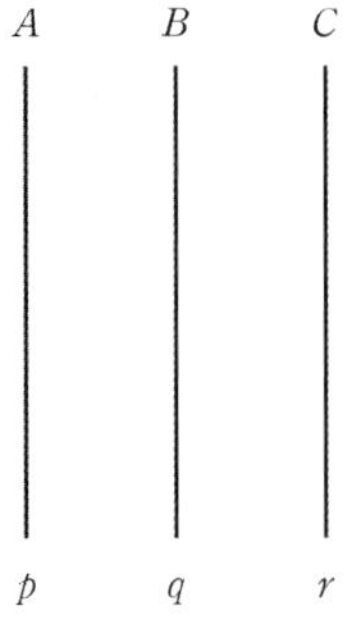

가로줄 0개
(A-p, B-q, C-r)

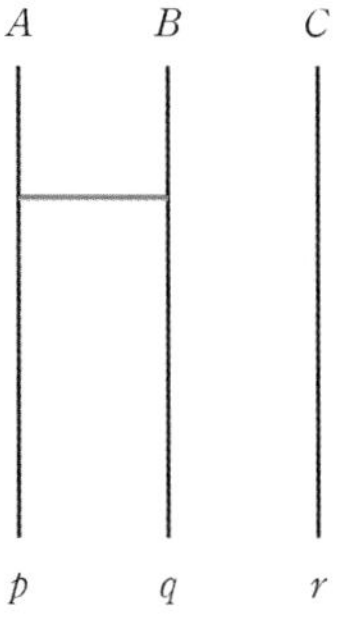

가로줄 1개
(A-q, B-p, C-r)

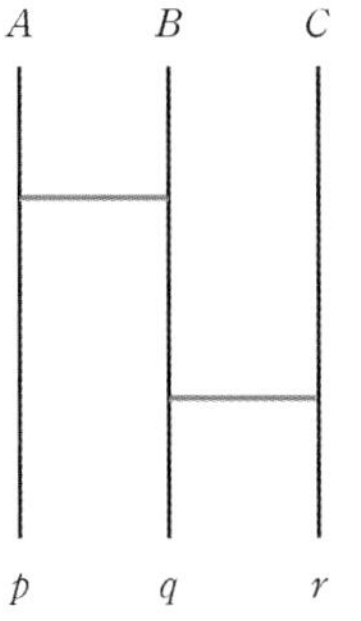

가로줄 2개
(A-r, B-p, C-q)

11.1 함수의 정의

대응

함수를 정의하기 위하여 우선 대응 관계를 알아보기로 한다. 대응 관계의 개념은 데이터베이스 분야에서 많은 양의 정보를 효과적으로 관리하고 정보를 검색할 수 있는 방안을 마련하는 데 적용된다. 이러한 대응 관계를 수학적으로 정의하면 다음과 같다.

정의 11-1 대응
공집합이 아닌 두 집합 X와 Y에 대하여 집합 X의 원소에 집합 Y의 원소를 짝지어 나타낸 것을 집합 X에서 집합 Y로의 **대응**correspondence이라 한다.

공집합이 아닌 두 집합 X와 Y 사이에는 일대일 대응, 일대다 대응, 다대일 대응, 다대다 대응의 4가지 대응 관계가 있다. 예를 들어 $X=\{1, 2, 3\}$이고 $Y=\{a, b, c\}$일 때, 4가지 대응 관계를 설명하면 다음과 같다.

■ 일대일 대응

[그림 11-1]과 같이 집합 X의 각 원소에 대하여 집합 Y의 원소가 단 하나씩 대응하고, 집합 Y의 각 원소에 대하여 집합 X의 원소가 단 하나씩 대응할 때, 이러한 대응 관계를 **일대일 대응**이라 한다.

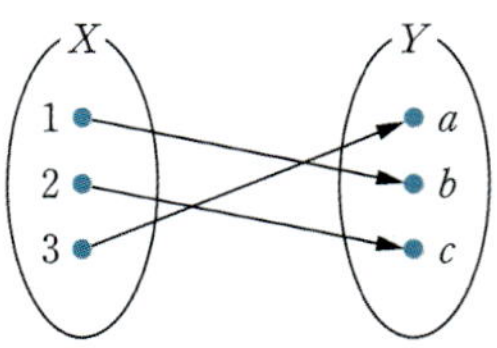

[그림 11-1] 일대일 대응

■ 일대다 대응

[그림 11-2]와 같이 집합 X의 원소 중 집합 Y에 대응하는 원소가 2개 이상인 원소가 있고, 집합 Y의 각 원소에 대하여 집합 X의 원소가 단 하나씩 대응할 때, 이러한 대응 관계를 **일대다 대응**이라 한다.

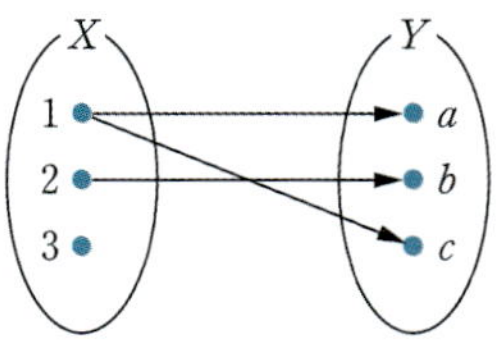

[그림 11-2] 일대다 대응

■ 다대일 대응

[그림 11-3]과 같이 집합 X의 2개 이상의 원소가 집합 Y의 어떤 한 원소에 대응하는 관계가 있을 때, 이러한 대응 관계를 **다대일 대응**이라 한다.

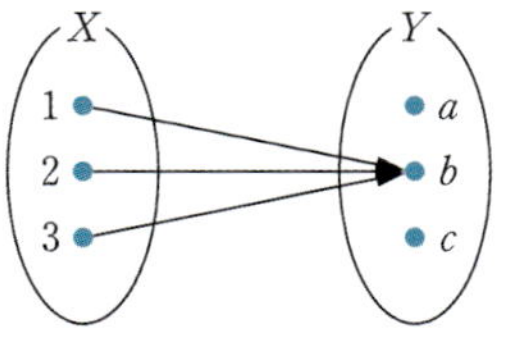

[그림 11-3] 다대일 대응

■ 다대다 대응

[그림 11-4]와 같이 집합 X의 원소 중 집합 Y에 대응하는 원소가 2개 이상인 원소가 있고, 집합 Y의 원소 중 집합 X에 대응하는 원소가 2개 이상인 원소가 있을 때, 이러한 대응 관계를 **다대다 대응**이라 한다.

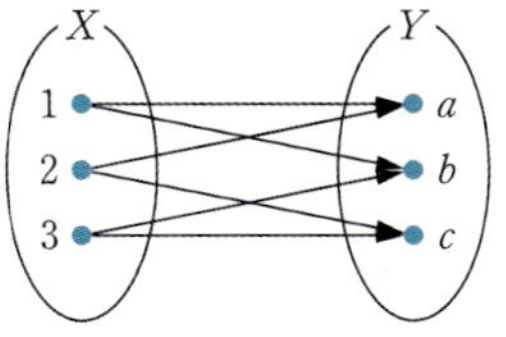

[그림 11-4] 다대다 대응

4가지 대응 관계 중 일대일 대응과 다대일 대응만을 수학에서 함수로 정의한다.

예제 11-1

다음 대응 관계가 함수인지를 판정하라.

(a)

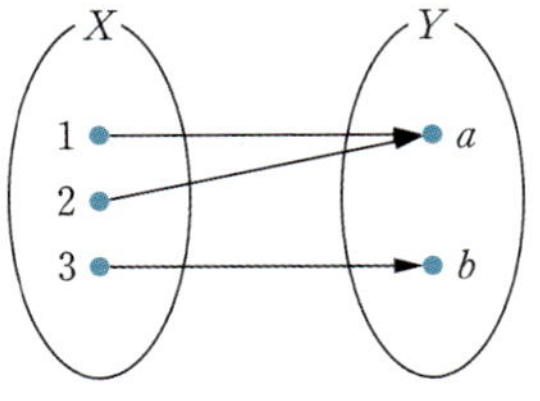

[그림 11-5]

(b)

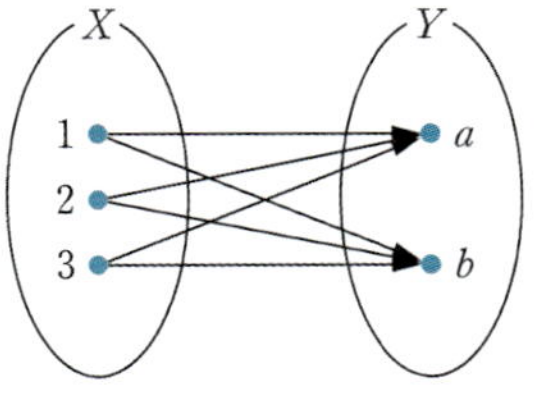

[그림 11-6]

(c)

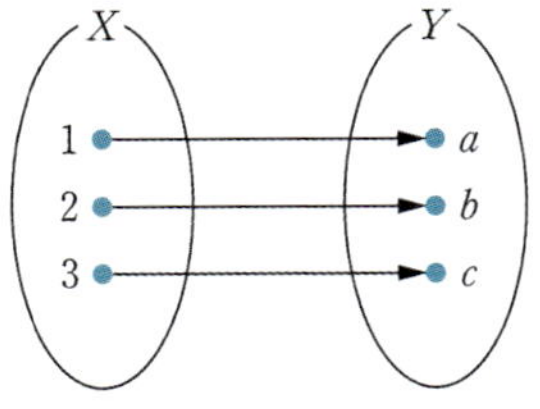

[그림 11-7]

(d)

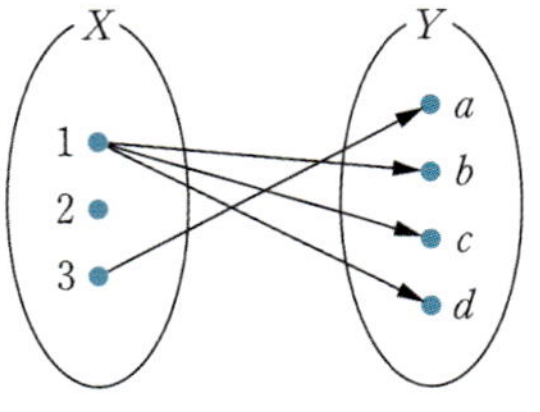

[그림 11-8]

TIP 일대일 대응과 다대일 대응을 찾는다.

풀이

(a) 다대일 대응이므로 함수이다.

(b) 다대다 대응이므로 함수가 아니다.

(c) 일대일 대응이므로 함수이다.

(d) 일대다 대응이므로 함수가 아니다.

함수의 정의

정의 11-2 함수

공집합이 아닌 두 집합 X와 Y에 대하여 집합 X의 각 원소 x에 집합 Y의 단 하나의 원소 y가 대응할 때, 이러한 대응 관계 f를 집합 X에서 집합 Y로의 **함수**function라고 한다. 이때 X를 **정의역**domain, Y를 **공역**codomain 또는 **공변역**, $f(X)$를 **치역**range이라 한다.

[정의 11-2]에서 $f(X) \subset Y$이므로, 함수 f의 치역은 공역의 부분집합임을 알 수 있다.

주어진 관계가 함수인지 아닌지를 판정할 때, 다음에서 설명하는 총 쏘기를 이용하면 쉽게 판정할 수 있다.

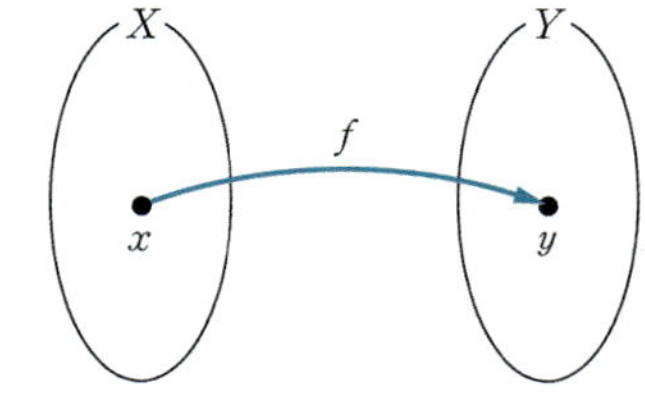

[그림 11-9] 함수의 정의

정리 11-1 총 쏘기로 함수를 판정하는 방법

다음의 총 쏘기와 같이 3가지 조건을 모두 만족하면, 그 대응 관계는 함수이다.

(1) 주어진 모든 총알은 반드시 다 사용해야 한다.

(2) 하나의 총알을 넣고 쏘면 반드시 목표물을 맞혀야 한다.

(3) 하나의 총알로 2개 이상의 목표를 맞힐 수 없다.

총 쏘기로 함수를 판정하는 방법을 이용하여 다음 3가지 대응이 함수가 되는지 살펴보자.

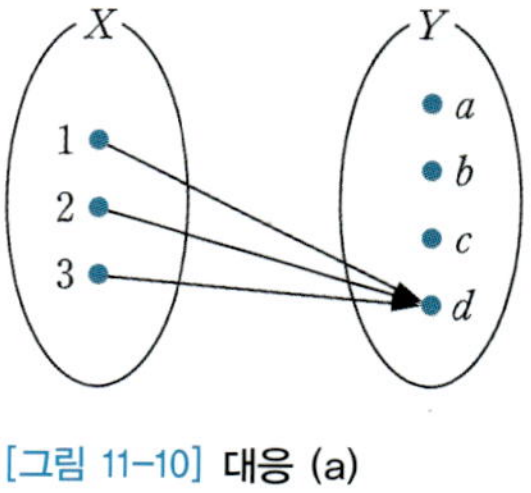

[그림 11-10] 대응 (a)

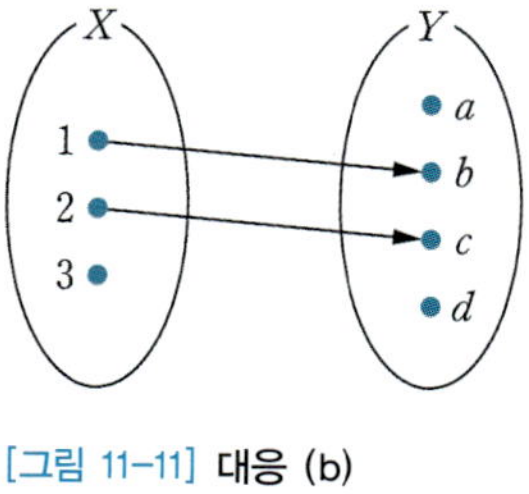

[그림 11-11] 대응 (b)

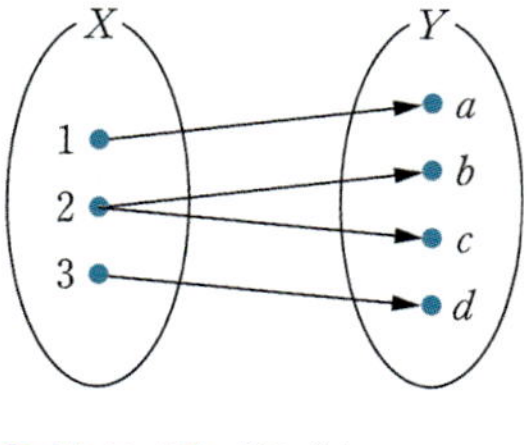

[그림 11-12] 대응 (c)

- [그림 11-10]의 대응 관계에서는 주어진 총알 1, 2, 3을 모두 사용하였다. 총알 1은 목표물 d를 맞혔고 총알 2도 목표물 d를 맞혔으며 총알 3도 목표물 d를 맞혔으므로, 총 쏘기로 함수를 판정하는 방법의 조건을 모두 만족하였다. 따라서 이 대응 관계는 함수이다.

• [그림 11–11]에서는 집합 X에 있는 총알 3을 사용하지 않았기 때문에 이 대응 관계는 함수가 아니다.
• [그림 11–12]에서는 집합 X에 있는 총알 2로 동시에 2개의 목표물인 b와 c를 맞혔기 때문에 이 대응 관계는 함수가 아니다.

총 쏘기에서 총으로 목표물을 맞히는 것을 함수 f라 할 때, 총알들을 모아놓은 집합 X가 정의역, 목표물들을 모아놓은 집합 Y가 공역, 총알이 맞힌 목표물들만을 모은 집합인 $f(X)$가 치역임을 알 수 있다.

예제 11-2

다음 대응 관계가 함수인지를 판정하고, 함수인 경우 정의역, 공역, 치역을 구하라.

(a)
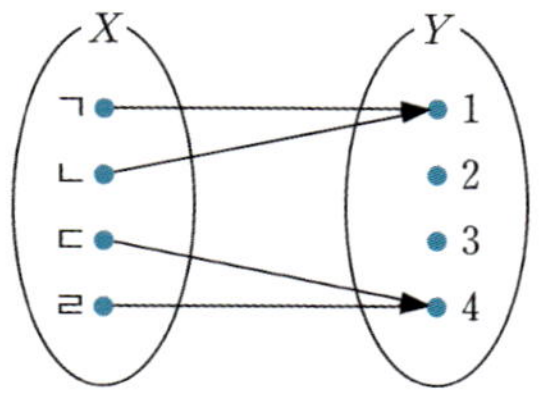

[그림 11–13]

(b)
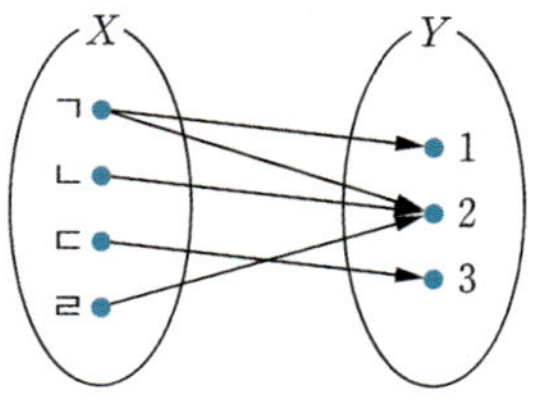

[그림 11–14]

(c)
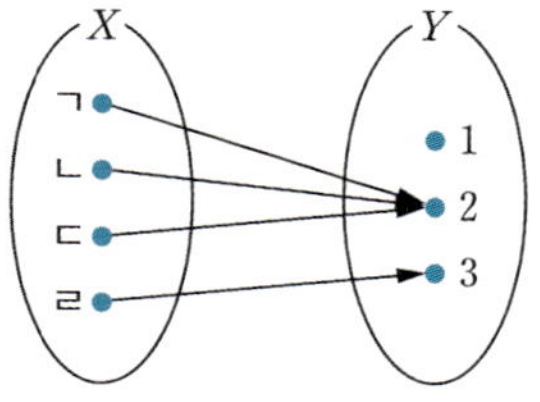

[그림 11–15]

(d)
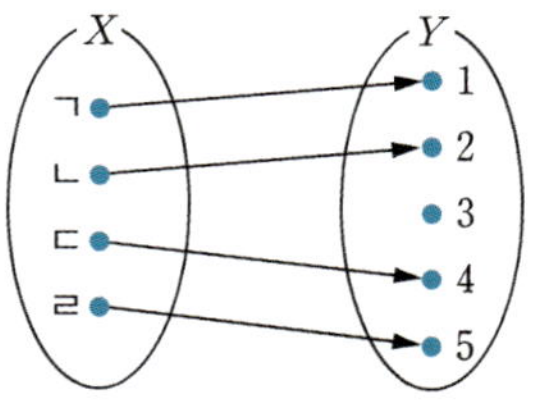

[그림 11–16]

TIP 총 쏘기 방법을 이용하여 함수를 판정한다.

풀이

(a) 주어진 대응 관계는 함수이다.
정의역은 {ㄱ, ㄴ, ㄷ, ㄹ}, 공역은 $\{1, 2, 3, 4\}$, 치역은 $\{1, 4\}$이다.

(b) 집합 X의 원소 ㄱ이 집합 Y의 두 개의 원소 $1, 2$와 대응하므로, 주어진 대응 관계는 함수가 아니다.

(c) 주어진 대응 관계는 함수이다.
정의역은 {ㄱ, ㄴ, ㄷ, ㄹ}, 공역은 $\{1, 2, 3\}$, 치역은 $\{2, 3\}$이다.

(d) 주어진 대응 관계는 함수이다.
정의역은 {ㄱ, ㄴ, ㄷ, ㄹ}, 공역은 $\{1, 2, 3, 4, 5\}$, 치역은 $\{1, 2, 4, 5\}$이다.

11.2 단사 함수와 전사 함수

이제 특별한 성질을 갖고 있는 함수에 대해 알아보도록 하자.

정의 11-3 단사 함수, 전사 함수, 전단사 함수

함수 $f : X \to Y$에서

(1) $x_1 \neq x_2$인 모든 $x_1, x_2 \in X$에 대하여 $f(x_1) \neq f(x_2)$이면, 함수 f를 **단사 함수**injective function 또는 **일대일 함수**one-to-one function라 한다.

(2) $f(X) = Y$이면, 함수 f를 **전사 함수**surjective function 또는 **위로의 함수**onto function라 한다.

(3) f가 단사 함수이면서 전사 함수이면, 함수 f를 **전단사 함수**bijective function 또는 **일대일 대응**one-to-one correspondence이라 한다.

단사 함수란 서로 다른 임의의 두 원소에 대한 함숫값이 서로 다르다는 것이고, 전사 함수란 치역과 공역이 같음을 의미한다. 또한, 전단사 함수는 대응 관계 중 일대일 대응과 같다는 것도 알 수 있다.

다음은 단사 함수, 전사 함수, 전단사 함수의 예이다.

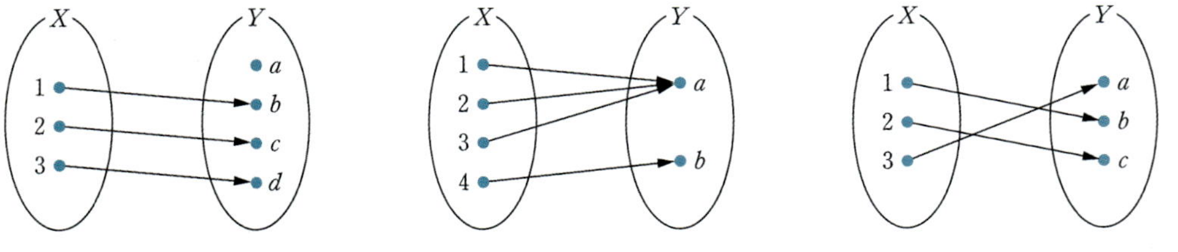

(a) 단사 함수 (b) 전사 함수 (c) 전단사 함수

[그림 11-17] **단사 함수, 전사 함수, 전단사 함수**

총 쏘기를 이용하여 단사 함수와 전사 함수를 설명하면 다음과 같다.

정리 11-2 총 쏘기에 적용한 단사 함수와 전사 함수

(1) 단사 함수는 서로 다른 총알을 사용하였을 때 서로 다른 목표물에 맞힌다는 것을 의미한다.

(2) 전사 함수는 세워놓은 목표물 모두에 적어도 하나의 총알이 맞았음을 의미한다.

예제 11-3

x와 y 사이에 다음과 같은 대응 관계 f가 있을 때, $y = f(x)$가 단사 함수인지를 판정하라.

(a)

x	1	2	3	4	5	6
y	0	3	6	2	3	5

(b)

x	1	2	3	4	5	6
y	1	3	2	5	4	0

TIP 서로 다른 x에 대하여 함숫값이 서로 다른지 확인한다.

풀이

(a) $x = 2$와 $x = 5$가 동시에 $y = 3$에 대응하였으므로, $y = f(x)$는 단사 함수가 아니다.

(b) 서로 다른 x에 대하여 함숫값이 서로 다르므로, $y = f(x)$는 단사 함수이다.

수학적인 방법으로 단사 함수임을 확인하는 것은 다소 어렵지만, 함수의 그래프를 알고 있는 경우 다음 방법을 이용하여 단사 함수임을 쉽게 확인할 수 있다.

정리 11-3 수평선 검사horizontal line test

[1단계] 함수의 정의역을 확인하고, 정의역 위에 $y = f(x)$의 그래프를 그린다.

[2단계] x축에 평행하게 수평선을 그었을 때 그 어떤 수평선도 그래프와 1번 이하로 만나면 주어진 함수는 정의역에서 단사 함수라 판정하고, 2번 이상 만나는 수평선이 존재하면 주어진 함수는 정의역에서 단사 함수가 아니라고 판정한다.

예제 11-4

다음 함수가 단사 함수인지를 판정하라.

(a) $y = 2x - 1$, 정의역 $= [-1, 2]$ (b) $y = x^2$, 정의역 $= [-2, 2]$

TIP 먼저 그래프를 그리고, 수평선을 그어 몇 번 만나는지 확인한다.

풀이

(a) [그림 11–18]과 같이 모든 수평선이 정의역에서 $y = 2x - 1$과 1번 이하로 만나므로, 정의역 $[-1, 2]$에서 $y = 2x - 1$은 단사 함수이다.

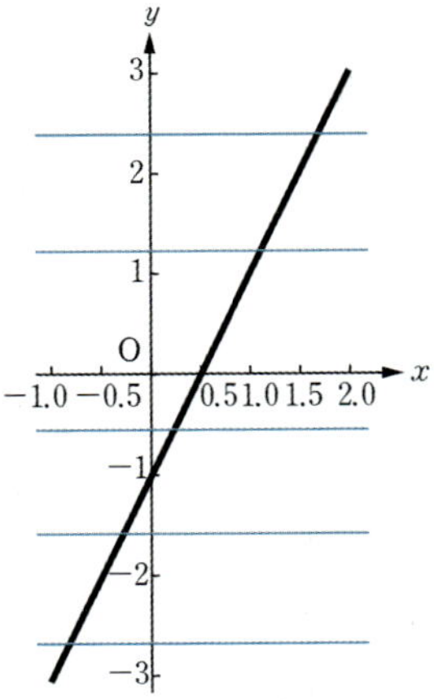

[그림 11–18] $y = 2x - 1\ (-1 \le x \le 2)$

(b) [그림 11–19]와 같이 정의역 $[-2, 2]$에서 $y = x^2$과 2번 만나는 수평선이 있으므로, 정의역 $[-2, 2]$에서 $y = x^2$은 단사 함수가 아니다.

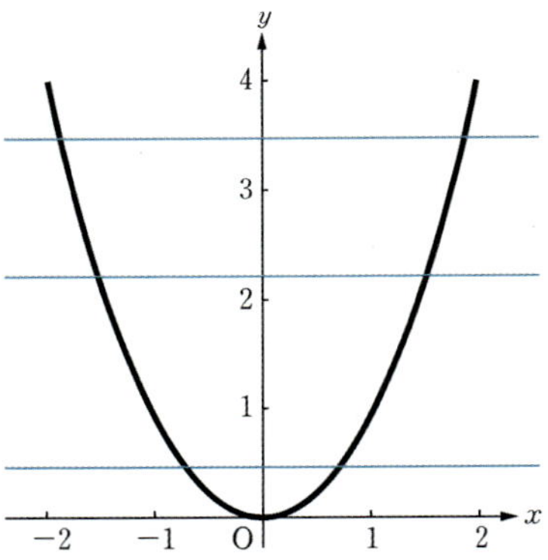

[그림 11–19] $y = x^2\ (-2 \le x \le 2)$

[예제 11–4(b)]와 달리 $y = x^2$의 정의역이 $[-2, 0]$ 또는 $[0, 2]$인 경우, $y = x^2$은 주어진 정의역에서 단사 함수이다.

11.3 합성함수

$y = f(x)$가 주어졌을 때, 특정한 x값에 대한 y값, 즉 x의 함숫값은 다음과 같이 구한다.

정리 11-4 함숫값을 구하는 방법

[1단계] $y = f(x)$가 주어졌을 때, $f(x)$의 식에 있는 x를 □로 나타낸다.

[2단계] $f(a)$를 구해야 하면, □에 a를 대입한다.

예를 들어 $y = f(x) = 2x + 3$이면 $f(\square) = 2\square + 3$으로 나타낸 후 □에 1을 대입하여 $f(1) = 2 \cdot 1 + 3 = 5$를 얻고, □에 h를 대입하여 $f(h) = 2h + 3$을 얻는다. 함숫값을 구하는 방법을 단계적으로 설명하는 이유는 다음과 같다.

$f(x) = 2x + 3$일 때, $f(1)$, $f(h)$를 구하는 경우와 달리 $f(x+1)$의 값을 구할 때는 이러한 단계적 방법을 사용하지 않으면 정확한 값을 구하기 어렵다. 따라서 [정리 11-4]의 [1단계]에 따라 $f(\square) = 2\square + 3$으로 나타내고, [2단계]에 따라 □에 $x + 1$을 대입하여 다음과 같이 함숫값을 쉽게 구할 수 있다.

$$f(x+1) = 2(x+1) + 3 = 2x + 5$$

예제 11-5

$f(x) = 3x - 4$일 때, 다음을 구하라.

(a) $f(3)$

(b) $f(h)$

(c) $f(x-1)$

(d) $f(x^2+1)$

TIP $f(\square) = 3\square - 4$로 나타낸다.

풀이

$f(x) = 3x - 4$이므로 $f(\square) = 3\square - 4$이다.

(a) □에 3을 대입하면, $f(3) = 3 \cdot 3 - 4 = 5$이다.

(b) □에 h를 대입하면, $f(h) = 3h - 4$이다.

(c) □에 $x-1$을 대입하면, $f(x-1)=3(x-1)-4=3x-3-4=3x-7$이다.

(d) □에 x^2+1을 대입하면, $f(x^2+1)=3(x^2+1)-4=3x^2+3-4=3x^2-1$이다.

함숫값을 구하는 방법은 다음에 설명할 합성함수를 계산하는 데 중요하게 사용된다. $y=\sqrt{x^2+2x}$는 얼핏 복잡한 함수로 보이지만, 이 함수는 상대적으로 단순한 두 함수 $y=x^2+2x$와 $y=\sqrt{x}$를 합성하여 설명할 수 있다.

이제 두 함수가 주어졌을 때 이 두 함수를 합성하는 방법에 대하여 알아보자.

정의 11-4 합성함수

두 함수 $f:X\to Y$, $g:Y\to Z$에 대하여 함수 $g\circ f:X\to Z$를

$$(g\circ f)(x)=g(f(x))$$

라 정의하고, 이때 $g\circ f$를 f와 g의 **합성함수**composite function라 한다.

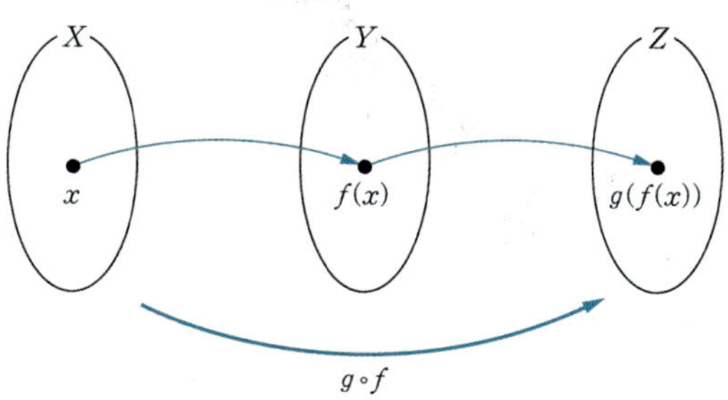

[그림 11-20] **합성함수**

합성함수 $g\circ f$란 두 함수 $f:X\to Y$, $g:Y\to Z$가 주어졌을 때, X의 임의의 원소 x에 대하여 f에 의한 Y의 원소 $f(x)$를 대응시키고, 다시 $f(x)$에 대하여 g에 의한 Z의 원소 $g(f(x))$에 대응시키는 '집합 X에서 집합 Z로의 함수'이다. 합성함수 $g(f(x))$는 $g(x)$의 x 대신 $f(x)$를 대입한 것을 의미한다. [그림 11-20]에서 알 수 있듯이, 합성함수 $g\circ f$에서 함수 f의 치역이 함수 g의 정의역인 집합 Y의 부분집합이 된다. 따라서 (함수 f의 치역) $\subset$ (함수 g의 정의역)이어야만 합성함수 $g\circ f$가 정의된다.

두 함수가 주어졌을 때 합성함수를 구하는 방법은 앞에서 배운 함숫값을 구하는 방법과 동일하다.

정리 11-5 합성함수 구하는 방법

두 함수 $y = f(x)$와 $y = g(x)$가 주어졌다고 하자.

(1) **$(f \circ g)(x) = f(g(x))$를 구하는 방법**

[1단계] $f(x)$의 x를 □로 나타낸다.

[2단계] $f(□)$의 □에 $g(x)$를 대입한 결과가 합성함수 $f(g(x))$이다.

(2) **$(g \circ f)(x) = g(f(x))$를 구하는 방법**

[1단계] $g(x)$의 x를 □로 나타낸다.

[2단계] $g(□)$의 □에 $f(x)$를 대입한 결과가 합성함수 $g(f(x))$이다.

[정리 11–5]를 사용하여 다음 예제를 풀어보자.

예제 11-6

다음 $f(x)$와 $g(x)$에 대하여 $f \circ g$와 $g \circ f$를 구하라.

(a) $f(x) = 3x + 1$, $g(x) = 2x - 3$

(b) $f(x) = x^2 + 1$, $g(x) = 4x + 1$

(c) $f(x) = \sqrt[3]{x}$, $g(x) = x^2 + 5$

(d) $f(x) = x^2 - 3$, $g(x) = \dfrac{1}{x+1}$

TIP 합성함수 구하는 방법을 이용한다.

풀이

(a) $f(x) = 3x + 1$이므로 $f(□) = 3□ + 1$이다. 이제 □에 $g(x) = 2x - 3$을 대입하면

$$f(g(x)) = f(2x-3) = 3(2x-3) + 1 = 6x - 9 + 1 = 6x - 8$$

이다. 따라서 $(f \circ g)(x) = 6x - 8$이다.

$g(x) = 2x - 3$이므로 $g(□) = 2□ - 3$이다. 이제 □에 $f(x) = 3x + 1$을 대입하면

$$g(f(x)) = g(3x+1) = 2(3x+1) - 3 = 6x + 2 - 3 = 6x - 1$$

이다. 따라서 $(g \circ f)(x) = 6x - 1$이다.

(b) $f(x) = x^2 + 1$이므로 $f(□) = □^2 + 1$이다. 이제 □에 $g(x) = 4x + 1$을 대입하면

$$f(g(x)) = f(4x+1) = (4x+1)^2 + 1 = 16x^2 + 8x + 2$$

이다. 따라서 $(f \circ g)(x) = 16x^2 + 8x + 2$이다.

$g(x)=4x+1$이므로 $g(\square)=4\square+1$이다. 이제 $\square$에 $f(x)=x^2+1$을 대입하면

$$g(f(x))=g(x^2+1)=4(x^2+1)+1=4x^2+5$$

이다. 따라서 $(g\circ f)(x)=4x^2+5$이다.

(c) $f(x)=\sqrt[3]{x}$이므로 $f(\square)=\sqrt[3]{\square}$이다. 이제 $\square$에 $g(x)=x^2+5$를 대입하면

$$f(g(x))=f(x^2+5)=\sqrt[3]{x^2+5}$$

이다. 따라서 $(f\circ g)(x)=\sqrt[3]{x^2+5}$이다.

$g(x)=x^2+5$이므로 $g(\square)=\square^2+5$이다. 이제 $\square$에 $f(x)=\sqrt[3]{x}$를 대입하면

$$g(f(x))=g(\sqrt[3]{x})=\sqrt[3]{x^2}+5$$

이다. 따라서 $(g\circ f)(x)=\sqrt[3]{x^2}+5$이다.

(d) $f(x)=x^2-3$이므로 $f(\square)=\square^2-3$이다. 이제 $\square$에 $g(x)=\dfrac{1}{x+1}$을 대입하면

$$f(g(x))=f\left(\frac{1}{x+1}\right)=\left(\frac{1}{x+1}\right)^2-3$$

이다. 따라서 $(f\circ g)(x)=\left(\dfrac{1}{x+1}\right)^2-3$이다.

$g(x)=\dfrac{1}{x+1}$이므로 $g(\square)=\dfrac{1}{\square+1}$이다. 이제 $\square$에 $f(x)=x^2-3$을 대입하면

$$g(f(x))=g(x^2-3)=\frac{1}{(x^2-3)+1}=\frac{1}{x^2-2}$$

이다. 따라서 $(g\circ f)(x)=\dfrac{1}{x^2-2}$이다.

[예제 11-6]에서 알 수 있듯이, 일반적으로 $(f\circ g)(x)\neq(g\circ f)(x)$이다.

11.4 공학문제

회전하는 물체의 운동에너지

회전운동을 하는 물체의 운동에너지를 K라 하면, 운동에너지 K는 회전관성(관성 모멘트)rotational inertia [1] I와 각속도 ω의 제곱에 비례한다. 이를 식으로 나타내면 다음과 같다.

$$K = \frac{1}{2}I\omega^2$$

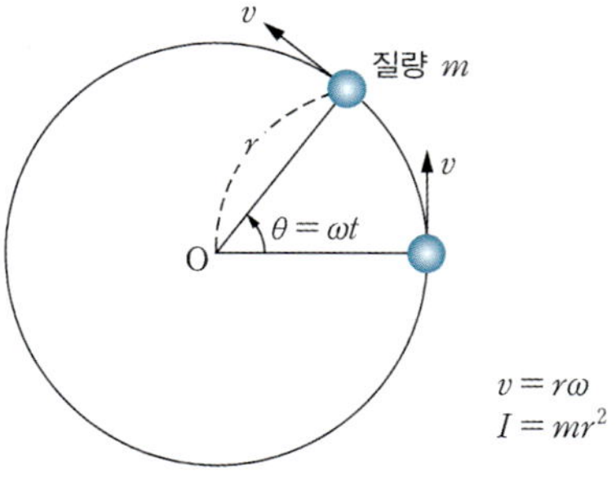

[그림 11-21] 일정한 빠르기의 원운동

예제 11-7

어떤 구르는 바퀴의 운동에너지 K를 정지한 관측자의 관점에서 계산하면

$$K = \frac{1}{2}I_p\omega^2$$

이다. 여기서 ω는 바퀴의 각속도이고, I_p는 p를 지나는 축에 대한 바퀴의 회전 관성이다.

(a) 각속도가 $\frac{1}{4}$배 줄었을 때, 운동에너지의 변화량을 설명하라.

(b) 각속도가 2배 늘었을 때, 운동에너지의 변화량을 설명하라.

TIP $K\left(\frac{1}{4}\omega\right)$와 $K(2\omega)$의 값을 구한다.

풀이

(a) 각속도 ω가 $\frac{1}{4}$배 줄어들면 $\frac{1}{4}\omega$이다. 따라서 이때의 운동에너지는

$$\frac{1}{2}I_p\left(\frac{1}{4}\omega\right)^2 = \frac{1}{2}I_p\frac{1}{16}\omega^2 = \frac{1}{16}\left(\frac{1}{2}I_p\omega^2\right) = \frac{1}{16}K$$

이므로, 처음 운동에너지의 $\frac{1}{16}$배가 된다. 따라서 각속도가 $\frac{1}{4}$배 줄어들면, 운동에

1 회전관성은 물체가 자신의 회전운동을 유지하려는 정도를 나타내는 물리량으로, 직선운동에서의 질량에 대응하는 양이며 I로 나타내고 단위는 $\mathrm{kg \cdot m^2}$이다. 특정한 회전축을 중심으로 회전하는 물체의 회전관성은 일정한 값을 갖는다.

너지는 처음 운동에너지의 $\frac{1}{16}$배로 줄어든다.

(b) 각속도 ω가 2배 늘어나면 2ω이다. 따라서 이때의 운동에너지는

$$\frac{1}{2}I_p(2\omega)^2 = \frac{1}{2}I_p 4\omega^2 = 4\left(\frac{1}{2}I_p\omega^2\right) = 4K$$

이므로, 처음 운동에너지의 4배가 된다. 따라서 각속도가 2배 늘어나면, 운동에너지는 처음 운동에너지의 4배로 늘어난다.

만유인력의 법칙

물리학자인 아이작 뉴턴Isaac Newton은 우주에 존재하는 모든 입자 사이에는 두 물체의 질량의 곱에 비례하고 거리의 제곱에 반비례하는 인력이 작용한다는 것을 설명하였다. 지구에서 질량이 각각 M과 m인 두 물체가 거리 r만큼 떨어져 있을 때, 두 물체 사이에 작용하는 만유인력은 다음과 같다.

$$F = G\frac{Mm}{r^2}$$

여기서 G는 중력상수gravitational constant[2]이다.

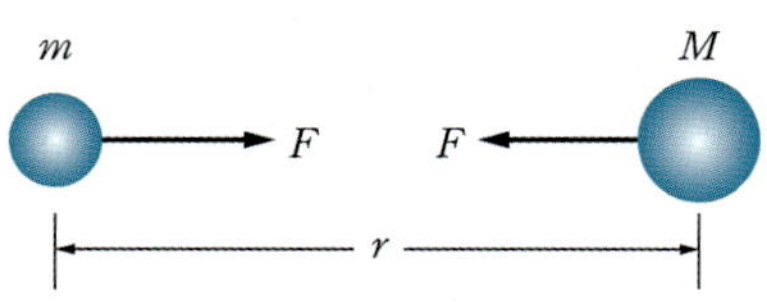

[그림 11-22] **만유인력의 법칙**

예제 11-8

두 물체의 질량이 M과 m으로 일정할 때, 두 물체 사이에 작용하는 힘 F는 거리에 관련된 함수이므로 다음과 같이 나타낼 수 있다.

$$F(r) = G\frac{Mm}{r^2}$$

2 중력상수는 뉴턴 상수라고도 하며 중력의 세기를 나타내는 기초 물리 상수로서 기호 G로 나타낸다. 중력상수의 값은 약 $6.67384\times10^{-11}\,\mathrm{J\cdot m/kg^2}$이며 만유인력의 법칙, 일반 상대성이론 등 중력을 다루는 모든 이론에 등장한다.

(a) $F(3r)$을 구하고, 이 값의 의미를 $F(r)$과 비교하여 설명하라.

(b) $F\left(\frac{1}{2}r\right)$을 구하고, 이 값의 의미를 $F(r)$과 비교하여 설명하라.

TIP [정리 11-4]의 함숫값을 구하는 방법을 이용한다.

풀이

$F(r) = G\frac{Mm}{r^2}$ 이므로, $F(\square) = G\frac{Mm}{\square^2}$ 임을 이용한다.

(a) $F(3r) = G\frac{Mm}{(3r)^2} = G\frac{Mm}{9r^2} = \frac{1}{9}G\frac{Mm}{r^2}$ 이다.

이 값으로부터 두 물체 사이의 거리가 처음 거리보다 3배 늘어나면, 두 물체 사이에 작용하는 힘은 처음의 힘보다 $\frac{1}{9}$배 줄어듦을 알 수 있다.

(b) $F\left(\frac{r}{2}\right) = G\frac{Mm}{\left(\frac{r}{2}\right)^2} = G\frac{Mm}{\frac{r^2}{4}} = 4G\frac{Mm}{r^2}$ 이다.

이 값으로부터 두 물체 사이의 거리가 처음 거리의 $\frac{1}{2}$배 줄어들면, 두 물체 사이에 작용하는 힘은 처음의 힘보다 4배 늘어남을 알 수 있다.

등속원운동

등속원운동 uniform circular motion 이란 반지름이 고정된 원형 궤도 위에서 일정한 속력으로 움직이는 운동을 말한다. [그림 11-23]의 관람차는 등속원운동의 대표적인 예 중 하나이다.

[그림 11-23] **관람차**

등속원운동을 하는 물체의 속력은 변함없이 일정하지만, 방향은 원둘레에서 각 위치의 접선방향이기 때문에 물체의 위치에 따라 변한다. 따라서 등속원운동에서 물체의 속도는 계속 변하므로 가속도가 존재하며, 이를 식으로 나타내면 다음과 같다.

$$a(v) = \frac{v^2}{r}$$

이때 a는 물체의 가속도, v는 물체의 속도, r은 원형 궤도의 반지름이다.

예제 11-9

반지름이 r로 고정된 원형 궤도 위에서 등속원운동을 하는 입자의 가속도 a에 대한 식을 이용하여 다음 물음에 답하라.

(a) $a(4v)$를 구하고, 이 값의 의미를 $a(v)$와 비교하여 설명하라.

(b) $a\left(\frac{1}{2}v\right)$를 구하고, 이 값의 의미를 $a(v)$와 비교하여 설명하라.

TIP [정리 11-4]의 함숫값을 구하는 방법을 이용한다.

풀이

$a(v) = \frac{v^2}{r}$이므로, $a(\square) = \frac{\square^2}{r}$임을 이용한다.

(a) $a(4v) = \frac{(4v)^2}{r} = 16\frac{v^2}{r} = 16\,a(v)$이다.

이 값으로부터 입자의 속도가 처음보다 4배 늘어나면, 가속도는 처음보다 16배 늘어남을 알 수 있다.

(b) $a\left(\frac{1}{2}v\right) = \frac{\left(\frac{1}{2}v\right)^2}{r} = \frac{1}{4}\frac{v^2}{r} = \frac{1}{4}a(v)$이다.

이 값으로부터 입자의 속도가 처음보다 $\frac{1}{2}$배 줄어들면, 가속도는 처음보다 $\frac{1}{4}$배 줄어듦을 알 수 있다.

행성운동법칙

케플러의 행성운동법칙 Kepler's laws of planetary motion은 독일의 천문학자 요하네스 케플러Johannes Kepler가 발표한 행성의 운동에 관한 3가지 물리학 법칙이다. 제1법칙은 타원 궤도의 법칙, 제2법칙은 면적 속도 일정의 법칙, 제3법칙은 조화의 법칙이라고 하는데, 이 중 조화의 법칙은 타원 궤도를 따라서 공전하는 행성의 공전 주기의 제곱은 타원 궤도의 긴 반지름의 세제곱에 비례한다는 내용이다. 이를 식으로 표현하면 다음과 같다.

[그림 11-24] 요하네스 케플러

$$T(a) = \sqrt{\frac{4\pi^2}{G(M+m)}a^3}$$

이때 T는 공전 주기, a는 공전 궤도의 긴 반지름, m은 행성의 질량, M은 타원 궤도의 초점에 위치한 별의 질량, G는 중력상수를 나타낸다.

예제 11-10

케플러의 행성운동법칙 중 조화의 법칙에 대하여 다음 물음에 답하라.

(a) $T(4a)$를 구하고, 이 값의 의미를 $T(a)$와 비교하여 설명하라.

(b) $T\left(\frac{1}{2}a\right)$를 구하고, 이 값의 의미를 $T(a)$와 비교하여 설명하라.

TIP [정리 11-4]의 함숫값을 구하는 방법을 이용한다.

풀이

$T(a)=\sqrt{\frac{4\pi^2}{G(M+m)}a^3}$ 이므로, $T(\square)=\sqrt{\frac{4\pi^2}{G(M+m)}\square^3}$ 임을 이용한다.

(a) $$T(4a)=\sqrt{\frac{4\pi^2}{G(M+m)}(4a)^3}=\sqrt{\frac{4\pi^2}{G(M+m)}\cdot 64a^3}$$
$$=8\sqrt{\frac{4\pi^2}{G(M+m)}a^3}=8T(a)$$

이다. 이 값으로부터 공전 궤도의 긴 반지름이 4배 늘어나면, 공전 주기는 처음보다 8배 늘어남을 알 수 있다.

(b) $$T\left(\frac{1}{2}a\right)=\sqrt{\frac{4\pi^2}{G(M+m)}\left(\frac{1}{2}a\right)^3}=\sqrt{\frac{4\pi^2}{G(M+m)}\cdot\frac{1}{8}a^3}$$
$$=\frac{1}{2\sqrt{2}}\sqrt{\frac{4\pi^2}{G(M+m)}a^3}=\frac{1}{2\sqrt{2}}T(a)$$

이다. 이 값으로부터 공전 궤도의 긴 반지름이 $\frac{1}{2}$배 줄어들면, 공전 주기는 처음보다 $\frac{1}{2\sqrt{2}}$배 줄어듦을 알 수 있다.

CHAPTER 11 연습문제

11.1 다음 대응 관계가 함수인지를 판정하라.

(a)

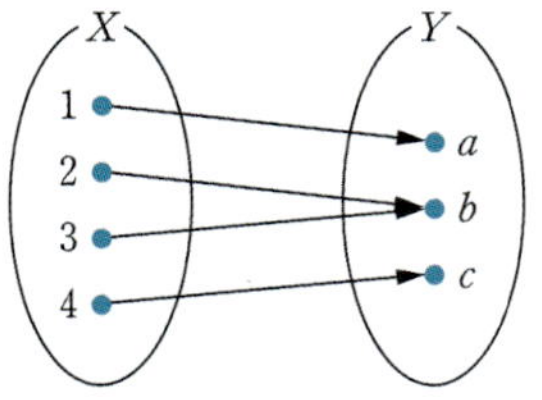

[그림 11-25]

(b)

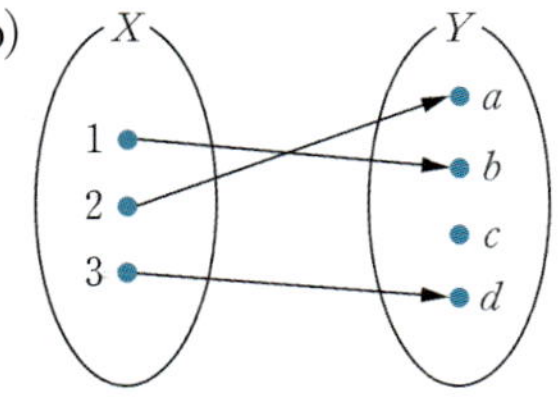

[그림 11-26]

(c)

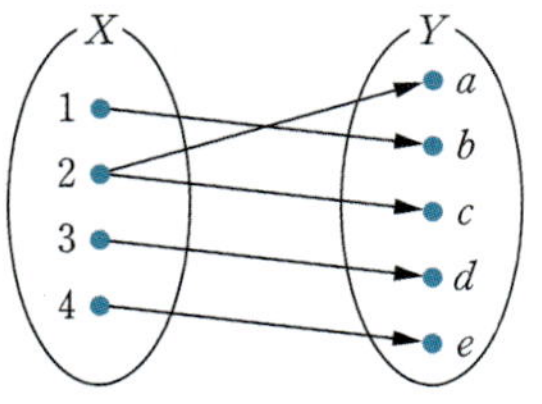

[그림 11-27]

(d)

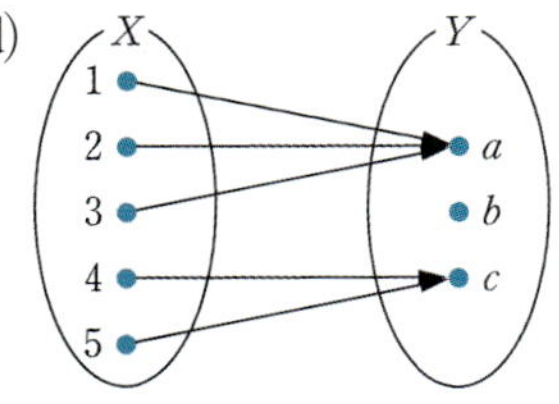

[그림 11-28]

11.2 [연습문제 11.1]의 대응 관계 중 함수인 것의 정의역, 공역, 치역을 구하라.

11.3 다음 대응 관계가 함수가 아닌 이유를 설명하라.

(a)

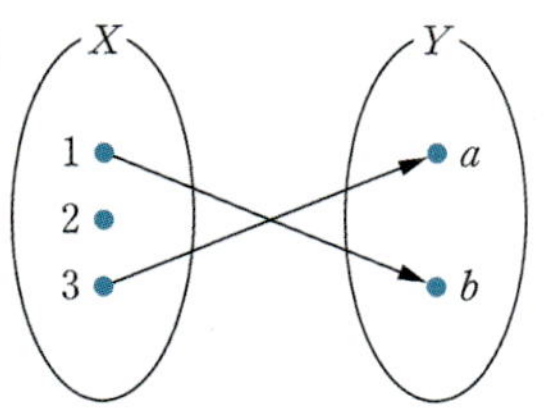

[그림 11-29]

(b)

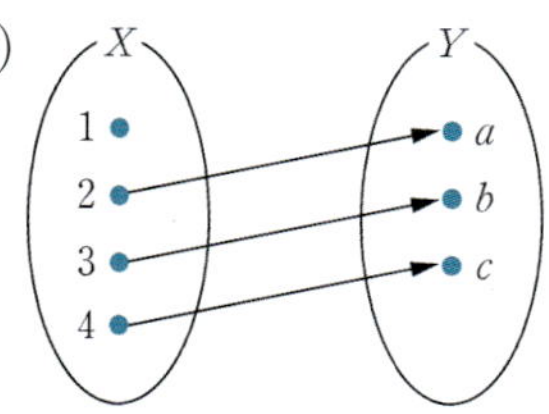

[그림 11-30]

(c)

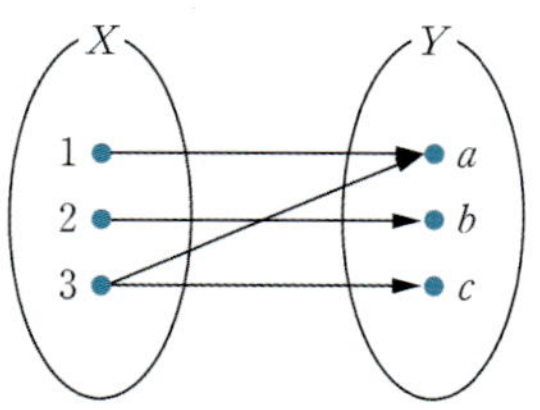

[그림 11-31]

(d)

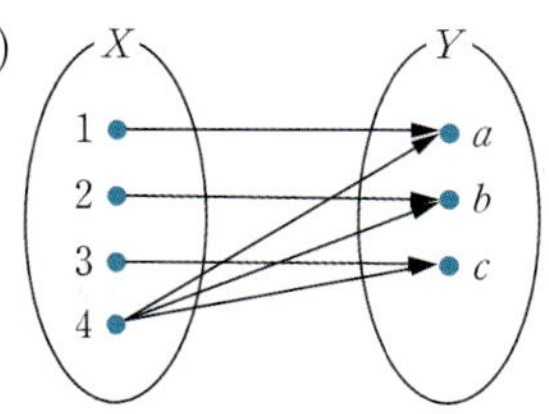

[그림 11-32]

11.4 x와 y 사이에 다음과 같은 대응 관계 f가 있을 때, $y = f(x)$가 단사 함수인지를 판정하라.

(a)

x	0	1	2	3	4
y	7	-1	2	3	1

(b)

x	-2	-1	0	1	2
y	5	4	3	3	1

(c)

x	-1	0	1	2	3	4	5
y	4	0	4	2	0	2	6

(d)

x	-3	-2	-1	0	1	2	3
y	4	5	6	7	0	1	2

11.5 다음 함수가 단사 함수인지를 판정하라.

(a) $y = 2x + 5$, 정의역 $= \mathbb{R}$

(b) $y = -3x + 4$, 정의역 $= [-1, 3]$

(c) $y = x^2$, 정의역 $= \mathbb{R}$

(d) $y = x^2$, 정의역 $= [2, 6]$

(e) $y = -x^2$, 정의역 $= [-4, -1]$

(f) $y = -x^2$, 정의역 $= [-2, 3]$

11.6 $f(x) = 4x - 7$일 때, 다음을 구하라.

(a) $f(0)$ (b) $f(2)$ (c) $f(h)$

(d) $f(a+2)$ (e) $f(2x-1)$ (f) $f(3y+3)$

11.7 $g(x) = 2x^2 + x$일 때, 다음을 구하라.

(a) $g(0)$ (b) $g(-3)$ (c) $g(h)$

(d) $g(1-h)$ (e) $g(2h-3)$ (f) $g(h^2)$

11.8 다음 $f(x)$와 $g(x)$에 대하여 $(f \circ g)(x)$와 $(g \circ f)(x)$를 구하라.

(a) $f(x) = x + 2,\ g(x) = x + 4$

(b) $f(x) = 3x - 5,\ g(x) = -4x + 1$

(c) $f(x) = 2x^2 + 1,\ g(x) = \sqrt{x - 3}$

(d) $f(x) = \sqrt{x + 2},\ g(x) = (x + 2)^2$

(e) $f(x) = \dfrac{1}{x^2 + 3},\ g(x) = 2x + 3$

(f) $f(x) = \dfrac{1}{x - 5},\ g(x) = \sqrt{2x + 1}$

11.9 다음 $f(x)$에 대하여 $(f \circ f)(x)$를 구하라.

(a) $f(x) = x + 7$

(b) $f(x) = -3x + 6$

(c) $f(x) = x^2 + 5$

(d) $f(x) = (3x - 4)^2$

(e) $f(x) = \dfrac{1}{2x + 1}$

(f) $f(x) = \dfrac{1}{x^2 + 3}$

11.10 반지름이 r로 고정된 원형 궤도 위에서 속도 v로 등속원운동을 하는 입자의 주기 T가 다음과 같을 때, 주어진 물음에 답하라.

$$T(v) = \frac{2\pi r}{v}$$

(a) $T(4v)$를 구하고, 이 값의 의미를 $T(v)$와 비교하여 설명하라.

(b) $T\left(\dfrac{1}{2}v\right)$를 구하고, 이 값의 의미를 $T(v)$와 비교하여 설명하라.

11.11 어떤 구르는 바퀴의 운동에너지 K를 정지한 관측자의 관점에서 계산하면

$$K = \frac{1}{2} I_p \omega^2$$

이다. 여기서 ω는 바퀴의 각속도이고, I_p는 p를 지나는 축에 대한 바퀴의 회전 관성이다. 축에 대한 회전 관성이 $\frac{1}{4}$배 줄어들고 각속도가 4배 늘어났을 때, 운동에너지의 변화량을 설명하라.

11.12 행성운동법칙 중 조화의 법칙에 대하여 다음 물음에 답하라.

(a) $T(2a)$를 구하고, 이 값의 의미를 $T(a)$와 비교하여 설명하라.

(b) $T\left(\frac{1}{3}a\right)$를 구하고, 이 값의 의미를 $T(a)$와 비교하여 설명하라.

CHAPTER 12
다항식과 다항함수

CONTENTS

학습목표

- 단항식과 다항식을 이해한다.
- 다항식의 사칙연산 방법을 익힌다.
- 다항함수를 정의하고, 일차함수와 이차함수의 성질을 알아본다.

우리는 일상생활에서 다양한 크기의 소리를 듣는다. 소리의 크기는 데시벨(dB)이라는 단위로 표기하는데, 데시벨이 너무 높은 경우에는 듣는 사람에게 스트레스를 유발하여 소음으로 인식되곤 한다. 예를 들어 도로 주변에 있는 아파트에서 느끼는 소음을 생각해보자. 과연 아파트의 몇 층이 소음의 영향을 가장 많이 받을까?

단순하게 생각하면 자동차나 오토바이가 바로 옆에서 달리는 1층이 가장 시끄럽다고 생각할 수 있다. 그렇지만 실제로는 아파트와 도로 사이의 거리에 따라 가장 시끄러운 층이 달라지며, 이러한 관계는 다음과 같은 일차함수를 통해 쉽게 설명이 가능하다.

$$y = 0.2467x + 4.159$$

이 일차함수에서 x는 아파트와 도로 사이의 거리를 나타내고, y는 소음이 가장 심한 층을 나타낸다. 만일 아파트와 도로 사이의 거리가 $20\mathrm{m}$이면 $y = 9.093$인데, 이는 9층이 가장 소음의 영향을 많이 받음을 설명한다. 또한 아파트와 도로 사이의 거리가 $10\mathrm{m}$이면 $y = 6.626$인데, 이는 6층과 7층이 가장 소음의 영향을 많이 받음을 설명한다.

12.1 단항식과 다항식

단항식

정의 12-1 단항식

몇 개의 수나 문자들의 곱만으로 이루어진 식을 **단항식**monomial이라 한다.

[정의 12-1]에 의하여 숫자와 문자 사이 또는 문자와 문자 사이에 + 또는 −가 있는 식은 단항식이 아니다.

예제 12-1

다음 식이 단항식인지를 판정하라.

(a) $2x^2y$

(b) $3x+y^3$

(c) xy^3-1

(d) $-y^4$

TIP 숫자와 문자만의 곱으로 이루어졌는지를 확인한다.

풀이

(a) 식의 중간에 + 또는 −가 없으므로, $2x^2y$는 단항식이다.

(b) 식의 중간에 +가 있으므로, $3x+y^3$은 단항식이 아니다.

(c) 식의 중간에 −가 있으므로, xy^3-1은 단항식이 아니다.

(d) $-y^4=(-1)\cdot y^4$이고 식의 중간에 + 또는 −가 없으므로, $-y^4$은 단항식이다.

숫자와 문자 사이 또는 문자와 문자 사이에 + 또는 −가 없더라도 문자로 나눈 식이나 문자에 근호가 있는 경우 주어진 식은 단항식이 아니다. 예를 들어 $\frac{5y^3}{x}$은 단항식 $5y^3$을 문자 x로 나누었기 때문에 단항식이 아니며, $3\sqrt{y}$는 문자 y에 근호가 있기 때문에 단항식이 아니다.

예제 12-2

다음 식이 단항식인지를 판정하라.

(a) $\frac{2}{3}x^2y^3$　　(b) $\frac{4y^5}{x^2}$

(c) $\frac{1}{2}x^3\sqrt{y}$　　(d) $\frac{x^4y^9}{\sqrt{3}}$

TIP 문자로 나누었거나 문자에 근호가 있으면 단항식이 아니다.

풀이

(a) $\frac{2}{3}x^2y^3$은 숫자 $\frac{2}{3}$와 문자 x, y의 곱으로만 이루어진 식이므로, $\frac{2}{3}x^2y^3$은 단항식이다.

(b) $\frac{4y^5}{x^2}$은 $4y^5$을 문자 x^2으로 나누었으므로, $\frac{4y^5}{x^2}$은 단항식이 아니다.

(c) $\frac{1}{2}x^3\sqrt{y}$에는 문자에 근호가 있는 $\sqrt{y}$가 있으므로, $\frac{1}{2}x^3\sqrt{y}$는 단항식이 아니다.

(d) $\frac{x^4y^9}{\sqrt{3}}$은 숫자 $\frac{1}{\sqrt{3}}$과 문자 x, y의 곱으로만 이루어진 식이므로, $\frac{x^4y^9}{\sqrt{3}}$은 단항식이다.

단항식을 엄밀하게 설명하기 위하여 다음과 같이 단항식의 계수와 차수를 정의한다.

정의 12-2 단항식의 계수와 차수

0이 아닌 상수 a와 문자 x_1, x_2, $\cdots$, x_m에 대하여 $ax_1^{n_1}x_2^{n_2}\cdots x_m^{n_m}$인 단항식에서 a를 단항식의 **계수**coefficient라 하고, $n_1+n_2+\cdots+n_m$을 단항식의 **차수**degree라 한다.

단항식 $ax_1^{n_1}x_2^{n_2}\cdots x_m^{n_m}$은 문자 x_1에 대하여 n_1차, 문자 x_2에 대하여 n_2차, $\cdots$, 문자 x_m에 대하여 n_m차 단항식이기도 하다. 특히 문자가 없이 숫자로 된 상수항인 단항식은 0차 단항식으로 간주한다.

예제 12-3

다음 단항식의 계수와 차수를 구하라.

(a) $3x^3y^5$ (b) $\frac{1}{4}x^6y$

(c) $-\sqrt{2}\,x^2y^2z$ (d) $\pi^2xy^9z^2$

TIP 각 문자에 대한 차수를 더하여 단항식의 차수를 구한다.

풀이

(a) $3x^3y^5$의 계수는 3이고, 차수는 $3+5=8$이다.

(b) $\frac{1}{4}x^6y$의 계수는 $\frac{1}{4}$이고, 차수는 $6+1=7$이다.

(c) $-\sqrt{2}\,x^2y^2z$의 계수는 $-\sqrt{2}$이고, 차수는 $2+2+1=5$이다.

(d) $\pi^2xy^9z^2$의 계수는 π^2이고, 차수는 $1+9+2=12$이다.

다항식

이제 단항식을 확장하여 다항식을 정의해보자.

정의 12-3 다항식

1개 이상의 단항식들의 합이나 차로 이루어진 식을 **다항식**polynomial이라 한다.

[정의 12-3]에 의하여 하나의 단항식은 다항식이라 할 수 있다.

예제 12-4

다음 식이 다항식인지를 판정하라.

(a) x^2y+xy^3 (b) $\frac{1}{2x}+3y$

(c) $\frac{x}{\sqrt{2}}-\sqrt{3}\,y$ (d) $\frac{1}{\pi}x^2y^3-\frac{xy}{z}$

TIP 합이나 차로 이루어진 식에 단항식이 아닌 식이 있는가를 확인한다.

풀이

(a) x^2y와 xy^3이 모두 단항식이므로, x^2y+xy^3은 다항식이다.

(b) $\dfrac{1}{2x}$이 단항식이 아니므로, $\dfrac{1}{2x}+3y$는 다항식이 아니다.

(c) $\dfrac{x}{\sqrt{2}}$와 $\sqrt{3}\,y$가 모두 단항식이므로, $\dfrac{x}{\sqrt{2}}-\sqrt{3}\,y$는 다항식이다.

(d) $\dfrac{xy}{z}$가 단항식이 아니므로, $\dfrac{1}{\pi}x^2y^3-\dfrac{xy}{z}$는 다항식이 아니다.

다항식을 이루는 각각의 단항식을 그 다항식의 항이라 하고, 그 항의 개수에 따라 단항식, 2항식, 3항식, ⋯ , n항식이라 한다. 이렇듯 다항식은 항으로 이루어져 있기 때문에 다항식의 차수는 다음과 같이 정해진다.

■ 다항식의 차수

다항식의 각 항의 차수 중에서 가장 큰 값이 그 다항식의 차수가 된다. 예를 들어 다항식 $4x+y^3$에서 $4x$의 차수는 1이고 y^3의 차수는 3이므로, $4x+y^3$의 차수는 3이다.

예제 12-5

다음 다항식의 차수를 구하라.

(a) x^5-4x^2+2

(b) $3-4x+x^2-7x^4$

(c) $x^2y^3+3xy^6$

(d) $xyz-x^2yz^4$

TIP 각 항의 차수를 구하여 다항식의 차수를 결정한다.

풀이

(a) x^5의 차수는 5, $-4x^2$의 차수는 2, 2의 차수는 0이다.
따라서 x^5-4x^2+2의 차수는 5이다.

(b) 3의 차수는 0, $-4x$의 차수는 1, x^2의 차수는 2, $-7x^4$의 차수는 4이다.
따라서 $3-4x+x^2-7x^4$의 차수는 4이다.

(c) x^2y^3의 차수는 5, $3xy^6$의 차수는 7이다. 따라서 $x^2y^3+3xy^6$의 차수는 7이다.

(d) xyz의 차수는 3, $-x^2yz^4$의 차수는 7이다. 따라서 $xyz-x^2yz^4$의 차수는 7이다.

여러 항으로 이루어진 다항식을 정리하는 방법은 다음과 같다.

■ 다항식을 정리하는 방법

- **내림차순** : 한 문자에 대하여 차수가 큰 항부터 작은 항의 순서로 나열한다.
- **오름차순** : 한 문자에 대하여 차수가 작은 항부터 큰 항의 순서로 나열한다.

예를 들어 $A = 3x^2 + 2xy - x + 4y^2$에서 $3x^2$은 x에 대하여 2차식이고 $2xy$와 $-x$는 각각 x에 대하여 1차식이며 $4y^2$은 x에 대하여 0차식이다. 따라서 A를 x에 대하여 내림차순으로 정리하면 다음과 같다.

$$A = 3x^2 + (2y - 1)x + 4y^2$$

또한 A를 x에 대하여 오름차순으로 정리하면 다음과 같다.

$$A = 4y^2 + (2y - 1)x + 3x^2$$

예제 12-6

$A = x^3 + 2 - 3xy - y^4$을 x에 대한 내림차순과 오름차순, y에 대한 내림차순과 오름차순으로 나타내라.

TIP 하나의 문자에 대하여 차수를 확인한다.

풀이

x^3은 x, y에 대하여 각각 3차식, 0차식이다. 나머지 항도 같은 방법으로 구하면 2는 x, y에 대하여 각각 0차식, 0차식이고 $-3xy$는 x, y에 대하여 각각 1차식, 1차식이며 $-y^4$은 x, y에 대하여 각각 0차식, 4차식이다.

A를 x에 대한 내림차순과 오름차순으로 각각 나타내면

$$A = x^3 - 3xy - y^4 + 2, \qquad A = -y^4 + 2 - 3xy + x^3$$

이고, A를 y에 대한 내림차순과 오름차순으로 각각 나타내면

$$A = -y^4 - 3xy + x^3 + 2, \qquad A = x^3 + 2 - 3xy - y^4$$

이다.

12.2 다항식의 사칙연산

동류항

정의 12-4 동류항

다항식에서 계수는 다르더라도 문자 부분이 같은 항을 **동류항**similar terms이라 한다.

[정의 12-4]에서 문자 부분이 같은 항이라는 것은 문자와 차수가 같은 항을 말한다. 동류항의 정의에 의하여 상수항은 모두 동류항이다. 또한 $3x^3$과 $5x^3$은 계수는 달라도 문자와 차수가 같으므로 동류항이지만, 계수가 같아도 문자와 차수 둘 중 하나라도 다르면 동류항이 아니므로 $2x$와 $2x^2$, $4x^3$과 $4y^3$은 모두 동류항이 아니다.

동류항끼리는 문자와 차수가 같으므로 덧셈과 뺄셈이 가능하다. 따라서 동류항이 있으면 서로 계산하여 다항식을 간단히 할 수 있다.

예제 12-7

다음 식을 간단히 하라.

(a) $2x^3 + 5x - 6 + 4x - 3x^3 - 1$

(b) $x^3 - 2xy^2 + 3y^3 - 2x^3 - y^3$

TIP 동류항끼리 계산한다.

풀이

(a) $2x^3$과 $-3x^3$, $5x$와 $4x$, -6과 -1이 동류항이므로, 다음과 같이 계산하여 간단히 할 수 있다.

$$\begin{aligned} 2x^3 + 5x - 6 + 4x - 3x^3 - 1 &= (2x^3 - 3x^3) + (5x + 4x) + (-6 - 1) \\ &= -x^3 + 9x - 7 \end{aligned}$$

(b) x^3과 $-2x^3$, $3y^3$과 $-y^3$이 동류항이므로, 다음과 같이 계산하여 간단히 할 수 있다.

$$\begin{aligned} x^3 - 2xy^2 + 3y^3 - 2x^3 - y^3 &= (x^3 - 2x^3) - 2xy^2 + (3y^3 - y^3) \\ &= -x^3 - 2xy^2 + 2y^3 \end{aligned}$$

다항식의 덧셈과 뺄셈

다항식의 덧셈과 뺄셈은 동류항끼리 모아서 계산하고, 한 문자에 대하여 내림차순 또는 오름차순으로 나타낸다.

예제 12-8

$A = 3 - x + 2x^3$, $B = -3x^3 + 2x^2 - 4$일 때, 다음을 구하라.

(a) $2A + B$

(b) $A - 3B$

TIP 두 다항식의 동류항을 찾는다.

풀이

(a) $$\begin{aligned} 2A + B &= 2(3 - x + 2x^3) + (-3x^3 + 2x^2 - 4) \\ &= (4x^3 - 3x^3) + 2x^2 - 2x + (6 - 4) \\ &= x^3 + 2x^2 - 2x + 2 \end{aligned}$$

(b) $$\begin{aligned} A - 3B &= (3 - x + 2x^3) - 3(-3x^3 + 2x^2 - 4) \\ &= (2x^3 + 9x^3) - 6x^2 - x + (3 + 12) \\ &= 11x^3 - 6x^2 - x + 15 \end{aligned}$$

다항식의 곱셈

$a(b + c) = ab + ac$, $(a + b)(c + d) = ac + ad + bc + bd$인 분배법칙을 이용하여 식을 전개하고 동류항끼리 모아서 정리한다. 다항식의 곱셈에서 항끼리 곱할 때 $a^m \times a^n = a^{m+n}$을 이용하여 항의 차수를 결정한다.

예제 12-9

다음 식을 전개하여 간단히 하라.

(a) $x^2(x^3 - 2x + 3)$

(b) $(x - 2)(x^2 - 5x + 2)$

TIP m, n이 정수일 때, $a^m \times a^n = a^{m+n}$이다.

풀이

(a) $x^2(x^3 - 2x + 3) = x^2 \cdot x^3 + x^2 \cdot (-2x) + x^2 \cdot 3 = x^5 - 2x^3 + 3x^2$

(b) $$\begin{aligned} (x - 2)(x^2 - 5x + 2) &= x(x^2 - 5x + 2) - 2(x^2 - 5x + 2) \\ &= (x^3 - 5x^2 + 2x) - (2x^2 - 10x + 4) \\ &= x^3 - 7x^2 + 12x - 4 \end{aligned}$$

다항식과 단항식의 나눗셈

a, b, c, d가 모두 단항식이고 $d \neq 0$일 때

$$(a+b+c) \div d = \frac{a+b+c}{d} = \frac{a}{d} + \frac{b}{d} + \frac{c}{d}$$

가 성립함을 이용하여 다항식을 단항식으로 나누는 나눗셈을 계산한다. 다항식의 곱셈에서와 마찬가지로 다항식의 각 항을 단항식으로 나눌 때, $a^m \div a^n = a^{m-n}$을 이용하여 항의 차수를 결정한다.

예제 12-10

다음 식을 간단히 하라.

(a) $(25x^5 - 5x^3 + 10x) \div 5x$

(b) $(5x^4y^3 - 3x^3y^2 + 7xy^5) \div 4x^2y^2$

TIP m, n이 정수일 때, $a^m \div a^n = a^{m-n}$이다.

풀이

(a) $$(25x^5 - 5x^3 + 10x) \div 5x = \frac{25x^5 - 5x^3 + 10x}{5x} = \frac{25x^5}{5x} - \frac{5x^3}{5x} + \frac{10x}{5x} = 5x^4 - x^2 + 2$$

(b) $$(5x^4y^3 - 3x^3y^2 + 7xy^5) \div 4x^2y^2 = \frac{5x^4y^3 - 3x^3y^2 + 7xy^5}{4x^2y^2} = \frac{5x^4y^3}{4x^2y^2} - \frac{3x^3y^2}{4x^2y^2} + \frac{7xy^5}{4x^2y^2} = \frac{5}{4}x^2y - \frac{3}{4}x + \frac{7y^3}{4x}$$

12.3 다항함수

다항함수

이제 다항식의 개념을 이용하여 다항함수를 정의해보자.

정의 12-5 다항함수

함수 $y = f(x)$에서 $f(x)$가 x에 대한 다항식일 때, $y = f(x)$를 **다항함수**polynomial function라 한다.

[정의 12-5]에 의하여 $y = f(x)$가 다항함수가 되려면, $f(x)$가 다항식의 조건을 만족해야 함을 알 수 있다.

예제 12-11

다음 함수가 x에 대한 다항함수인지를 판정하라.

(a) $y = x^3$

(b) $y = x^2 - x + 7$

(c) $y = \frac{x}{2} + \frac{2}{x}$

(d) $y = 3x^2 + 2\sqrt{x} - 1$

TIP 함수식이 다항식인지를 확인한다.

풀이

(a) x^3은 x에 대한 단항식이므로, $y = x^3$은 다항함수이다.

(b) $x^2 - x + 7$은 x에 대한 다항식이므로, $y = x^2 - x + 7$은 다항함수이다.

(c) $\frac{x}{2} + \frac{2}{x}$에서 $\frac{2}{x}$는 x에 대한 단항식이 아니므로, $\frac{x}{2} + \frac{2}{x}$는 다항식이 아니다. 따라서 $y = \frac{x}{2} + \frac{2}{x}$는 다항함수가 아니다.

(d) $3x^2 + 2\sqrt{x} - 1$에서 $2\sqrt{x}$는 x에 대한 단항식이 아니므로, $3x^2 + 2\sqrt{x} - 1$은 다항식이 아니다. 따라서 $y = 3x^2 + 2\sqrt{x} - 1$은 다항함수가 아니다.

정의 12-6 n차 다항함수

$a_n \neq 0$이고 $f(x) = a_n x^n + a_{n-1} x^{n-1} + \cdots + a_1 x + a_0$일 때, $f(x)$를 x에 대한 **n차 다항함수**polynomial function of degree n라 한다. n차 다항함수는 간단히 **n차함수**라 한다.

이제 n차함수에서 $n = 1$일 때와 $n = 2$일 때인 일차함수, 이차함수와 이들의 그래프에 대하여 알아보자.

일차함수

정의 12-7 일차함수

a와 b가 상수이고 $a \neq 0$일 때, $y = ax + b$를 **일차함수**linear function라 한다.

일차함수 $y = ax + b$의 상수 a와 b는 각각 기울기와 y절편을 의미하는데, 이를 알아야 일차함수의 그래프를 그릴 수 있고 일차함수를 분석할 수도 있다.

정의 12-8 일차함수의 기울기

일차함수 $y = ax + b$에서 상수 a를 일차함수의 **기울기**slope라 한다. 기울기 a는 다음과 같이 x값의 증가량에 대한 y값의 증가량의 비율을 의미한다.

$$a = \frac{y\text{값의 증가량}}{x\text{값의 증가량}}$$

일차함수의 기울기는 일정한 값을 가지기 때문에 일차함수에서 두 점이 주어지면 [정의 12-8]을 이용하여 기울기를 구할 수 있다. 예를 들어 어떤 일차함수가 두 점 (x_1, y_1), (x_2, y_2)를 지날 때, 이때의 일차함수의 기울기는 $\frac{y\text{값의 증가량}}{x\text{값의 증가량}} = \frac{y_2 - y_1}{x_2 - x_1}$으로 구한다.

예제 12-12

다음 두 점을 지나는 일차함수의 기울기를 구하라.

(a) $(1, 3)$, $(3, 9)$ (b) $(3, 5)$, $(0, 11)$

TIP x값의 증가량과 y값의 증가량을 구한다.

풀이

(a) 일차함수의 기울기는 $\dfrac{y\text{값의 증가량}}{x\text{값의 증가량}} = \dfrac{9-3}{3-1} = 3$이다.

(b) 일차함수의 기울기는 $\dfrac{y\text{값의 증가량}}{x\text{값의 증가량}} = \dfrac{11-5}{0-3} = -2$이다.

일차함수에서 기울기와 y절편, 또는 x절편과 y절편을 알면 함수의 그래프를 그릴 수 있다. x절편과 y절편의 정의는 다음과 같다.

정의 12-9 x절편과 y절편

함수의 그래프가 x축과 만나는 점의 x좌표를 ***x*절편**[x-intercept]이라 하고, y축과 만나는 점의 y좌표를 ***y*절편**[y-intercept]이라 한다.

정리 12-1 절편을 구하는 방법

(1) x절편 : 주어진 식에 $y = 0$을 대입하고 얻는 x값이 x절편이다.

(2) y절편 : 주어진 식에 $x = 0$을 대입하고 얻는 y값이 y절편이다.

일차함수 $y = ax + b$에서 $y = 0$일 때의 x값이 $-\dfrac{b}{a}$이므로 x절편은 $-\dfrac{b}{a}$이고, $x = 0$일 때의 y값이 b이므로 y절편은 b이다. x절편과 y절편을 이용하여 $y = ax + b$의 그래프를 그리면 [그림 12-1]과 같다.

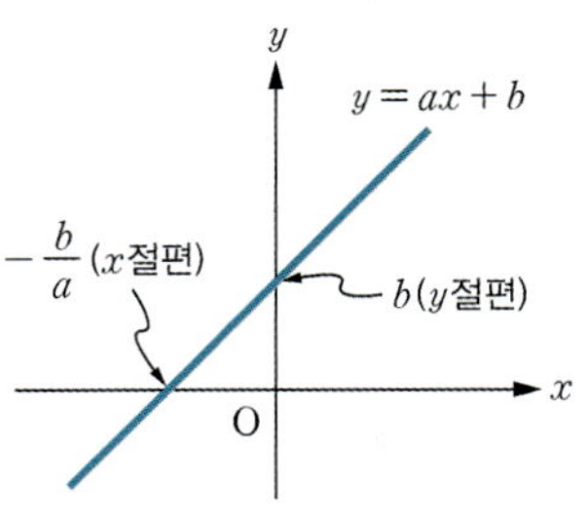

[그림 12-1] **일차함수의 그래프**

예제 12-13

다음 일차함수의 x절편과 y절편을 구하라.

(a) $y = 3x + 2$ (b) $y = -4x + 3$

TIP 주어진 식에 $x = 0$을 대입하여 y절편을, $y = 0$을 대입하여 x절편을 구한다.

풀이

(a) $y = 0$이면 $0 = 3x + 2$이다. 따라서 $x = -\dfrac{2}{3}$이므로 x절편은 $x = -\dfrac{2}{3}$이다.
$x = 0$이면 $y = 3 \cdot 0 + 2 = 2$이므로, y절편은 $y = 2$이다.

(b) $y = 0$이면 $0 = -4x + 3$이다. 따라서 $x = \dfrac{3}{4}$이므로 x절편은 $x = \dfrac{3}{4}$이다.
$x = 0$이면 $y = -4 \cdot 0 + 3 = 3$이므로, y절편은 $y = 3$이다.

■ 일차함수의 그래프

일차함수 $y = ax + b$의 그래프는 기울기 a값에 따라 두 종류로 나눌 수 있다.

- $a > 0$일 때 : $y = ax + b$의 그래프는 x값이 증가할 때 y값도 증가하는 직선 형태로 나타난다. ([그림 12–2] 참조)
- $a < 0$일 때 : $y = ax + b$의 그래프는 x값이 증가할 때 y값은 감소하는 직선 형태로 나타난다. ([그림 12–3] 참조)

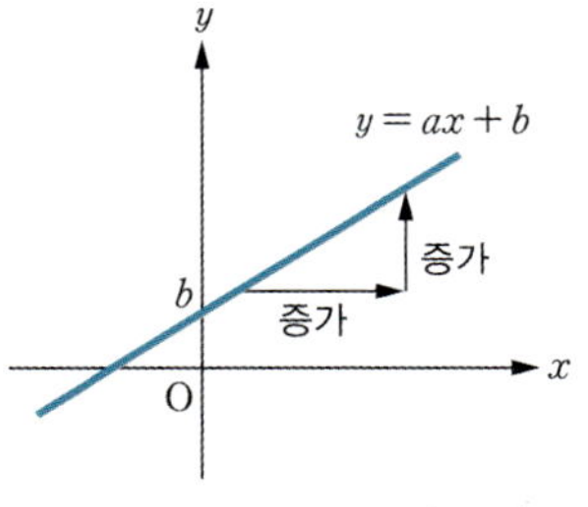

[그림 12–2] $y = ax + b\ (a > 0)$의 그래프

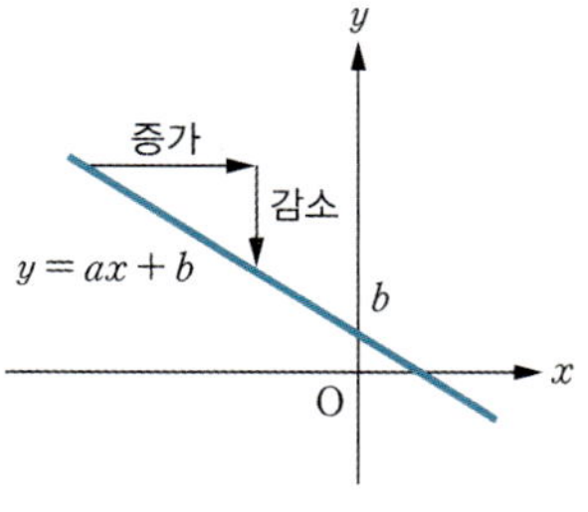

[그림 12–3] $y = ax + b\ (a < 0)$의 그래프

이차함수

정의 12-10 이차함수

a, b, c가 상수이고 $a \neq 0$일 때, $y = ax^2 + bx + c$를 **이차함수**quadratic function라 한다.

$a \neq 0$일 때, 이차함수를 $y = ax^2 + bx + c$ 형태로 표현한 것을 **일반형**general form이라 하고, $y = a(x-p)^2 + q$ 형태로 표현한 것을 **표준형**standard form이라 한다. 표준형은 일반형에 비해 이차함수를 잘 파악할 수 있고, 그래프를 쉽게 그릴 수 있다는 장점이 있다.

일반형 이차함수는 [정리 12-2]의 순서에 따라 표준형 이차함수로 표현할 수 있다. 이때 이차식을 완전제곱의 형태로 변환하는 과정이 필요하다.

정리 12-2 일반형 이차함수를 표준형 이차함수로 표현하는 방법

(1) $y = ax^2 + bx + c$를 $y = a\left(x^2 + \frac{b}{a}x\right) + c$로 변형한다.

(2) $\frac{b}{a}$의 절반인 $\frac{b}{2a}$의 제곱을 괄호 안에서 더한 후 뺀다.

즉, $y = a\left\{x^2 + \frac{b}{a}x + \left(\frac{b}{2a}\right)^2 - \left(\frac{b}{2a}\right)^2\right\} + c$의 꼴로 변형한다.

(3) $x^2 + \frac{b}{a}x + \left(\frac{b}{2a}\right)^2 = \left(x + \frac{b}{2a}\right)^2$이고 $a \cdot \left\{-\left(\frac{b}{2a}\right)^2\right\} = -\frac{b^2}{4a}$이므로

$$y = a\left\{x^2 + \frac{b}{a}x + \left(\frac{b}{2a}\right)^2 - \left(\frac{b}{2a}\right)^2\right\} + c = a\left(x + \frac{b}{2a}\right)^2 - \frac{b^2}{4a} + c$$

로 정리하면 주어진 이차함수는 표준형으로 표현된다.

예제 12-14

다음 이차함수를 표준형으로 표현하라.

(a) $y = x^2 + 6x + 4$　　(b) $y = 2x^2 - 4x - 1$

TIP [정리 12-2]의 표준형 이차함수를 만드는 방법을 이용하여 구한다.

풀이

(a) $y = x^2 + 6x + 4 = (x^2 + 6x) + 4 = (x^2 + 6x + 9 - 9) + 4$

$= (x+3)^2 - 9 + 4$

$= (x+3)^2 - 5$

(b) $y = 2x^2 - 4x - 1 = 2(x^2 - 2x) - 1 = 2(x^2 - 2x + 1 - 1) - 1$

$= 2(x-1)^2 - 2 - 1$

$= 2(x-1)^2 - 3$

■ 이차함수의 그래프

• **$y = ax^2$ $(a \neq 0)$의 그래프**

원점 $(0, 0)$을 지나며, $a > 0$일 때 아래로 볼록하고 $a < 0$일 때 위로 볼록하다.

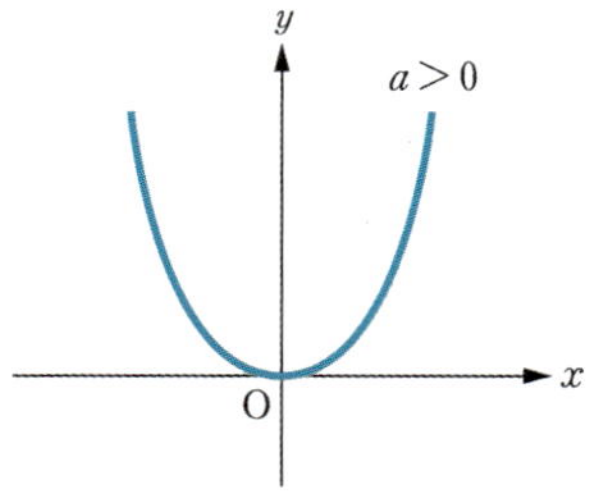

[그림 12-4] $y = ax^2$ $(a > 0)$의 그래프

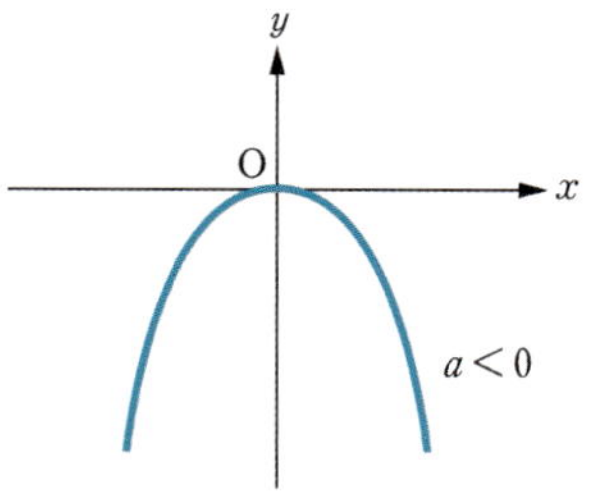

[그림 12-5] $y = ax^2$ $(a < 0)$의 그래프

• **$y = a(x-p)^2 + q$ $(a \neq 0)$의 그래프**

$y = a(x-p)^2 + q$의 그래프는 $y = ax^2$의 그래프를 x축 방향으로 p만큼, y축 방향으로 q만큼 평행이동한 그래프이다.

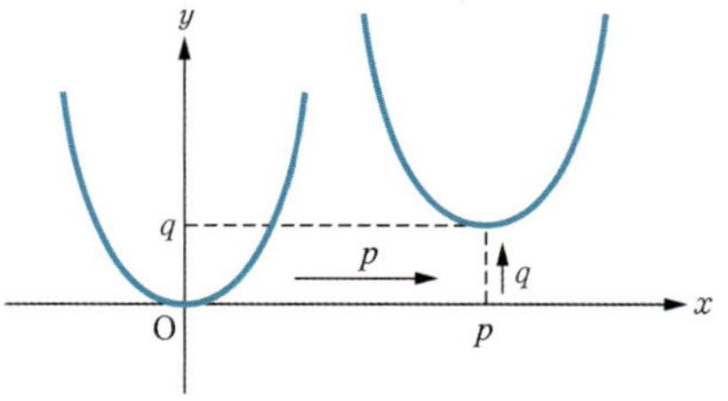

[그림 12-6] $y = a(x-p)^2 + q$의 그래프

예제 12-15

다음 이차함수의 그래프를 그려라.

(a) $y = 2(x-1)^2 + 1$　　(b) $y = -(x+1)^2 + 2$

TIP $y = ax^2$의 그래프를 평행이동한다.

풀이

(a) $y = 2(x-1)^2 + 1$의 그래프는 $y = 2x^2$의 그래프를 x축 방향으로 1만큼, y축 방향으로 1만큼 평행이동한 그래프이다. 또한 $x = 0$일 때 $y = 3$이므로 y절편은 3이다.

따라서 $y = 2(x-1)^2 + 1$의 그래프는 [그림 12-7]과 같다.

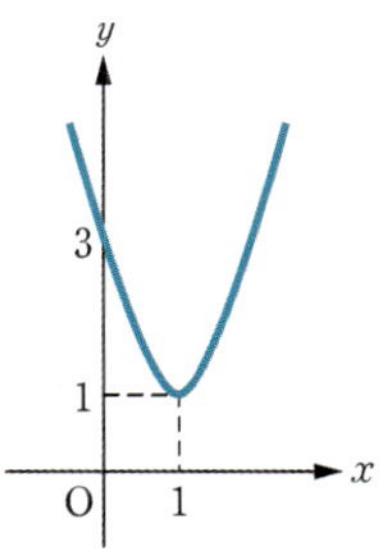

[그림 12-7]

(b) $y = -(x+1)^2+2$의 그래프는 $y = -x^2$의 그래프를 x축 방향으로 -1만큼, y축 방향으로 2만큼 평행이동한 그래프이다. 또한 $x=0$일 때 $y=1$이므로 y절편은 1이다.

따라서 $y = -(x+1)^2+2$의 그래프는 [그림 12-8]과 같다.

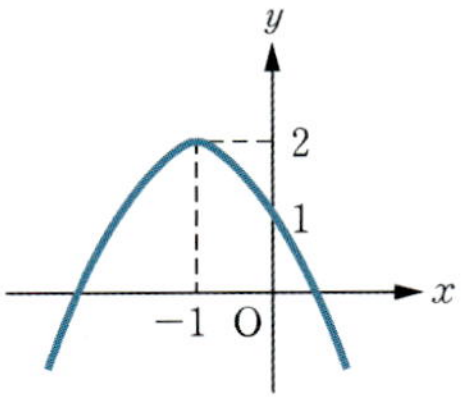

[그림 12-8]

■ 이차함수의 최대 · 최소

x값의 범위가 실수 전체일 때, 표준형 이차함수 $y = a(x-p)^2+q$의 최댓값, 최솟값은 다음과 같다.

- $a > 0$일 때, $x = p$에서 최솟값 q를 갖고 최댓값은 없다.
- $a < 0$일 때, $x = p$에서 최댓값 q를 갖고 최솟값은 없다.

따라서 일반형 이차함수를 표준형 이차함수로 변형하면, 이차함수의 최댓값과 최솟값을 쉽게 구할 수 있다.

예제 12-16

다음 이차함수의 최솟값 또는 최댓값을 구하라.

(a) $y = 2x^2 - 8x + 9$ (b) $y = -2x^2 - 8x + 5$

TIP 일반형 이차함수를 표준형으로 표현한다.

풀이

(a) $y = 2x^2 - 8x + 9 = 2(x^2 - 4x + 4 - 4) + 9 = 2(x-2)^2 + 1$이므로, $y = 2x^2 - 8x + 9$는 $x = 2$일 때 최솟값 1을 갖는다.

(b) $y = -2x^2 - 8x + 5 = -2(x^2 + 4x + 4 - 4) + 5 = -2(x+2)^2 + 13$이므로, $y = -2x^2 - 8x + 5$는 $x = -2$일 때 최댓값 13을 갖는다.

12.4 공학문제

가속도운동

물체의 속도가 시간에 따라 변하는 운동을 **가속도운동**accelerated motion이라 한다. 가속도 a가 일정하고 어떤 물체의 초기 속도가 v_0일 때, t초 후 물체의 속도 v는 다음과 같이 t에 대한 일차함수로 표현된다.

$$v = v_0 + at$$

또한 어떤 물체의 가속도 a가 일정하고 초기 속도가 v_0일 때, t초 후 물체의 위치 x는 다음과 같이 t에 대한 이차함수로 표현된다.

$$x = v_0 t + \frac{1}{2}at^2$$

t초 후 물체의 위치를 x라 할 때, 이 물체의 t초 후의 속도는 다음과 같다.

$$v = \lim_{\Delta t \to 0} \frac{\Delta x}{\Delta t} = \frac{dx}{dt}$$

여기서 Δt, Δx는 각각 시간의 변화량, 위치의 변화량을 나타낸다. 따라서 위치 x가 $x = v_0 t + \frac{1}{2}at^2$으로 주어지면 속도 v는 위치 x의 도함수인 $v = v_0 + at$로 표현된다. 이 내용에는 **미분**differential 개념이 사용됐는데, 미분에 대해서는 19장에서 자세히 다룬다.

예제 12-17

비행기가 3600m의 거리를 40초 동안 활주한 후 이륙하였다. 다음 물음에 답하라.

(a) 활주하는 동안 가속도가 일정했다고 할 때, 가속도를 구하라.

(b) (a)에서 구한 가속도를 이용하여 이륙하는 순간의 비행기의 속도를 구하라.

TIP 가속도운동 공식을 이용한다.

[그림 12-9]

풀이

(a) 비행기가 활주한 거리는 $x = 3600$이고, $x = v_0 t + \frac{1}{2}at^2$에서 $v_0 = 0$, $t = 40$, $x = 3600$이므로

$$3600 = 0 + \frac{1}{2}a \cdot (40)^2 = 800a$$

이다. 따라서 $a = 4.5(\mathrm{m/s^2})$이다.

(b) 이륙하는 순간 비행기의 속도를 v라 하면, $v = v_0 + at$에서 $v_0 = 0$, $a = 4.5$이므로

$$v = 0 + 4.5 \cdot 40 = 180\,(\mathrm{m/s})$$

이다.

전기에너지

[그림 12-10] **송전탑**

전자레인지를 사용하거나 핸드폰을 충전하는 등 일상에서 전기는 매우 중요하다. 전기는 발전소에서 만들어진 전기에너지가 송전탑을 통해 가정, 학교, 회사 등으로 전달됨으로써 우리가 직접 사용하게 된다. 여기서 전기에너지란 전자의 이동을 통해 일을 하거나 다른 에너지를 발생시킬 수 있는 에너지를 말하며, 전하 주위에 전기장을 형성시킴으로써 발생된다. 전기에너지 W는 다음과 같이 나타낸다.

$$W = Pt = I^2Rt$$

여기서 P는 전력, I는 전류, R은 저항, t는 사용한 시간이다.[1]

예제 12-18

어떤 전기기기에 걸린 저항이 3Ω이고, 여기에 $4\mathrm{A}$의 전류가 흐르고 있다. 이 전기기기를 1분 30초 동안 사용했을 때 전기에너지 W값을 구하라.

TIP 전기에너지 W의 공식을 이용한다.

1 I, R, t는 모두 SI 기본 단위를 사용하며, 전기에너지 W의 단위는 일의 단위와 같은 J을 사용한다.

풀이

전기에너지 $W = I^2Rt$에서 $I = 4(\mathrm{A})$, $R = 3(\Omega)$, $t = 90$(초)이므로, 전기에너지는

$$W = 4^2 \cdot 3 \cdot 90 = 4320(\mathrm{J})$$

이다.

산의 온도 변화

봄에 한라산을 등반하면 산 밑에는 꽃이 피어 있지만, 산 정상에는 눈이 쌓인 모습을 볼 수도 있다. 이러한 현상은 지표면에서 100m 올라갈 때마다 온도가 섭씨 0.6℃씩 내려가기 때문에 발생한다. 지표면의 온도가 a℃일 때, 지표면에서 xm 위에 있는 지점에서의 온도 y℃를 식으로 나타내면 다음과 같다.

[그림 12-11] 한라산

$$y = -\frac{0.6}{100}x + a$$

예제 12-19

한라산의 높이가 1950m일 때, 다음 물음에 답하라.

(a) 한라산의 지표면 온도가 8℃일 때, 지표면에서 300m 올라간 지점에서의 온도를 구하라.

(b) 한라산의 정상의 온도가 -10℃일 때, 지표면의 온도를 구하라.

TIP 지표면과 산의 높이에 관한 온도 공식을 이용한다.

풀이

(a) $y = -\dfrac{0.6}{100}x + 8$에 $x = 300$을 대입하면, $y = -0.6 \cdot 3 + 8 = 6.2$이다.
따라서 지표면에서 300m 올라간 지점에서의 온도는 6.2℃이다.

(b) $y = -\dfrac{0.6}{100}x + a$에서 $x = 1950$, $y = -10$이므로, $-10 = -\dfrac{0.6}{100} \cdot 1950 + a$이다.
따라서 $a = -10 + 11.7 = 1.7$이므로 지표면의 온도는 1.7℃이다.

CHAPTER 12 연습문제

12.1 다음 식이 단항식인지를 판정하라.

(a) xyz^5 (b) $\dfrac{3y^2z^3}{x}$ (c) $\sqrt{5}\,x^4y$

(d) $\dfrac{\pi}{\sqrt{3}}x^7$ (e) $\dfrac{3}{2}x^3\sqrt{y^3}$ (f) $4x^3y^3 - 1$

12.2 다음 단항식의 계수와 차수를 구하라.

(a) xy (b) $\dfrac{1}{3}x^3y^4$ (c) $-4x^2y^3z$

(d) $\pi^3xy^2z^7$ (e) $-x^3y^3zw^4$ (f) $\dfrac{\sqrt{2}}{\pi}y^2z^4w^3$

12.3 다음 식이 다항식인지를 판정하고, 다항식인 경우 다항식의 차수를 구하라.

(a) $xy + \dfrac{y}{x}$ (b) $3x^3y^2 - 5y^2$

(c) $\sqrt{3}\,x^2y + \dfrac{y^2}{\pi}$ (d) $7 + 3x - \dfrac{1}{2}x^2$

(e) $3x - 2 + \dfrac{1}{3x}$ (f) $2x^3 + 3 - x^{-2}$

12.4 다음 식을 간단히 하라.

(a) $x^3 - 3xy^2 + 1 - 4x^3 - 5xy^2$

(b) $4xy^2 + \dfrac{1}{2}y^3 + 2x^2 - 5xy^2 + 4y^3 - 2x^2$

(c) $t^3 - s^3 + 6ts - \dfrac{1}{2}s^3 - 5t^3$

(d) $4ts^3 + 2 - 5s^2t + \dfrac{1}{3}ts^3 - 5$

12.5 다음 다항식을 x에 대한 내림차순과 오름차순으로 나타내라.

(a) $A = x^4 + 3 - x^2y + xy^2$
(b) $B = 3 + x^5 - 2x^4y + x^2y^4$
(c) $C = x^4 - 3xy^3 + 2x^2y^5$
(d) $D = 3 - x + x^4y^2 + 2x^3y^5$

12.6 다음 식을 전개하여 간단히 하라.

(a) $2x(x^2 + 3x - 4)$
(b) $3x^2(4x^5 - 2x + 1)$
(c) $(x^2 - 2)(x^2 + x - 3)$
(d) $(3x^2 - 5)(-2x^2 + x - 1)$

12.7 다음 식을 간단히 하라.

(a) $(6x^8 - 8x^3 + 4x) \div 2x$
(b) $(5x^5y^3 - 4x^3y^3 + 2x^2y^6) \div xy^2$
(c) $(6y^7 - 18y^2 + 7) \div 2y^2$
(d) $(3x^2y^4 - 4x^3y + 5x^5y^2) \div 2x^2y^3$

12.8 다음 두 점을 지나는 일차함수의 기울기를 구하라.

(a) $(1, 4)$, $(3, 8)$
(b) $(2, -5)$, $(6, 11)$
(c) $(2, 3)$, $(-1, 5)$
(d) $(4, 0)$, $(0, 1)$

12.9 다음 일차함수의 x절편과 y절편을 구하라.

(a) $y = 3x + 7$
(b) $y = 2x - 5$
(c) $y = -6x + 5$
(d) $y = -7x - 2$

12.10 다음 이차함수를 표준형으로 표현하라.

(a) $y = x^2 + 6x + 4$
(b) $y = x^2 - 8x + 2$
(c) $y = -2x^2 + 8x$
(d) $y = -3x^2 - 6x + 1$

12.11 다음 이차함수의 최솟값을 구하라.

(a) $y = x^2 + 6x + 9$

(b) $y = x^2 + x - 1$

(c) $y = 2x^2 + x$

(d) $y = 3x^2 + 4x - 2$

12.12 다음 이차함수의 최댓값을 구하라.

(a) $y = -x^2 + 2x + 1$

(b) $y = -x^2 + 6x$

(c) $y = -2x^2 - 6x + 1$

(d) $y = -3x^2 - 3x - 2$

12.13 A 마트에 회원으로 가입하면 가입축하금으로 1500포인트를 적립해 주고 물건을 구입하면 구입한 금액의 10%를 포인트로 적립해 준다고 할 때, 다음 물음에 답하라.

(a) 철수가 A 마트의 회원으로 가입하여 x원 어치 물건을 구입했을 때, 적립된 포인트 y를 식으로 나타내라.

(b) 철수가 A 마트에서 15만 원 어치의 물건을 구입했을 때, 적립된 포인트를 구하라.

12.14 비행기가 2048m의 거리를 32초 동안 활주한 후 이륙하였다. 다음 물음에 답하라.

(a) 활주하는 동안 가속도가 일정했다고 할 때, 가속도를 구하라.

(b) (a)에서 구한 가속도를 이용하여 이륙하는 순간의 비행기의 속도를 구하라.

12.15 어떤 전기기기에 걸린 저항이 2Ω이고, 여기에 3A의 전류가 흐르고 있다. 이 전기기기를 5분 동안 사용했을 때의 전기에너지 W값을 구하라.

12.16 야구선수가 공을 던졌을 때 날아간 수평 거리 x m와 지면으로부터의 높이 y m 사이에 $y = -0.04x^2 + 2x + 1.7$의 관계가 있을 때, 이 공이 지면으로부터 가장 높이 올라갔을 때의 높이를 구하라.

12.17 g가 중력가속도일 때, 지상에서 수직 방향으로 초기 속도 v_0로 공을 던지면 t초 후 공의 속도 v는 $v = v_0 - gt$이다. 이때 공의 높이 z는 $z = v_0 t - \frac{1}{2}gt^2$이다. 다음 물음에 답하라.

(a) 공이 최고 높이에 도달했을 때의 시간을 구하라.
(b) 공의 최고 높이를 구하라.

12.18 다음 물음에 답하라.

(a) 스와힐리어로 하얀 산을 의미하는 킬리만자로산은 아프리카에서 가장 높은 산으로 높이가 5900m이다. 지표면의 온도가 30℃일 때, 킬리만자로산 정상의 온도를 구하라.
(b) 에베레스트산의 높이가 8850m이고 지표면의 온도가 −2℃일 때, 에베레스트산 정상의 온도를 구하라.

CHAPTER 13
방정식

CONTENTS

학습목표

- 항등식의 개념을 이해하고 풀이법을 학습한다.
- 방정식을 분류하는 방법을 알아보고, 일차방정식과 이차방정식의 풀이법을 학습한다.
- 연립방정식의 풀이법을 알아본다.

병원에서 몸의 상태를 확인하기 위하여 사용하는 기술 중 하나가 컴퓨터 단층촬영 Computed Tomography, 일명 CT 촬영이다. 몸속에 X선을 통과시키면 뼈처럼 밀도가 높은 부분을 지날 때는 X선의 통과량이 적고, 근육처럼 밀도가 낮은 부분을 지날 때는 X선의 통과량이 많다. CT 촬영은 이러한 원리를 이용한 것으로 몸의 각 부분에 흡수된 X선의 양을 측정하여 몸의 상태를 확인할 수 있는 영상을 만든다.

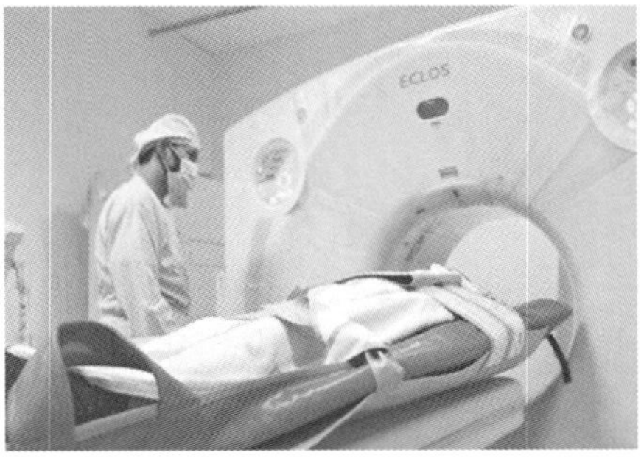

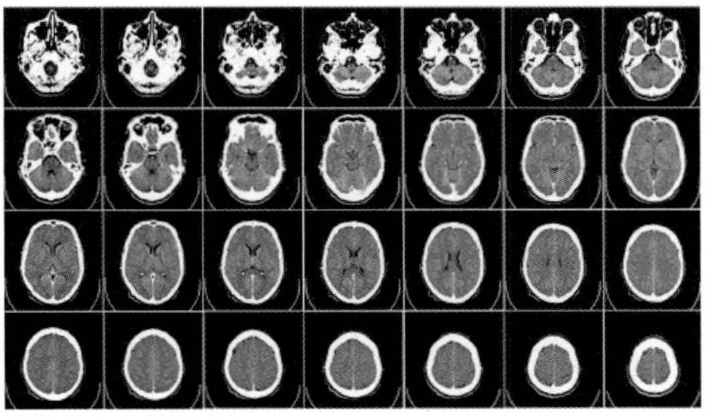

다시 말해 CT 촬영은 360° 회전하는 기계가 신체에 일정한 방향으로 X선을 통과시킨 후, 처음에 사용한 X선의 양과 흡수된 X선의 양을 측정하여 신체의 단면 영상을 얻는다. 이때 단면 영상을 얻는 과정에서 연립방정식의 원리가 중요하게 사용된다.

어떤 방향으로 X선을 통과시키면 해당 부위가 미지수인 방정식을 만들 수 있는데, 이러한 원리에 따라 여러 방향으로 X선을 통과시켜서 여러 개의 방정식을 만들면 연립방정식을 구성할 수 있다. 이 연립방정식을 풀어서 해를 구하면 각 신체 부위에 대하여 X선의 흡수량을 알게 되어 단면 영상을 얻을 수 있다. 이처럼 연립방정식은 의료 분야에서 굉장히 중요한 역할을 하고 있다.

13.1 항등식

항등식과 방정식

항상 참이 되는 특별한 형태의 등식인 항등식과 등식을 만족하는 미지수의 값을 구하는 방정식에 대해 알아보자.

> **정의 13-1 등식**
> 등호(=)를 사용하여 두 수 또는 두 식이 같음을 나타낸 식을 **등식** equality이라 한다.

예를 들어 $x + 2x = 3x$와 $x + 2x = 3$은 모두 등식이다. 그런데 $x + 2x = 3x$의 경우, x에 $1, 2, \cdots$ 와 같이 어떤 수를 대입해도 항상 등식이 성립한다. 이러한 성질을 갖는 등식을 항등식이라 한다.

> **정의 13-2 항등식**
> 미지수에 어떤 수를 대입해도 항상 참이 되는 등식을 **항등식** identity이라 한다.

$x + 2x = 3x$와 달리 $x + 2x = 3$에서는 $x = 1$일 때만 등식이 성립하고, $x = 1$ 이외의 어떤 값을 대입해도 등식은 성립하지 않는다. 이와 같이 미지수를 포함한 일반적인 등식을 방정식이라 한다.

> **정의 13-3 방정식**
> 미지수의 값에 따라 참 또는 거짓이 되는 등식을 **방정식** equation이라 한다.

[정의 13-1], [정의 13-2], [정의 13-3]에 의하여 미지수가 있는 등식은 항등식과 방정식으로 분류된다.

예제 13-1

다음 등식이 항등식인지 방정식인지를 판정하라.

(a) $2x - 3 = 3 - 2x$　　(b) $5x - 2 = -2 + 5x$

(c) $4 - x = -x + 4$　　(d) $3x - 2 = -2$

TIP x에 어떤 수를 대입해도 등식이 참이 되는지 확인한다.

풀이

(a) $x = \frac{3}{2}$일 때만 등식이 참이고 $x \neq \frac{3}{2}$이면 등식이 거짓이므로, $2x - 3 = 3 - 2x$는 방정식이다.

(b) 어떤 x에 대해서도 등식이 참이므로, $5x - 2 = -2 + 5x$는 항등식이다.

(c) 어떤 x에 대해서도 등식이 참이므로, $4 - x = -x + 4$는 항등식이다.

(d) $x = 0$일 때만 등식이 참이고 $x \neq 0$이면 등식이 거짓이므로, $3x - 2 = -2$는 방정식이다.

항등식의 풀이법

주어진 등식이 '모든 x에 대하여' 성립한다고 하거나 'x값에 관계없이' 성립한다고 할 때, 이 등식은 항등식이다. 항등식은 다음에 제시하는 방법을 이용하여 풀 수 있다.

정리 13-1 항등식의 풀이법 1

(1) 모든 x에 대하여 $ax + b = 0$이 성립하면, $a = 0$, $b = 0$이다.

(2) 모든 x에 대하여 $ax^2 + bx + c = 0$이 성립하면, $a = 0$, $b = 0$, $c = 0$이다.

[정리 13-1]은 등식이 x값에 관계없이 성립하기 위하여 좌변의 모든 항이 0이 되려면 모든 계수와 상수항이 0이 되어야 함을 설명한다. [정리 13-1]은 좌변에 있는 다항식의 차수가 2보다 큰 경우에도 성립한다.

예제 13-2

다음 식이 x에 대한 항등식이 되도록 하는 a, b, c값을 구하라.

(a) $(a+3)x + b - 1 = 0$　　(b) $ax^2 - (b+2)x + c + 4 = 0$

TIP 모든 계수와 상수항이 0이 되어야 한다.

풀이

(a) $(a+3)x+b-1=0$에서 일차항의 계수는 $a+3$이고 상수항은 $b-1$이다. 따라서 $a=-3$, $b=1$이다.

(b) $ax^2-(b+2)x+c+4=0$에서 이차항의 계수는 a이고 일차항의 계수는 $-(b+2)$이며 상수항은 $c+4$이다. 따라서 $a=0$, $b=-2$, $c=-4$이다.

복잡한 항등식은 다음에 제시하는 풀이법을 사용하여 해결한다.

정리 13-2 항등식의 풀이법 2

(1) 모든 x에 대하여 $ax+b=cx+d$가 성립하면, $a=c$, $b=d$이다.

(2) 모든 x에 대하여 $ax^2+bx+c=dx^2+ex+f$가 성립하면, $a=d$, $b=e$, $c=f$이다.

[정리 13-2]는 등식이 x값에 관계없이 성립하기 위하여 좌변과 우변의 동류항들의 계수가 모두 같아야 함을 설명한다. [정리 13-2]는 좌변과 우변의 다항식의 차수가 2보다 큰 경우에도 성립한다.

예제 13-3

다음 식이 x에 대한 항등식이 되도록 하는 a, b, c값을 구하라.

(a) $(2a-1)x+b=3x-5$

(b) $4x^3+a-2=(b-2)x^3+(c+1)x$

TIP 좌변과 우변의 동류항들의 계수가 모두 같아야 한다.

풀이

(a) $(2a-1)x+b=3x-5$에서 일차항의 계수는 $2a-1$과 3이고 상수항은 b와 -5이다. 따라서 $2a-1=3$, $b=-5$이므로 $a=2$, $b=-5$이다.

(b) $4x^3+a-2=(b-2)x^3+(c+1)x$에서 삼차항의 계수는 4와 $b-2$이고 일차항의 계수는 0과 $c+1$이며 상수항은 $a-2$와 0이다. 따라서 $4=b-2$, $0=c+1$, $a-2=0$이므로 $a=2$, $b=6$, $c=-1$이다.

13.2 일차방정식과 분수방정식

앞에서 정의한 바와 같이 방정식은 미지수의 값에 따라 참 또는 거짓이 되는 등식을 의미한다. 이제 등식이 참이 되도록 하는 미지수 값을 구하는 방법에 대하여 알아보자.

일차방정식의 풀이법

일차방정식, 이차방정식 등과 같이 다항식으로 된 방정식은 다음과 같이 정의한다.

> **정의 13-4 다항방정식**
> 미지수에 대한 다항식으로만 이루어진 방정식을 **다항방정식** polynomial equation이라 한다.

3차 이하의 다항방정식은 다음과 같이 미지수의 개수와 방정식의 차수를 이용하여 분류할 수 있다.

- $3x - 2 = 0$에서와 같이 미지수가 1개이고(일원), 등식의 최고차항이 1차인 경우 이 방정식을 **일원일차방정식**이라 한다.
- $2x^2 + x + 3 = 0$에서와 같이 미지수가 1개이고(일원), 등식의 최고차항이 2차인 경우 이 방정식을 **일원이차방정식**이라 한다.
- $2x + 3y - 1 = 0$에서와 같이 미지수가 2개이고(이원), 등식의 최고차항이 1차인 경우 이 방정식을 **이원일차방정식**이라 한다.
- $2x^3 - xy + y^2 - 3 = 0$에서와 같이 미지수가 2개이고(이원), 등식의 최고차항이 3차인 경우 이 방정식을 **이원삼차방정식**이라 한다.

이 절에서는 이러한 다항방정식 중에서 일원일차방정식의 풀이법에 대해 알아보기로 한다.

■ 일차방정식 $ax = b$의 해법

일차방정식 $ax = b$의 해는 다음과 같이 세 가지 경우로 나누어 해결할 수 있다.

정리 13-3 일차방정식 $ax = b$의 풀이법

(1) **$a \neq 0$일 때**

등식의 양변을 a로 나누면, $x = \frac{b}{a}$이다.

(2) **$a = 0$이고 $b \neq 0$일 때**

이 경우 $0x = b$이다. 이 식에 어떤 x값을 대입해도 거짓이므로, $ax = b$의 해는 없다. 이 경우 해는 **불능** impossible 이라 한다.

(3) **$a = 0$이고 $b = 0$일 때**

이 경우 $0x = 0$이다. 이 식에 어떤 x값을 대입해도 참이므로, $ax = b$의 해는 무수히 많다. 이 경우 해는 **부정** indeterminate 이라 한다.

불능은 불가능함으로 의미하며, 부정은 해가 너무 많아서 하나로 정할 수 없음을 의미한다.

예제 13-4

a와 b가 상수일 때, x에 대한 방정식을 풀어라.

(a) $3x + 2 = 0$ (b) $0x + 3 = 0$

(c) $ax = 5$ (d) $4x = b$

TIP x의 계수가 0인 경우와 0이 아닌 경우로 나누어 해를 구한다.

풀이

(a) $3x + 2 = 0$은 $3x = -2$이다. x의 계수가 0이 아니므로, $x = -\frac{2}{3}$이다.

(b) $0x + 3 = 0$은 $0x = -3$이다. 좌변은 0이고 우변은 -3이므로 불능이다.

(c) $ax = 5$는 $a \neq 0$일 때 $x = \frac{5}{a}$이고, $a = 0$일 때 불능이다.

(d) $4x = b$는 x의 계수가 0이 아니므로, $x = \frac{b}{4}$이다.

불능과 부정의 정의를 이용하여 집합과 관련된 문제를 해결할 수 있다.

예제 13-5

다음 등식이 성립하도록 하는 a, b값을 구하라.

(a) $\{x \in \mathbb{R} : (a+1)x+3=0\} = \varnothing$

(b) $\{x \in \mathbb{R} : (a-4)x+2=b\} = \mathbb{R}$

TIP 해집합이 공집합인 경우 해가 없으므로 불능이고, 해집합이 전체집합인 경우 해가 무수히 많으므로 부정이다.

풀이

(a) $\{x \in \mathbb{R} : (a+1)x+3=0\} = \varnothing$인 경우 불능이므로, $a+1=0$이어야 한다. 따라서 $a=-1$이다.

(b) $\{x \in \mathbb{R} : (a-4)x+2=b\} = \mathbb{R}$인 경우 부정이므로, $a-4=0$인 동시에 $2=b$여야 한다. 따라서 $a=4$, $b=2$이다.

■ 일차방정식 $cx+d=ex+f$의 풀이법

일차방정식 $cx+d=ex+f$를 풀려면 문자가 있는 항들을 좌변으로 이동하여 정리하고 상수항들을 우변으로 이동하여 $ax=b$의 꼴로 정리한 다음, 좌변과 우변이 같도록 하는 미지수의 값을 구한다.

예제 13-6

다음 일차방정식의 해를 구하라.

(a) $4x-2=5x-1$

(b) $-2y+5=3y-2$

(c) $3(z-3)+2=-2(1+z)-1$

(d) $2(3-w)-3(w+2)=4$

TIP 좌변에 일차항을, 우변에 상수항을 정리한다.

풀이

(a) $4x-2=5x-1$을 정리하면, $4x-5x=2-1$이므로 $-x=1$이다. 따라서 $x=-1$이다.

(b) $-2y+5=3y-2$를 정리하면, $-2y-3y=-5-2$이므로 $-5y=-7$이다. 따라서 $y=\frac{-7}{-5}=\frac{7}{5}$이다.

(c) $3(z-3)+2=-2(1+z)-1$을 정리하면, $3z-9+2=-2-2z-1$이므로 $3z+2z=9-2-2-1$이다. 따라서 $5z=4$로부터 $z=\frac{4}{5}$이다.

(d) $2(3-w)-3(w+2)=4$를 정리하면, $6-2w-3w-6=4$이므로 $-2w-3w=-6+6+4$이다. 따라서 $-5w=4$로부터 $w=\frac{4}{-5}=-\frac{4}{5}$이다.

분수방정식의 풀이법

이제 분모에 미지수가 있는 방정식의 풀이법에 대해 알아보자.

정의 13-5 분수방정식

분모에 미지수를 포함하는 분수식으로 이루어진 방정식을 **분수방정식** rational equation 이라 한다.

분수방정식이 $\frac{a}{b} = \frac{c}{d}$의 꼴로 주어진 경우, $ad = bc$임을 이용하여 해를 구한다.

예제 13-7

다음 방정식을 풀어라.

(a) $\frac{2}{x} = \frac{5}{4}$

(b) $\frac{8}{3} = \frac{3}{y}$

(c) $\frac{3}{z+1} = \frac{4}{z-2}$

(d) $\frac{2w+3}{3w-5} = \frac{3}{4}$

TIP $\frac{a}{b} = \frac{c}{d}$이면 $ad = bc$이다.

풀이

(a) $\frac{2}{x} = \frac{5}{4}$이면 $5x = 2 \cdot 4$이다. 따라서 $x = \frac{8}{5}$이다.

(b) $\frac{8}{3} = \frac{3}{y}$이면 $8y = 3 \cdot 3$이다. 따라서 $y = \frac{9}{8}$이다.

(c) $\frac{3}{z+1} = \frac{4}{z-2}$이면 $3(z-2) = 4(z+1)$이므로 $3z - 6 = 4z + 4$이다.
이를 정리하면 $3z - 4z = 6 + 4$이므로, $-z = 10$으로부터 $z = -10$이다.

(d) $\frac{2w+3}{3w-5} = \frac{3}{4}$이면 $4(2w+3) = 3(3w-5)$이므로 $8w + 12 = 9w - 15$이다.
이를 정리하면 $8w - 9w = -12 - 15$이므로, $-w = -27$로부터 $w = 27$이다.

13.3 이차방정식

앞에서 학습한 일차방정식의 풀이법에 이어 이차방정식의 풀이법을 알아보자.

정의 13-6 이차방정식

a, b, c가 상수이고 $a \neq 0$일 때, $ax^2 + bx + c = 0$을 x에 대한 **이차방정식** quadratic equation이라 한다.

이차방정식의 풀이법에는 인수분해를 이용하는 방법과 근의 공식을 이용하는 방법이 있다.

■ 인수분해를 이용한 이차방정식의 풀이법

정리 13-4 이차방정식의 풀이법 1 : 인수분해 이용

이차방정식 $ax^2 + bx + c = 0$의 좌변을 인수분해하여 $(px - q)(rx - s) = 0$의 꼴로 변형이 가능하면, $ax^2 + bx + c = 0$의 해는 $x = \frac{q}{p}$와 $x = \frac{s}{r}$이다.

[정리 13-4]는 $A \cdot B = 0$이면 $A = 0$ 또는 $B = 0$임을 이용한 해법이다.

예제 13-8

다음 이차방정식의 해를 구하라.

(a) $x^2 + 6x + 5 = 0$

(b) $3x^2 - 2x - 5 = 0$

TIP 주어진 이차방정식을 인수분해한다.

풀이

(a) $x^2 + 6x + 5 = 0$의 좌변을 인수분해하여 정리하면 $(x+1)(x+5) = 0$이다.
따라서 $x^2 + 6x + 5 = 0$의 해는 $x = -1$과 $x = -5$이다.

(b) $3x^2 - 2x - 5 = 0$의 좌변을 인수분해하여 정리하면 $(3x - 5)(x + 1) = 0$이다.
따라서 $3x^2 - 2x - 5 = 0$의 해는 $x = \frac{5}{3}$와 $x = -1$이다.

이차방정식이 항상 2개의 해(근)를 갖는 것은 아니다. 이차방정식이 하나의 해만을 가지면, 이 해를 **중근** double root 이라 한다.

예제 13-9

다음 이차방정식의 해를 구하라.

(a) $x^2 + 10x + 25 = 0$

(b) $x^2 - 12x + 36 = 0$

TIP 주어진 방정식의 좌변을 A^2의 꼴로 나타낸다.

풀이

(a) $x^2 + 10x + 25 = 0$의 좌변을 인수분해하여 정리하면 $(x+5)^2 = 0$이다.
따라서 $x^2 + 10x + 25 = 0$의 해는 $x = -5$이다.

(b) $x^2 - 12x + 36 = 0$의 좌변을 인수분해하여 정리하면 $(x-6)^2 = 0$이다.
따라서 $x^2 - 12x + 36 = 0$의 해는 $x = 6$이다.

■ 근의 공식을 이용한 이차방정식의 풀이법

[예제 13-8]에 있는 이차방정식들의 경우와 달리 $x^2 - x - 4 = 0$의 해는 식의 좌변을 인수분해하여 구할 수 없다. 이런 경우 이차방정식의 해는 근의 공식을 이용하여 구한다.

정리 13-5 이차방정식의 풀이법 2 : 근의 공식 이용

이차방정식 $ax^2 + bx + c = 0$의 해는 근의 공식에 의하여

$$x = \frac{-b \pm \sqrt{b^2 - 4ac}}{2a}$$

이므로, $ax^2 + bx + c = 0$의 해는 다음과 같다.

$$x = \frac{-b + \sqrt{b^2 - 4ac}}{2a}, \quad x = \frac{-b - \sqrt{b^2 - 4ac}}{2a}$$

인수분해를 이용하여 해를 구할 수 있는 이차방정식도 근의 공식을 적용하여 해를 구할 수 있다.

예제 13-10

다음 이차방정식의 해를 구하라.

(a) $x^2 + 2x - 4 = 0$ (b) $x^2 - 3x - 2 = 0$

TIP [정리 13-5]의 근의 공식을 이용한다.

풀이

(a) 근의 공식에 의하여 $x = \dfrac{-2 \pm \sqrt{2^2 + 4 \cdot 4}}{2 \cdot 1} = \dfrac{-2 \pm \sqrt{20}}{2} = \dfrac{-2 \pm 2\sqrt{5}}{2}$이므로,

$x^2 + 2x - 4 = 0$의 해는 $x = -1 + \sqrt{5}$와 $x = -1 - \sqrt{5}$이다.

(b) 근의 공식에 의하여 $x = \dfrac{3 \pm \sqrt{(-3)^2 + 4 \cdot 2}}{2 \cdot 1} = \dfrac{3 \pm \sqrt{17}}{2}$이므로,

$x^2 - 3x - 2 = 0$의 해는 $x = \dfrac{3 + \sqrt{17}}{2}$과 $x = \dfrac{3 - \sqrt{17}}{2}$이다.

근의 공식을 이용하면 이차방정식의 실근뿐만 아니라 허근도 구할 수 있다.

예제 13-11

다음 이차방정식의 해를 구하라.

(a) $x^2 + 2x + 5 = 0$ (b) $x^2 - x + 3 = 0$

TIP $a > 0$일 때 $\sqrt{-a} = \sqrt{a}\, i$이다.

풀이

(a) 근의 공식에 의하여 $x = \dfrac{-2 \pm \sqrt{2^2 - 4 \cdot 5}}{2 \cdot 1} = \dfrac{-2 \pm \sqrt{-16}}{2} = \dfrac{-2 \pm 4i}{2}$이므로,
$x^2 + 2x + 5 = 0$의 해는 $x = -1 + 2i$와 $x = -1 - 2i$이다.

(b) 근의 공식에 의하여 $x = \dfrac{1 \pm \sqrt{(-1)^2 - 4 \cdot 3}}{2 \cdot 1} = \dfrac{1 \pm \sqrt{-11}}{2} = \dfrac{1 \pm \sqrt{11}\, i}{2}$이므로,
$x^2 - x + 3 = 0$의 해는 $x = \dfrac{1 + \sqrt{11}\, i}{2}$와 $x = \dfrac{1 - \sqrt{11}\, i}{2}$이다.

13.4 연립방정식

두 개 이상의 방정식을 동시에 만족하는 해를 구하는 방법을 알아보자.

정의 13-7 연립방정식

2개 이상의 미지수를 포함하는 2개 이상의 방정식의 쌍이 주어지고, 미지수가 주어진 모든 방정식을 동시에 만족하도록 하는 이 방정식의 쌍을 **연립방정식** simultaneous equation 이라 한다.

모든 방정식을 동시에 만족하는 미지수의 값의 쌍을 주어진 연립방정식의 **해** solution 라 하고, 해를 구하는 것을 **연립방정식을 푼다**고 한다. 다음에 제시하는 가감법은 가장 기본적인 연립방정식의 풀이법이다.

정리 13-6 연립방정식의 풀이법 1 : 가감법

미지수가 2개 있는 연립방정식에서 우선 하나의 미지수를 소거한 후 1개의 미지수에 관한 방정식을 만들어 푼다.

예제 13-12

다음 연립방정식을 풀어라.

(a) $\begin{cases} 3x + 2y = 5 \\ x + 2y = 1 \end{cases}$

(b) $\begin{cases} 3x - y = 2 \\ x - 2y = 5 \end{cases}$

(c) $\begin{cases} 2x + \dfrac{1}{2}y = 3 \\ \dfrac{2}{3}x - y = 4 \end{cases}$

(d) $\begin{cases} 2.5x - 0.3y = 0.7 \\ 1.6x + 1.2y = 3 \end{cases}$

TIP 계수가 정수가 되도록 한 후 미지수 하나를 소거한다.

풀이

(a) $3x+2y=5 \cdots ①$, $x+2y=1 \cdots ②$라 하자. ① − ②를 계산하면 $x=2$이고, 이 값을 ②에 대입하면 $y=-\frac{1}{2}$이다.

(b) $3x-y=2 \cdots ①$, $x-2y=5 \cdots ②$라 하자. 2 × ① − ②를 계산하면 $5x=-1$이고, 이를 정리하면 $x=-\frac{1}{5}$이다. 이 값을 ②에 대입하면 $y=-\frac{13}{5}$이다.

(c) $2x+\frac{1}{2}y=3 \cdots ①$, $\frac{2}{3}x-y=4 \cdots ②$라 하자. 계수를 정수로 만들기 위하여 ①에 2를 곱하고 ②에 3을 곱하면 다음과 같다.

$$4x+y=6 \cdots ③, \quad 2x-3y=12 \cdots ④$$

③ − 2 × ④를 계산하면 $7y=-18$이고, 이를 정리하면 $y=-\frac{18}{7}$이다. 이 값을 ④에 대입하면 $x=\frac{15}{7}$이다.

(d) $2.5x-0.3y=0.7 \cdots ①$, $1.6x+1.2y=3 \cdots ②$라 하자. 계수를 정수로 만들기 위하여 ①에 10을 곱하고 ②에도 10을 곱하면 다음과 같다.

$$25x-3y=7 \cdots ③, \quad 16x+12y=30 \cdots ④$$

4 × ③ + ④를 계산하면 $116x=58$이고 이를 정리하면 $x=\frac{1}{2}$이다. 이 값을 ④에 대입하면 $y=\frac{11}{6}$이다.

연립방정식의 형태에 따라서는 다음에 제시하는 방법이 더 효율적일 수 있다.

정리 13-7 연립방정식의 풀이법 2 : 등치법
미지수가 2개 있는 연립방정식에서 $y=f(x)$이고 $y=g(x)$인 경우,
$f(x)=g(x)$로 놓고 해를 구한다.

[정리 13-7]을 사용하려면 2개의 연립방정식을 하나의 문자에 대하여 정리해야 한다.

예제 13-13

다음 연립방정식을 풀어라.

(a) $\begin{cases} y = 2x - 5 \\ y = 3x + 8 \end{cases}$　　(b) $\begin{cases} x + 3 = 2y - 1 \\ x - 2 = 4y + 5 \end{cases}$

TIP $y = f(x)$이고 $y = g(x)$이면 $f(x) = g(x)$이다.

풀이

(a) $2x - 5 = 3x + 8$이므로 $2x - 3x = 5 + 8$에서 $x = -13$이고, 이 값을 $y = 2x - 5$에 대입하면 $y = -31$이다.

(b) $x + 3 = 2y - 1$이면 $x = 2y - 4$이고, $x - 2 = 4y + 5$이면 $x = 4y + 7$이다. 따라서 $2y - 4 = 4y + 7$이므로 $2y - 4y = 4 + 7$에서 $y = -\frac{11}{2}$이고, 이 값을 $x + 3 = 2y - 1$에 대입하면 $x = -3 - 11 - 1 = -15$이다.

연립방정식은 다음과 같은 실생활 문제에서도 활용된다.

예제 13-14

민정이의 월요일 첫 강의는 9시 30분에 시작되는데, 버스정류장에서 첫 강의가 있는 강의실까지의 거리는 1100m이다. 민정이가 월요일 아침 9시에 버스정류장에 내려서 처음에는 분속 20m로 걷다가 강의에 늦을 것 같아 분속 60m로 뛰었더니 9시 29분에 강의실에 도착하였다. 민정이가 걸은 거리와 뛴 거리를 구하라.

TIP 걸은 거리를 x, 뛴 거리를 y로 놓고, 연립방정식을 만든다.

풀이

민정이가 걸은 거리가 xm, 뛴 거리가 ym이면 $x + y = 1100$이고, 강의실에 도착하는 데 걸린 시간이 29분이므로 시간, 거리, 속력의 관계를 이용하면 $\frac{x}{20} + \frac{y}{60} = 29$이다. 따라서 다음과 같은 연립방정식을 얻을 수 있다.

$$\begin{cases} x + y = 1100 & \cdots ① \\ \frac{x}{20} + \frac{y}{60} = 29 & \cdots ② \end{cases}$$

계수를 정수로 만들기 위하여 ②에 60을 곱하면 $3x + y = 1740$ ⋯ ③이다. ③ − ①을 계산하면 $2x = 640$이고, 이를 정리하면 $x = 320$(m)이다. 그리고 이 값을 ①에 대입하면 $y = 780$(m)이다. 따라서 민정이는 버스정류장에서부터 320m를 걸은 후 780m를 뛰어서 강의실에 도착했다.

13.5 공학문제

저항의 직렬연결과 병렬연결

회로가 직렬인지 병렬인지에 따라 회로의 전체 저항은 다음과 같이 구할 수 있다.

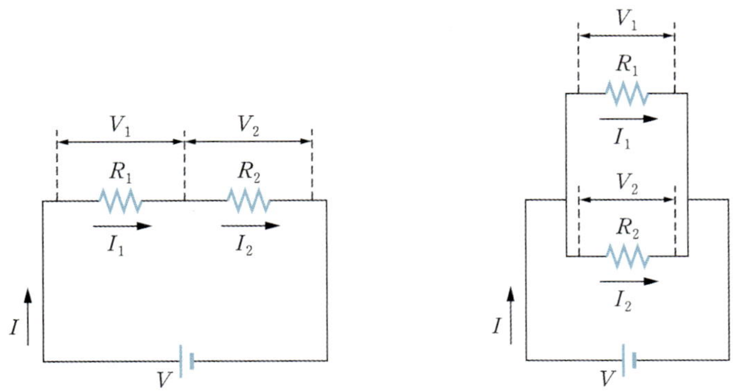

(a) 직렬회로 (b) 병렬회로

[그림 13-1] 저항의 직렬 및 병렬연결

[그림 13-1(a)]와 같이 저항을 직렬로 연결하면 저항 R_1과 R_2에 걸리는 전압은 각각 V_1, V_2이고, 흐르는 전류는 $I_1 = I_2 = I$이므로 키르히호프의 전압법칙과 옴의 법칙에 의해

$$V = V_1 + V_2 = IR_1 + IR_2 = I(R_1 + R_2)$$

이다. 따라서 이 경우 전체 저항 R_T는 다음과 같다.

$$R_T = \frac{V}{I} = R_1 + R_2 \cdots ①$$

[그림 13-1(b)]와 같이 저항을 병렬로 연결하면 저항 R_1과 R_2에 걸리는 전압은 모두 $V_1 = V_2 = V$이고, 흐르는 전류는 각각 I_1, I_2이므로 키르히호프의 전류법칙과 옴의 법칙에 의해

$$I = I_1 + I_2 = \frac{V}{R_1} + \frac{V}{R_2} = V\left(\frac{1}{R_1} + \frac{1}{R_2}\right)$$

이다. 따라서 이 경우 전체 저항 R_T는 다음과 같다.

$$\frac{1}{R_T} = \frac{I}{V} = \frac{1}{R_1} + \frac{1}{R_2} \cdots ②$$

저항이 n개가 연결된 회로로 일반화해도 ①, ②의 식은 각각 다음 ①′, ②′과 같이 형태가 유지된다.

$$R_T = R_1 + R_2 + \cdots + R_n \cdots ①'$$

$$\frac{1}{R_T} = \frac{1}{R_1} + \frac{1}{R_2} + \cdots + \frac{1}{R_n} \cdots ②'$$

전체 저항의 식을 참고하여 다음 예제를 풀어보자.

예제 13-15

[그림 13-2]와 같은 병렬회로에서 $R_T = 3$이고 $R_1 = 6$, $R_2 = 20$일 때, R_3값을 구하라.

TIP 병렬회로의 전체 저항 공식에 대입하여 일차방정식으로 해를 구한다.

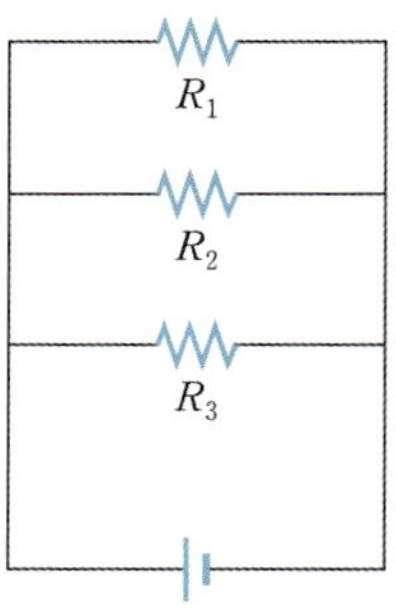

[그림 13-2]

풀이

$R_T = 3$, $R_1 = 6$, $R_2 = 20$이므로

$$\frac{1}{3} = \frac{1}{6} + \frac{1}{20} + \frac{1}{R_3}$$

이다. 따라서

$$\frac{1}{R_3} = \frac{1}{3} - \frac{1}{6} - \frac{1}{20} = \frac{20 - 10 - 3}{60} = \frac{7}{60}$$

이므로 $R_3 = \frac{60}{7}(\Omega)$이다.

도체의 저항

도체의 전기저항은 도체를 이루는 재료의 종류와 길이, 단면적, 온도 등에 의해 결정된다. 저항은 도체의 길이에 비례하고, 단면적에 반비례한다. 즉, 도체의 저항 R은 다음과 같은 관계가 성립한다.

[그림 13-3] 전선

$$R \propto \frac{l}{A}$$

여기서 l은 도체의 길이, A는 도체의 단면적이다.

도체의 길이와 단면적이 같더라도, 도체를 이루는 재료의 종류에 따라 저항률이 다르므로 저항값 또한 다르게 나타난다. 저항률은 재료마다 다른 저항의 고유특성을 말하며, 고유저항이라고도 한다. 고유저항을 ρ라고 할 때, 다음과 같은 관계가 성립한다.

$$R = \frac{\rho l}{A}$$

고유저항(저항률)은 온도 293K에서 길이 1m, 단면적 1mm^2의 도체가 갖는 저항을 기본으로 하며, 기본 단위는 $[\Omega \cdot \text{mm}^2/\text{m}]$이다. 또한 도체의 온도가 높아질수록 저항값이 증가하는 성질을 갖는다.

예제 13-16

온도가 t℃일 때 구리로 만든 전선의 저항 R은 다음과 같다.

$$R = R_0(1 + at)$$

이때 R_0는 온도가 0℃일 때 구리로 만든 전선의 저항이고, a는 저항의 온도계수이다. 20℃에서 $R = 16(\Omega)$이고 60℃에서 $R = 24(\Omega)$일 때, R_0값과 a값을 구하라.

TIP 온도에 따른 저항값을 이용하여 연립방정식을 만든다.

풀이

20℃에서 $R = 16(\Omega)$이므로 $16 = R_0(1 + a \cdot 20)$ ⋯ ①이다.

60℃에서 $R = 24(\Omega)$이므로 $24 = R_0(1 + a \cdot 60)$ ⋯ ②이다.

①에서 $R_0 = \dfrac{16}{1+20a}$이고 ②에서 $R_0 = \dfrac{24}{1+60a}$이므로 $\dfrac{16}{1+20a} = \dfrac{24}{1+60a}$에서 $16(1+60a) = 24(1+20a)$이다. 따라서 $16 + 960a = 24 + 480a$이고, 이를 정리하면 $480a = 8$이므로 $a = \dfrac{8}{480} = \dfrac{1}{60}$이다. 이 값을 ②에 대입하면 $24 = R_0\left(1 + \dfrac{1}{60} \cdot 60\right) = 2R_0$이므로 $R_0 = 12(\Omega)$이다.

반사계수

전송 선로상에 전류파와 전압파가 흐른다면 파동의 전파 방향이나 진폭에 상관없이 전류파와 전압파의 비율은 항상 일정하다. 이 비율을 특성 임피던스characteristic impedance라고 한다. 또한 전원의 부하를 임피던스로 나타낸 것을 부하 임피던스load impedance라고 한다. 전송 선로상에서 특성 임피던스와 부하 임피던스가 서로 다르면 반사가 일어난다. 이때 입사파의 전압 V_i와 반사파의 전압 V_r의 비를 **반사계수**reflection coefficient라고 한다. 반사계수는 특성 임피던스와 부하 임피던스를 이용하여 다음과 같은 식으로 나타낼 수 있다.

$$\rho = \frac{V_r}{V_i} = \frac{Z_L - Z_O}{Z_L + Z_O}$$

여기서 ρ는 반사계수, Z_O는 특성 임피던스, Z_L은 부하 임피던스이다.

[그림 13-4]의 원형 도표는 스미스 차트로서, 전송 선로상에서의 복소 임피던스와 반사계수 사이의 관계를 시각화한 것이다.

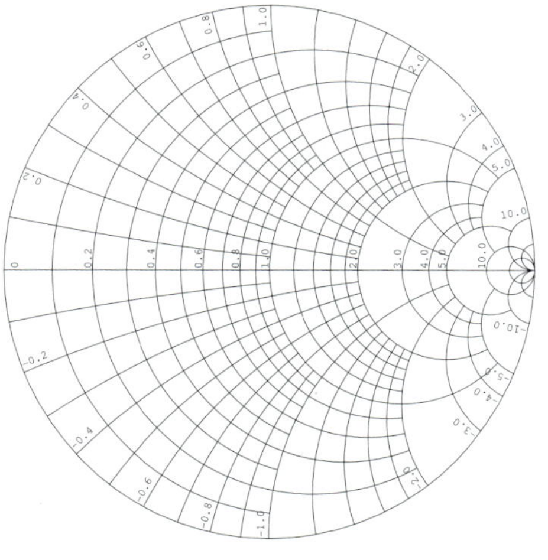

[그림 13-4] **스미스 차트**

예제 13-17

전송 선로에서 반사계수가 0.2일 때, 다음 물음에 답하라.

(a) 부하 임피던스가 $Z_L = 750(\Omega)$일 때, 특성 임피던스 Z_O값을 구하라.

(b) 특성 임피던스가 $Z_O = 300(\Omega)$일 때, 부하 임피던스 Z_L값을 구하라.

TIP 분수방정식의 풀이법을 이용한다.

풀이

(a) 반사계수 공식 $\rho = \frac{Z_L - Z_O}{Z_L + Z_O}$ 로부터 $0.2 = \frac{750 - Z_O}{750 + Z_O}$ 이다. 이 식을 정리하면 $150 + 0.2Z_O = 750 - Z_O$ 이고 $1.2Z_O = 600$ 으로부터 $Z_O = 500(\Omega)$ 이다.

(b) 반사계수 공식 $\rho = \frac{Z_L - Z_O}{Z_L + Z_O}$ 로부터 $0.2 = \frac{Z_L - 300}{Z_L + 300}$ 이다. 이 식을 정리하면 $0.2Z_L + 60 = Z_L - 300$ 이고 $0.8Z_L = 360$ 으로부터 $Z_L = 450(\Omega)$ 이다.

등가속도운동

등가속도운동 uniformly accelerated motion이란 일정한 힘이 가해졌을 때 가속도가 균일한 운동을 말한다. 즉, 속도가 일정하게 감소하거나 일정하게 증가하는 운동을 의미한다. 만약에 어떤 자동차가 고속도로에서 일정한 시간 동안 등가속도운동을 한다면, 이 자동차의 평균가속도와 순간가속도는 동일하다.

[그림 13-5] **고속도로**

등가속도운동을 하는 자동차의 초기 위치를 $x_0 = 0$, 자동차의 초기 속력을 v_0, 가속도를 a라 할 때, t초 후의 자동차의 위치 x_1은 다음과 같다.

$$x_1 = v_0 t + \frac{1}{2}at^2$$

예제 13-18

어떤 자동차가 출발해서 등가속도로 이동하고 있다. 자동차가 출발할 때의 속력이 $v_0 = 10(\text{m/s})$, 가속도가 $a = 5(\text{m/s}^2)$, 현재 위치가 $x_1 = 30(\text{m})$일 때, 현재 위치에 도달하는 데 걸린 시간 t값을 구하라.

TIP 등가속도운동에서 현재 위치를 나타내는 이차함수를 이용한다.

풀이

등가속도운동에 대한 식을 이용하면 $30 = 10t + \frac{5}{2}t^2$이다. 계수를 정수로 만들기 위해 이 식의 양변에 2를 곱하면 $5t^2 + 20t - 60 = 0$이고, 다시 양변을 5로 나누어 정리하면 $t^2 + 4t - 12 = (t+6)(t-2) = 0$이다. $t \geq 0$이어야 하므로 $t = 2$(초)이다.

CHAPTER 13 연습문제

13.1 다음 등식이 항등식인지 방정식인지를 판정하라.

(a) $4-3x=-3x+4$
(b) $\frac{1}{3}x+\frac{1}{2}=\frac{1}{2}x+\frac{1}{3}$
(c) $\sqrt{3}x+2=2+\sqrt{3}x$
(d) $-5x+2=5x-2$
(e) $x^2+2x+3=2x+3$
(f) $2-x-x^2=-x^2-x+2$
(g) $-x^2-x=x^2+x$
(h) $x-1=x^2-1$

13.2 다음 식이 x에 관한 항등식이 되도록 하는 a, b, c값을 구하라.

(a) $(a+3)x-4b=0$
(b) $(-4a+1)x+(3b-5)=0$
(c) $(-3a-4)x^2+(7b+2)x=0$
(d) $(-2a+5)x^2-(2b-1)=0$
(e) $ax^2+(2b-3)x+(c+a)=0$
(f) $(2-a)x^2-(2b-a)x-(a+2b+c)=0$

13.3 다음 식이 x에 관한 항등식이 되도록 하는 a, b, c값을 구하라.

(a) $(5a-3)x-2b=-7x+4$
(b) $5x-(2b-1)=(5a-3)x+1$
(c) $4x^3-x=(a+1)x^3+(b-3)x$
(d) $x^2+(3b-5)=-(a+2)x^2-1$
(e) $-3x^2+5x-1=(a+3)x^2-(a-2b)x+(2c-1)$
(f) $(1-2a)x^2+(2b-3)x+(c-a)=2x^2+(a+b)x-3$

13.4 상수 a, b에 대하여 x에 대한 방정식을 풀어라.

(a) $0x=3$
(b) $0x=0$
(c) $(a+3)x=1$
(d) $(b-2)x=0$
(e) $ax-1=5x+3$
(f) $2x-5=(b+1)x-5$

13.5 다음 일차방정식의 해를 구하라.

(a) $3(2x+1)=4(-3x+5)$

(b) $2(x+4)-4(2x-1)=5$

(c) $0.2x-1.1=0.5x+1$

(d) $\frac{1}{3}x-\frac{1}{2}=x-\frac{3}{4}$

13.6 인수분해를 이용하여 다음 이차방정식의 해를 구하라.

(a) $x^2+2x-15=0$

(b) $x^2-12x+11=0$

(c) $2x^2+7x+6=0$

(d) $3x^2-10x-8=0$

(e) $4x^2-15x-4=0$

(f) $6x^2+13x+6=0$

13.7 근의 공식을 이용하여 다음 이차방정식의 해를 구하라.

(a) $x^2+x-3=0$

(b) $x^2-3x+1=0$

(c) $2x^2+6x+1=0$

(d) $3x^2-6x-1=0$

(e) $5x^2-4x-1=0$

(f) $2x^2-3x-5=0$

13.8 다음 이차방정식의 해를 구하라.

(a) $x^2+x+7=0$

(b) $x^2-2x+6=0$

(c) $2x^2+3x+5=0$

(d) $2x^2-3x+6=0$

(e) $3x^2+x+2=0$

(f) $3x^2+3x+2=0$

13.9 다음 방정식을 풀어라.

(a) $\frac{2}{x+1}=\frac{5}{3}$

(b) $\frac{4}{2x-3}=\frac{3}{2}$

(c) $\frac{2x-1}{3x-1}=2$

(d) $\frac{3x+2}{-2x+3}=\frac{3}{2}$

13.10 다음 연립방정식을 풀어라.

(a) $\begin{cases} 2x - y = 3 \\ 3x + 2y = 5 \end{cases}$ (b) $\begin{cases} 3x + 4y = -1 \\ 2x - 3y = 4 \end{cases}$

(c) $\begin{cases} \dfrac{x}{2} - y = -1 \\ 2x - \dfrac{y}{2} = 0 \end{cases}$ (d) $\begin{cases} x + \dfrac{y}{4} = 2 \\ \dfrac{x}{3} - y = 1 \end{cases}$

13.11 다음 연립방정식을 풀어라.

(a) $\begin{cases} y = 2x + 5 \\ y = 3x - 7 \end{cases}$ (b) $\begin{cases} x = 3y + 1 \\ x = 5y - 4 \end{cases}$

(c) $\begin{cases} y = 4x + 5 \\ 2y = 3x - 1 \end{cases}$ (d) $\begin{cases} x = 2y - 3 \\ 3x = 5y + 1 \end{cases}$

13.12 현수가 동아리 회원들을 위해 김밥 3인분과 떡볶이 2인분을 사고 16000원을 냈다. 양이 부족하여 민수가 같은 가게에 가서 김밥 2인분과 떡볶이 3인분을 사고 13000원을 냈다. 김밥 1인분의 가격과 떡볶이 1인분의 가격을 구하라.

13.13 [그림 13–6]과 같은 병렬회로에서 $R_T = 2$이고 $R_1 = 10$일 때, R_2값을 구하라.

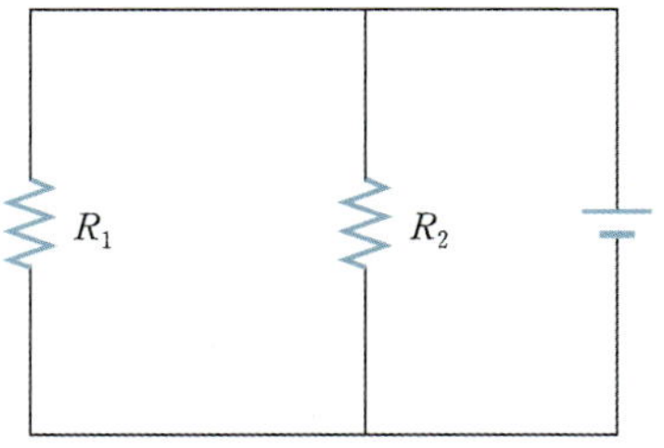

[그림 13–6]

13.14 전송 선로에서 반사계수가 0.3이고 특성 임피던스가 $Z_O = 200(\Omega)$일 때, 부하 임피던스 Z_L값을 구하라.

13.15 직선 도로에서 자동차가 어떤 지점 X에서 출발하여 일정한 가속도 $a\,\mathrm{m/s^2}$으로 움직일 때, t초 후 지점 X와 자동차 사이의 거리 d는

$$d = v_0 t + \frac{1}{2}at^2$$

으로 표현된다. 여기서 v_0는 초기 속도이다. 자동차가 출발한 지 2초 후 $d = 18(\mathrm{m})$였고, 출발한 지 4초 후 $d = 64(\mathrm{m})$였다. 초기 속도 v_0값과 가속도 a값을 구하라.

CHAPTER 14

부등식

CONTENTS

학습목표

- 부등식의 개념을 이해하고, 부등식에 관한 사칙연산을 익힌다.
- 일차부등식과 연립일차부등식의 풀이법을 학습한다.
- 이차부등식의 풀이법을 알아본다.

어느 대학교에서 신입생 유치를 위하여 신문 광고와 라디오 광고를 하기로 했다. 신문 광고는 1회당 80만 원, 라디오 광고는 1회당 20만 원의 광고비가 드는데, 이 대학교에서 신입생 유치 홍보를 위해 사용할 수 있는 최대 예산은 1000만 원이다.

이 대학교에서는 광고의 효율성을 높이기 위하여 라디오 광고 횟수를 신문 광고 횟수보다 적어도 4배 이상 진행하기로 했는데, 이 조건을 만족하면서 가능한 신문 광고 횟수를 최대로 하고자 한다면 이를 수학으로 어떻게 해결할 수 있을까?

이 문제는 부등식으로 표현된다. 신문 광고 횟수를 x, 라디오 광고 횟수를 y라 하면, 최대 예산과 관련하여 일차부등식으로

$$80x + 20y \le 1000 \cdots ①$$

과 같이 나타낼 수 있고, 광고 횟수와 관련하여 일차부등식으로

$$4x \le y \cdots ②$$

와 같이 나타낼 수 있다. 이 두 부등식을 만족하는 x, y값을 구하면, 즉 ①, ②의 연립일차부등식의 해를 구하면 대학교에서 원하는 해답을 찾을 수 있다.

14.1 부등식의 연산

부등식의 성질

두 수 또는 두 식 a와 b가 같다는 것은 $a = b$로 나타낸다. 만일 $a \neq b$이면 $a > b$이거나 $a < b$이다.

정의 14-1 부등식
두 수 또는 두 식의 관계를 부등호($<$, $>$, $\leq$, $\geq$)로 나타낸 것을 **부등식**inequality이라 한다.

부등식의 문제를 해결하고자 할 때, 다음 성질을 이용한다.

정리 14-1 부등식의 기본 성질

(1) 양변에 같은 수를 더하거나 양변에서 같은 수를 빼도 부등호의 방향은 바뀌지 않는다. 즉 $a < b$이면, $a + c < b + c$이고 $a - c < b - c$이다.

(2) 양변에 같은 양수를 곱하거나 양변을 같은 양수로 나누어도 부등호의 방향은 바뀌지 않는다. 즉 $a < b$이고 $c > 0$이면, $a \cdot c < b \cdot c$이고 $\frac{a}{c} < \frac{b}{c}$이다.

(3) 양변에 같은 음수를 곱하거나 양변을 같은 음수로 나누면 부등호의 방향은 바뀐다. 즉 $a < b$이고 $c < 0$이면, $a \cdot c > b \cdot c$이고 $\frac{a}{c} > \frac{b}{c}$이다.

[정리 14-1]에서 음수를 곱하거나 음수로 나누는 경우에 부등호의 방향이 바뀜에 주의해야 한다.

예제 14-1

$a < b$일 때, 다음 □ 안에 알맞은 부등호를 적어라.

(a) $a + 1 \square b + 1$

(b) $a - 3 \square b - 3$

(c) $\frac{1}{2}a \square \frac{1}{2}b$

(d) $-4a \square -4b$

TIP 주어진 부등식의 양변에 음수를 곱하거나 음수로 나누는 경우에만 부등호의 방향이 바뀐다.

풀이

(a) 주어진 부등식의 양변에 1을 더하였으므로, □는 $<$이다.

(b) 주어진 부등식의 양변에서 3을 뺐으므로, □는 $<$이다.

(c) 주어진 부등식의 양변에 $\frac{1}{2}$을 곱하였으므로, □는 $<$이다.

(d) 주어진 부등식의 양변에 -4를 곱하였으므로, □는 $>$이다.

[정리 14-1]은 두 수 또는 두 식뿐만 아니라 세 수 또는 세 식에도 적용할 수 있으므로, 다음이 성립한다.

- $x < y < z$이면, $x + d < y + d < z + d$이고 $x - d < y - d < z - d$이다.
- $x < y < z$이고 $d > 0$이면, $dx < dy < dz$이다.
- $x < y < z$이고 $d < 0$이면, $dx > dy > dz$이다.

[정리 14-1]을 이용하여 주어진 식의 범위를 구할 수도 있다.

예제 14-2

$-3 < x < 2$일 때, 다음 식의 범위를 구하라.

(a) $x + 1$　　(b) $2x$

(c) $3x + 2$　　(d) $-4x + 3$

TIP 우선 곱셈 또는 나눗셈 부분을 구한 후 덧셈과 뺄셈 부분을 계산한다.

풀이

(a) $-3 < x < 2$에서 세 변에 각각 1을 더하면 $-3 + 1 < x + 1 < 2 + 1$이다. 따라서 $-2 < x + 1 < 3$이다.

(b) $-3 < x < 2$에서 세 변에 각각 2를 곱하면 $-3 \cdot 2 < 2x < 2 \cdot 2$이다. 따라서 $-6 < 2x < 4$이다.

(c) $-3 < x < 2$에서 세 변에 각각 3을 곱하면 $-9 < 3x < 6$이다. 이 세 변에 각각 2를 더하면 $-7 < 3x + 2 < 8$이다.

(d) $-3 < x < 2$에서 세 변에 각각 -4를 곱하면 $12 > -4x > -8$, 즉 $-8 < -4x < 12$이다. 이 세 변에 각각 3을 더하면 $-5 < -4x + 3 < 15$이다.

부등식의 사칙연산

두 개의 미지수의 식의 범위에 대한 연산은 다음과 같다.

■ 부등식의 덧셈과 뺄셈

x와 y의 범위가 주어졌을 때, $x+y$와 $x-y$의 범위는 다음 정리를 이용하여 구한다.

정리 14-2 부등식의 덧셈과 뺄셈

$a \le x \le b$이고 $c \le y \le d$일 때, $x+y$와 $x-y$의 범위는 다음과 같이 구한다.

$$\begin{array}{rrcll} & a \le & x & \le b & \\ +) & c \le & y & \le d & \\ \hline & a+c \le & x+y & \le b+d & \end{array} \qquad \begin{array}{rrcll} & a \le & x & \le b & \\ -) & c \le & y & \le d & \\ \hline & a-d \le & x-y & \le b-c & \end{array}$$

[정리 14-2]는 모든 실수 a, b, c, d에 대하여 성립한다.

예제 14-3

$-2 \le x \le 4$이고 $1 \le y \le 3$일 때, 다음 식의 범위를 구하라.

(a) $x+y$　　(b) $x-y$

(c) $3x+y$　　(d) $2x-3y$

TIP [정리 14-2]의 부등식의 덧셈과 뺄셈에 대한 공식을 이용한다.

풀이

(a) $-2+1 \le x+y \le 4+3$이므로, $-1 \le x+y \le 7$이다.

(b) $-2-3 \le x-y \le 4-1$이므로, $-5 \le x-y \le 3$이다.

(c) $-6 \le 3x \le 12$이고 $1 \le y \le 3$이므로, $-6+1 \le 3x+y \le 12+3$이다.
따라서 $-5 \le 3x+y \le 15$이다.

(d) $-4 \le 2x \le 8$이고 $3 \le 3y \le 9$이므로, $-4-9 \le 2x-3y \le 8-3$이다.
따라서 $-13 \le 2x-3y \le 5$이다.

■ 부등식의 곱셈과 나눗셈

x와 y의 범위가 주어졌을 때, xy와 $\dfrac{x}{y}$의 범위는 다음 정리를 이용하여 구한다.

정리 14-3 부등식의 곱셈과 나눗셈

a, b, c, d가 모두 양수이고 $a \le x \le b$, $c \le y \le d$일 때, xy와 $\dfrac{x}{y}$의 범위는 다음과 같이 구한다.

$$\begin{array}{rccccc} & a & \le & x & \le & b \\ \times) & c & \le & y & \le & d \\ \hline & ac & \le & xy & \le & bd \end{array} \qquad \begin{array}{rccccc} & a & \le & x & \le & b \\ \div) & c & \le & y & \le & d \\ \hline & \dfrac{a}{d} & \le & \dfrac{x}{y} & \le & \dfrac{b}{c} \end{array}$$

[정리 14-3]은 [정리 14-2]와 달리 a, b, c, d가 모두 양수일 때만 성립한다는 점에 유의해야 한다.

예제 14-4

$1 \le x \le 4$이고 $3 \le y \le 6$일 때, 다음 식의 범위를 구하라.

(a) xy

(b) x^2

(c) $\dfrac{x}{y}$

(d) $\dfrac{y}{x}$

TIP [정리 14-3]의 부등식의 곱셈과 나눗셈에 대한 공식을 이용한다.

풀이

(a) $1 \cdot 3 \le xy \le 4 \cdot 6$이므로, $3 \le xy \le 24$이다.

(b) $1^2 \le x^2 \le 4^2$이므로, $1 \le x^2 \le 16$이다.

(c) [정리 14-3]에 의하여 $\dfrac{1}{6} \le \dfrac{x}{y} \le \dfrac{4}{3}$이다.

(d) [정리 14-3]에 의하여 $\dfrac{3}{4} \le \dfrac{y}{x} \le \dfrac{6}{1}$이다. 따라서 $\dfrac{3}{4} \le \dfrac{y}{x} \le 6$이다.

14.2 일차부등식과 연립일차부등식

일차부등식의 풀이법

일차식으로 이루어진 부등식인 일차부등식에 대해 알아보자.

정의 14-2 일차부등식

부등식의 우변에 있는 모든 항을 좌변으로 이항하여 정리한 식이

$$(\text{일차식}) > 0, \quad (\text{일차식}) \geq 0, \quad (\text{일차식}) < 0, \quad (\text{일차식}) \leq 0$$

중 어느 하나의 꼴로 나타나는 부등식을 **일차부등식**linear inequality이라 한다.

일차부등식은 다음과 같은 순서로 푼다.

정리 14-4 일차부등식의 풀이법

(1) x가 들어있는 항은 좌변으로, 상수항은 우변으로 이항하여 정리한다.

(2) 양변을 x의 계수로 나눈다. 이때 x의 계수가 양수이면 부등호의 방향은 그대로 두고, 음수이면 부등호의 방향을 바꾼다.

예제 14-5

다음 일차부등식을 풀어라.

(a) $4x - 1 < 3x + 2$

(b) $3x + 2 > -x + 5$

(c) $3x + 4 \leq 4x - 3$

(d) $2x - 5 \geq 5x - 6$

TIP [정리 14-4]의 일차부등식의 풀이법을 적용한다.

풀이

(a) x가 들어있는 항과 상수항을 이항하면 $4x - 3x < 2 + 1$이고, 이를 정리하면 $x < 3$이다.

(b) x가 들어있는 항과 상수항을 이항하면 $3x + x > 5 - 2$이고, 이를 정리하면 $4x > 3$이다. 양변을 4로 나누면, $x > \frac{3}{4}$이다.

(c) x가 들어있는 항과 상수항을 이항하면 $3x - 4x \le -3 - 4$이고, 이를 정리하면 $-x \le -7$이다. 양변을 -1로 나누면, $x \ge 7$이다.

(d) x가 들어있는 항과 상수항을 이항하면 $2x - 5x \ge -6 + 5$이고, 이를 정리하면 $-3x \ge -1$이다. 양변을 -3으로 나누면, $x \le \frac{1}{3}$이다.

주어진 일차부등식에 괄호가 있는 경우에는 괄호를 풀어서 나타내고, x항의 계수나 상수항이 분수인 경우에는 적절한 수를 곱해서 계수와 상수항을 모두 정수로 나타낸 후 [정리 14-4]를 적용한다.

예제 14-6

다음 부등식을 풀어라.

(a) $2(3x+1) < x$

(b) $3(2x+1) > 2(2-3x)$

(c) $\frac{1}{3}x + \frac{1}{2} \le \frac{1}{6}x$

(d) $\frac{1}{4}x + 1 \ge 2x - \frac{3}{2}$

TIP 괄호를 풀고 계수와 상수항이 정수가 되도록 한다.

풀이

(a) 괄호를 풀고 항들을 이항하면 $6x - x < -2$이고, 이를 정리하면 $5x < -2$이다. 양변을 5로 나누면, $x < -\frac{2}{5}$이다.

(b) 괄호를 풀고 항들을 이항하면 $6x + 6x > 4 - 3$이고, 이를 정리하면 $12x > 1$이다. 양변을 12로 나누면, $x > \frac{1}{12}$이다.

(c) 부등식의 양변에 6을 곱하고 항들을 이항하면 $2x - x \le -3$이고, 이를 정리하면 $x \le -3$이다.

(d) 부등식의 양변에 4를 곱하고 항들을 이항하면 $x - 8x \ge -6 - 4$이고, 이를 정리하면 $-7x \ge -10$이다. 양변을 -7로 나누면, $x \le \frac{10}{7}$이다.

연립일차부등식의 풀이법

이제 두 개 이상의 일차부등식을 동시에 만족하는 부등식에 대하여 알아보자.

정의 14-3 연립일차부등식
두 개 이상의 일차부등식을 한 쌍으로 묶어 나타낸 것을 **연립일차부등식**system of linear inequalities이라 한다.

연립일차부등식은 다음과 같은 순서로 푼다.

정리 14-5 연립일차부등식의 풀이법
(1) 각각의 일차부등식을 [정리 14–4]를 이용하여 푼다.
(2) (1)에서 구한 일차부등식들의 x의 범위에 대한 교집합을 구한다.

예를 들어 두 일차부등식 $x < 1$과 $x \geq -2$의 교집합은 $-2 \leq x < 1$이다.

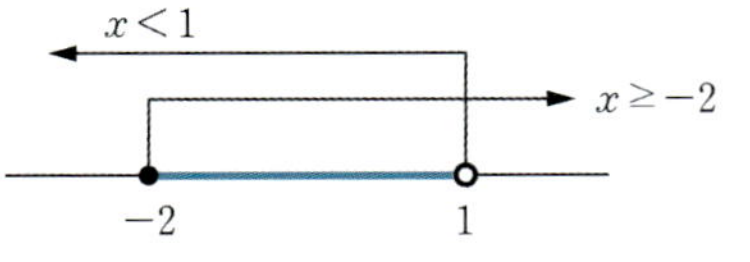

[그림 14–1] 두 일차부등식의 교집합

예제 14-7

다음 연립일차부등식을 풀어라.

(a) $\begin{cases} 2x - 4 \geq 0 \\ -x + 5 \geq 0 \end{cases}$ (b) $\begin{cases} x - 6 < 0 \\ 3x - 6 \leq 0 \end{cases}$

TIP 일차부등식 영역의 교집합을 구한다.

풀이

(a) $2x - 4 \geq 0$을 정리하면 $2x \geq 4$이고, 양변을 2로 나누면 $x \geq 2$이다.
$-x + 5 \geq 0$을 정리하면 $-x \geq -5$이고, 양변에 -1을 곱하면 $x \leq 5$이다.

[그림 14–2]

두 영역의 교집합을 구하면 $2 \leq x \leq 5$이다.

(b) $x - 6 < 0$을 정리하면 $x < 6$이다.
$3x - 6 \leq 0$을 정리하면 $3x \leq 6$이고, 양변을 3으로 나누면 $x \leq 2$이다.

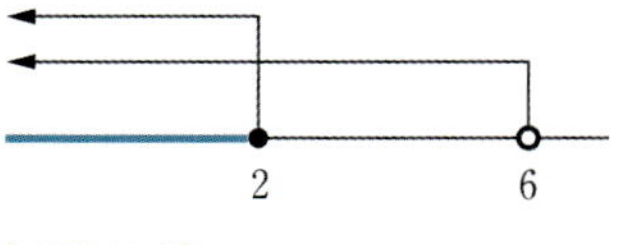

[그림 14–3]

두 영역의 교집합을 구하면 $x \leq 2$이다.

세 개의 일차부등식으로 구성된 연립일차부등식도 같은 방법으로 해를 구한다. 예를 들어 세 일차부등식 $x > 0$, $x > 2$, $x \le 3$의 교집합은 $2 < x \le 3$이다.

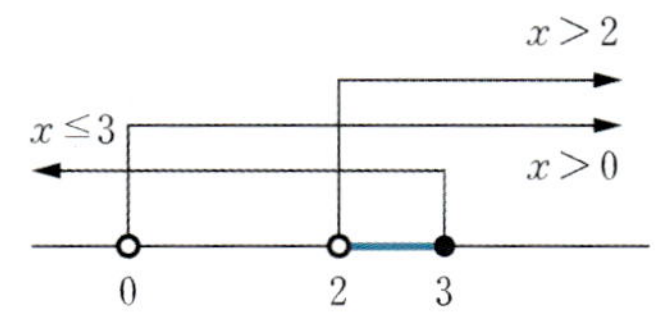

[그림 14-4] **세 일차부등식의 교집합**

예제 14-8

다음 연립일차부등식을 풀어라.

(a) $\begin{cases} 3x > 0 \\ x - 4 \le 0 \\ 2x + 2 \ge 0 \end{cases}$　　(b) $\begin{cases} 2x + 1 > 3x - 2 \\ x - 2 < 2x + 3 \\ -x + 2 \le 2x - 4 \end{cases}$

TIP 세 일차부등식을 풀고 교집합을 구한다.

풀이

(a) $3x > 0$의 양변을 3으로 나누면 $x > 0$이다.
$x - 4 \le 0$을 정리하면 $x \le 4$이다.
$2x + 2 \ge 0$을 정리하면 $2x \ge -2$이고,
부등식의 양변을 2로 나누면 $x \ge -1$이다.

세 영역의 교집합을 구하면 $0 < x \le 4$이다.

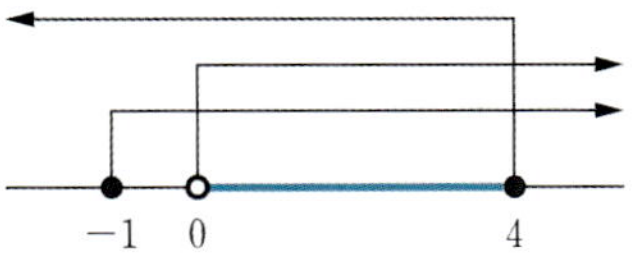

[그림 14-5]

(b) $2x + 1 > 3x - 2$를 정리하면 $-x > -3$이고,
양변에 -1을 곱하면 $x < 3$이다.
$x - 2 < 2x + 3$을 정리하면 $-x < 5$이고,
양변에 -1을 곱하면 $x > -5$이다.
$-x + 2 \le 2x - 4$를 정리하면 $-3x \le -6$이고,
양변을 -3으로 나누면 $x \ge 2$이다.

세 영역의 교집합을 구하면 $2 \le x < 3$이다.

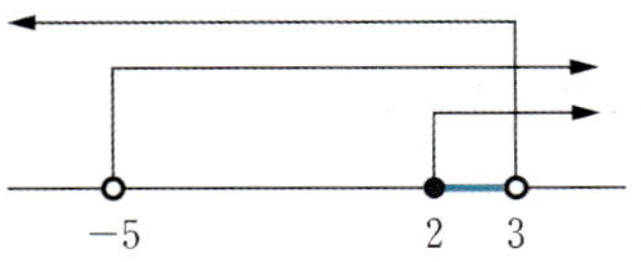

[그림 14-6]

14.3 이차부등식

이차부등식은 일차부등식과 같은 방식으로 정의된다.

정의 14-4 이차부등식

부등식의 우변에 있는 모든 항을 좌변으로 이항하여 정리한 식이

$$(\text{이차식}) > 0, \quad (\text{이차식}) \geq 0, \quad (\text{이차식}) < 0, \quad (\text{이차식}) \leq 0$$

중 어느 하나의 꼴로 나타나는 부등식을 **이차부등식**quadratic inequality이라 한다.

이차부등식의 해는 이차부등식에 있는 이차식 $ax^2 + bx + c$의 판별식 $D = b^2 - 4ac$가 양수인지 음수인지를 판정한 후 구한다.

판별식이 양수일 때의 이차부등식의 풀이법

■ 인수분해 가능한 이차부등식의 풀이법

이차부등식에 있는 이차식 $ax^2 + bx + c$가 인수분해 가능하면 이 이차식은 실근을 가지므로, $ax^2 + bx + c$의 판별식 $D = b^2 - 4ac$가 양수임을 의미한다. 이러한 경우의 이차부등식은 다음과 같은 순서로 푼다.

정리 14-6 이차부등식의 풀이법 1 : 인수분해되는 경우

(1) x^2의 계수인 a가 양수가 되도록 부등식을 정리한다.

(2) 인수분해가 가능하면, $ax^2 + bx + c = (px - q)(rx - s)$의 꼴로 나타낸다.

(3) $\frac{q}{p} > \frac{s}{r}$라 하면,

$ax^2 + bx + c > 0$의 해는 $x < \frac{s}{r}$ 또는 $x > \frac{q}{p}$이다.

$ax^2 + bx + c < 0$의 해는 $\frac{s}{r} < x < \frac{q}{p}$이다.

예제 14-9

다음 이차부등식을 풀어라.

(a) $x^2 - 4x + 3 > 0$ (b) $-x^2 + 2x + 8 > 0$

TIP x^2의 계수가 양수가 되도록 한 후 인수분해한다.

풀이

(a) $x^2 - 4x + 3 = (x-1)(x-3)$이므로 $x^2 - 4x + 3 > 0$의 해는 $x < 1$ 또는 $x > 3$이다.

(b) x^2의 계수가 음수이므로 부등식의 양변에 -1을 곱하면 $x^2 - 2x - 8 < 0$이다. $x^2 - 2x - 8 = (x+2)(x-4)$이므로 $x^2 - 2x - 8 < 0$의 해는 $-2 < x < 4$이다.

■ 판별식이 양수이고 인수분해 불가능한 이차부등식의 풀이법

이차부등식에 있는 이차식 $ax^2 + bx + c$의 판별식 $D = b^2 - 4ac$가 양수이면서 $ax^2 + bx + c$가 인수분해 되지 않는 경우에 이차부등식은 다음과 같은 순서로 푼다.

정리 14-7 이차부등식의 풀이법 2 : $D = b^2 - 4ac > 0$이고 인수분해 불가능한 경우

(1) x^2의 계수인 a가 양수가 되도록 부등식을 정리한다.

(2) 근의 공식을 이용하여 다음과 같은 꼴로 나타낸다.

$$ax^2 + bx + c = \left(x - \frac{-b - \sqrt{b^2 - 4ac}}{2a}\right)\left(x - \frac{-b + \sqrt{b^2 - 4ac}}{2a}\right)$$

(3) $ax^2 + bx + c > 0$의 해는 $x < \frac{-b - \sqrt{b^2 - 4ac}}{2a}$ 또는 $x > \frac{-b + \sqrt{b^2 - 4ac}}{2a}$이다.

$ax^2 + bx + c < 0$의 해는 $\frac{-b - \sqrt{b^2 - 4ac}}{2a} < x < \frac{-b + \sqrt{b^2 - 4ac}}{2a}$이다.

예제 14-10

다음 이차부등식을 풀어라.

(a) $x^2 + 3x - 2 > 0$ (b) $x^2 - 5x + 3 \le 0$

TIP 근의 공식을 이용한다.

풀이

(a) $x^2+3x-2=\left(x-\frac{-3-\sqrt{17}}{2}\right)\left(x-\frac{-3+\sqrt{17}}{2}\right)$이므로 $x^2+3x-2>0$의 해는 $x<\frac{-3-\sqrt{17}}{2}$ 또는 $x>\frac{-3+\sqrt{17}}{2}$이다.

(b) $x^2-5x+3=\left(x-\frac{5-\sqrt{13}}{2}\right)\left(x-\frac{5+\sqrt{13}}{2}\right)$이므로 $x^2-5x+3\le 0$의 해는 $\frac{5-\sqrt{13}}{2}\le x\le\frac{5+\sqrt{13}}{2}$이다.

판별식이 0일 때 이차부등식의 풀이법

이차부등식에 있는 이차식 ax^2+bx+c의 판별식 $D=b^2-4ac$가 0이 될 경우 이차부등식은 다음과 같은 순서로 푼다.

정리 14-8 이차부등식의 풀이법 3 : $D=b^2-4ac=0$인 경우

(1) x^2의 계수인 a가 양수가 되도록 부등식을 정리한다.

(2) 이차식을 다음과 같이 완전제곱의 꼴로 만든다.

$$ax^2+bx+c=a\left(x+\frac{b}{2a}\right)^2$$

(3) 부등식을 만족하는 x값의 범위를 구한다.

예제 14-11

다음 이차부등식을 풀어라.

(a) $x^2+4x+4>0$　　(b) $x^2-6x+9\ge 0$

TIP 주어진 이차부등식에 있는 이차식을 완전제곱의 꼴로 변형한다.

풀이

(a) $x^2+4x+4=(x+2)^2$이므로 $x=-2$일 때 $(x+2)^2=0$이고, $x\ne-2$이면 $(x+2)^2>0$이다. 따라서 $x^2+4x+4>0$의 해는 $x<-2$ 또는 $x>-2$이다.

(b) $x^2-6x+9=(x-3)^2$이므로 $x=3$일 때 $(x-3)^2=0$이고, $x\ne 3$이면 $(x-3)^2>0$이다. 따라서 $x^2-6x+9\ge 0$의 해는 모든 실수이다.

[예제 14-11]에서 알 수 있듯이 이차부등식에 있는 이차식이 완전제곱이 되는 경우 부등호에 따라서 이차부등식의 해는 모든 실수, 모든 실수에서 한 점 제외, 한 점, 불능의 4가지 경우 중 하나가 된다.

판별식이 음수일 때 이차부등식의 풀이법

이차부등식에 있는 이차식 $ax^2 + bx + c$의 판별식 $D = b^2 - 4ac$가 음수인 경우 이차부등식은 다음과 같은 순서로 푼다.

정리 14-9 이차부등식의 풀이법 4 : $D = b^2 - 4ac < 0$인 경우

(1) $D = b^2 - 4ac < 0$이면, 해는 없거나 모든 실수가 된다.

(2) x에 적당한 값을 대입하였을 때 부등식이 성립하면 해는 모든 실수이고, 부등식이 성립하지 않으면 해는 없다.

예제 14-12

다음 이차부등식을 풀어라.

(a) $x^2 + 3x + 5 > 0$

(b) $x^2 - 4x + 8 < 0$

TIP 판별식이 음수임을 확인한 후 적당한 x값을 대입한다.

풀이

(a) $D = 3^2 - 4 \cdot 5 < 0$이고 $x = 1$일 때 부등식이 성립한다.

따라서 $x^2 + 3x + 5 > 0$의 해는 모든 실수이다.

(b) $D = (-4)^2 - 4 \cdot 8 < 0$이고 $x = 0$일 때 부등식이 성립하지 않는다.

따라서 $x^2 - 4x + 8 < 0$의 해는 없다.

14.4 공학문제

섭씨온도와 화씨온도

온도를 나타내는 대표적인 방법으로 섭씨온도와 화씨온도가 있다. **섭씨온도**Celsius scale는 1기압에서의 물이 어는점을 0℃, 물이 끓는점을 100℃로 하여 그 사이를 100등분한 온도 단위로, 이 단위의 최초 제안자인 스웨덴의 천문학자 안데르스 셀시우스Anders Celsius의 이름에서 유래되었다.

화씨온도Fahrenheit scale는 1기압에서의 물이 어는점을 32°F, 물이 끓는점을 212°F로 하여 그 사이를 180등분한 온도 단위로, 이 단위를 최초로 제안한 독일의 물리학자 다니엘 가브리엘 파렌하이트Daniel Gabriel Fahrenheit의 이름에서 유래되었다.

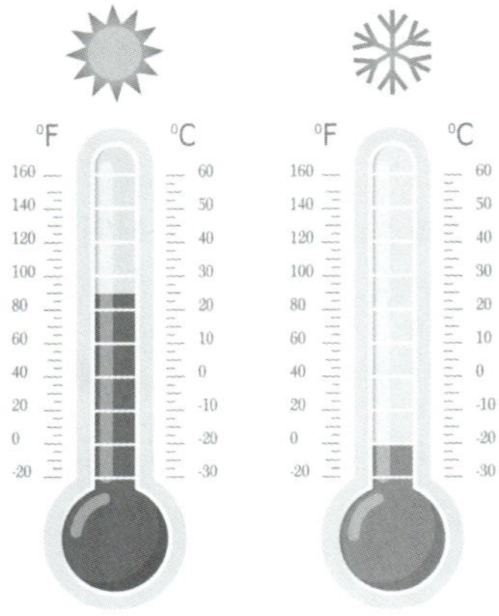

[그림 14-7] 섭씨온도와 화씨온도

섭씨온도 C와 화씨온도 F 사이에는 다음 관계가 성립한다.

$$F = \frac{9}{5}C + 32$$

예제 14-13

기상청의 기상자료개방포털(https://data.kma.go.kr)에 접속하면 우리나라의 온도와 관련된 자료를 확인할 수 있다. 2021년 1월 1일에서 2021년 12월 31일까지 서귀포 지역의 온도를 검색하였더니 최저 온도는 -3.4℃, 최고 온도는 32.9℃였다. 부등식을 이용하여 2021년 서귀포 지역의 온도 범위를 화씨온도를 이용하여 나타내라.

TIP $F = \frac{9}{5}C + 32$를 이용한다.

풀이

$-3.4 \le C \le 32.9$이므로 $-6.12 \le \frac{9}{5}C \le 59.22$이다. 따라서 $25.88 \le \frac{9}{5}C + 32 \le 91.22$이므로 2021년 서귀포 지역의 온도 범위를 화씨온도로 나타내면 $25.88 \le F \le 91.22$이다.

구심력

질량이 $m$kg인 물체가 길이가 rm인 줄의 끝에 매달려 [그림 14-8]과 같이 수평인 원 궤도를 그리며 회전운동을 할 때, 원의 궤도 중심으로 작용하는 힘인 **구심력**centripetal force F는 다음과 같다.[1]

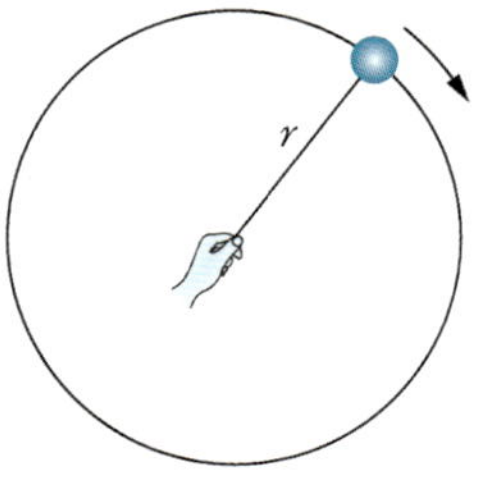

[그림 14-8] **구심력**

$$F = m\frac{v^2}{r}$$

이때 v는 회전운동하는 물체의 속도이다.

예제 14-14

질량이 4kg인 공이 길이가 6m인 줄의 끝에 매달려 수평인 원 궤도를 그리며 회전운동을 하고 있다. 만일 줄이 16N까지의 구심력을 견딜 수 있다고 할 때, 줄이 끊어지지 않고 공이 회전할 수 있는 속도의 범위를 구하라.

TIP 장력에 관한 식을 속도에 관한 식으로 바꾼다.

풀이

$F = m\frac{v^2}{r}$에서 $v^2 = \frac{Fr}{m}$이다. 여기서 $m = 4$, $r = 6$이므로 $v^2 = \frac{3}{2}F$이다. 이때 $v \geq 0$이어야 하므로 $v = \sqrt{\frac{3}{2}F}$이다. 또한 $F \leq 16$이므로 $0 \leq v \leq \sqrt{\frac{3}{2} \cdot 16} = 2\sqrt{6}\,(\text{m/s})$이다. 그러므로 $0 \leq v \leq 2\sqrt{6}\,(\text{m/s})$이다.

렌즈의 초점거리

렌즈로 맺어지는 상의 종류, 위치, 크기는 렌즈의 볼록/오목 모양, 초점거리, 물체의 위치에 따라서 결정된다. 이때 망원경의 **초점거리**focal length란 대물렌즈의 중심 또는 주경의 반사면의 중심에서 초점면까지의 거리를 말한다.

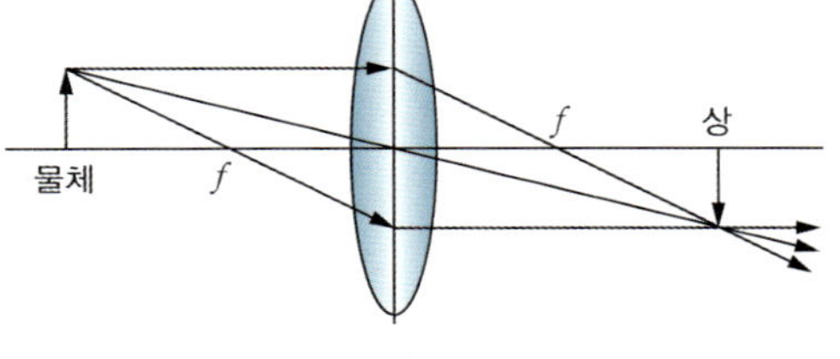

[그림 14-9] **렌즈의 초점거리**

1 구심력에 사용되는 모든 물리량은 SI 기본 단위를 사용한다.

볼록렌즈의 경우 물체에서 렌즈 중심까지의 거리를 a, 렌즈의 중심에서 상까지의 거리를 b, 그리고 렌즈의 중심에서 초점까지의 거리인 초점거리를 f라 하면, 다음 등식이 성립한다.

$$\frac{1}{f} = \frac{1}{a} + \frac{1}{b}$$

예제 14-15

천체 망원경은 광학기술을 통해 제작된 망원경으로, 볼록렌즈나 반사경을 이용하여 별빛을 모아 별의 상을 만들고, 이 상을 확대하여 관측하는 원리이다. 대물렌즈가 볼록렌즈로 이루어진 어떤 천체 망원경에서 $2 \le a \le 5$이고 $1 \le b \le 4$일 때, f의 범위를 구하라. 이때 a는 물체와 렌즈 중심까지의 거리, b는 렌즈 중심에서 상까지의 거리, f는 초점거리이다.

TIP $0 < x < y < z$이면 $\frac{1}{z} < \frac{1}{y} < \frac{1}{x}$이다.

풀이

$\frac{1}{5} \le \frac{1}{a} \le \frac{1}{2}$이고 $\frac{1}{4} \le \frac{1}{b} \le 1$이므로

$$\frac{1}{5} + \frac{1}{4} \le \frac{1}{a} + \frac{1}{b} \le \frac{1}{2} + 1$$

이다. 따라서 $\frac{9}{20} \le \frac{1}{f} \le \frac{3}{2}$으로부터 $\frac{2}{3} \le f \le \frac{20}{9}$이다.

탄성 충돌

2개의 물체가 충돌했을 때, 충돌하기 전후의 두 물체의 운동에너지 합이 보존되는데, 이를 **탄성 충돌**elastic collision이라 한다.

[그림 14-10] **물체의 충돌**

[그림 14-10]처럼 직선상에서 질량이 m_1인 물체가 속력 v_1으로, 질량이 m_2인 물체가 속력 v_2로 마주보며 오다가 충돌하였을 때, 질량이 m_1인 물체의 속력 v_3는 다음 식으로 표현된다.

$$v_3 = \left(\frac{m_1 - m_2}{m_1 + m_2}\right)v_1 + \left(\frac{2m_2}{m_1 + m_2}\right)v_2$$

예제 14-16

탄성 충돌에서 충돌하는 두 물체의 속력이 각각 $v_1 = 14$, $v_2 = 21$이고, 두 물체의 질량의 범위가 각각 $3 \le m_1 \le 5$, $1 \le m_2 \le 2$일 때, 질량이 m_1인 물체의 속력 v_3의 범위를 구하라.

TIP 탄성 충돌 공식을 이용한다.

풀이

$1 \le m_1 - m_2 \le 4$이고 $4 \le m_1 + m_2 \le 7$이므로, $\frac{1}{7} \le \frac{m_1 - m_2}{m_1 + m_2} \le 1$이다.
따라서 $2 \le \left(\frac{m_1 - m_2}{m_1 + m_2}\right)v_1 \le 14$이다. $2 \le 2m_2 \le 4$이므로, $\frac{2}{7} \le \frac{2m_2}{m_1 + m_2} \le 1$이다.
따라서 $6 \le \left(\frac{2m_2}{m_1 + m_2}\right)v_2 \le 21$이다. 그러므로 $8 \le v_3 \le 35$이다.

CHAPTER 14 연습문제

14.1 $x < y$일 때, 다음 □ 안에 알맞은 부등호를 적어라.

(a) $x + \frac{1}{3} \square y + \frac{1}{3}$

(b) $x - 7 \square y - 7$

(c) $\frac{1}{5}x \square \frac{1}{5}y$

(d) $-\frac{3}{4}x \square -\frac{3}{4}y$

(e) $3x + 2 \square 3y + 2$

(f) $4x - 2 \square 4y - 2$

(g) $-5x + 4 \square -5y + 4$

(h) $-3x - 5 \square -3y - 5$

14.2 $-2 < x < 4$일 때, 다음 식의 범위를 구하라.

(a) $x + 5$

(b) $5x$

(c) $4x + 2$

(d) $-2x + 9$

(e) $\frac{1}{3}x - \frac{1}{2}$

(f) $-\frac{1}{2}x - \frac{1}{4}$

14.3 $-3 \le x \le 4$이고 $0 \le y \le 2$일 때, 다음 식의 범위를 구하라.

(a) $x + y$

(b) $x - y$

(c) $3x + 2y$

(d) $3x - 2y$

(e) $-2x + 5y$

(f) $-2x - 5y$

14.4 $1 \le x \le 6$이고 $3 \le y \le 5$일 때, 다음 식의 범위를 구하라.

(a) xy

(b) x^2

(c) $\frac{x}{y}$

(d) $\frac{y}{x}$

(e) $\frac{x}{y} + \frac{y}{x}$

(f) $x^2 - y^2$

14.5 다음 일차부등식을 풀어라.

(a) $5x + 1 < 2x - 4$

(b) $-3x - 4 < 3x + 11$

(c) $4(2x - 1) > 2(3x + 1)$

(d) $-(3x - 2) > 4(x - 1) + 5$

(e) $\frac{x}{2} - \frac{1}{3} \geq \frac{x}{3} - 1$

(f) $\frac{1}{2} - 3x \leq \frac{x}{3} + 1$

14.6 다음 연립일차부등식을 풀어라.

(a) $\begin{cases} 3x + 1 \leq 10 \\ 2x - 3 > -1 \end{cases}$

(b) $\begin{cases} 2x + 3 \leq 9 \\ -3x + 1 \geq 4 \end{cases}$

(c) $\begin{cases} 2x + 1 \leq 3(x + 1) \\ 4(x + 2) > x + 5 \end{cases}$

(d) $\begin{cases} 3x - 1 < 5x + 1 \\ 5(x - 1) \leq 4x + 1 \end{cases}$

14.7 다음 연립일차부등식을 풀어라.

(a) $\begin{cases} 3(x + 1) > 2(x + 2) \\ 2(x + 3) < x + 8 \\ 3(x - 2) < x - 3 \end{cases}$

(b) $\begin{cases} -x + 2 \leq 2 + x \\ -x - 2 < 2 + x \\ x - 4 \geq -x \end{cases}$

(c) $\begin{cases} 5x - 4 \leq 3x + 2 \\ -x + 2 \leq -4x + 5 \\ 3x + 5 \leq x + 3 \end{cases}$

(d) $\begin{cases} -4x + 5 \leq 3x + 12 \\ 3x + 2 \geq 2x \\ 2x + 3 \leq 4x - 1 \end{cases}$

14.8 다음 이차부등식을 풀어라.

(a) $x^2 - 8x + 7 \geq 0$

(b) $x^2 + 9x - 10 \leq 0$

(c) $-x^2 - x + 56 > 0$

(d) $-x^2 + 16x - 48 < 0$

(e) $12x^2 + x - 1 > 0$

(f) $-5x^2 + 18x + 8 \leq 0$

14.9 다음 이차부등식을 풀어라.

(a) $x^2 - 7x + 1 \leq 0$

(b) $x^2 - 3x - 3 \geq 0$

(c) $x^2 - 4x - 8 < 0$

(d) $x^2 + 6x + 2 > 0$

(e) $-2x^2 - 2x + 3 \leq 0$

(f) $-3x^2 + x + 1 \geq 0$

14.10 다음 이차부등식을 풀어라.

(a) $x^2 - 10x + 25 \le 0$
(b) $x^2 - 12x + 36 \ge 0$
(c) $x^2 - 14x + 49 > 0$
(d) $x^2 + 20x + 100 < 0$
(e) $-x^2 + 16x - 64 \ge 0$
(f) $-x^2 + 18x - 81 < 0$

14.11 다음 이차부등식을 풀어라.

(a) $x^2 + 5x + 9 \ge 0$
(b) $x^2 - 4x + 5 \le 0$
(c) $2x^2 - 2x + 11 > 0$
(d) $3x^2 - x + 4 < 0$
(e) $-7x^2 + 2x - 1 \ge 0$
(f) $-4x^2 + 2x - 5 < 0$

14.12 화씨온도 F와 섭씨온도 C 사이의 관계는 다음과 같다.

$$F = \frac{9}{5}C + 32$$

$16 \le F \le 60$일 때, 섭씨온도의 범위를 구하라.

14.13 질량이 6kg인 공이 길이가 4m인 줄의 끝에 매달려 수평인 원 궤도를 그리며 회전운동을 하고 있다. 만일 줄이 243N까지의 구심력을 견딜 수 있다고 할 때, 줄이 끊어지지 않고 공이 회전할 수 있는 속도의 범위를 구하라.

14.14 대물렌즈가 볼록렌즈로 이루어진 어떤 천체 망원경에서 $7 \le a \le 9$이고 $3 \le f \le 6$일 때, b의 범위를 구하라. 이때 a는 물체에서 렌즈 중심까지의 거리, b는 렌즈 중심에서 상까지의 거리, f는 초점거리이다.

14.15 질량 $m$kg인 물체가 속도 vm/s로 운동하고 있을 때 운동에너지 k는

$$k = \frac{1}{2}mv^2$$

이다. 6kg의 물체가 $v_0 = 2$(m/s)에서 $v_1 = 8$(m/s)로 속도가 변화하며 운동할 때, 운동에너지 k의 범위를 구하라.

14.16 탄성 충돌에서 충돌하는 두 물체의 속력이 각각 $v_1 = 117$, $v_2 = 39$이고, 두 물체의 질량의 범위가 각각 $7 \le m_1 \le 10$, $2 \le m_2 \le 3$일 때, 질량이 m_1인 물체의 속력 v_3의 범위를 구하라.

CHAPTER 15

유리함수와 무리함수

CONTENTS

학습목표

- 유리식과 무리식으로부터 유리함수와 무리함수를 정의하는 방법을 알아본다.
- 유리함수와 무리함수의 정의역을 구하는 방법을 익히고, 그래프를 그리는 방법을 학습한다.
- 유리함수와 무리함수의 방정식과 부등식의 해를 구하는 방법을 학습한다.

대학 입시를 위해 면접을 보는 상황을 떠올려보자. 긴장되고 떨리는 탓에 5분간의 짧은 면접 시간이 10분 정도로 더 길게 느껴질 수도 있다. 이는 아인슈타인의 상대성이론을 '감정적으로' 느꼈다고 볼 수 있다.

그렇다면 상대성 이론을 '실제로' 적용한 사례에는 무엇이 있을까? 바로 자동차의 내비게이션이나 스마트폰의 위치 추적 장치에 사용되는 기술인 위성항법장치(GPS)Global Positioning System를 예로 들 수 있다.

GPS는 위성으로부터 오는 신호를 받아 현재 위치를 계산한다. 위성들은 위성 궤도에서 빠른 속도로 움직이면서 정밀한 전파 신호를 발사하는데, 이때 상대성이론에 의해 전파 신호에 시간 지연time dilation이 발생한다. 상대성이론에 의하면 위성에서의 시간을 t_1, 지구상에서의 시간을 t_0, 위성의 속도를 v, 빛의 속도를 c라 할 때, 위성에서의 시간 t_1은 다음과 같은 무리함수로 설명된다.

$$t_1 = \frac{t_0}{\sqrt{1 - \frac{v^2}{c^2}}}$$

상대성이론에 따르면 위성에서의 시간은 하루에 약 $\frac{7}{1000}$초씩 느려진다고 한다. 따라서 상대성이론을 기반으로 이 시간을 보정해야만 GPS로 정확한 위치를 계산할 수 있다.[1]

1 실제로 시간을 보정할 때는 특수 상대성이론에 의해 빨라진 시간과 일반 상대성이론에 의해 느려진 시간을 종합하여 보정한다.

15.1 유리함수

유리함수의 정의

유리함수는 유리식을 이용하여 정의하므로, 우선 유리식에 대해 알아보자.

정의 15-1 유리식
다항식 또는 분수식을 **유리식**rational expression이라 한다.

유리식은 다항식과 분수식으로 나눌 수 있는데 분모에 문자를 포함하지 않은 것이 다항식이고, 분모에 문자를 포함한 것이 분수식이다. 예를 들어 유리식 $\frac{x^2+1}{3}$은 분모에 문자가 포함되지 않았으므로 다항식이고, 유리식 $\frac{x^3-4x+3}{2x}$은 분모에 문자가 포함되어 있으므로 분수식이다.

유리식을 이용하여 다음과 같이 유리함수를 정의한다.

정의 15-2 유리함수
$f(x)$가 x에 관한 유리식일 때, $y=f(x)$를 **유리함수**rational function라 한다.

$y=f(x)$가 유리함수이면 $f(x)=\frac{p(x)}{q(x)}$의 꼴로 나타낼 수 있으며, 이때 $p(x)$와 $q(x)$는 모두 다항식이어야 한다. 유리식과 마찬가지로 유리함수는 다항함수와 분수함수로 나뉜다. 만일 $q(x)$가 상수이면 유리함수 $y=f(x)$는 다항함수이고, $q(x)$가 1차 이상의 다항식이면 $y=f(x)$는 분수함수이다. 만일 $p(x)$ 또는 $q(x)$에 있는 문자에 근호가 있으면 $f(x)$는 다항함수도, 분수함수도 될 수 없으므로 $f(x)$는 유리함수가 아니다.

예제 15-1

다음 함수가 유리함수인지를 판정하라.

(a) $y=\frac{x+2}{x^2-1}$

(b) $y=2x^2-5x+4$

(c) $y=\frac{\sqrt{3}x+\sqrt{5}}{2}$

(d) $y=\frac{\sqrt{x}+3}{x^2}$

TIP 문자에 근호가 있으면 유리함수가 아니다.

풀이

(a) $y = \dfrac{x+2}{x^2-1}$는 분수함수이므로 유리함수이다.

(b) $y = 2x^2 - 5x + 4$는 다항함수이므로 유리함수이다.

(c) $y = \dfrac{\sqrt{3}x + \sqrt{5}}{2}$는 다항함수이므로 유리함수이다.

(d) $y = \dfrac{\sqrt{x}+3}{x^2}$의 분자에 있는 x에 근호가 있으므로 유리함수가 아니다.

유리함수 $f(x)$가 다항함수인지 또는 분수함수인지에 따라서 정의역이 달라진다.

정리 15-1 유리함수의 정의역

(1) **$f(x)$가 다항함수인 경우**

$f(x)$의 정의역은 실수 전체의 집합이다.

(2) **$f(x)$가 분수함수인 경우**

$f(x)$의 정의역은 분모를 0으로 만드는 x값을 제외한 실수 전체의 집합이다.

예를 들어 $f(x) = 3x^2 - 2$는 다항함수이므로 유리함수이며, $f(x)$의 정의역은 $\mathbb{R}$이다. 또한 $g(x) = \dfrac{3}{x-2}$은 분수함수이므로 유리함수이며, $x = 2$일 때 분모가 0이므로 $g(x)$의 정의역은 $\mathbb{R} - \{2\}$이다.

예제 15-2

다음 유리함수의 정의역을 구하라.

(a) $f(x) = x^4 - 5x + 3$

(b) $g(x) = \dfrac{(x+3)(x-2)}{x+3}$

TIP 분수함수의 분모가 0이 되는 값은 정의역에서 제외된다.

풀이

(a) $f(x)$는 다항함수이므로, 정의역은 $\mathbb{R}$이다.

(b) $g(x)$는 분수함수이고, $x = -3$일 때 $g(x)$의 분모가 0이 된다. 따라서 $g(x)$의 정의역은 $\mathbb{R} - \{-3\}$이다.

[예제 15-2(b)]에서 $x=-3$일 때 $g(x)$의 분모뿐만 아니라 분자도 0이 된다. 하지만 분수함수의 정의역을 구할 때는 분자가 0이 되는가는 확인할 필요가 없으며, 분모를 0이 되게 하는 x값이 있다면 그 값을 정의역에서 제외해야 한다.

유리함수의 그래프

유리함수 중 분수함수의 그래프에 대하여 알아보자.

■ 유리함수 $y=\dfrac{k}{x}$ $(k \neq 0)$의 그래프

가장 간단한 형태의 유리함수는 $y=\dfrac{k}{x}$ $(k \neq 0)$이고, 이 함수의 그래프는 다음과 같은 성질을 갖는다.

- $k>0$일 때, $y=\dfrac{k}{x}$의 그래프는 제1사분면과 제3사분면에 그려진다.
- $k<0$일 때, $y=\dfrac{k}{x}$의 그래프는 제2사분면과 제4사분면에 그려진다.
- 정의역과 치역은 모두 $\mathbb{R}-\{0\}$이다.
- x가 양의 무한대나 음의 무한대로 접근할 때 그래프는 x축에 접근하고, x가 0에 접근할 때 그래프는 y축에 접근한다.
- $|k|$의 값이 커질수록 그래프는 원점에서 멀어진다.

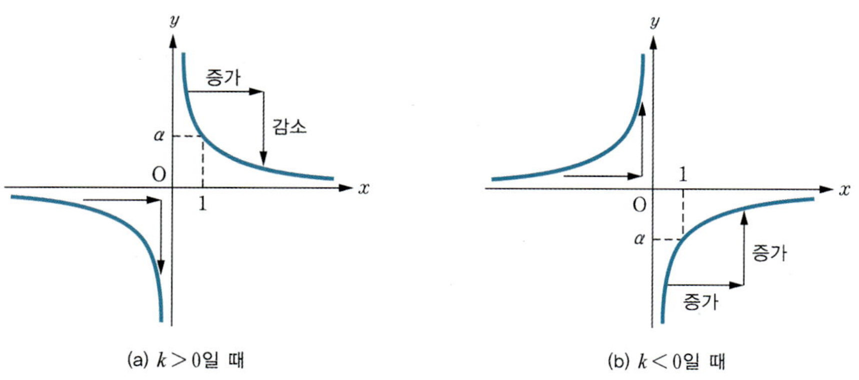

[그림 15-1] $y=\dfrac{k}{x}$의 그래프

■ 유리함수 $y=\dfrac{k}{x-a}+b$ $(k \neq 0)$의 그래프

$y=\dfrac{k}{x-a}+b$의 그래프는 $y=\dfrac{k}{x}$의 그래프를 x축 방향으로 a만큼, y축 방향으로 b만큼 평행이동하여 그린다.

정리 15-2 유리함수 $y = \dfrac{k}{x-a} + b\ (k \neq 0)$의 그래프 그리는 방법

(1) 좌표평면에서 점 (a, b)를 표시하고, 그 점에서 x축과 평행한 점선과 y축과 평행한 점선을 긋는다.

(2) (1)에서 그은 두 점선을 x축, y축으로 생각하고 두 점선으로 만들어진 네 개의 영역 중 $k > 0$이면 제1사분면과 제3사분면에, $k < 0$이면 제2사분면과 제4사분면에 그래프를 그린다.

[정리 15-2]를 이용하여 다음 유리함수의 그래프를 그려보자.

예제 15-3

다음 유리함수의 그래프를 그려라.

(a) $y = \dfrac{1}{x-2} + 1$　　(b) $y = -\dfrac{2}{x-1} + 3$　　(c) $y = \dfrac{3}{x} - 2$

TIP 그래프의 기준이 되는 점 (a, b)를 찾고, k의 부호를 확인한다.

풀이

(a) 점 $(2, 1)$을 중심으로 x축과 평행한 점선과 y축과 평행한 점선을 긋고, $k > 0$이므로 점선들로 나누어진 네 개의 사분면 중 제1사분면과 제3사분면에 그래프를 그린다.

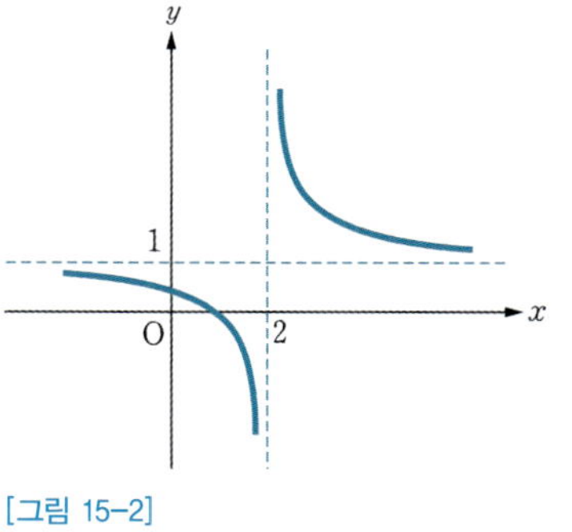

[그림 15-2]

(b) 점 $(1, 3)$을 중심으로 x축과 평행한 점선과 y축과 평행한 점선을 긋고, $k < 0$이므로 점선들로 나누어진 네 개의 사분면 중 제2사분면과 제4사분면에 그래프를 그린다.

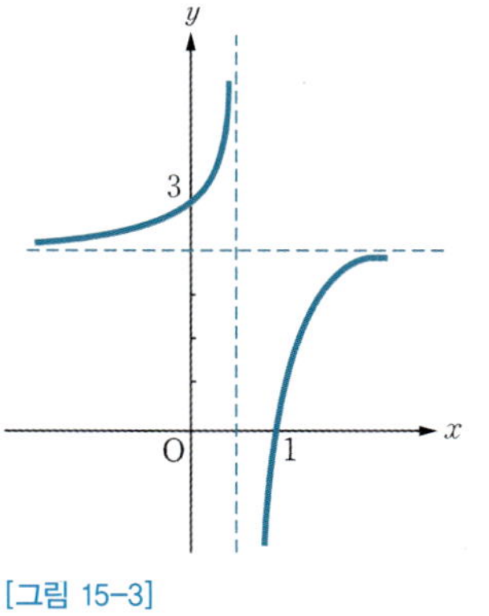

[그림 15-3]

(c) $y = \frac{3}{x} - 2 = \frac{3}{x-0} - 2$이므로 점 $(0, -2)$를 중심으로 x축과 평행한 점선과 y축과 평행한 점선을 긋고, $k > 0$이므로 점선들로 나누어진 네 개의 사분면 중 제1사분면과 제3사분면에 그래프를 그린다.

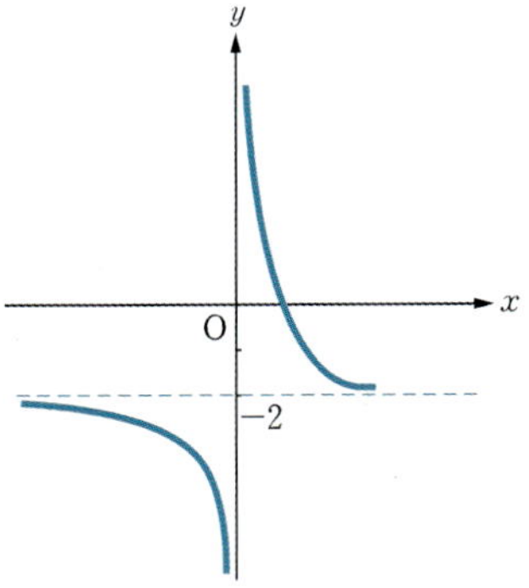

[그림 15-4]

■ 유리함수 $y = \frac{px+q}{rx+s}$ $(r \neq 0,\ qr - ps \neq 0)$의 그래프

p, q, r, s가 상수일 때, $y = \frac{px+q}{rx+s}$는 $px+q$를 $rx+s$로 직접 나누어 $y = \frac{a}{rx+s} + b$로 나타낸 후 그래프를 그린다. 여기서 a는 $px+q$를 $rx+s$로 나누었을 때의 나머지이고, b는 몫이다. 예를 들어 $y = \frac{2x+3}{x-1}$은 오른쪽의 계산으로부터 $y = \frac{2x+3}{x-1} = \frac{5}{x-1} + 2$이다.

$$\begin{array}{r} 2 \\ x-1\overline{)\ 2x+3} \\ \underline{2x-2} \\ 5 \end{array}$$

예제 15-4

다음 유리함수의 그래프를 그려라.

(a) $y = \frac{2x-1}{x-1}$　　(b) $y = \frac{3x+1}{x+1}$　　(c) $y = \frac{-x+3}{x}$

TIP 주어진 유리함수를 $y = \frac{k}{x-a} + b$의 꼴로 나타낸 후 그래프를 그린다.

풀이

(a) $y = \frac{2x-1}{x-1} = \frac{1}{x-1} + 2$이므로 점 $(1, 2)$를 중심으로 x축과 평행한 점선과 y축과 평행한 점선을 긋고, $k > 0$이므로 네 개의 사분면 중 제1사분면과 제3사분면에 그래프를 그린다.

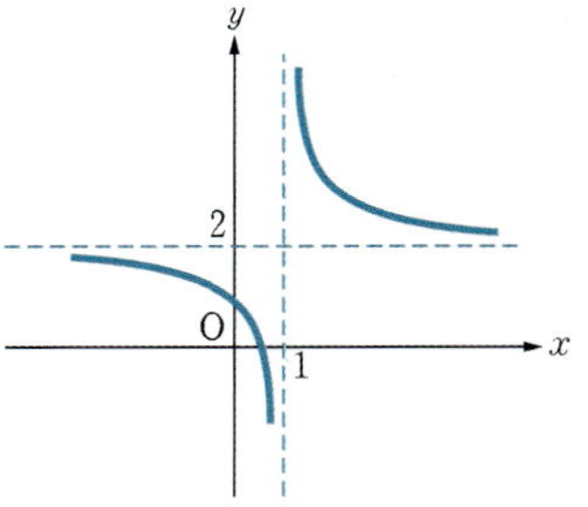

[그림 15-5]

(b) $y = \frac{3x+1}{x+1} = \frac{-2}{x+1} + 3$이므로 점 $(-1, 3)$을 중심으로 x축과 평행한 점선과 y축과 평행한 점선을 긋고, $k < 0$이므로 네 개의 사분면 중 제2사분면과 제4사분면에 그래프를 그린다.

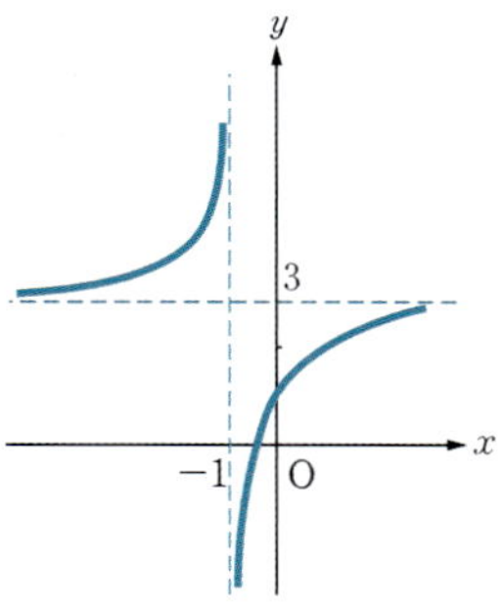

[그림 15-6]

(c) $y = \frac{-x+3}{x} = \frac{3}{x} - 1$이므로 점 $(0, -1)$을 중심으로 x축과 평행한 점선과 y축과 평행한 점선을 긋고, $k > 0$이므로 네 개의 사분면 중 제1사분면과 제3사분면에 그래프를 그린다.

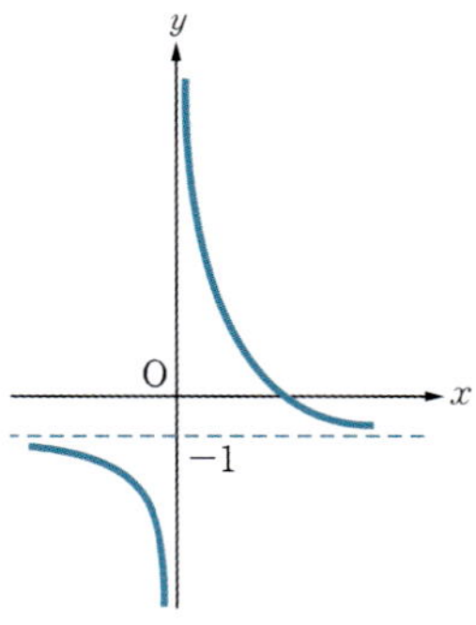

[그림 15-7]

15.2 유리방정식과 유리부등식

유리방정식의 풀이법

유리함수와 마찬가지로 다항방정식 또는 분수방정식을 **유리방정식** rational equation이라 한다. 이러한 유리방정식은 다음과 같이 해를 구한다.

정리 15-3 유리방정식의 풀이법

(1) 주어진 유리방정식의 양변에 분모의 최소공배수를 곱하여 분모를 없앤다.

(2) (1)에서 얻은 다항방정식의 해 중 유리방정식의 분모를 0으로 만들지 않는 것만 이 해이다.

유리방정식 $\frac{1}{x-1} - \frac{x}{x+1} = -\frac{2}{x^2-1}$를 [정리 15-3]에 따라서 풀면 다음과 같다.

(1) 양변의 모든 항에 $x-1$, $x+1$, x^2-1의 최소공배수인 x^2-1을 곱하여 분모를 없애면 다음과 같다.

$$(x+1) - x(x-1) = -2$$

(2) 이 식을 정리하면 $x^2-2x-3=0$이고, $(x-3)(x+1)=0$으로부터 이차방정식의 해는 $x=3$, $x=-1$이다. 이때 $x=-1$은 유리방정식의 분모가 0이 되게 하는 값이므로 유리방정식의 해가 될 수 없으며, $x=3$일 때 유리방정식의 분모가 0이 되지 않으므로 유리방정식의 해는 $x=3$이다.

예제 15-5

다음 유리방정식을 풀어라.

(a) $\frac{2x-3}{x+2} = \frac{1}{2}$

(b) $\frac{2}{x-1} = \frac{3}{2x-1}$

(c) $\frac{x}{x-3} - \frac{1}{x+3} = \frac{6}{x^2-9}$

(d) $\frac{4}{x-2} = 1 + \frac{12}{x^2-4}$

TIP 주어진 유리방정식의 분모를 없앤 후 해를 구한다.

풀이

(a) 주어진 식의 양변에 $2(x+2)$를 곱하면 $2(2x-3)=1(x+2)$이고 이를 풀면 $x=\frac{8}{3}$이다. $x=\frac{8}{3}$일 때 유리방정식의 분모가 0이 아니므로, 방정식의 해는 $x=\frac{8}{3}$이다.

(b) 주어진 식의 양변에 $(x-1)(2x-1)$을 곱하면 $2(2x-1)=3(x-1)$이고 이를 풀면 $x=-1$이다. $x=-1$일 때 유리방정식의 분모가 0이 아니므로, 방정식의 해는 $x=-1$이다.

(c) 주어진 식의 양변에 x^2-9를 곱하면 $x(x+3)-1(x-3)=6$이고 이를 정리하면 $x^2+2x-3=0$이다. 따라서 $(x+3)(x-1)=0$으로부터 $x=-3$ 또는 $x=1$이다. -3일 때 유리방정식의 분모가 0이므로, -3은 유리방정식의 해가 아니다. 또한 $x=1$일 때 유리방정식의 분모가 0이 아니므로, 유리방정식의 해는 $x=1$이다.

(d) 주어진 식의 양변에 x^2-4를 곱하면 $4(x+2)=1(x^2-4)+12$이고 이를 정리하면 $x^2-4x=0$이다. 따라서 $x(x-4)=0$으로부터 $x=0$, $x=4$이다. $x=0$일 때와 $x=4$일 때 모두 유리방정식의 분모가 0이 아니므로, 유리방정식의 해는 $x=0$과 $x=4$이다.

유리부등식의 풀이법

유리부등식은 다음과 같이 해를 구한다.

정리 15-4 유리부등식의 풀이법

(1) 주어진 유리부등식의 모든 항을 좌변으로 이항하여

$$\frac{f(x)}{g(x)}>0,\quad \frac{f(x)}{g(x)}\ge 0,\quad \frac{f(x)}{g(x)}<0,\quad \frac{f(x)}{g(x)}\le 0$$

의 꼴로 만든다.

(2) 부등식의 양변에 $\{g(x)\}^2$을 곱하고 부등식을 푼다.

(3) (2)에서 구한 부등식의 해에서 $g(x)=0$인 x값을 제외한 값이 유리부등식의 해이다.

[정리 15-4]의 (2)에서 $g(x)$는 x값에 따라서 양수나 음수가 될 수 있기 때문에 부등호의 방향을 유지하기 위해서는 반드시 $\{g(x)\}^2$을 곱해야 한다.

예제 15-6

다음 유리부등식을 풀어라.

(a) $\dfrac{1}{x+1} \geq \dfrac{1}{2}$　　(b) $\dfrac{2x-1}{x-2} < 1$　　(c) $\dfrac{3x+2}{x+3} \geq 0$

TIP 모든 항을 좌변으로 이항한 후 분모의 제곱을 양변에 곱한다.

풀이

(a) 식을 좌변으로 이항하여 정리하면 $\dfrac{-x+1}{2(x+1)} \geq 0$이므로, 부등식의 양변에 -1을 곱하면 $\dfrac{x-1}{2(x+1)} \leq 0$이다. 부등식의 양변에 $\{2(x+1)\}^2$을 곱하면 $2(x+1)(x-1) \leq 0$이다. 이 부등식을 풀면 $-1 \leq x \leq 1$이고, $x=-1$일 때 유리부등식의 분모가 0이 되므로 $x=-1$을 제외한다. 따라서 유리부등식의 해는 $-1 < x \leq 1$이다.

(b) 식을 좌변으로 이항하여 정리하면 $\dfrac{x+1}{x-2} < 0$이므로 부등식의 양변에 $(x-2)^2$을 곱하면 $(x-2)(x+1) < 0$이다. 이 부등식을 풀면 $-1 < x < 2$이고 구간 내의 모든 x에 대하여 유리부등식의 분모가 0이 되지 않는다. 따라서 유리부등식의 해는 $-1 < x < 2$이다.

(c) 부등식의 양변에 $(x+3)^2$을 곱하면 $(x+3)(3x+2) \geq 0$이다. 이 부등식을 풀면 $x \geq -\dfrac{2}{3}$ 또는 $x \leq -3$이다. $x=-3$일 때 유리부등식의 분모가 0이 되므로 $x=-3$을 제외한다. 따라서 유리부등식의 해는 $x \geq -\dfrac{2}{3}$ 또는 $x < -3$이다.

15.3 무리함수

무리함수의 정의

유리함수의 경우와 같이 무리함수는 무리식을 이용하여 정의하므로, 우선 무리식에 대하여 알아보자.

정의 15-3 무리식
근호 안에 미지수가 포함된 식을 **무리식** irrational expression이라 한다.

$\sqrt{x}+3$과 $\sqrt{\dfrac{2}{x}-1}$은 무리식의 예가 되지만, $\sqrt{2}x$는 근호 안에 미지수가 없으므로 무리식이 아닌 유리식이다.

무리식의 정의를 이용하여 다음과 같이 무리함수를 정의한다.

정의 15-4 무리함수
$f(x)$가 x에 관한 무리식일 때, $y=f(x)$를 **무리함수** irrational function라 한다.

무리식의 정의를 이용하여 무리함수를 판정해보자.

예제 15-7

다음 함수가 무리함수인지를 판정하라.

(a) $y=x^2+\sqrt{5}x-\sqrt{2}$

(b) $y=x^3-2\sqrt{x}+3$

(c) $y=\dfrac{\sqrt{2}x+7}{4}$

(d) $y=\dfrac{x-4}{\sqrt{x}}$

TIP 근호 안에 문자가 있으면 무리함수이다.

풀이

(a) $y=x^2+\sqrt{5}x-\sqrt{2}$는 근호 안에 문자가 없으므로 무리함수가 아니다.

(b) $y=x^3-2\sqrt{x}+3$은 근호 안에 문자가 있으므로 무리함수이다.

(c) $y = \dfrac{\sqrt{2}x+7}{4}$ 은 근호 안에 문자가 없으므로 무리함수가 아니다.

(d) $y = \dfrac{x-4}{\sqrt{x}}$ 는 근호 안에 문자가 있으므로 무리함수이다.

이제 무리함수의 정의역에 대하여 알아보자.

정리 15-5 무리함수의 정의역

무리함수 $f(x) = \sqrt[n]{\square}$ 의 정의역은 다음과 같다.

(1) **n이 홀수일 때**

$f(x)$의 정의역은 $\square$의 정의역과 같다.

(2) **n이 짝수일 때**

$f(x)$의 정의역은 $\{x : \square \geq 0\}$이다.

$n = 2$일 때 2를 생략하고, $f(x) = \sqrt[2]{\square} = \sqrt{\square}$로 나타낸다. 또한 $f(x) = \sqrt[n]{\square}$에서 n이 짝수이면 $\square$는 어떤 실수가 짝수 번 곱해진 결과가 되기 때문에 반드시 $\square$는 0보다 크거나 같아야 한다.

예제 15-8

다음 무리함수의 정의역을 구하라.

(a) $f(x) = \sqrt{x-3}$

(b) $g(x) = \sqrt[3]{x+1}$

(c) $h(x) = \sqrt[4]{2-x}$

(d) $k(x) = \sqrt[5]{7-2x}$

TIP $\sqrt[n]{\square}$에서 n이 홀수인지 짝수인지를 확인한다.

풀이

(a) $f(x)$의 정의역은 $x-3 \geq 0$이어야 하므로 $\{x : x \geq 3\}$이다.

(b) $g(x)$의 정의역은 $y = x+1$의 정의역과 같으므로 $\mathbb{R}$이다.

(c) $h(x)$의 정의역은 $2-x \geq 0$이어야 하므로 $\{x : x \leq 2\}$이다.

(d) $k(x)$의 정의역은 $y = 7-2x$의 정의역과 같으므로 $\mathbb{R}$이다.

무리함수의 그래프

$f(x) = \sqrt[n]{\square}$ 꼴의 무리함수 중 $n = 2$일 때의 함수의 그래프에 대하여 알아보자.

■ 무리함수 $y = \pm\sqrt{ax}$ $(a \neq 0)$의 그래프

가장 간단한 형태의 무리함수인 $y = \sqrt{ax}$, $y = -\sqrt{ax}$의 그래프는 다음과 같은 성질을 갖는다.

- $a > 0$일 때, $y = \sqrt{ax}$의 정의역은 $\{x : x \geq 0\}$이고, 그래프는 원점을 지나고 제1사분면에 그려진다.
- $a < 0$일 때, $y = \sqrt{ax}$의 정의역은 $\{x : x \leq 0\}$이고, 그래프는 원점을 지나고 제2사분면에 그려진다.

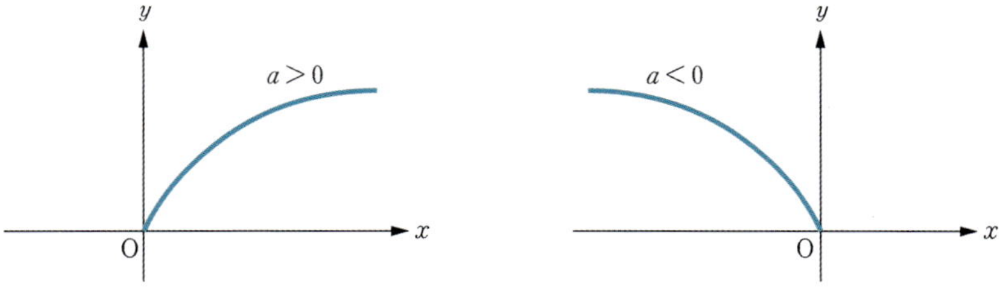

(a) $a > 0$일 때　　(b) $a < 0$일 때

[그림 15-8] $y = \sqrt{ax}$의 그래프

- $a > 0$일 때, $y = -\sqrt{ax}$의 정의역은 $\{x : x \geq 0\}$이고, 그래프는 원점을 지나고 제4사분면에 그려진다.
- $a < 0$일 때, $y = -\sqrt{ax}$의 정의역은 $\{x : x \leq 0\}$이고, 그래프는 원점을 지나고 제3사분면에 그려진다.

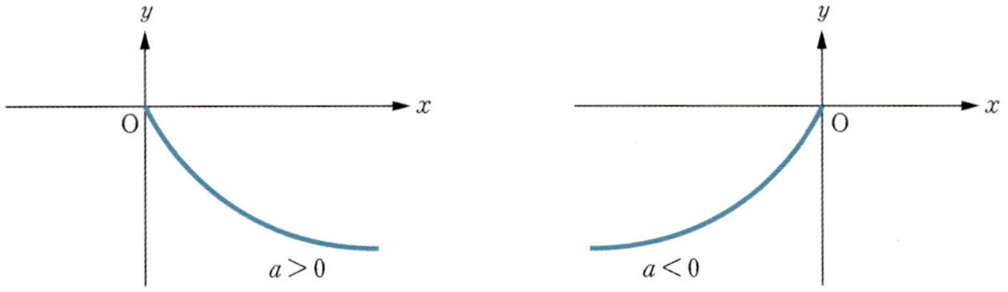

(a) $a > 0$일 때　　(b) $a < 0$일 때

[그림 15-9] $y = -\sqrt{ax}$의 그래프

■ 무리함수 $y = \pm\sqrt{a(x-b)} + c\,(a \neq 0)$의 그래프

$y = \sqrt{a(x-b)} + c$의 그래프는 $y = \sqrt{ax}$의 그래프를 x축 방향으로 b만큼, y축 방향으로 c만큼 평행이동하여 그리고, $y = -\sqrt{a(x-b)} + c$의 그래프는 $y = -\sqrt{ax}$의 그래프를 x축 방향으로 b만큼, y축 방향으로 c만큼 평행이동하여 그린다.

정리 15-6 무리함수 $y = \sqrt{a(x-b)} + c$의 그래프 그리는 방법

(1) 좌표평면에 점 (b, c)를 표시하고, 그 점에서 x축과 평행한 점선과 y축과 평행한 점선을 긋는다.

(2) (1)에서 그은 두 점선을 x축, y축으로 생각하고, $a > 0$이면 점선 평면에서 제1사분면에, $a < 0$이면 점선 평면에서 제2사분면에 그래프를 그린다.

예제 15-9

다음 무리함수의 그래프를 그려라.

(a) $f(x) = \sqrt{x+1} + 2$　　(b) $f(x) = \sqrt{-2x+2} - 1$

TIP 주어진 식을 $y = \sqrt{a(x-b)} + c$의 꼴로 변형한다.

풀이

(a) 점 $(-1, 2)$를 중심으로 x축과 평행한 점선과 y축과 평행한 점선을 긋고, $a > 0$이므로 점선들로 나누어진 네 개의 사분면 중 제1사분면에 그래프를 그린다.

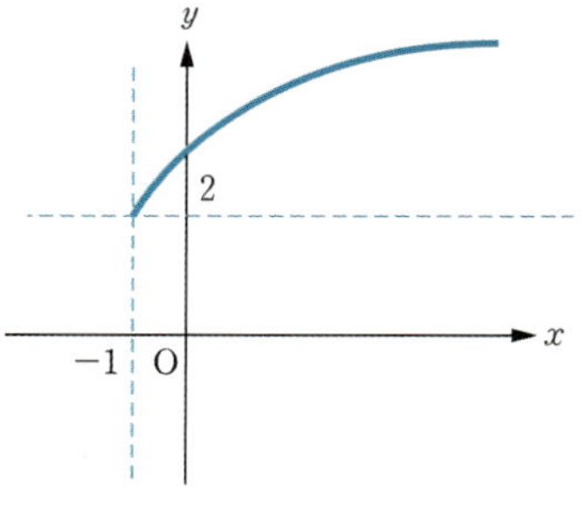

[그림 15-10]

(b) $f(x) = \sqrt{-2x+2} - 1 = \sqrt{-2(x-1)} - 1$이다.
따라서 점 $(1, -1)$을 중심으로 x축과 평행한 점선과 y축과 평행한 점선을 긋고, $a < 0$이므로 점선들로 나누어진 네 개의 사분면 중 제2사분면에 그래프를 그린다.

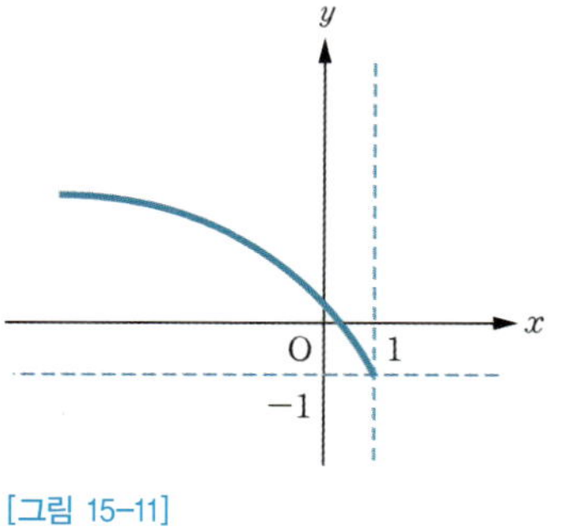

[그림 15-11]

정리 15-7 무리함수 $y = -\sqrt{a(x-b)} + c$의 그래프 그리는 방법

(1) 좌표평면에 점 (b, c)를 표시하고, 그 점에서 x축과 평행한 점선과 y축과 평행한 점선을 긋는다.

(2) (1)에서 그은 두 점선을 x축, y축으로 생각하고, $a > 0$이면 점선 평면에서 제4사분면에, $a < 0$이면 점선 평면에서 제3사분면에 그래프를 그린다.

예제 15-10

다음 무리함수의 그래프를 그려라.

(a) $f(x) = -\sqrt{x-2} + 1$ (b) $f(x) = -\sqrt{-x+1} + 2$

TIP 주어진 식을 $y = -\sqrt{a(x-b)} + c$의 꼴로 변형한다.

풀이

(a) 점 $(2, 1)$을 중심으로 x축과 평행한 점선과 y축과 평행한 점선을 긋고, $a > 0$이므로 점선들로 나누어진 네 개의 사분면 중 제4사분면에 그래프를 그린다.

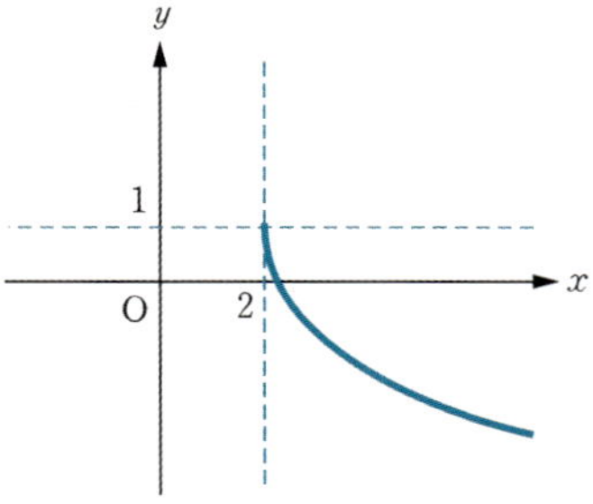

[그림 15-12]

(b) $f(x) = -\sqrt{-x+1} + 2 = -\sqrt{-(x-1)} + 2$이다. 따라서 점 $(1, 2)$를 중심으로 x축과 평행한 점선과 y축과 평행한 점선을 긋고, $a < 0$이므로 점선들로 나누어진 네 개의 사분면 중 제3사분면에 그래프를 그린다.

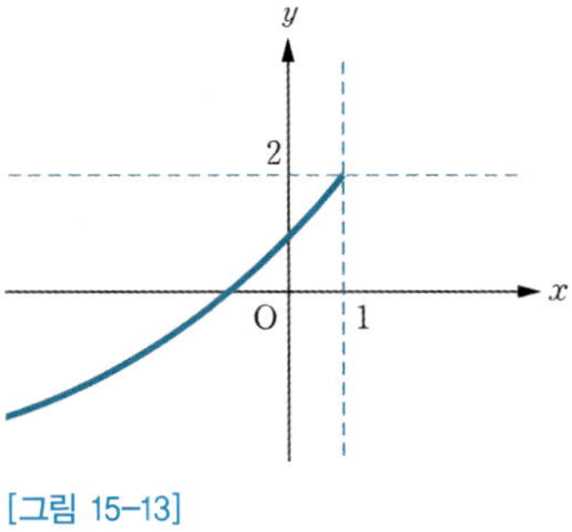

[그림 15-13]

15.4 무리방정식과 무리부등식

무리방정식의 풀이법

기본적인 무리방정식, 즉 제곱근이 있는 방정식은 다음과 같이 해를 구한다.

정리 15-8 무리방정식의 풀이법

(1) 주어진 무리방정식의 항들을 이동하여 한 변에는 근호 안에 문자가 있는 항만 있도록 하고, 다른 변에는 그 외의 항들을 모아서 정리한다.

(2) (1)에서 얻은 식의 양변을 제곱하여 해를 구한다. 이 해를 원래의 무리방정식에 대입하였을 때 등호가 성립하는 값이 무리방정식의 해이다.

무리방정식 $f(x) = g(x)$를 풀 때에는 근호를 없애기 위해 양변을 제곱한다. $\{f(x)\}^2 = \{g(x)\}^2$을 풀면, $\{f(x)\}^2 - \{g(x)\}^2 = 0$에서 $f(x) = g(x)$ 또는 $f(x) = -g(x)$이므로 의도하지 않은 $f(x) = -g(x)$의 해도 함께 구하게 된다. 따라서 제곱해서 얻은 식의 해를 반드시 원래의 식에 대입하여 등호가 성립하는지 확인해야 한다.

예를 들어 무리방정식 $\sqrt{x+1} + 1 = x$를 풀어보자.

(1) 좌변의 1을 우변으로 이동하면, $\sqrt{x+1} = x - 1$이다.

(2) 양변을 제곱하면 $x + 1 = (x-1)^2$이고, 이를 정리하면 $x(x-3) = 0$이다. 따라서 $x = 0$, $x = 3$이지만, $x = 0$일 때 $\sqrt{x+1} + 1 \neq x$이고 $x = 3$일 때 $\sqrt{x+1} + 1 = x$이다. 따라서 무리방정식의 해는 $x = 3$이다.

예제 15-11

다음 무리방정식을 풀어라.

(a) $\sqrt{x+2} - 3 = 1$

(b) $2 - \sqrt{3-x} = 1$

(c) $\sqrt{2x+8} + x = 0$

(d) $\sqrt{x-2} - 4 = -x$

TIP 제곱하여 구한 해를 무리방정식에 대입하여 해가 되는지를 확인한다.

풀이

(a) 좌변의 -3을 우변으로 이항하면 $\sqrt{x+2}=4$이다. 양변을 제곱하면 $x+2=16$이므로 $x=14$이다. $x=14$일 때 $\sqrt{x+2}-3=1$이 성립하므로, 무리방정식의 해는 $x=14$이다.

(b) 좌변의 2를 우변으로 이항하면 $-\sqrt{3-x}=-1$이다. 양변을 제곱하면 $3-x=1$이므로 $x=2$이다. $x=2$일 때 $2-\sqrt{3-x}=1$이 성립하므로, 무리방정식의 해는 $x=2$이다.

(c) 좌변의 x를 우변으로 이항하면 $\sqrt{2x+8}=-x$이다. 양변을 제곱하면 $2x+8=x^2$이고, 이를 정리하면 $x^2-2x-8=0$이다. $(x+2)(x-4)=0$으로부터 $x=-2$, $x=4$이다. $x=-2$일 때 $\sqrt{2x+8}+x=0$이 성립하고 $x=4$일 때 $\sqrt{2x+8}+x \neq 0$이므로, 무리방정식의 해는 $x=-2$이다.

(d) 좌변의 -4를 우변으로 이항하면 $\sqrt{x-2}=4-x$이다. 양변을 제곱하면 $x-2=(4-x)^2$이고, 이를 정리하면 $x^2-9x+18=0$이다. $(x-3)(x-6)=0$으로부터 $x=3$, $x=6$이다. $x=3$일 때 $\sqrt{x-2}-4=-x$가 성립하고 $x=6$일 때 $\sqrt{x-2}-4 \neq -x$이므로, 무리방정식의 해는 $x=3$이다.

무리부등식의 풀이법

무리부등식은 다음과 같이 두 가지 경우로 나누어 해를 구한다.

정리 15-9 무리부등식의 풀이법

(1) $\sqrt{B} \leq A$**인 경우**

$0 \leq B$, $0 \leq A$, $B \leq A^2$의 교집합이 무리부등식 $\sqrt{B} \leq A$의 해이다.

(2) $A \leq \sqrt{B}$**인 경우**

$A \leq 0$일 때와 $A > 0$일 때로 나누어 구한다.

① $A \leq 0$일 때 : $A \leq 0$과 $B \geq 0$의 교집합을 구한다.

② $A > 0$일 때 : $A > 0$, $B > 0$, $A^2 \leq B$의 교집합을 구한다.

①과 ②의 합집합이 무리부등식 $A \leq \sqrt{B}$의 해이다.

[정리 15–9]의 (2)의 경우, B값에 관계없이 $\sqrt{B} \geq 0$이므로 A가 0보다 작거나 같을 때(①)와 A가 0보다 클 때(②)로 나누어서 풀어야 한다.

①의 경우 $A \leq 0$이고 $\sqrt{B} \geq 0$이므로, $A \leq \sqrt{B}$는 항상 성립한다. 따라서 $\sqrt{B}$의 존재 조건인 $B \geq 0$만 만족하면 되므로, $A \leq 0$과 $B \geq 0$의 교집합은 ①의 해집합이 된다. ②의 경우 $0 < A \leq \sqrt{B}$이므로, [정리 15–9]의 (1)과 같은 과정으로 해를 구해야 한다. 따라서 $A > 0$, $B > 0$, $A^2 \leq B$의 교집합은 ②의 해집합이 된다. 결국 ①과 ②에서 구한 집합의 합집합이 바로 $A \leq \sqrt{B}$의 해이다.

따라서 무리부등식을 풀 때, [정리 15–9]의 두 가지 경우 중 어디에 해당하는지를 확인한 후 해를 구해야 한다.

예제 15-12

다음 무리부등식을 풀어라.

(a) $\sqrt{x+1} \leq x-1$ (b) $x-3 \leq \sqrt{x-1}$

TIP 무리부등식의 형태에 따라 교집합을 이용하여 해를 구한다.

풀이

(a) $x+1 \geq 0$이어야 하므로 $x \geq -1$이고, 따라서 우변도 $x \geq 1$이어야 한다. 주어진 부등식의 양변을 제곱하면 $x+1 \leq (x-1)^2$이고, 이를 정리하면 $0 \leq x^2 - 3x$이다. $0 \leq x(x-3)$으로부터 $x \leq 0$ 또는 $x \geq 3$이다.

따라서 이 세 집합의 교집합은 $x \geq 3$이므로 무리부등식의 해는 $x \geq 3$이다.

(b) ① $x-3 \leq 0$으로부터 $x \leq 3$이고, 부등식의 우변도 $x \geq 1$이다.
이 두 집합의 교집합은 $1 \leq x \leq 3$이다.

② $x-3 > 0$으로부터 $x > 3$이고, 부등식의 우변에서 $x > 1$이다. 주어진 부등식의 양변을 제곱하면 $x^2 - 6x + 9 \leq x - 1$이고, 이를 정리하면 $x^2 - 7x + 10 \leq 0$이다. $(x-2)(x-5) \leq 0$으로부터 $2 \leq x \leq 5$이다.
이 세 집합의 교집합은 $3 < x \leq 5$이다.

따라서 무리부등식의 해는 ①과 ②의 합집합이므로 해는 $1 \leq x \leq 5$이다.

15.5 공학문제

보일의 법칙

기체는 공기 중에서 끊임없이 운동하고 충돌하며 화학 반응을 일으킨다. 이러한 기체의 분자 운동 모형을 설명하기 위한 가설이 기체 분자 운동론이다.

기체가 압력을 받으면 운동에너지를 갖는다. [그림 15-14(a)]와 같이 기체 분자로 채워진 피스톤을 압축시키면 기체 분자들이 피스톤에 충돌한 후 속력이 빨라지고, 반대로 [그림 15-14(b)]와 같이 피스톤을 팽창시키면 피스톤에 충돌한 기체 분자들의 속력은 느려진다. 이러한 기체의 운동을 설명한 이론이 **보일의 법칙**Boyle's law이다.

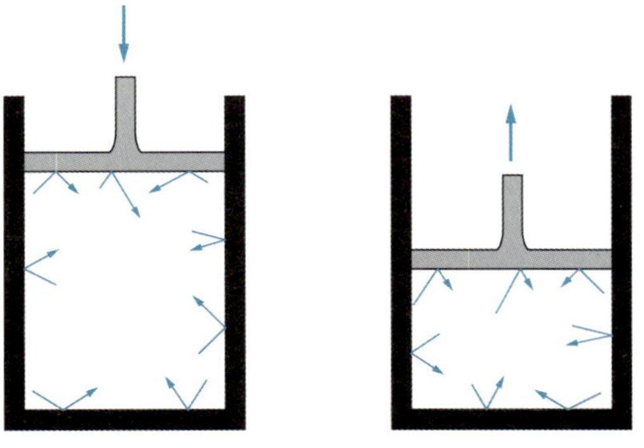

(a) 압축되는 피스톤 (b) 팽창되는 피스톤

[그림 15-14] **피스톤 안의 기체 분자의 운동**

보일의 법칙은 일정 온도에서 기체의 압력 P와 기체의 부피 V는 서로 반비례한다는 법칙으로, 이를 식으로 나타내면 다음과 같다.

$$P = \frac{k}{V}$$

여기서 k는 비례상수이다. 기체 분자 운동론을 만족하는 이상 기체의 경우, 보일의 법칙을 적용하면 부피가 $\frac{1}{2}$배가 되었을 때 압력은 정확히 2배가 된다.

예제 15-13

어떤 잠수부가 작업을 위해 수심 30m까지 내려갔다가, 잠수병(감압병)을 예방하기 위해 수면 위로 천천히 올라왔다. 만약 이 잠수부가 감압 과정을 거치지 않고 급작스레 수면 위로 올라왔다면, 잠수부의 체내에 녹아 있던 질소 기체의 부피 변화는 어떠했을지를 설명하라. (단, 잠수부가 받은 압력은 물의 깊이(10m 단위)에 비례한다.)

TIP 보일의 법칙에서 압력과 부피 간의 관계를 이용한다.

풀이

보일의 법칙 $P = \dfrac{k}{V}$에 따르면, 기체의 압력 P와 기체의 부피 V는 서로 반비례한다. 또한 압력은 물의 깊이에 비례하므로, 수심이 10m, 20m, 30m가 될 때마다 부피 비율은 1, $\dfrac{1}{2}$, $\dfrac{1}{3}$이 된다. 따라서 30m 깊이에서 기체 방출 과정 없이 수면(0m) 위로 급작스럽게 올라왔다면, 이 잠수부 체내의 질소 기체의 부피는 3배 증가한다.

기체 분자의 평균속력

주어진 온도에서 기체 분자의 질량 m을 몰질량 M으로 바꿔 표현하면, 이 기체 분자의 평균속력 v_{avg}는 다음과 같이 설명된다.

$$v_{avg} = \sqrt{\frac{8RT}{\pi M}}$$

여기서 T는 절대온도, R은 기체상수, M은 몰질량이다.

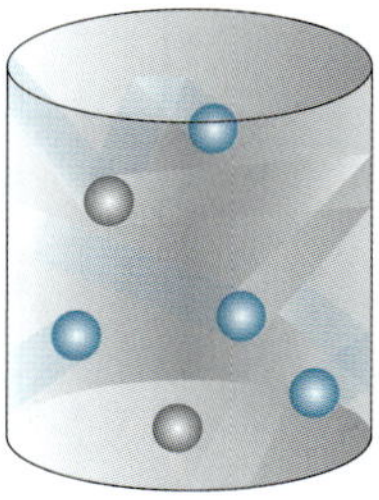

[그림 15-15] 기체 분자

예제 15-14

절대온도가 T_0에서 $4T_0$로 올라갔을 때, 기체 분자의 평균속력의 변화를 설명하라.

TIP 기체 분자의 평균속력 공식에 T_0와 $4T_0$를 대입한다.

풀이

절대온도가 T_0일 때 기체 분자의 평균속력은 $v_{avg} = \sqrt{\dfrac{8RT_0}{\pi M}}$이고, 절대온도가 $4T_0$일 때 기체 분자의 평균속력은

$$v_{avg} = \sqrt{\frac{8R(4T_0)}{\pi M}} = \sqrt{4}\sqrt{\frac{8RT_0}{\pi M}} = 2\sqrt{\frac{8RT_0}{\pi M}}$$

이다. 따라서 절대온도가 T_0에서 $4T_0$로 올라가면, 기체 분자의 평균속력은 2배 증가한다.

물탱크

[그림 15-16] **물탱크**

호스를 이용하여 물탱크를 채우려면 어느 정도의 시간이 걸릴까? 물탱크의 부피와 호스에서 나오는 분당 물의 양을 알면 물탱크에 물을 가득 채우는 데 걸리는 시간을 쉽게 알 수 있다. 그런데 만약 나오는 물의 양이 서로 다른 2개 이상의 호스로 물탱크를 채운다면 문제는 조금 복잡해진다. 이 경우에는 유리방정식을 이용해야 물탱크를 가득 채우는 데 걸리는 시간을 구할 수 있다.

예제 15-15

오른쪽 그림과 같이 두 개의 호스 A와 B를 이용하여 1200 L 용량의 물탱크에 물을 채우려고 하는데, 호스 A에서는 호스 B보다 1분당 2L의 물이 더 나온다고 한다. 만일 호스 B만을 사용하여 물탱크에 물을 채운다면 호스 A만을 사용할 때보다 30분이 더 걸린다고 할 때, 다음 물음에 답하라.

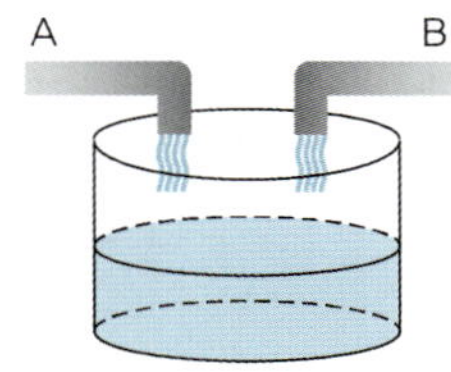

[그림 15-17]

(a) 호스 A에서 분당 나오는 물의 양을 x L라 할 때, 호스 A만을 사용하여 물탱크를 가득 채우는 데 걸리는 시간을 x를 이용하여 나타내라.

(b) 호스 A만을 사용했을 때 물탱크를 가득 채우는 데 걸리는 시간을 구하라.

TIP 1200L = (분당 나오는 물의 양) × (시간)임을 이용한다.

풀이

(a) 호스 A에서 분당 나오는 물의 양이 x L이므로, 1200 L 용량의 물탱크를 가득 채우는 데 걸리는 시간은 $\frac{1200}{x}$이다.

(b) 호스 B만을 사용하여 물탱크를 채운다면 호스 A만으로 채우는 것보다 30분이 더 걸린다고 하였으므로 다음 유리방정식을 얻는다.

$$\frac{1200}{x} + 30 = \frac{1200}{x-2}$$

방정식의 모든 항에 $x(x-2)$를 곱하면, $1200(x-2) + 30x(x-2) = 1200x$이고, 이를 정리하면 $x^2 - 2x - 80 = 0$이다. $(x-10)(x+8) = 0$으로부터 $x = 10$ 또는 $x = -8$이다. $x > 0$이어야 하므로 $x = 10$이다. 따라서 호스 A만으로 물탱크를 가득 채우는 데 걸리는 시간은 $\frac{1200}{10} = 120$(분)이다.

CHAPTER 15 연습문제

15.1 다음 함수가 유리함수인지 무리함수인지를 판정하라.

(a) $y = 5x^2 + \dfrac{1}{x^2}$

(b) $y = \sqrt{7}\,x + \dfrac{1}{\sqrt{2}}x^2 - x^3$

(c) $y = \dfrac{\sqrt{2}\,x}{x^2 - \sqrt{x} + 5}$

(d) $y = \sqrt[5]{2x - 1} - 3x + 4$

(e) $y = \dfrac{x^2 + 5}{\sqrt{3}}$

(f) $y = 4x^3 - x\sqrt{x} - 2$

15.2 다음 유리함수의 정의역을 구하라.

(a) $y = \dfrac{x^2 + 1}{3}$

(b) $y = \dfrac{1}{2 + 5x}$

(c) $y = \dfrac{3}{x^2 + 1}$

(d) $y = \dfrac{3}{x^2 - 1}$

(e) $y = \dfrac{2 - x}{2 - x}$

(f) $y = \dfrac{x}{x^2 - 3x}$

15.3 다음 유리함수의 그래프를 그려라.

(a) $y = -\dfrac{1}{x} + 2$

(b) $y = \dfrac{2}{x - 1}$

(c) $y = \dfrac{1}{x + 1} + 1$

(d) $y = -\dfrac{1}{x - 2} - 1$

15.4 다음 유리함수의 그래프를 그려라.

(a) $y = \dfrac{2x + 1}{x + 1}$

(b) $y = \dfrac{x + 2}{x - 1}$

(c) $y = \dfrac{x + 2}{-x + 2}$

(d) $y = \dfrac{2x - 1}{-x - 2}$

15.5 다음 유리방정식을 풀어라.

(a) $\dfrac{x+2}{x-4} = \dfrac{1}{3}$

(b) $\dfrac{3x-1}{4x+1} = -\dfrac{1}{2}$

(c) $\dfrac{2}{2x-3} = \dfrac{1}{-3x+1}$

(d) $\dfrac{1}{x-2} = \dfrac{2x+3}{9}$

(e) $\dfrac{1}{x^2+x} = \dfrac{1}{x} + \dfrac{1}{3}$

(f) $\dfrac{2}{x(x+1)} = 2 - \dfrac{1}{x}$

15.6 다음 유리부등식을 풀어라.

(a) $\dfrac{1}{x-1} \leq 2$

(b) $\dfrac{1}{2x+3} > \dfrac{1}{3}$

(c) $\dfrac{x+2}{x-2} \geq \dfrac{1}{2}$

(d) $\dfrac{x+1}{3x-1} < -\dfrac{1}{2}$

(e) $\dfrac{x-4}{x+5} \leq 4$

(f) $\dfrac{3x-10}{x-4} > 2$

15.7 다음 무리함수의 정의역을 구하라.

(a) $y = \sqrt{3x+4}$

(b) $y = \sqrt{7-2x}$

(c) $y = \sqrt[3]{x^2+3x}$

(d) $y = \sqrt[4]{x^2-6x}$

(e) $y = \sqrt[5]{1-x^2}$

(f) $y = \sqrt[6]{1-x^2}$

15.8 다음 무리함수의 그래프를 그려라.

(a) $y = \sqrt{2x+4} + 1$

(b) $y = \sqrt{3x-3} + 2$

(c) $y = \sqrt{-4x+2} - 2$

(d) $y = -\sqrt{2x-4} + 2$

(e) $y = -\sqrt{-x+1} + 3$

(f) $y = -\sqrt{-x-2} - 3$

15.9 다음 무리방정식을 풀어라.

(a) $\sqrt{x+5}+1=x$

(b) $\sqrt{x+1}+x=5$

(c) $\sqrt{x-2}=-\frac{1}{2}x+1$

(d) $\sqrt{x-3}=\frac{1}{3}(x-1)$

(e) $\sqrt{2x}=4-x$

(f) $\sqrt{3x+1}=2x-1$

15.10 다음 무리부등식을 풀어라.

(a) $\sqrt{2x-1}<4$

(b) $\sqrt{3x-6}\geq -2$

(c) $\sqrt{x+3}<x-3$

(d) $x-2\leq\sqrt{x+4}$

(e) $\sqrt{x}\leq 1-x$

(f) $x\leq\sqrt{x+3}$

15.11 A 지점에서 440km 떨어진 B 지점까지 속력이 느린 무궁화호 기차를 타고 이동하면, 무궁화호 기차의 속력보다 시속 30km 더 빠른 새마을호 기차를 타고 이동할 때보다 1시간 30분이 더 걸린다고 한다. 무궁화호 기차의 속력을 구하라. (단, 두 기차는 모두 두 지점 A, B 사이를 등속력으로 이동하고, 중간에 멈추지 않는다고 가정한다.)

15.12 민수와 영수가 동아리방을 청소하려고 한다. 민수가 혼자서 청소하면 영수가 혼자서 청소할 때보다 1시간이 더 걸리고, 민수와 영수가 함께 청소하면 4시간이 걸린다. 동아리방 청소를 해야 하는 양을 1이라 하고 민수가 혼자서 동아리방을 청소하였을 때 걸리는 시간을 t라 할 때, 다음 물음에 답하라.

(a) 영수가 혼자서 동아리 방을 청소할 때 1시간 동안 청소한 양을 t를 이용하여 나타내라.

(b) 민수가 혼자서 동아리 방을 청소할 때 걸린 시간을 구하라.

15.13 강물이 시속 4km로 흐르는 강에서 9km의 거리를 배로 왕복하는 데 3시간이 걸렸다. 흐르지 않는 물에서 이 배의 속력을 구하라.

15.14 어떤 온도에서 기체 분자의 평균속력 v_{avg}는 다음과 같다. (단, T는 절대온도, R은 기체상수, M은 몰질량이다.)

$$v_{avg} = \sqrt{\frac{8RT}{\pi M}}$$

절대온도가 T_0에서 $8T_0$로 올라갔을 때, 기체 분자의 평균속력의 변화를 설명하라.

15.15 두 개의 호스 A와 B를 이용하여 600L 용량의 물탱크에 물을 채우려고 하는데, 호스 A에서는 호스 B보다 1분당 4L의 물이 덜 나온다고 한다. 만일 호스 B만을 사용하여 물탱크에 물을 채운다면 호스 A만을 사용할 때보다 40분이 덜 걸린다고 할 때, 다음 물음에 답하라.

(a) 호스 B에서 분당 나오는 물의 양을 xL라 할 때, 호스 B만을 사용하여 물탱크를 가득 채우는 데 걸리는 시간을 x를 이용하여 나타내라.
(b) 호스 A만을 사용하였을 때 물탱크를 가득 채우는 데 걸리는 시간을 x를 이용하여 나타내라.
(c) 호스 B만을 사용했을 때 물탱크를 가득 채우는 데 걸리는 시간을 구하라.

CHAPTER 16
지수함수와 로그함수

CONTENTS

학습목표

- 지수함수의 그래프와 기본적인 지수방정식의 풀이법을 학습한다.
- 로그함수의 그래프와 기본적인 로그방정식의 풀이법을 학습한다.
- 지수함수와 로그함수의 관계를 이해한다.

맥주의 맛은 맥주의 거품이 좌우한다는 말이 있다. 우리가 잔에 맥주를 따르면 처음에는 거품이 많이 만들어졌다가 시간이 지나면서 서서히 거품의 양이 줄어드는 것을 볼 수 있다. 한 연구에 따르면 우리가 호프집에서 생맥주 500cc를 주문했을 때 거품이 사라지면서 용량의 13%인 65cc가 사라져 실제로는 435cc의 맥주만을 마시게 된다고 한다.

그렇다면 시간이 지남에 따라서 거품은 어떠한 속도로 줄어들까? 맥주의 거품이 줄어드는 현상을 설명하는 함수식은 다음과 같다.

$$\ln V = \ln V_0 - \alpha t$$

여기서 V_0는 잔에 막 따른 맥주 거품의 부피, V는 t초 후 맥주 거품의 부피, α는 속도 상수이다. 과학적 연구 결과에 의하면 최상급 맥주들은 거품의 부피가 절반 이하로 줄어드는 데 110초 이상이 걸리고, 일반 맥주들은 평균적으로 71초부터 90초까지 걸린다고 한다.

공학자들은 맥주의 거품이 줄어드는 현상에 대한 공식이 단순히 맥주의 맛과 양에 대한 문제뿐 아니라 물질의 성질을 향상시키는 야금 기술에도 적용될 수 있다고 말한다.

또한 로그함수는 이러한 실생활 문제 외에 우주선의 로켓 추진과 관련된 함수식[1]

$$v_2 = v_1 + v_0 \ln\left(\frac{M_1}{M_2}\right)$$

에 사용되기도 한다.

이렇듯 로그를 이용하면 우리가 실생활에서 자주 접하는 다양한 현상과 공학문제를 간단히 설명할 수 있다.

1 이 함수식은 16.5절의 공학문제에서 자세히 다룬다.

16.1 n제곱과 n제곱근

지수함수와 로그함수의 개념은 제곱과 제곱근의 개념을 기초로 설명되기 때문에 5장에서 학습한 거듭제곱과 제곱근의 개념을 좀 더 알아보자.

n제곱과 지수법칙

5장에서 거듭제곱을 '같은 수를 여러 번 곱하는 연산'으로 정의하였다. 이를 일반화하여 a^n을 정의하면 다음과 같다.

정의 16-1 n제곱

n이 자연수일 때, 어떤 수 a를 거듭하여 n번 곱한 것을 a의 **n제곱**$^{n\text{th power}}$이라 하고 a^n으로 나타낸다. 이때 a를 **밑**^{base} 또는 **밑수**, n을 **지수**^{exponent}라 한다.

예를 들어, 2^5에서 2는 밑이고 5는 지수이며, 3^7에서 3은 밑이고 7은 지수이다. [정의 16-1]에서의 지수 n은 실수까지 확장되어 정의된다. 예를 들어, $5^{\frac{1}{2}}$에서 5는 밑이고 $\frac{1}{2}$은 지수이다.

5장에서는 지수를 정수로 한정하여 지수법칙을 설명하였다. 하지만 지수가 실수일 때에도 다음과 같은 지수법칙이 성립한다.

정리 16-1 지수가 실수인 경우의 지수법칙

$a > 0$, $b > 0$이고 m과 n이 실수일 때, 다음이 성립한다.

(1) $a^m a^n = a^{m+n}$ (2) $\dfrac{a^m}{a^n} = a^{m-n}$

(3) $(a^m)^n = a^{mn}$ (4) $(ab)^m = a^m b^m$

[정리 16-1]에 의하여 m과 n이 실수인 경우에도 같은 밑을 갖는 수를 곱하면 지수를 더하고, 같은 밑을 갖는 수로 나누면 지수를 빼서 식을 간단히 계산한다. 지수가 자연수이거나 정수이면 밑 a가 0이 아닌 실수일 때 지수법칙이 성립하지만, 지수가 유리수, 실수

로 확장되면 밑 a가 반드시 양수여야만 지수법칙이 성립한다. 예를 들어, 밑이 -2일 때 지수법칙을 적용하면

$$\{(-2)^6\}^{\frac{1}{2}} = (-2)^{6 \times \frac{1}{2}} = (-2)^3 = -8$$

이지만, 실제로는

$$\{(-2)^6\}^{\frac{1}{2}} = (2^6)^{\frac{1}{2}} = 2^3 = 8$$

이므로 밑이 음수일 때 지수법칙이 성립하지 않을 수 있다.

예제 16-1

다음 식을 지수법칙을 이용하여 간단히 나타내라.

(a) $3^{\frac{3}{4}}3^{\frac{1}{2}}$ (b) $\dfrac{3^{\frac{1}{4}}}{3^2}$ (c) $(3^{\frac{2}{3}})^{\frac{1}{5}}$ (d) $3^{\frac{5}{6}} \cdot 5^{\frac{5}{6}}$

TIP 곱셈은 지수의 덧셈으로, 나눗셈은 지수의 뺄셈으로 계산한다.

풀이

(a) $3^{\frac{3}{4}}3^{\frac{1}{2}} = 3^{\frac{3}{4}+\frac{1}{2}} = 3^{\frac{5}{4}}$

(b) $\dfrac{3^{\frac{1}{4}}}{3^2} = 3^{\frac{1}{4}-2} = 3^{-\frac{7}{4}}$

(c) $(3^{\frac{2}{3}})^{\frac{1}{5}} = 3^{\frac{2}{3}\times\frac{1}{5}} = 3^{\frac{2}{15}}$

(d) $3^{\frac{5}{6}} \cdot 5^{\frac{5}{6}} = (3 \cdot 5)^{\frac{5}{6}} = 15^{\frac{5}{6}}$

거듭제곱근

5장에서는 a의 제곱근을 '제곱하여 a가 되는 수'로 정의하였다. 이번에는 n제곱하여 a가 되는 수인 a의 n제곱근에 대하여 알아보자.

정의 16-2 거듭제곱근

실수 x를 거듭제곱하여 a가 되면, x를 a의 **거듭제곱근** radical root이라 한다.

일반적으로 실수 a와 2 이상의 자연수 n에 대하여 $x^n = a$인 x를 a의 **n제곱근**이라 하고, $x = \sqrt[n]{a}$ 또는 $x = a^{\frac{1}{n}}$으로 나타낸다.

따라서 세제곱하여 a가 되는 수를 a의 세제곱근, 네제곱하여 a가 되는 수를 a의 네제곱근, n제곱하여 a가 되는 수, 즉 $x^n = a$인 x를 a의 n제곱근이라 하며, 이러한 제곱근들을 통틀어 '거듭제곱근'이라고 한다. 예를 들어 $x^3 = 27$을 만족하는 x는 3이므로, 27의 세제곱근은 3이다.

다음 표는 2 이상의 자연수 n과 실수 a에 대하여 a의 n제곱근을 정리한 것이다.

[표 16-1] 실수 a의 n제곱근

	$a > 0$	$a = 0$	$a < 0$
n이 홀수일 때	$\sqrt[n]{a}$	0	$\sqrt[n]{a}$
n이 짝수일 때	$\sqrt[n]{a}$, $-\sqrt[n]{a}$	0	없다.

예제 16-2

다음 중 x값을 구할 수 있는 경우와 없는 경우를 판정하라.

(a) $x^4 = 2$

(b) $x^5 = 3$

(c) $x^6 = -1$

(d) $x^7 = -11$

TIP n이 짝수이면 x^n은 음수가 될 수 없다.

풀이

(a) $x^4 = 2$에서 $x = 2^{\frac{1}{4}} = \sqrt[4]{2}$이므로, x값을 구할 수 있다.

(b) $x^5 = 3$에서 $x = 3^{\frac{1}{5}} = \sqrt[5]{3}$이므로, x값을 구할 수 있다.

(c) 임의의 x에 대하여 $x^6 \geq 0$이므로, $x^6 = -1$인 x값은 구할 수 없다.

(d) $x^7 = -11$에서 $x = (-11)^{\frac{1}{7}} = \sqrt[7]{-11}$이므로, x값을 구할 수 있다.

[정의 16-1]과 마찬가지로 [정의 16-2]에서도 $a \geq 0$일 때 n을 실수까지 확장하여 $x^n = a$이면 $x = a^{\frac{1}{n}}$으로 나타낸다.

16.2 지수함수

지수함수의 정의

n제곱의 개념을 이용하여 다음과 같이 지수함수를 정의한다.

정의 16-3 지수함수

$a > 0$이고 $a \neq 1$이라 하자. x가 실수일 때,

$$y = a^x$$

을 a를 밑으로 하는 **지수함수**exponential function라 한다. 이때 a를 **밑**base 또는 **밑수**, x를 **지수**exponent라 한다.

$y = a^x$에서 $a = 1$이면 모든 실수 x에 대하여 $y = 1^x = 1$이므로 $y = a^x$은 상수함수가 된다. 따라서 지수함수에서는 밑이 1이 아닌 양수인 경우만 생각한다. [정의 16–3]에서 알 수 있듯이 $y = a^x$의 정의역은 $\mathbb{R}$이고 치역은 $\{y : y > 0\}$이다.

예제 16-3

다음 함수가 지수함수인지를 판정하라.

(a) $y = \left(\frac{1}{2}\right)^{x^2}$

(b) $y = 3^{-x^3}$

(c) $y = (-5)^x$

(d) $y = -5^{-x}$

TIP 지수함수가 되려면 밑이 0보다 크고 1이 아니어야 한다.

풀이

(a) 밑이 양수이고 1이 아니므로, $y = \left(\frac{1}{2}\right)^{x^2}$은 지수함수이다.

(b) 밑이 양수이고 1이 아니므로, $y = 3^{-x^3}$은 지수함수이다.

(c) 밑이 -5인 음수이므로, $y = (-5)^x$은 지수함수가 아니다.

(d) 밑이 양수이고 1이 아니므로, $y = -5^{-x}$은 지수함수이다.

지수함수의 그래프

■ 지수함수 $y = a^x$ $(a > 0,\ a \neq 1)$의 그래프

$y = a^x$의 그래프는 다음과 같은 성질을 갖는다.

- 정의역은 $\mathbb{R}$이고 치역은 $\{y : y > 0\}$이다.
- $a > 1$일 때 x값이 증가하면 y값도 증가하고, $0 < a < 1$일 때 x값이 증가하면 y값은 감소한다.
- 항상 두 점 $(0, 1)$, $(1, a)$를 지난다.

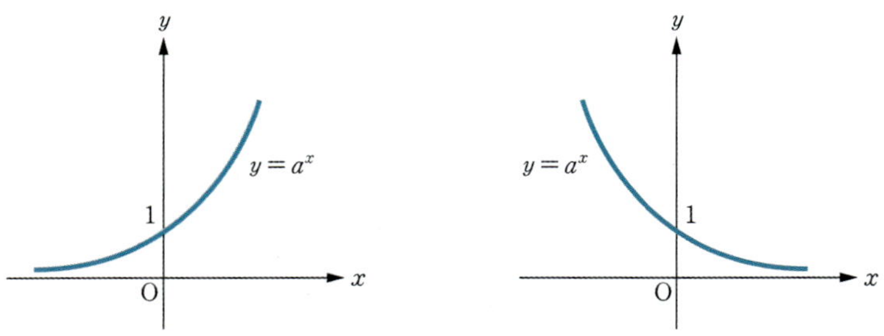

(a) $a>1$일 때　　(b) $0<a<1$일 때

[그림 16-1] $y = a^x$의 그래프

■ 지수함수 $y = -a^x$ $(a > 0,\ a \neq 1)$의 그래프

$y = -a^x$의 그래프는 $y = a^x$의 그래프를 x축을 중심으로 대칭이동한 그래프이다. 이 그래프는 다음과 같은 성질을 갖는다.

- 정의역은 $\mathbb{R}$이고 치역은 $\{y : y < 0\}$이다.
- $a > 1$일 때 x값이 증가하면 y값은 감소하고, $0 < a < 1$일 때 x값이 증가하면 y값도 증가한다.
- 항상 두 점 $(0, 1)$, $(1, -a)$를 지난다.

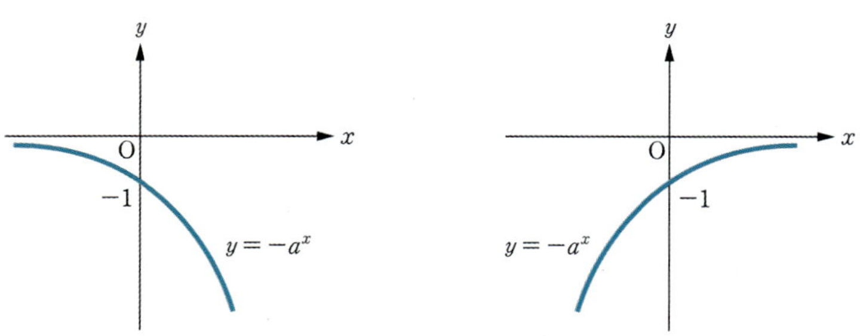

(a) $a>1$일 때　　(b) $0<a<1$일 때

[그림 16-2] $y = -a^x$의 그래프

$y = a^{-x}$의 그래프를 그릴 때는 $y = (a^{-1})^x = \left(\frac{1}{a}\right)^x$임을 확인하고 그래프를 그린다.

예제 16-4

다음 지수함수의 그래프를 그려라.

(a) $y = 2^x$

(b) $y = 3^{-x}$

(c) $y = -4^x$

(d) $y = -5^{-x}$

TIP 지수가 x가 되도록 식을 변형하고, 밑이 1보다 큰지 또는 0과 1 사이인지 확인한다.

풀이

(a) $y = 2^x$의 밑이 2이므로, $y = 2^x$의 그래프는 [그림 16-3]과 같다.

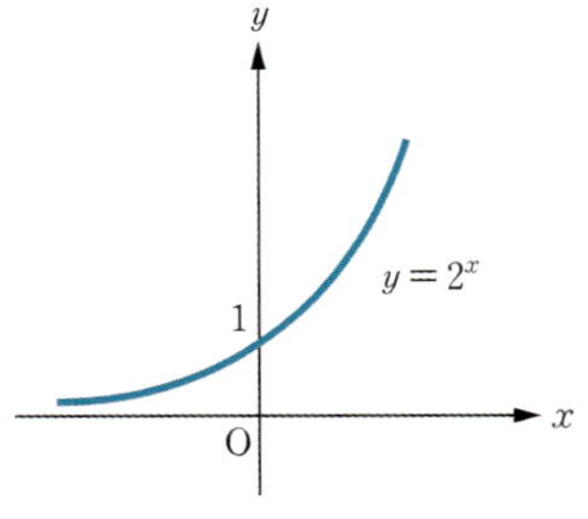

[그림 16-3]

(b) $y = 3^{-x} = \left(\frac{1}{3}\right)^x$의 밑이 $\frac{1}{3}$이므로, $y = 3^{-x}$의 그래프는 [그림 16-4]와 같다.

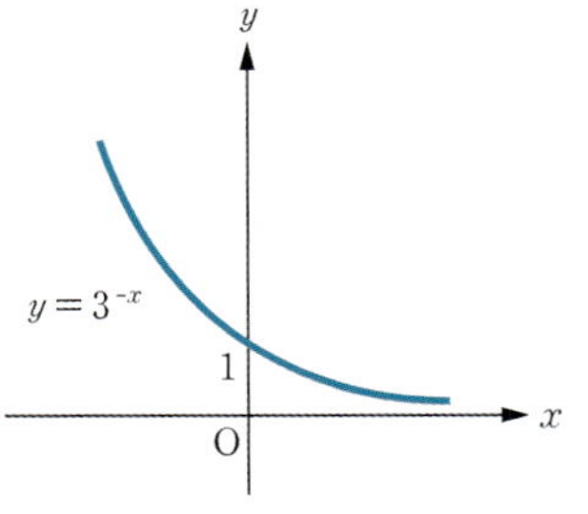

[그림 16-4]

(c) $y = -4^x$의 밑이 4이므로, $y = -4^x$의 그래프는 [그림 16-5]와 같다.

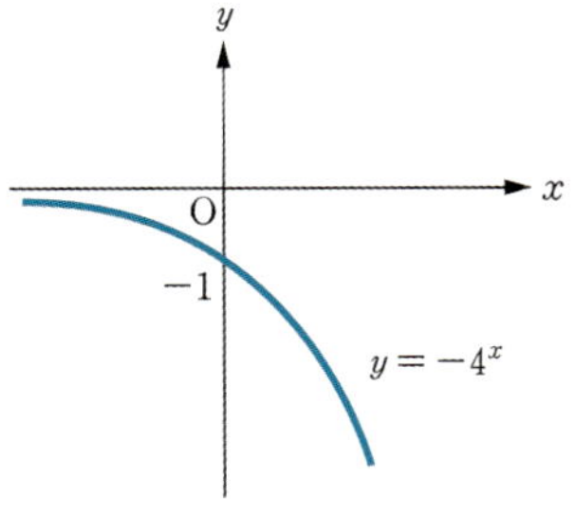

[그림 16-5]

(d) $y = -5^{-x} = -\left(\frac{1}{5}\right)^x$의 밑이 $\frac{1}{5}$이므로, $y = -5^{-x}$의 그래프는 [그림 16-6]과 같다.

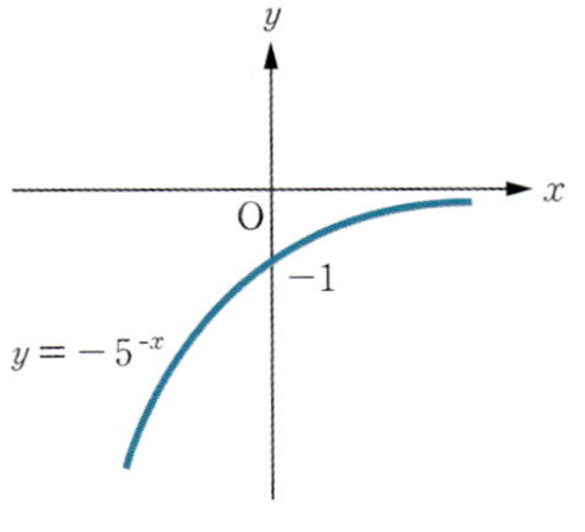

[그림 16-6]

지수함수의 성질을 이용하면 두 수의 크기를 비교할 수 있다.

정리 16-2 지수함수를 이용한 두 수의 크기 비교법

(1) **$a > 1$인 경우**

$b < c$이면 $a^b < a^c$이고, $b > c$이면 $a^b > a^c$이다.

(2) **$0 < a < 1$인 경우**

$b < c$이면 $a^b > a^c$이고, $b > c$이면 $a^b < a^c$이다.

예제 16-5

다음 두 수의 크기를 비교하라.

(a) $\sqrt[3]{9}$, $\sqrt{81}$

(b) $\sqrt{0.2}$, $\sqrt[3]{0.04}$

TIP [정리 16-2]를 이용한다.

풀이

(a) $\sqrt[3]{9} = 9^{\frac{1}{3}} = (3^2)^{\frac{1}{3}} = 3^{\frac{2}{3}}$이고 $\sqrt{81} = (81)^{\frac{1}{2}} = (3^4)^{\frac{1}{2}} = 3^2$이다. 두 수의 밑이 모두 3이므로, 지수가 큰 수가 두 수 중에서 더 큰 수이다. 따라서 $\sqrt[3]{9} < \sqrt{81}$이다.

(b) $\sqrt{0.2} = (0.2)^{\frac{1}{2}}$이고 $\sqrt[3]{0.04} = (0.04)^{\frac{1}{3}} = \{(0.2)^2\}^{\frac{1}{3}} = (0.2)^{\frac{2}{3}}$이다. 두 수의 밑이 모두 0.2이므로, 지수가 큰 수가 두 수 중에서 더 작은 수이다. 따라서 $\sqrt{0.2} > \sqrt[3]{0.04}$이다.

지수방정식의 풀이법

정의 16-4 지수방정식

지수에 미지수가 들어있는 방정식을 **지수방정식** exponential equation이라 한다.

예를 들어 $3^x = 11$, $4^x - 5 \cdot 2^x - 3 = 0$과 같은 방정식들이 지수방정식이다. 이러한 지수방정식을 푸는 방법은 다음과 같다.

정리 16-3 지수방정식의 풀이법

$a > 0$, $a \neq 1$이라 하자.

(1) **밑을 같게 만들 수 있는 경우**

$a^{f(x)} = a^{g(x)}$이면, $f(x) = g(x)$이다.

(2) **지수를 같게 만들 수 있는 경우**

$a^{f(x)} = b^{f(x)}$이면, $a = b$이거나 $f(x) = 0$이다.

지수방정식을 풀 때 밑이 같은지 또는 지수가 같은지를 확인하고 [정리 16–3]을 적용한다.

예제 16-6

다음 지수방정식을 풀어라.

(a) $2^{4-3x} = 2^{x+2}$

(b) $3^{-x^2+4x} = 27$

(c) $\left(\frac{1}{5}\right)^{2x+3} = \sqrt{5}$

(d) $7^{x^2-3x} = 11^{x^2-3x}$

TIP 밑을 같게 하거나 밑이 다를 경우 지수를 0으로 놓는다.

풀이

(a) 방정식 $2^{4-3x} = 2^{x+2}$의 양변의 밑이 같으므로, $4 - 3x = x + 2$이다. 따라서 $4x = 2$이므로 $x = \frac{1}{2}$이다.

(b) $27 = 3^3$이고 방정식 $3^{-x^2+4x} = 3^3$의 양변의 밑이 같으므로, $-x^2 + 4x = 3$이다. 따라서 $x^2 - 4x + 3 = (x-1)(x-3) = 0$으로부터 $x = 1$, $x = 3$이다.

(c) $\frac{1}{5} = 5^{-1}$, $\sqrt{5} = 5^{\frac{1}{2}}$이고 방정식 $5^{-(2x+3)} = 5^{\frac{1}{2}}$의 양변의 밑이 같으므로, $-(2x+3) = \frac{1}{2}$이다. 따라서 $x = -\frac{7}{4}$이다.

(d) 방정식 $7^{x^2-3x} = 11^{x^2-3x}$의 양변의 밑이 다르므로, $x^2 - 3x = 0$이다. 따라서 $x(x-3) = 0$으로부터 $x = 0$, $x = 3$이다.

밑이 같거나 지수가 같은 경우를 제외한 복잡한 지수방정식은 다음 절에서 학습하는 로그함수를 이용하여 해를 구한다.

16.3 로그함수

로그와 로그함수

제곱근의 개념을 이용하여 다음과 같이 로그를 정의한다.

정의 16-5 로그

$a > 0$, $a \neq 1$일 때, 양수 b에 대하여 $a^x = b$를 만족하는 실수 x를

$$x = \log_a b$$

로 나타내고, a를 밑으로 하는 b의 **로그** logarithm라 한다. 이때 b를 $\log_a b$의 **진수** antilogarithm라 한다.

로그의 정의를 통해 로그함수를 정의하면 다음과 같다.

정의 16-6 로그함수

$a > 0$, $a \neq 1$일 때, 양수 x에 대하여

$$y = \log_a x$$

를 a를 밑으로 하는 **로그함수** logarithmic function라 한다.

[정의 16-5]와 [정의 16-6]에 의하여 $y = \log_a \square$로 주어진 로그함수가 정의되려면 밑 a는 $a > 0$, $a \neq 1$이어야 하고, 진수 □는 양수여야 한다. [정의 16-6]에서 알 수 있듯이 $y = \log_a x$의 정의역은 $\{x : x > 0\}$이고 치역은 $\mathbb{R}$이다.

예제 16-7

다음 로그함수가 정의되기 위한 x값의 범위를 구하라.

(a) $\log_2 (3x - 2)$ (b) $\log_3 x(x + 2)$

TIP 진수는 반드시 양수여야 한다.

풀이

(a) $3x-2>0$이어야 하므로 $x>\frac{2}{3}$이다.

(b) $x(x+2)>0$이어야 하므로 $x>0$ 또는 $x<-2$이다.

[정의 16-5]에 의하여 $2^3=8$을 로그로 나타내면 $3=\log_2 8$이고, 반대로 $\log_3 81=4$를 지수로 나타내면 $81=3^4$이다.

예제 16-8

지수는 로그로, 로그는 지수로 나타내라.

(a) $3^5=243$

(b) $\log_4 64=3$

TIP $a^y=x$를 로그로 나타내면 $y=\log_a x$이다.

풀이

(a) $3^5=243$을 로그로 나타내면 $5=\log_3 243$이다.

(b) $\log_4 64=3$을 지수로 나타내면 $64=4^3$이다.

■ 로그의 성질

다음 정리는 로그의 성질을 나타낸 것으로, 여러 개의 로그를 간단하게 정리하는 데 유용하게 사용된다.

정리 16-4 로그의 성질

$a>0$, $a\neq 1$이고 $x>0$, $y>0$일 때, 다음이 성립한다.

(1) $\log_a 1=0$, $\log_a a=1$

(2) $\log_a x+\log_a y=\log_a xy$

(3) $\log_a x-\log_a y=\log_a \frac{x}{y}$

(4) r이 실수일 때, $\log_a x^r=r\log_a x$

(5) $b>0$, $b\neq 1$일 때, $\log_a x=\frac{\log_b x}{\log_b a}$

[정리 16-4]의 (2)와 (3)을 사용할 때는 두 로그의 밑이 같은지를 반드시 확인해야 한다.

예제 16-9

다음 식을 간단히 하라.

(a) $\log_2 32$

(b) $\log_3 \frac{1}{81}$

(c) $\log_2 \frac{2}{5} + \log_2 \frac{5}{128}$

(d) $\log_3 \frac{3}{7} - \log_3 \frac{27}{7}$

TIP [정리 16-4]의 로그의 성질을 이용한다.

풀이

(a) $\log_2 32 = \log_2 2^5 = 5\log_2 2 = 5$

(b) $\log_3 \frac{1}{81} = \log_3 \left(\frac{1}{3}\right)^4 = \log_3 3^{-4} = -4\log_3 3 = -4$

(c) $\log_2 \frac{2}{5} + \log_2 \frac{5}{128} = \log_2 \left(\frac{2}{5} \cdot \frac{5}{128}\right) = \log_2 \frac{1}{64} = \log_2 2^{-6} = -6$

(d) $\log_3 \frac{3}{7} - \log_3 \frac{27}{7} = \log_3 \left(\frac{3}{7} \cdot \frac{7}{27}\right) = \log_3 \frac{1}{9} = \log_3 3^{-2} = -2$

[정리 16-4]의 (5)를 로그의 **밑 변환 공식**이라 한다. 밑 변환 공식은 밑이 다른 두 개 이상의 로그를 간단히 나타낼 때 사용한다. 예를 들어 $\log_2 3 \cdot \log_3 5$는 밑 변환 공식을 사용하여 다음과 같이 간단히 나타낼 수 있다.

$$\log_2 3 \cdot \log_3 5 = \log_2 3 \cdot \frac{\log_2 5}{\log_2 3} = \log_2 5$$

예제 16-10

다음 식을 간단히 하라.

(a) $\log_4 5 \cdot \log_5 16$

(b) $\log_3 5 \cdot \log_{25} 27$

(c) $\log_3 7 + \log_9 7$

(d) $\log_{125} 6 - \log_5 6$

TIP $b > 0$, $b \neq 1$일 때, $\log_a x = \dfrac{\log_b x}{\log_b a}$이다.

풀이

(a) $\log_4 5 \cdot \log_5 16 = \log_4 5 \cdot \dfrac{\log_4 16}{\log_4 5} = \log_4 16 = \log_4 4^2 = 2$

(b) $\log_3 5 \cdot \log_{25} 27 = \log_3 5 \cdot \dfrac{\log_3 27}{\log_3 25} = \log_3 5 \cdot \dfrac{\log_3 3^3}{\log_3 5^2} = \log_3 5 \cdot \dfrac{3\log_3 3}{2\log_3 5} = \dfrac{3}{2}$

(c) $\log_3 7 + \log_9 7 = \log_3 7 + \dfrac{\log_3 7}{\log_3 9} = \log_3 7 + \dfrac{\log_3 7}{2} = \dfrac{3}{2}\log_3 7$

(d) $\log_{125} 6 - \log_5 6 = \dfrac{\log_5 6}{\log_5 125} - \log_5 6 = \dfrac{\log_5 6}{3} - \log_5 6 = -\dfrac{2}{3}\log_5 6$

■ 상용로그와 자연로그

로그함수 $y = \log_a x$의 모든 가능한 밑 중 공학에서 가장 중요하게 사용되는 형태는 $a = 10$인 경우와 $a = e$인 경우이다. 이 두 가지의 로그를 각각 상용로그, 자연로그라고 한다. 이때 e는 $\lim_{n\to\infty}\left(1+\dfrac{1}{n}\right)^n$으로 표현되는 특별한 무리수로서 그 값은 $2.7182\cdots$ 이다.

정의 16-7 상용로그와 자연로그

(1) 밑이 10인 로그를 **상용로그** common logarithm 라 하며, 이 경우에는 다음과 같이 밑 10을 생략한다.

$$\log_{10} x = \log x$$

(2) 밑이 e인 로그를 **자연로그** natural logarithm 라 하며, 이 경우에는 다음과 같이 밑을 나타내지 않고 ln으로 간략하게 표기한다.

$$\log_e x = \ln x$$

로그함수의 그래프

■ 로그함수 $y=\log_a x$ $(a>0,\ a\neq 1)$의 그래프

$y=\log_a x$의 그래프는 다음과 같은 성질을 갖는다.

- 정의역은 $\{x : x>0\}$이고 치역은 $\mathbb{R}$ 이다.
- $a>1$일 때 x값이 증가하면 y값도 증가하고, $0<a<1$일 때 x값이 증가하면 y값은 감소한다.
- 항상 두 점 $(1, 0)$, $(a, 1)$을 지난다.

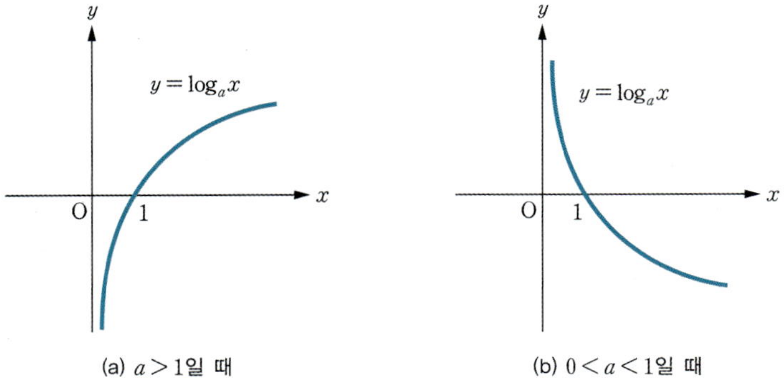

[그림 16-7] $y=\log_a x$의 그래프

■ 로그함수 $y=-\log_a x$ $(a>0,\ a\neq 1)$의 그래프

$y=-\log_a x$의 그래프는 $y=\log_a x$의 그래프를 x축을 중심으로 대칭이동한 그래프이다. 이 그래프는 다음과 같은 성질을 갖는다.

- 정의역은 $\{x : x>0\}$이고 치역은 $\mathbb{R}$ 이다.
- $a>1$일 때 x값이 증가하면 y값은 감소하고, $0<a<1$일 때 x값이 증가하면 y값도 증가한다.
- 항상 두 점 $(1, 0)$, $(a, -1)$을 지난다.

$y=-\log_a x$의 그래프는 $y=\log_a x$의 그래프를 a값의 범위에 따라 x축 대칭하여 그리며, 이때 $y=-\log_a x=\log_a x^{-1}=\log_a \frac{1}{x}$임을 이해하고 그린다.

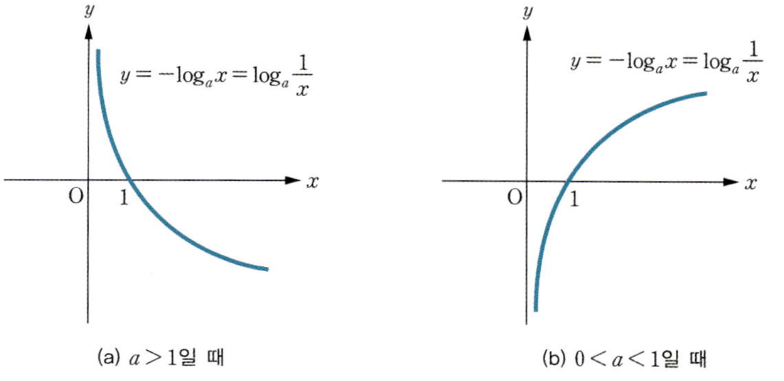

[그림 16-8] $y = -\log_a x$의 그래프

예제 16-11

다음 로그함수의 그래프를 그려라.

(a) $y = \log_2 x$ (b) $y = -\log_3 x$

(c) $y = \log_{\frac{1}{4}} x$ (d) $y = -\log_{\frac{1}{5}} x$

TIP 밑이 1보다 큰 수인지 또는 0과 1 사이인지 먼저 확인한다.

풀이

(a) $y = \log_2 x$의 밑이 2이므로, $y = \log_2 x$의 그래프는 [그림 16-9]와 같다.

(b) $y = -\log_3 x$의 밑이 3이므로, $y = -\log_3 x$의 그래프는 [그림 16-10]과 같다.

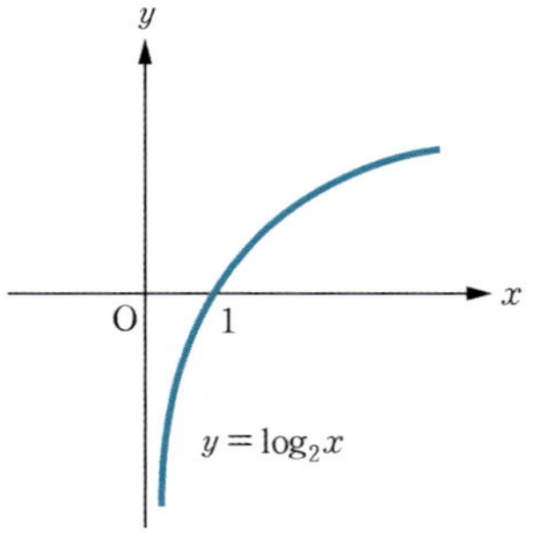

[그림 16-9]

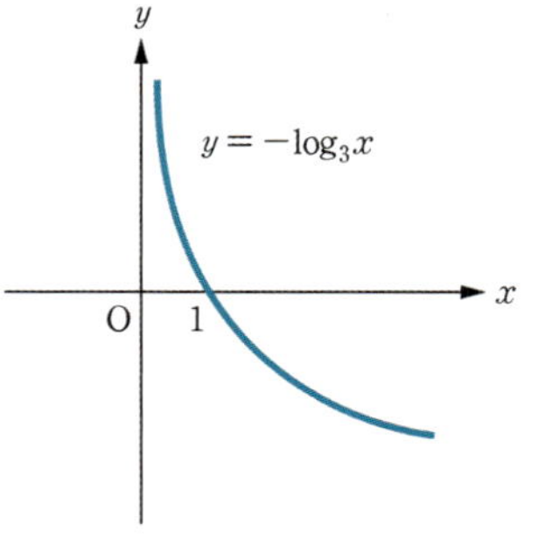

[그림 16-10]

(c) $y=\log_{\frac{1}{4}} x$의 밑이 $\frac{1}{4}$이므로, $y=\log_{\frac{1}{4}} x$의 그래프는 [그림 16-11]과 같다.

(d) $y=-\log_{\frac{1}{5}} x$의 밑이 $\frac{1}{5}$이므로, $y=-\log_{\frac{1}{5}} x$의 그래프는 [그림 16-12]와 같다.

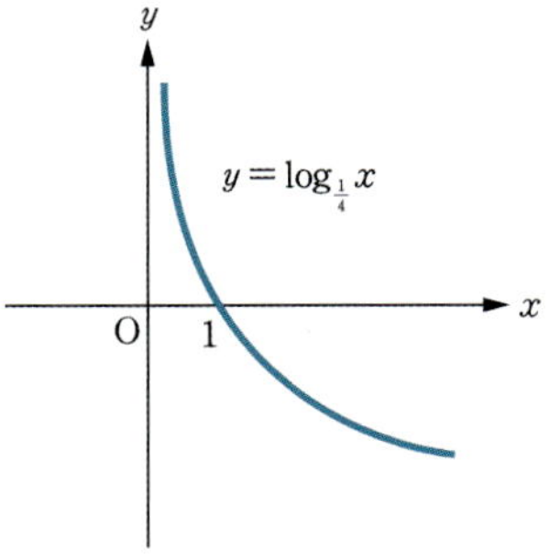

[그림 16-11]

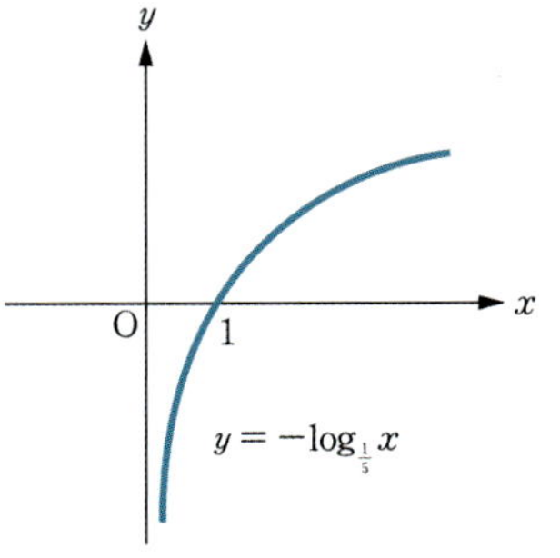

[그림 16-12]

로그함수의 성질을 이용하면 두 수의 크기를 비교할 수 있다.

정리 16-5 로그함수를 이용한 두 수의 크기 비교법

(1) **$a>1$인 경우**

$b<c$이면 $\log_a b<\log_a c$이고, $b>c$이면 $\log_a b>\log_a c$이다.

(2) **$0<a<1$인 경우**

$b<c$이면 $\log_a b>\log_a c$이고, $b>c$이면 $\log_a b<\log_a c$이다.

예제 16-12

다음 두 수의 크기를 비교하라.

(a) $\log_2 \sqrt{3}$, $\log_2 \sqrt[3]{9}$

(b) $\log_{\frac{1}{3}} \sqrt{0.5}$, $\log_{\frac{1}{3}} \sqrt[3]{0.25}$

TIP [정리 16-5]를 이용한다.

풀이

(a) $\log_2 \sqrt{3}=\log_2 3^{\frac{1}{2}}$이고 $\log_2 \sqrt[3]{9}=\log_2 9^{\frac{1}{3}}=\log_2 (3^2)^{\frac{1}{3}}=\log_2 3^{\frac{2}{3}}$이다. 로그의 진수의 크기를 비교하면 $3^{\frac{1}{2}}<3^{\frac{2}{3}}$이고, 로그의 밑이 2이므로 진수가 큰 수가 두 수 중에서 더 큰 수이다. 따라서 $\log_2 \sqrt{3}<\log_2 \sqrt[3]{9}$이다.

(b) $\log_{\frac{1}{3}}\sqrt{0.5} = \log_{\frac{1}{3}}(0.5)^{\frac{1}{2}}$이고 $\log_{\frac{1}{3}}\sqrt[3]{0.25} = \log_{\frac{1}{3}}\{(0.5)^2\}^{\frac{1}{3}} = \log_{\frac{1}{3}}(0.5)^{\frac{2}{3}}$이다. 로그의 진수의 크기를 비교하면 $(0.5)^{\frac{1}{2}} > (0.5)^{\frac{2}{3}}$이고, 로그의 밑이 $\frac{1}{3}$이므로 진수가 큰 수가 두 수 중에서 더 작은 수이다. 따라서 $\log_{\frac{1}{3}}\sqrt{0.5} < \log_{\frac{1}{3}}\sqrt[3]{0.25}$이다.

로그방정식의 풀이법

정의 16-8 로그방정식

로그의 진수 또는 밑에 미지수가 들어있는 방정식을 **로그방정식** logarithmic equation 이라 한다.

예를 들어 $\log_2(x-2) = 5$, $\log_x 7 = 9$와 같은 방정식들이 로그방정식이다. 이러한 로그방정식을 푸는 방법은 다음과 같다.

정리 16-6 로그방정식의 풀이법

(1) **밑이 같은 경우**

$\log_a f(x) = \log_a g(x)$이면, $f(x) = g(x)$를 푼다. 단, 진수 조건에 의해 $f(x) > 0$, $g(x) > 0$을 만족시키는 값만 해가 된다.

(2) **로그가 없는 항이 있는 경우**

$\log_a f(x) = b$이면, $f(x) = a^b$을 푼다. $f(x) = a^b$인 x 중 진수 조건을 만족하는 값만 해가 된다. 단, 진수 조건에 의해 $f(x) > 0$이어야 한다.

로그방정식을 풀 때는 진수 조건에 반드시 유의해야 한다.

예제 16-13

다음 로그방정식을 풀어라.

(a) $\log_2(x+1) + \log_2(x-2) = \log_2(2x+2)$

(b) $\log_3(x-1) - \log_3(x+1) = \log_3 2$

(c) $2\log_4(x+1) = \frac{1}{2}$

TIP 진수는 반드시 양수여야 한다.

풀이

(a) $\log_2(x+1)+\log_2(x-2)=\log_2(x+1)(x-2)$이므로 $(x+1)(x-2)=2x+2$이다. 이 방정식을 정리하면 $x^2-3x-4=0$이고, $(x-4)(x+1)=0$으로부터 $x=4$, $x=-1$이다. 하지만 $x=-1$은 로그함수의 진수 조건을 만족하지 않으므로, 로그방정식의 해는 $x=4$이다.

(b) $\log_3(x-1)-\log_3(x+1)=\log_3 2$이므로 $\log_3(x-1)=\log_3(x+1)+\log_3 2=\log_3 2(x+1)$이다. 따라서 $x-1=2(x+1)$로부터 $x=-3$이다. 하지만 $x=-3$은 로그함수의 진수 조건을 만족하지 않으므로, 로그방정식은 해를 갖지 않는다.

(c) $2\log_4(x+1)=\dfrac{1}{2}$로부터 $\log_4(x+1)^2=\dfrac{1}{2}$이므로 $(x+1)^2=4^{\frac{1}{2}}=2$이다. 따라서 $x=-1+\sqrt{2}$, $x=-1-\sqrt{2}$이다. 하지만 $x=-1-\sqrt{2}$는 로그함수의 진수 조건을 만족하지 않으므로, 로그방정식의 해는 $x=-1+\sqrt{2}$이다.

16.4 지수함수와 로그함수의 관계

로그의 정의로부터

$$y = a^x \quad \leftrightarrow \quad x = \log_a y$$

이므로, $x = \log_a y$에서 x와 y를 바꾸어 놓은 함수 $y = \log_a x$ $(a > 0,\ a \neq 1)$는 지수함수 $y = a^x$의 역함수이다.

따라서 다음과 같은 결과를 얻을 수 있다.

- 모든 $x \in \mathbb{R}$에 대하여 $\log_a(a^x) = x$이다.
- 모든 $x > 0$에 대하여 $a^{\log_a x} = x$이다.

지수함수와 로그함수를 같은 좌표평면에 그리면, 두 함수의 그래프는 직선 $y = x$에 대하여 대칭이다.

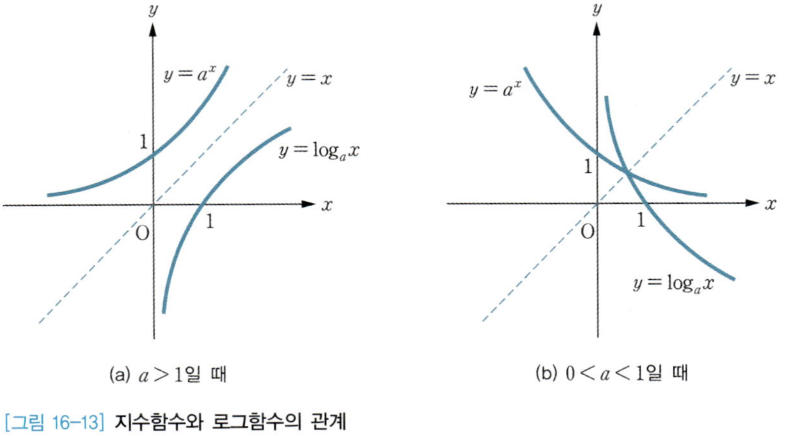

[그림 16-13] **지수함수와 로그함수의 관계**

복잡한 지수방정식이나 로그방정식의 해는 양변에 적절한 밑을 가지는 로그를 취하고 두 함수의 관계를 이용하여 풀 수 있다.

예제 16-14

다음 방정식을 풀어라.

(a) $3 \cdot 2^{4x-1} = 7$

(b) $\log_5(x+1) + 2 = 5$

(c) $3^x = 3 \cdot 2^{3x}$

(d) $x^{\log x} - x^4 = 0$

TIP 로그를 이용하여 지수방정식을 풀고, 지수를 이용하여 로그방정식을 푼다.

풀이

(a) $3 \cdot 2^{4x-1} = 7$을 정리하면 $2^{4x-1} = \frac{7}{3}$이므로 $4x - 1 = \log_2 \frac{7}{3}$이다. 따라서 $x = \frac{1}{4}\left(1 + \log_2 \frac{7}{3}\right)$이다.

(b) $\log_5(x+1) + 2 = 5$를 정리하면 $\log_5(x+1) = 3$이므로 $x + 1 = 5^3 = 125$이다. 따라서 $x = 124$이다.

(c) $3^x = 3 \cdot 2^{3x}$의 양변에 밑이 3인 로그를 취하면 $x\log_3 3 = \log_3 3 + 3x\log_3 2$이고, 이를 정리하면 $x = 1 + 3x\log_3 2$이다. 따라서 $x(1 - 3\log_3 2) = 1$로부터 $x = \frac{1}{1 - 3\log_3 2}$이다.

(d) $x^{\log x} - x^4 = 0$에서 x^4을 우변으로 이항하고 양변에 상용로그를 취하면 $\log x \log x = 4\log x$이다. 따라서 $\log x(\log x - 4) = 0$으로부터 $\log x = 0$, $\log x = 4$이다. 그러므로 $x = 1$, $x = 10000$이다.

[예제 16-14(c)]와 같이 지수의 밑이 다를 경우에는 양변에 취할 로그의 밑은 임의의 양수로 잡아도 된다. 예를 들어 [예제 16-14(c)]의 양변에 상용로그를 취하면

$$x\log 3 = \log 3 + 3x\log 2$$

이므로, 이 방정식을 x에 대하여 정리하면

$$x(\log 3 - 3\log 2) = \log 3$$

이다. 따라서

$$x = \frac{\log 3}{\log 3 - 3\log 2}$$

이다. 이 식에서 분모와 분자를 각각 $\log 3$으로 나누면 결국 [예제 16-14(c)]와 같은 답이 됨을 알 수 있다.

16.5 공학문제

박테리아의 증식

박테리아 bacteria는 원핵생물에 속하는 단세포 생물로, 흔히 세균이라고 한다. 대부분의 병원성 균은 박테리아로, 크기는 $0.2\mu m$부터 $0.5mm$까지 다양하다.

박테리아는 단백질로 이루어진 생물이므로 적절한 온도와 환경에서 양분을 공급받아야 살아남을 수 있다. 이때 박테리아는 일정한 속도로 증식하는데, 배양액 중의 균수를 측정하여 그래프로 나타낸 것을 박테리아의 **성장곡선** growth curve이라고 한다. 어떤 조건에서 박테리아는 지수함수적으로 증가하다가, 점차 영양분이 사라지고 살아남기 힘든 환경이 되면 성장이 멈추고 결국 사멸하게 된다.

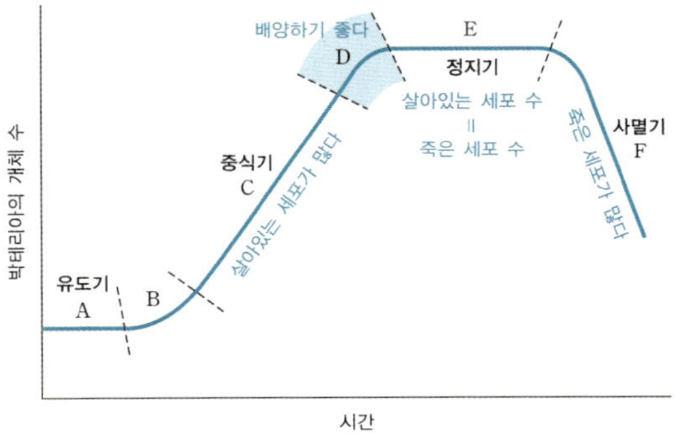

[그림 16-14] 박테리아의 성장곡선

예제 16-15

어떤 실험실에서 적당한 시간 동안 박테리아를 표본 추출하였더니, 매시간 개체 수가 2배씩 늘어났다고 한다. 다음 물음에 답하라.

(a) 초기의 개체 수가 a일 때, t시간 후의 박테리아의 개체 수를 식으로 나타내라.

(b) 4시간 후 박테리아의 개체 수가 16384마리였다고 할 때, 처음 개체 수를 구하라.

TIP 처음 박테리아의 개체 수가 $f(0)=a$일 때, t시간 후의 박테리아 개체 수는 $f(t)=2f(t-1)$이다.

풀이

(a) t시간 후의 박테리아 개체 수를 $f(t)$라 하면 $f(0)=a$이고

$$f(1)=2f(0)=2a,\ f(2)=2f(1)=2(2a)=2^2a,\ f(3)=2f(2)=2(2^2a)=2^3a$$

이다. 따라서 t시간 후의 박테리아 개체 수는 다음과 같다.

$$f(t) = 2^t a$$

(b) $f(4) = 2^4 a = 16384$에서 $a = \frac{16384}{16} = 1024$(마리)이다.

소음과 데시벨

소음noise은 듣는 사람에게 불쾌감을 주는 음으로, 듣는 사람의 심리 상태 따라 그 느끼는 정도는 다르다. 소리의 상대적인 크기를 나타내는 단위는 **데시벨**(dB)decibel이며, 임의의 소리 세기 x에 대해 데시벨 y는 상용로그를 취해 다음과 같이 나타낸다.

$$y = 10 \log x \ (\text{dB})$$

일반적으로 소음으로 분류하는 기준은 50dB이며, 낮과 밤, 지역에 따라 조금씩 다르게 분류된다.

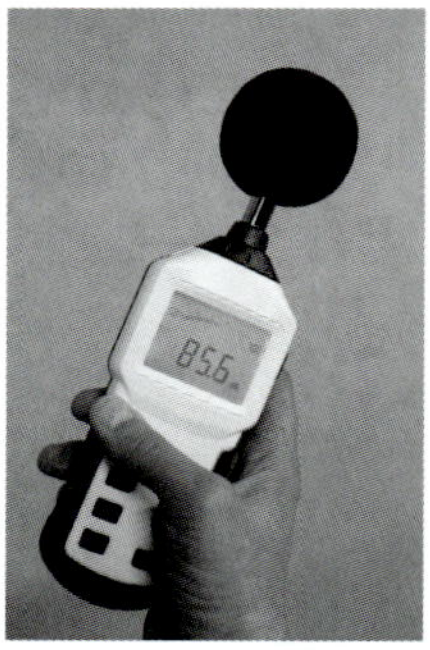

[그림 16-15] 소음 측정기

예제 16-16

거의 들을 수 없는 상태는 0dB, 조용한 방은 40dB, 시끄러운 거리는 80dB 그리고 청각을 심각하게 손상시킬 수 있을 정도의 소리는 150dB로 측정된다. 트럭의 소음이 70dB이고 승용차의 소음이 50dB일 때, 트럭의 소음이 승용차의 소음보다 몇 배 더 시끄러운 소리인지를 설명하라.

TIP 데시벨 공식을 이용하여 트럭과 승용차 소리의 세기를 구한다.

풀이

트럭 소리의 세기를 x_1, 승용차 소리의 세기 x_2라 하자.

트럭의 소음이 70dB이므로, $70 = 10 \log x_1$에서 $x_1 = 10^7$이다.

승용차의 소음이 50dB이므로, $50 = 10 \log x_2$에서 $x_2 = 10^5$이다.

따라서 $\frac{x_1}{x_2} = \frac{10^7}{10^5} = 100$이므로, 트럭이 승용차보다 100배 더 시끄럽다.

리히터 규모와 에너지

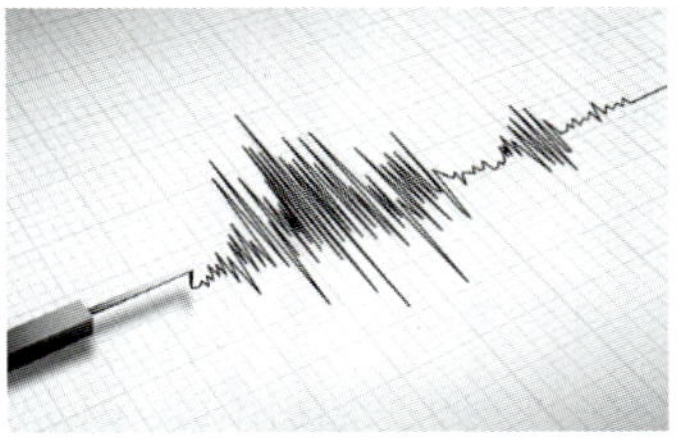

[그림 16-16] **리히터 지진계**

지진의 규모를 나타내는 **리히터 규모**Richter magnitude scale는 1935년 미국의 지진학자인 찰스 리히터Charles Richter가 처음 도입하였고, 현재는 전 세계적으로 지진의 규모를 설명하는 표준 척도가 되었다. 리히터 규모 4.0의 지진이 발생하면 방 안에 있는 물건의 흔들림을 분명하게 느낄 수 있다. 우리나라에서는 2016년 9월 경주에서 규모 5.8의 지진이 발생하여 일부 문화재가 파손되는 피해가 발생하기도 하였다.

리히터 규모 M과 지진에서 방출하는 에너지 E 사이에는 다음 관계가 성립한다.

$$\log E = 11.8 + 1.5M$$

예제 16-17

$\sqrt{10} = 3.16$일 때, 다음 물음에 답하라.

(a) 리히터 규모가 7일 때 방출하는 에너지가 리히터 규모 5일 때의 몇 배인지를 구하라.

(b) 리히터 규모가 8일 때 방출하는 에너지가 리히터 규모 5일 때의 몇 배인지를 구하라.

TIP $E = 10^{11.8 + 1.5M} = k10^{1.5M}$임을 이용한다. 이때 $k = 10^{11.8}$이다.

풀이

리히터 규모가 5일 때 방출하는 에너지를 E_5라 하면, $E_5 = k10^{1.5 \times 5} = k10^{7.5}$이다. 이때 $k = 10^{11.8}$이다.

(a) 리히터 규모가 7일 때 방출하는 에너지를 E_7이라 하면,

$$E_7 = k10^{1.5 \times 7} = k10^{7.5} \cdot 10^3 = 10^3 E_5$$

이다. 따라서 리히터 규모가 7일 때 방출하는 에너지는 리히터 규모 5일 때 방출하는 에너지의 1000배이다.

(b) 리히터 규모가 8일 때 방출하는 에너지를 E_8이라 하면,

$$E_8 = k10^{1.5 \times 8} = k10^{7.5} \cdot 10^{4.5} = 10^4 \sqrt{10}\, E_5 = 31600\, E_5$$

이다. 따라서 리히터 규모가 8일 때 방출하는 에너지는 리히터 규모 5일 때 방출하는 에너지의 31600배이다.

로켓의 추진

[그림 16-17] 로켓 발사

로켓은 우주 공간에서 어떻게 이동할까? 로켓에 연료를 주입하고 엔진을 가동하면 로켓의 추진 장치에서 가스가 배출되는데, 로켓은 이 가스가 배출되는 방향의 반대 방향으로 운동량을 받아서 추진력을 얻어 우주 공간에서 이동하게 된다. 이것이 **로켓의 추진** rocket propulsion 원리이다. 이 원리는 뉴턴의 운동 제3법칙인 '작용, 반작용의 법칙'이 적용된 것이다. 로켓의 추진을 식으로 나타내면 다음과 같고, 이 식을 **치올콥스키 로켓 방정식** Tsiolkovsky's rocket equation이라고 한다.

$$v_2 = v_1 + v_0 \ln\left(\frac{M_1}{M_2}\right)$$

여기서 M_1은 로켓의 초기 질량, M_2는 로켓의 최종 질량, v_0는 로켓의 운동 방향과 반대 방향으로 작용하는 연료의 상대 분사 속력, v_1은 로켓의 초기 속력, v_2는 연료가 분사된 이후 로켓의 최종 속력을 나타낸다.

예제 16-18

우주 공간에서 우주선이 $2.0 \times 10^3 \mathrm{m/s}$의 속력으로 지구에서 멀어지고 있고, 엔진을 가동하여 로켓의 운동 방향과 반대 방향으로 $4.0 \times 10^3 \mathrm{m/s}$의 상대 속력으로 연료를 분사한다고 하자. 우주선의 질량이 초기 질량의 $\frac{1}{2}$이 되었을 때, 로켓의 속력을 구하라. (단, $\ln 2 = 0.6931$이다.)

TIP $M_2 = \frac{1}{2}M_1$임을 이용한다.

풀이

$v_1 = 2.0 \times 10^3$, $v_0 = 4.0 \times 10^3$, $M_2 = \frac{1}{2}M_1$이므로 다음과 같다.

$$v_2 = v_1 + v_0 \ln\left(\frac{M_1}{M_2}\right) = 2.0 \times 10^3 + 4.0 \times 10^3 \times \ln 2 = 4.7724 \times 10^3 (\mathrm{m/s})$$

CHAPTER 16 연습문제

16.1 다음 식을 간단히 하라.

(a) $2^{\frac{5}{4}} \cdot 2^{\frac{5}{3}}$　　(b) $3^{\frac{7}{6}} \div 3^{\frac{1}{4}}$

(c) $\sqrt[3]{4} \cdot \sqrt[4]{8}$　　(d) $\sqrt[5]{9} \div \sqrt[4]{243}$

(e) $\sqrt{a^3} \cdot \sqrt[5]{a^6}$　　(f) $\sqrt[4]{a^3} \div \sqrt[6]{a^5}$

16.2 다음 함수가 지수함수인지를 판정하라.

(a) $y = \left(\frac{2}{3}\right)^{-x}$　　(b) $y = \left(-\frac{4}{5}\right)^{x}$

(c) $y = (-7)^{x^2+1}$　　(d) $y = -7^{-x^2}$

(e) $y = \frac{1}{9^{-x}}$　　(f) $y = \frac{3}{(-11)^x}$

16.3 다음 함수의 그래프를 그려라.

(a) $y = 2^x$　　(b) $y = 2^{-x}$

(c) $y = -2^x$　　(d) $y = -2^{-x}$

(e) $y = 2^x + 2^{-x}$　　(f) $y = 2^x - 2^{-x}$

16.4 다음 두 수의 크기를 비교하라.

(a) $\sqrt{7}$, $\sqrt[3]{49}$　　(b) $\sqrt[7]{27}$, $\sqrt[13]{81}$

(c) $\sqrt[3]{0.5}$, $\sqrt[4]{0.25}$　　(d) $\sqrt[4]{0.6}$, $\sqrt[15]{0.216}$

16.5 다음 지수방정식을 풀어라.

(a) $2^{3x-4} = 2^{5-x}$　　(b) $3^{x^2-1} = 3^{4-x^2}$

(c) $4^{-x^2+4x} = 256$　　(d) $(\sqrt{5})^{5x-3} = \frac{1}{125}$

(e) $2^{x^2-3x-10} = 5^{x^2-3x-10}$　　(f) $3^{x^2+2x} = 11^{x^2+x-2}$

16.6 다음 로그함수가 정의되기 위한 x값의 범위를 구하라.

(a) $\log_2 (7x+1)$
(b) $\log_3 \left(4-\dfrac{1}{2}x\right)$
(c) $\log_4 (x+2)^2$
(d) $\log_5 (x^2+1)$
(e) $\log_{\frac{1}{2}} (x^2-4)$
(f) $\log_{\frac{1}{3}} (3x-x^2)$

16.7 다음을 간단히 하라.

(a) $2\log_3 a + 3\log_3 b$
(b) $2\log 3 - 3\log 2$
(c) $\log_2 \dfrac{5}{3} + \log_2 \dfrac{14}{5} - \log_2 6$
(d) $\log_5 \dfrac{1}{2} - \log_5 \dfrac{1}{3} + \log_5 \dfrac{1}{7}$
(e) $\log_3 4 + \log_9 8$
(f) $\log_3 (\sqrt{2}+1) - \log_{\frac{1}{3}} (\sqrt{2}-1)$

16.8 다음 함수의 그래프를 그려라.

(a) $y = \log_2 x$
(b) $y = -\log_2 x$
(c) $y = \log_2 (-x)$
(d) $y = -\log_2 (-x)$

16.9 다음 두 수의 대소를 비교하라.

(a) $\log_2 7,\ \log_2 \sqrt[3]{49}$
(b) $\log_5 \sqrt[5]{81},\ \log_5 \sqrt[7]{729}$
(c) $\log_{\frac{1}{3}} \sqrt[3]{4},\ \log_{\frac{1}{3}} \sqrt[5]{16}$
(d) $\log_{\frac{1}{4}} \sqrt{0.001},\ \log_{\frac{1}{4}} \sqrt[4]{0.0001}$

16.10 다음 로그방정식을 풀어라.

(a) $\log 3x + \log (x-1) = \log (2x^2+4)$
(b) $2\ln x - \ln (x+4) = \ln 2$
(c) $3\log_3 (x+1) = 9$
(d) $\log_2 (3x+1) = \dfrac{1}{2}$

16.11 다음 방정식을 풀어라.

(a) $3 \cdot 2^{x+1} = 5$　　(b) $\frac{1}{4} \cdot 5^{2x-1} = \frac{1}{3}$

(c) $2^{3x} = 5 \cdot 3^{x+1}$　　(d) $x^{\log x} - x^3 = 0$

16.12 어떤 실험실에서 적당한 시간 동안 박테리아를 표본 추출하였더니, 매시간 개체 수가 3배씩 늘어났다고 한다. 다음 물음에 답하라.

(a) 초기의 개체 수가 a일 때 t시간 후의 박테리아의 개체 수를 식으로 나타내라.
(b) 5시간 후 박테리아의 개체 수가 19683마리였다고 할 때, 초기의 개체 수를 구하라.

16.13 어떤 방사능 물질이 하루에 10%의 비율로 방사능을 잃는다고 할 때, 다음 물음에 답하라. (단, $\log 2 = 0.3010$, $\log 3 = 0.4771$이다.)

(a) 이 방사능 물질의 양이 처음의 절반으로 줄어드는 데 며칠이 걸리는지를 구하라.
(b) 이 방사능 물질의 양이 처음의 $\frac{1}{3}$로 줄어드는 데 며칠이 걸리는지를 구하라.

16.14 $\sqrt{10} = 3.16$일 때, 다음 물음에 답하라.

(a) 리히터 규모가 7일 때 방출하는 에너지가 리히터 규모 4일 때의 몇 배인지를 구하라.
(b) 리히터 규모가 8일 때 방출하는 에너지가 리히터 규모 4일 때의 몇 배인지를 구하라.

16.15 우주 공간에서 우주선이 $1.0 \times 10^3\,\mathrm{m/s}$의 속력으로 지구에서 멀어지고 있고, 엔진을 가동하여 로켓의 운동 방향과 반대 방향으로 $3.0 \times 10^3\,\mathrm{m/s}$의 상대 속력으로 연료를 분사한다고 하자. 우주선의 질량이 초기 질량의 $\frac{1}{3}$이 되었을 때, 로켓의 속력을 구하라. (단, $\ln 3 = 1.0986$이다.)

CHAPTER 17

삼각함수

CONTENTS

학습목표

- 각을 표현하는 방법을 익히고, 삼각함수의 정의를 이해한다.
- 삼각함수의 주기와 최솟값, 최댓값을 구하는 방법을 학습한다.
- 삼각함수들 사이의 관계를 이해한다.

일정한 주기가 반복되는 삼각함수는 주기성을 갖는 다양한 현상을 설명하는 데 중요하게 사용된다. 삼각함수가 활용되는 몇 가지 예를 알아보자.

우리나라 서해안에서는 하루에 두 번 밀물과 썰물이 반복하여 발생한다. 밀물로 인해 해수면의 높이가 점차 높아지면서 만조에 도달하고, 다시 해수면의 높이가 낮아지면서 간조에 도달하는데, 이러한 해수면의 높이 변화는 삼각함수 중 사인함수로 설명할 수 있다.

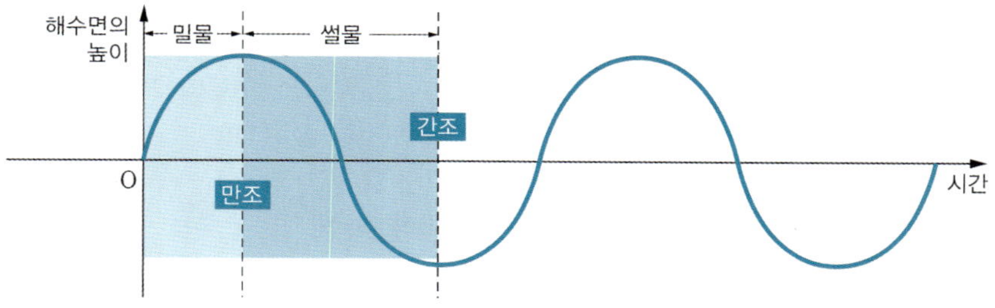

또 다른 예로, 우리 몸에 내재된 잠재적 에너지를 신체, 감성, 지성 이렇게 세 가지로 분류해서 각각 23일, 28일, 33일을 주기로 에너지 파동을 만들어나간다는 바이오리듬이 있다. 이때 에너지의 변화를 사인함수의 그래프로 나타낸다.

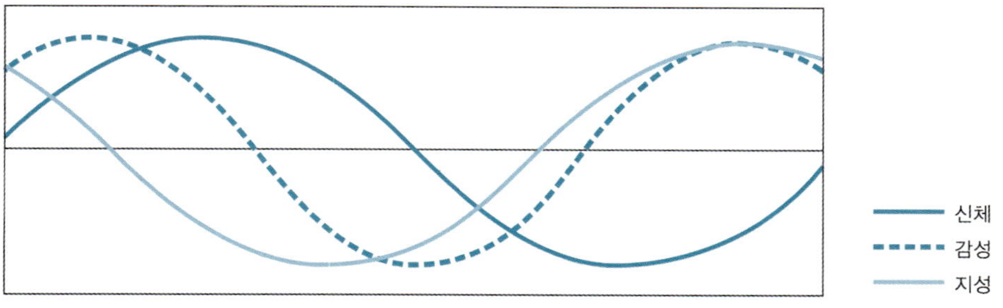

위 그림과 같이 세 가지 리듬의 주기는 다르기 때문에 그래프의 모양은 약간 다르다. 사인함수의 그래프가 가로축 위에 있으면 상태가 양호한 적극기이고, 아래에 있으면 침체된 시기로 소극기라 한다.

17.1 호도법

일반각

평면 위의 고정된 반직선 OX가 있고, 반직선 OP가 점 O를 중심으로 반직선 OX를 회전하여 그려질 때, 일반각은 다음과 같이 정의한다.

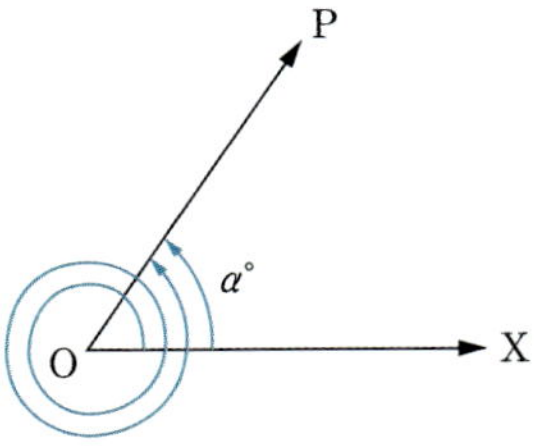

[그림 17-1] 일반각의 정의

정의 17-1 일반각

반직선 OP와 OX가 이루는 각 중 하나를 $\alpha°$라 하면,

$$\theta = 360° \times n + \alpha° \quad (\text{단, } n\text{은 정수})$$

로 표시되는 각 θ를 반직선 OP가 나타내는 **일반각**general angle이라 한다.

반직선 OP가 점 O를 중심으로 회전하는 방법에는 양의 각과 음의 각의 두 가지가 있다. 반시계방향으로 회전하여 생긴 각을 **양의 각**positive angle, 시계방향으로 회전하여 생긴 각을 **음의 각**negative angle이라 한다. 양의 각을 나타낼 때는 각도 앞에 +를 생략하여 나타내고, 음의 각을 나타낼 때는 각도 앞에 −를 붙여서 나타낸다.

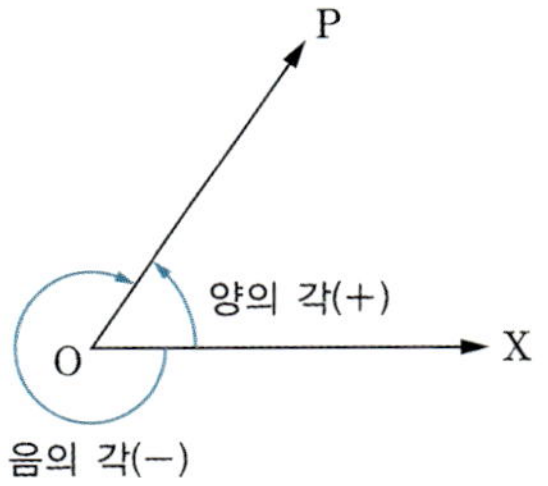

[그림 17-2] 양의 각과 음의 각

예제 17-1

다음 양의 각은 음의 각으로, 음의 각은 양의 각으로 나타내라.

(a) 60° (b) 130°

(c) −30° (d) −170°

TIP 일반각의 정의를 이용한다.

풀이

(a) 일반각은 $\theta = 360° \times n + 60°$이므로, n에 -1을 대입하면 음의 각 $-360° + 60° = -300°$이다.

(b) 일반각은 $\theta = 360° \times n + 130°$이므로, n에 -1을 대입하면 음의 각 $-360° + 130° = = -230°$이다.

(c) 일반각은 $\theta = 360° \times n + (-30°)$이므로, n에 1을 대입하면 양의 각 $360° + (-30°) = 330°$이다.

(d) 일반각은 $\theta = 360° \times n + (-170°)$이므로, n에 1을 대입하면 양의 각 $360° + (-170°) = 190°$이다.

[정의 17-1]에 의하여 같은 각을 다양한 방법으로 표현할 수 있으므로, [예제 17-1]의 답은 여러 가지가 될 수 있다. 예를 들어 [예제 17-1(a)]에서 답은 $-300°$뿐만이 아니라 $-300° - 360° = -660°$, $-300° - 720° = -1020°$ 등도 될 수 있다.

각도를 나타내는 방법

각도를 나타내는 방법에는 육십분법과 호도법이 있다.

정의 17-2 육십분법(60분법)

직각의 $\frac{1}{90}$을 **1도**degree(°)로 각도의 단위를 정하는 방법을 **육십분법** sexadecimal method 이라 한다.

정의 17-3 호도법

$\frac{180°}{\pi}$를 **1라디안**radian이라 하고, 이를 각도의 단위로 정하는 방법을 **호도법** circular measure이라 한다.

육십분법으로 표현된 각도를 호도법으로 나타내거나 호도법으로 표현된 각도를 육십분법으로 나타내고자 할 때 다음 방법을 사용한다.

정리 17-1 각도의 변환 방법

(1) 육십분법으로 표현된 각도 $a°$를 호도법으로 나타내기 : $a \times \frac{\pi}{180°}$(rad)

(2) 호도법으로 표현된 각도 b 라디안을 육십분법으로 나타내기 : $b \times \frac{180°}{\pi}$

예제 17-2

다음 육십분법을 호도법으로, 호도법을 육십분법으로 나타내라.

(a) $12°$ (b) $150°$ (c) $\frac{\pi}{5}$ (d) $\frac{5}{12}\pi$

TIP [정리 17-1]의 각도의 변환 방법을 활용한다.

풀이

(a) $12° \times \frac{\pi}{180°} = \frac{\pi}{15}$이므로, $12°$를 호도법으로 나타내면 $\frac{\pi}{15}$이다.

(b) $150° \times \frac{\pi}{180°} = \frac{5}{6}\pi$이므로, $150°$를 호도법으로 나타내면 $\frac{5}{6}\pi$이다.

(c) $\frac{\pi}{5} \times \frac{180°}{\pi} = 36°$이므로, $\frac{\pi}{5}$를 육십분법으로 나타내면 $36°$이다.

(d) $\frac{5}{12}\pi \times \frac{180°}{\pi} = 75°$이므로, $\frac{5}{12}\pi$를 육십분법으로 나타내면 $75°$이다.

대학에서는 육십분법보다 호도법을 주로 사용한다. 다음 표는 육십분법과 호도법의 대표적인 예를 정리한 것이다.

[표 17-1] 육십분법과 호도법

육십분법	$30°$	$45°$	$60°$	$90°$	$120°$	$135°$	$150°$	$180°$
호도법	$\frac{\pi}{6}$	$\frac{\pi}{4}$	$\frac{\pi}{3}$	$\frac{\pi}{2}$	$\frac{2}{3}\pi$	$\frac{3}{4}\pi$	$\frac{5}{6}\pi$	π
육십분법	$210°$	$225°$	$240°$	$270°$	$300°$	$315°$	$330°$	$360°$
호도법	$\frac{7}{6}\pi$	$\frac{5}{4}\pi$	$\frac{4}{3}\pi$	$\frac{3}{2}\pi$	$\frac{5}{3}\pi$	$\frac{7}{4}\pi$	$\frac{11}{6}\pi$	2π

17.2 삼각함수의 정의

삼각함수의 개념

호도법으로 나타낸 각도에 대하여 삼각함수의 개념을 알아보자.

정의 17-4 삼각함수($\sin\theta$, $\cos\theta$, $\tan\theta$)

[그림 17-3]과 같이 x축의 양의 방향과 각 θ를 이루는 직선과 중심이 원점이고 반지름이 r인 원의 교점을 $\mathrm{P}(x, y)$라 할 때, 삼각함수 $\sin\theta$, $\cos\theta$, $\tan\theta$를 다음과 같이 정의한다.

$$\sin\theta = \frac{y}{r}, \quad \cos\theta = \frac{x}{r}, \quad \tan\theta = \frac{y}{x}$$

이때 sin은 사인, cos는 코사인, tan은 탄젠트라고 읽는다.

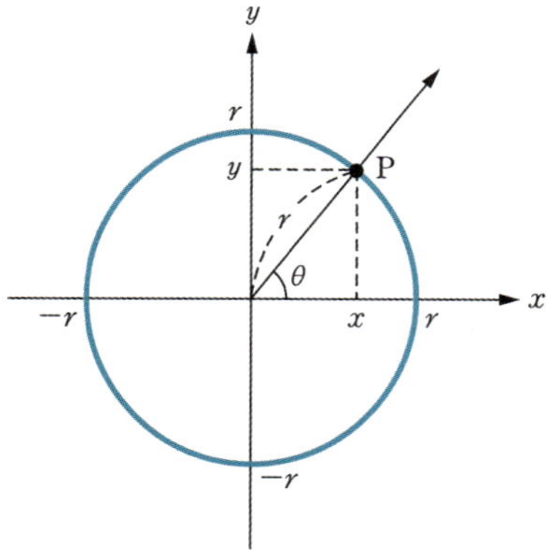

[그림 17-3] 삼각함수의 정의

[정의 17-4]에 의해 삼각함수 사이에 다음과 같은 관계가 성립한다.

정리 17-2 삼각함수 사이의 관계

(1) $\tan\theta = \dfrac{\sin\theta}{\cos\theta}$ (2) $\sin^2\theta + \cos^2\theta = 1$

[정의 17-4]에 있는 세 가지 기본 삼각함수와 역수 관계에 있는 다음과 같은 세 가지 삼각함수가 더 있다.

$$\csc\theta = \frac{1}{\sin\theta} = \frac{r}{y},\quad \sec\theta = \frac{1}{\cos\theta} = \frac{r}{x},\quad \cot\theta = \frac{1}{\tan\theta} = \frac{x}{y}$$

이때 csc는 코시컨트, sec는 시컨트, cot는 코탄젠트라고 읽는다.

■ 삼각함수의 부호

삼각함수는 θ가 몇 사분면의 각인지에 따라서 양의 값 또는 음의 값을 갖는다.

- **θ가 제1사분면에 있는 경우**

$$\sin\theta > 0,\ \cos\theta > 0,\ \tan\theta > 0$$

- **θ가 제2사분면에 있는 경우**

$$\sin\theta > 0,\ \cos\theta < 0,\ \tan\theta < 0$$

- **θ가 제3사분면에 있는 경우**

$$\sin\theta < 0,\ \cos\theta < 0,\ \tan\theta > 0$$

- **θ가 제4사분면에 있는 경우**

$$\sin\theta < 0,\ \cos\theta > 0,\ \tan\theta < 0$$

이를 정리하면 제1사분면에서는 모든 삼각함수가 양의 값을 갖고, 제2사분면에서는 사인함수만, 제3사분면에서는 탄젠트함수만, 그리고 제4사분면에서는 코사인함수만 양의 값을 갖는다.

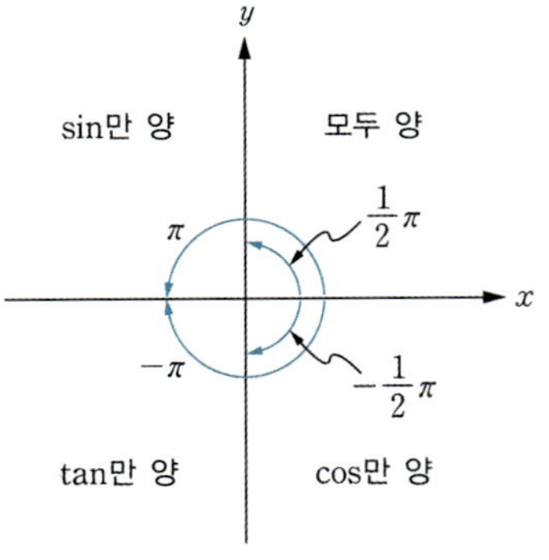

[그림 17-4] 삼각함수의 부호

예제 17-3

θ가 다음과 같을 때, $\sin\theta$, $\cos\theta$, $\tan\theta$값이 양인지 음인지를 판정하라.

(a) $\frac{11}{27}\pi$ (b) $\frac{8}{7}\pi$

(c) $-\frac{9}{8}\pi$ (d) $-\frac{\pi}{7}$

TIP 주어진 각이 몇 사분면의 각인지를 확인한다.

풀이

(a) $0 < \frac{11}{27}\pi < \frac{\pi}{2}$이므로, $\frac{11}{27}\pi$는 제1사분면의 각이다.

따라서 $\sin\theta > 0$, $\cos\theta > 0$, $\tan\theta > 0$이다.

(b) $\pi < \frac{8}{7}\pi < \frac{3}{2}\pi$이므로, $\frac{8}{7}\pi$는 제3사분면의 각이다.

따라서 $\sin\theta < 0$, $\cos\theta < 0$, $\tan\theta > 0$이다.

(c) $-\frac{3}{2}\pi < -\frac{9}{8}\pi < -\pi$이므로, $-\frac{9}{8}\pi$는 제2사분면의 각이다.

따라서 $\sin\theta > 0$, $\cos\theta < 0$, $\tan\theta < 0$이다.

(d) $-\frac{\pi}{2} < -\frac{\pi}{7} < 0$이므로, $-\frac{\pi}{7}$는 제4사분면의 각이다.

따라서 $\sin\theta < 0$, $\cos\theta > 0$, $\tan\theta < 0$이다.

삼각함수의 값

일반각 θ에 대한 삼각함수의 값은 다음과 같이 구한다.

정리 17-3 삼각함수의 값을 구하는 방법

(1) θ를 예각$(0 < \theta < \frac{\pi}{2})$으로 하는 직각삼각형을 그리고 각 변의 길이를 구한다.

(2) (1)에서 그린 직각삼각형의 삼각비를 이용하여 $\sin\theta$, $\cos\theta$, $\tan\theta$를 구한다.

(3) 문제에 있는 θ가 몇 사분면에 있는가를 확인하고, $\sin\theta$, $\cos\theta$, $\tan\theta$값의 부호를 최종적으로 결정한다.

[정리 17-3]은 일반각 θ가 명확하지 않고 하나의 삼각함수의 값만 제시된 경우 다른 삼각함수의 값을 구할 때 유용하게 사용된다.

예제 17-4

다음 삼각함수의 값을 구하라.

(a) $\sin\theta = \frac{4}{5}$이고 θ가 제2사분면의 각일 때, $\cos\theta$와 $\tan\theta$

(b) $\cos\theta = -\frac{1}{3}$이고 θ가 제3사분면의 각일 때, $\sin\theta$와 $\tan\theta$

(c) $\tan\theta = -\frac{1}{2}$이고 θ가 제4사분면의 각일 때, $\sin\theta$와 $\cos\theta$

TIP θ가 속한 사분면에 따라 삼각함수의 부호를 최종적으로 결정한다.

풀이

(a) [그림 17-5]에서 피타고라스의 정리에 의하여 $a^2+4^2=5^2$이므로 $a=\sqrt{5^2-4^2}=\sqrt{9}=3$이다. 따라서 $\cos\theta=\frac{3}{5}$, $\tan\theta=\frac{4}{3}$이다. θ가 제2사분면의 각이므로 $\cos\theta<0$, $\tan\theta<0$이다. 따라서 $\cos\theta=-\frac{3}{5}$, $\tan\theta=-\frac{4}{3}$이다.

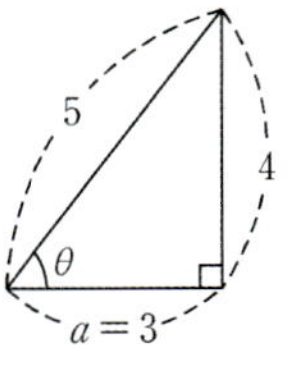

[그림 17-5]

(b) [그림 17-6]에서 피타고라스의 정리에 의하여 $1^2+b^2=3^2$이므로 $b=\sqrt{3^2-1^2}=2\sqrt{2}$이다. 따라서 $\sin\theta=\frac{2\sqrt{2}}{3}$, $\tan\theta=2\sqrt{2}$이다. θ가 제3사분면의 각이므로 $\sin\theta<0$, $\tan\theta>0$이다. 따라서 $\sin\theta=-\frac{2\sqrt{2}}{3}$, $\tan\theta=2\sqrt{2}$이다.

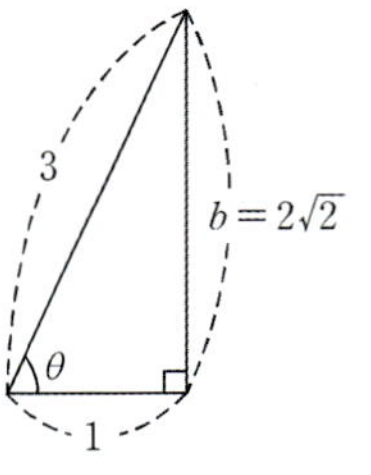

[그림 17-6]

(c) [그림 17-7]에서 피타고라스의 정리에 의하여 $2^2+1^2=c^2$이므로 $c=\sqrt{2^2+1^2}=\sqrt{5}$이다. 따라서 $\sin\theta=\frac{1}{\sqrt{5}}$, $\cos\theta=\frac{2}{\sqrt{5}}$이다. θ가 제4사분면의 각이므로 $\sin\theta<0$, $\cos\theta>0$이다. 따라서 $\sin\theta=-\frac{1}{\sqrt{5}}$, $\cos\theta=\frac{2}{\sqrt{5}}$이다.

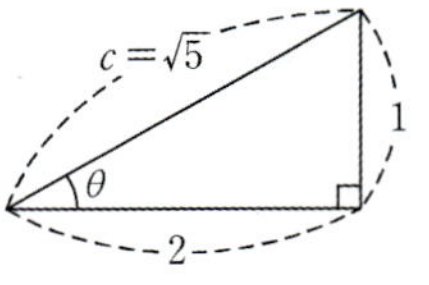

[그림 17-7]

■ 특수각에 대한 삼각함수의 값

특수각 θ에 대한 삼각함수의 값을 구하는 방법을 알아보자. 제1사분면의 특수각은 0, $\frac{\pi}{6}$, $\frac{\pi}{4}$, $\frac{\pi}{3}$, $\frac{\pi}{2}$이고, 이 특수각에 대한 삼각함수의 값은 다음과 같다.

[표 17-2] **특수각에 대한 삼각함수의 값**

	0	$\frac{\pi}{6}$	$\frac{\pi}{4}$	$\frac{\pi}{3}$	$\frac{\pi}{2}$
$\sin\theta$	$\frac{\sqrt{0}}{2}(=0)$	$\frac{\sqrt{1}}{2}\left(=\frac{1}{2}\right)$	$\frac{\sqrt{2}}{2}$	$\frac{\sqrt{3}}{2}$	$\frac{\sqrt{4}}{2}(=1)$
$\cos\theta$	$\frac{\sqrt{4}}{2}(=1)$	$\frac{\sqrt{3}}{2}$	$\frac{\sqrt{2}}{2}$	$\frac{\sqrt{1}}{2}\left(=\frac{1}{2}\right)$	$\frac{\sqrt{0}}{2}(=0)$
$\tan\theta$	$\frac{\sqrt{0}}{\sqrt{4}}(=0)$	$\frac{\sqrt{1}}{\sqrt{3}}\left(=\frac{\sqrt{3}}{3}\right)$	$\frac{\sqrt{2}}{\sqrt{2}}(=1)$	$\frac{\sqrt{3}}{\sqrt{1}}(=\sqrt{3})$	정의 안 됨

정리 17-4 특수각에 대한 삼각함수의 값들을 쉽게 암기하는 방법

(1) $\sin\theta$의 값은 모두 분수이고 분모는 2로 같다.
특수각의 값에 따라서 차례로 $\sqrt{0}$, $\sqrt{1}$, $\sqrt{2}$, $\sqrt{3}$, $\sqrt{4}$를 분자에 대입한다.

(2) $\cos\theta$의 값은 모두 분수이고 분모는 2로 같다.
특수각의 값에 따라서 차례로 $\sqrt{4}$, $\sqrt{3}$, $\sqrt{2}$, $\sqrt{1}$, $\sqrt{0}$을 분자에 대입한다.

(3) $\tan\theta$의 값은 $\frac{\sin\theta}{\cos\theta}$이므로, $\sin\theta$의 값을 $\cos\theta$의 값으로 나누어 구한다.

특수각에 대한 사인함수의 값은 분자의 근호 안의 값이 차례로 1씩 증가하고, 코사인함수의 값은 분자의 근호 안의 값이 차례로 1씩 감소함을 알 수 있다.

예제 17-5

다음 삼각함수의 값을 구하라.

(a) $\csc\frac{\pi}{3}$ (b) $\sec\frac{\pi}{6}$ (c) $\cot\frac{\pi}{4}$ (d) $\csc\frac{\pi}{4}$

TIP 특수각에 대한 삼각함수의 값을 이용한다.

풀이

(a) $\csc\frac{\pi}{3} = \frac{1}{\sin\frac{\pi}{3}} = \frac{1}{\frac{\sqrt{3}}{2}} = \frac{2}{\sqrt{3}}$

(b) $\sec\frac{\pi}{6} = \frac{1}{\cos\frac{\pi}{6}} = \frac{1}{\frac{\sqrt{3}}{2}} = \frac{2}{\sqrt{3}}$

(c) $\cot\frac{\pi}{4} = \frac{1}{\tan\frac{\pi}{4}} = \frac{1}{1} = 1$

(d) $\csc\frac{\pi}{4} = \frac{1}{\sin\frac{\pi}{4}} = \frac{1}{\frac{1}{\sqrt{2}}} = \sqrt{2}$

17.3 삼각함수의 주기와 최솟값, 최댓값

삼각함수의 그래프

이전에 학습한 다항함수, 지수함수, 로그함수와 비교하여 삼각함수만이 갖는 가장 큰 특징은 바로 주기성이다.

정의 17-5 주기함수

함수 $f(x)$가 적당한 상수 k와 정의역에 속하는 임의의 x에 대하여

$$f(x+k) = f(x)$$

일 때, $f(x)$를 **주기함수** periodic function 라 한다. $f(x+k) = f(x)$를 만족하는 상수 k 중에서 최소의 양수 k_0를 $f(x)$의 **주기** period 라 한다.

■ 기본적인 삼각함수의 그래프

삼각함수 $y = \sin x$, $y = \cos x$, $y = \tan x$의 그래프가 갖는 성질은 각각 다음과 같다.

- **$y = \sin x$의 그래프**

  (1) 정의역은 $\mathbb{R}$이고, 치역은 $\{y : -1 \le y \le 1\}$이다.

  (2) 2π를 주기로 하는 주기함수이다.

  (3) 원점에 대하여 대칭이다.

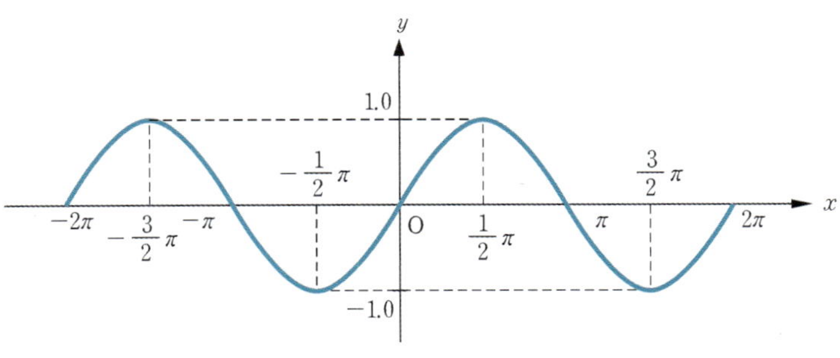

[그림 17-8] $y = \sin x$의 그래프

- $y = \cos x$**의 그래프**

(1) 정의역은 $\mathbb{R}$ 이고, 치역은 $\{y : -1 \leq y \leq 1\}$이다.

(2) 2π를 주기로 하는 주기함수이다.

(3) y축에 대하여 대칭이다.

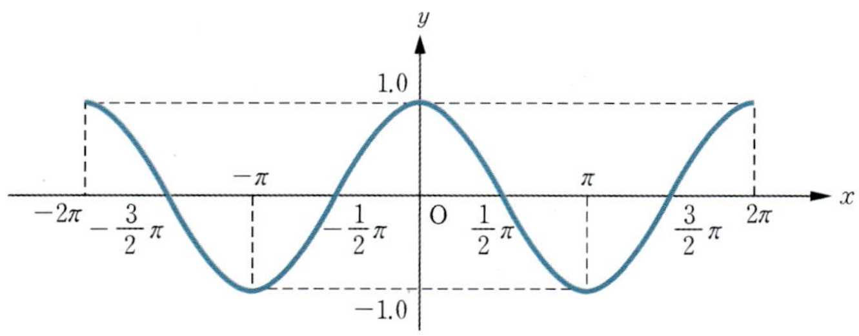

[그림 17-9] $y = \cos x$**의 그래프**

- $y = \tan x$**의 그래프**

(1) 정의역은 $n\pi + \dfrac{\pi}{2}$(n은 정수)를 제외한 실수 전체의 집합이고, 치역은 $\mathbb{R}$ 이다.

(2) π를 주기로 하는 주기함수이다.

(3) 원점에 대하여 대칭이다.

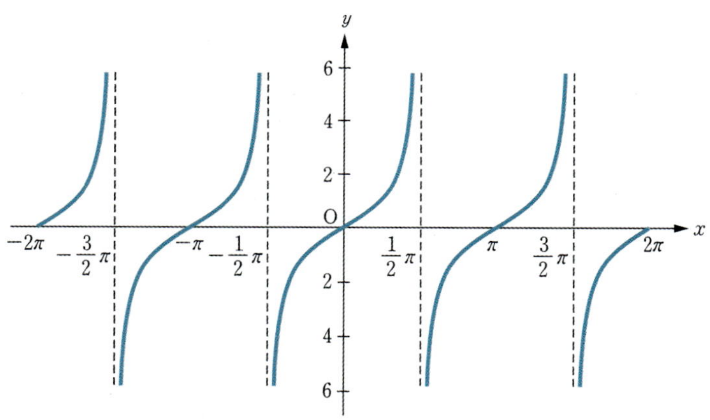

[그림 17-10] $y = \tan x$**의 그래프**

따라서 $y = \sin x$와 $y = \cos x$는 모두 최솟값 -1과 최댓값 1을 갖고, $y = \tan x$는 최댓값과 최솟값을 갖지 않는다.

삼각함수의 주기와 최솟값, 최댓값

■ 일반적인 삼각함수의 주기와 최솟값, 최댓값 1

이제 다양하게 변형된 삼각함수의 주기와 최솟값, 최댓값을 알아보자.

정리 17-5 삼각함수 $y = a\sin bx + c$, $y = a\cos bx + c$, $y = a\tan bx + c$의 주기와 최솟값, 최댓값

(1) **$a = 1$, $b \neq 0$, $c = 0$일 때**

$y = \sin bx$와 $y = \cos bx$의 주기는 $\frac{2\pi}{|b|}$이고, 최솟값은 -1, 최댓값은 1이다. $y = \tan bx$의 주기는 $\frac{\pi}{|b|}$이고, 최솟값과 최댓값은 없다.

(2) **$a \neq 0$, $b = 1$, $c = 0$일 때**

$y = a\sin x$와 $y = a\cos x$의 주기는 2π이고, 최솟값은 $-|a|$, 최댓값은 $|a|$이다. $y = a\tan x$의 주기는 π이고, 최솟값과 최댓값은 없다.

(3) **$a \neq 0$, $b \neq 0$ $c = 0$일 때**

$y = a\sin bx$와 $y = a\cos bx$의 주기는 $\frac{2\pi}{|b|}$이고, 최솟값은 $-|a|$, 최댓값은 $|a|$이다. $y = a\tan bx$의 주기는 $\frac{\pi}{|b|}$이고, 최솟값과 최댓값은 없다.

(4) **$a \neq 0$, $b \neq 0$, $c \neq 0$일 때**

$y = a\sin bx + c$와 $y = a\cos bx + c$의 주기는 $\frac{2\pi}{|b|}$이고, 최솟값은 $-|a| + c$, 최댓값은 $|a| + c$이다. $y = a\tan bx + c$의 주기는 $\frac{\pi}{|b|}$이고, 최솟값과 최댓값은 없다.

예제 17-6

다음 삼각함수의 주기와 최솟값, 최댓값을 구하라.

(a) $y = 2\sin 3x$

(b) $y = 3\cos 2x$

(c) $y = \frac{1}{2}\tan 4x - 3$

(d) $y = \frac{1}{2}\sin 5x + 1$

TIP [정리 17-5]의 (3)과 (4)를 이용한다.

풀이

(a) $y = 2\sin 3x$의 주기는 $\frac{2\pi}{3} = \frac{2}{3}\pi$이고, 최솟값은 -2, 최댓값은 2이다.

(b) $y = 3\cos 2x$의 주기는 $\frac{2\pi}{2} = \pi$이고, 최솟값은 -3, 최댓값은 3이다.

(c) $y = \frac{1}{2}\tan 4x - 3$의 주기는 $\frac{\pi}{4}$이고, 최솟값과 최댓값은 없다.

(d) $y = \frac{1}{2}\sin 5x + 1$의 주기는 $\frac{2\pi}{5} = \frac{2}{5}\pi$이고, 최솟값은 $-\frac{1}{2} + 1 = \frac{1}{2}$, 최댓값은 $\frac{1}{2} + 1 = \frac{3}{2}$이다.

■ 일반적인 삼각함수의 주기와 최솟값, 최댓값 2

$a \neq 0$, $b \neq 0$이고 c, d가 상수일 때, $y = a\sin b(x-d) + c$는 $y = a\sin bx + c$의 그래프를 x축 방향으로 d만큼 평행이동한 것이므로 주기와 최솟값, 최댓값은 변하지 않는다. 따라서 $y = a\sin b(x-d) + c$와 $y = a\cos b(x-d) + c$의 주기는 $\frac{2\pi}{|b|}$이고, 최솟값은 $-|a| + c$, 최댓값은 $|a| + c$이다. 그리고 $y = a\tan b(x-d) + c$의 주기는 $\frac{\pi}{|b|}$이고, 최솟값과 최댓값은 없다.

예제 17-7

다음 삼각함수의 주기와 최솟값, 최댓값을 구하라.

(a) $y = 2\sin 3(x-1) + 2$

(b) $y = 3\cos 4(x+2) + 1$

(c) $y = 4\sin(-2x+5) - 1$

(d) $y = 5\cos(-3x-2) - 2$

TIP 삼각함수를 $y = a\sin b(x-d) + c$ 또는 $y = a\cos b(x-d) + c$의 꼴로 변형한다.

풀이

(a) $y = 2\sin 3(x-1) + 2$의 주기는 $\frac{2\pi}{3} = \frac{2}{3}\pi$이고, 최솟값은 $-2+2=0$, 최댓값은 $2+2=4$이다.

(b) $y = 3\cos 4(x+2) + 1$의 주기는 $\frac{2\pi}{4} = \frac{\pi}{2}$이고, 최솟값은 $-3+1=-2$, 최댓값은 $3+1=4$이다.

(c) $y = 4\sin(-2x+5) - 1 = 4\sin\left(-2\left(x - \frac{5}{2}\right)\right) - 1$의 주기는 $\frac{2\pi}{|-2|} = \pi$이고, 최솟값은 $-4-1=-5$, 최댓값은 $4-1=3$이다.

(d) $y = 5\cos(-3x-2) - 2 = 5\cos\left(-3\left(x + \frac{2}{3}\right)\right) - 2$의 주기는 $\frac{2\pi}{|-3|} = \frac{2}{3}\pi$이고, 최솟값은 $-5-2=-7$, 최댓값은 $5-2=3$이다.

17.4 삼각함수의 응용

삼각함수의 관계

삼각함수의 거듭제곱은 다음의 표현법을 따른다.

정의 17-6 삼각함수의 표현법

(1) $y = \sin(x^2)$은 괄호를 없애고 $y = \sin x^2$으로 표현한다.

(2) $y = (\sin x)^2$은 괄호를 없애고 $y = \sin^2 x$로 표현한다.

삼각함수의 가장 기본적인 관계식은 [정리 17-2]의 (2)의 $\sin^2\theta + \cos^2\theta = 1$이다. 이 관계식의 양변을 $\cos^2\theta\ (\cos\theta \neq 0)$로 나누면 $\tan^2\theta + 1 = \sec^2\theta$이고, 관계식의 양변을 $\sin^2\theta\ (\sin\theta \neq 0)$로 나누면 $1 + \cot^2\theta = \csc^2\theta$이다. 이를 정리하면 다음과 같다.

정리 17-6 삼각함수의 관계식

(1) $\sin^2\theta + \cos^2\theta = 1$ (2) $1 + \tan^2\theta = \sec^2\theta$ (3) $1 + \cot^2\theta = \csc^2\theta$

예제 17-8

$\tan\theta = 3$일 때, 다음 삼각함수의 값을 구하라.

(a) $\sec^2\theta$ (b) $\sin^2\theta$

TIP $\sec^2\theta = 1 + \tan^2\theta$, $\csc^2\theta = 1 + \cot^2\theta$를 이용한다.

풀이

(a) $\sec^2\theta = 1 + \tan^2\theta = 1 + 3^2 = 10$

(b) $\csc^2\theta = 1 + \cot^2\theta = 1 + \dfrac{1}{\tan^2\theta} = 1 + \dfrac{1}{9} = \dfrac{10}{9}$이므로 $\sin^2\theta = \dfrac{1}{\csc^2\theta} = \dfrac{9}{10}$이다.

삼각함수의 덧셈 정리

$\sin \frac{7}{12}\pi$ 또는 $\cos \frac{\pi}{12}$와 같이 특수각이 아닌 경우의 삼각함수 값을 구할 때, 삼각함수의 덧셈 정리를 이용한다.

정리 17-7 삼각함수의 덧셈 정리

(1) $\sin(\alpha+\beta) = \sin\alpha\cos\beta + \cos\alpha\sin\beta$,

$\sin(\alpha-\beta) = \sin\alpha\cos\beta - \cos\alpha\sin\beta$

(2) $\cos(\alpha+\beta) = \cos\alpha\cos\beta - \sin\alpha\sin\beta$,

$\cos(\alpha-\beta) = \cos\alpha\cos\beta + \sin\alpha\sin\beta$

(3) $\tan(\alpha+\beta) = \dfrac{\tan\alpha + \tan\beta}{1-\tan\alpha\tan\beta}$, $\tan(\alpha-\beta) = \dfrac{\tan\alpha - \tan\beta}{1+\tan\alpha\tan\beta}$

예제 17-9

다음 삼각함수의 값을 구하라.

(a) $\sin \frac{\pi}{12}$

(b) $\cos \frac{7}{12}\pi$

TIP 사인함수의 덧셈과 코사인 함수의 뺄셈을 이용한다.

풀이

$\alpha = \frac{\pi}{3}$, $\beta = \frac{\pi}{4}$일 때, $\alpha+\beta = \frac{\pi}{3}+\frac{\pi}{4} = \frac{7}{12}\pi$, $\alpha-\beta = \frac{\pi}{3}-\frac{\pi}{4} = \frac{\pi}{12}$이다.

(a) $$\sin\frac{\pi}{12} = \sin\left(\frac{\pi}{3}-\frac{\pi}{4}\right) = \sin\frac{\pi}{3}\cos\frac{\pi}{4} - \cos\frac{\pi}{3}\sin\frac{\pi}{4} = \frac{\sqrt{3}}{2}\cdot\frac{\sqrt{2}}{2} - \frac{1}{2}\cdot\frac{\sqrt{2}}{2} = \frac{\sqrt{6}-\sqrt{2}}{4}$$

(b) $$\cos\frac{7}{12}\pi = \cos\left(\frac{\pi}{3}+\frac{\pi}{4}\right) = \cos\frac{\pi}{3}\cos\frac{\pi}{4} - \sin\frac{\pi}{3}\sin\frac{\pi}{4} = \frac{1}{2}\cdot\frac{\sqrt{2}}{2} - \frac{\sqrt{3}}{2}\cdot\frac{\sqrt{2}}{2} = \frac{\sqrt{2}-\sqrt{6}}{4}$$

특수각이 아닌 경우에도 삼각함수의 덧셈 정리를 이용하면 삼각함수의 값을 구할 수 있다.

예제 17-10

$\sin\alpha = \frac{3}{5}$, $\sin\beta = \frac{5}{13}$일 때, 다음을 구하라. (단, $0 < \alpha < \frac{\pi}{2}$, $\frac{\pi}{2} < \beta < \pi$)

(a) $\sin(\alpha+\beta)$ (b) $\cos(\alpha-\beta)$ (c) $\tan(\alpha+\beta)$

TIP [정리 17-7]을 이용한다.

풀이

$\sin\alpha = \frac{3}{5}$이고 $0 < \alpha < \frac{\pi}{2}$이므로, $\cos\alpha = \frac{4}{5}$, $\tan\alpha = \frac{3}{4}$이다.

$\sin\beta = \frac{5}{13}$이고 $\frac{\pi}{2} < \beta < \pi$이므로, $\cos\beta = -\frac{12}{13}$, $\tan\beta = -\frac{5}{12}$이다.

(a)
$$\begin{aligned}\sin(\alpha+\beta) &= \sin\alpha\cos\beta + \cos\alpha\sin\beta \\ &= \frac{3}{5}\cdot\left(-\frac{12}{13}\right) + \frac{4}{5}\cdot\frac{5}{13} = -\frac{16}{65}\end{aligned}$$

(b)
$$\begin{aligned}\cos(\alpha-\beta) &= \cos\alpha\cos\beta + \sin\alpha\sin\beta \\ &= \frac{4}{5}\cdot\left(-\frac{12}{13}\right) + \frac{3}{5}\cdot\frac{5}{13} = -\frac{33}{65}\end{aligned}$$

(c)
$$\begin{aligned}\tan(\alpha+\beta) &= \frac{\tan\alpha + \tan\beta}{1-\tan\alpha\tan\beta} \\ &= \frac{\frac{3}{4} - \frac{5}{12}}{1 - \frac{3}{4}\cdot\left(-\frac{5}{12}\right)} = \frac{16}{63}\end{aligned}$$

삼각함수의 덧셈 정리를 이용하여 다음 정리를 얻을 수 있다.

정리 17-8 삼각함수의 합성

$a\sin\theta + b\cos\theta$를 다음과 같이 나타낼 수 있다.

$$\begin{aligned}a\sin\theta + b\cos\theta &= \sqrt{a^2+b^2}\,\sin(\theta+\alpha) \\ &= \sqrt{a^2+b^2}\,(\sin\theta\cos\alpha + \cos\theta\sin\alpha)\end{aligned}$$

이때 $\sin\alpha = \frac{b}{\sqrt{a^2+b^2}}$, $\cos\alpha = \frac{a}{\sqrt{a^2+b^2}}$이다.

[정리 17-8]을 사인함수의 덧셈 정리를 이용하여 풀어쓰면

$$\begin{aligned} a\sin\theta + b\cos\theta &= \sqrt{a^2+b^2}\left(\frac{a}{\sqrt{a^2+b^2}}\sin\theta + \frac{b}{\sqrt{a^2+b^2}}\cos\theta\right) \\ &= \sqrt{a^2+b^2}\,(\sin\theta\cos\alpha + \cos\theta\sin\alpha) \end{aligned}$$

이다. 따라서 $a\sin\theta + b\cos\theta$의 주기는 2π이고, 최솟값은 $-\sqrt{a^2+b^2}$, 최댓값은 $\sqrt{a^2+b^2}$이다.

예제 17-11

다음 식을 $r\sin(\theta+\alpha)$의 꼴로 나타내라.

(a) $\sqrt{3}\sin\theta + \cos\theta$

(b) $\sin\theta - \sqrt{3}\cos\theta$

TIP 사인함수의 합성 공식을 이용한다.

풀이

(a)
$$\begin{aligned} \sqrt{3}\sin\theta + \cos\theta &= 2\left(\frac{\sqrt{3}}{2}\sin\theta + \frac{1}{2}\cos\theta\right) \\ &= 2(\sin\theta\cos\alpha + \cos\theta\sin\alpha) = 2\sin(\theta+\alpha) \end{aligned}$$

$\cos\alpha = \frac{\sqrt{3}}{2}$, $\sin\alpha = \frac{1}{2}$이므로, $\alpha = \frac{\pi}{6}$이다.

따라서 $\sqrt{3}\sin\theta + \cos\theta = 2\sin\left(\theta + \frac{\pi}{6}\right)$이다.

(b)
$$\begin{aligned} \sin\theta - \sqrt{3}\cos\theta &= 2\left(\frac{1}{2}\sin\theta - \frac{\sqrt{3}}{2}\cos\theta\right) \\ &= 2(\sin\theta\cos\alpha - \cos\theta\sin\alpha) = 2\sin(\theta-\alpha) \end{aligned}$$

$\cos\alpha = \frac{1}{2}$, $\sin\alpha = \frac{\sqrt{3}}{2}$이므로, $\alpha = \frac{\pi}{3}$이다.

따라서 $\sin\theta - \sqrt{3}\cos\theta = 2\sin\left(\theta - \frac{\pi}{3}\right)$이다.

17.5 공학문제

스넬의 법칙

스넬의 법칙 Snell's law은 빛뿐만 아니라 일반 파동에 대해서도 성립하는 법칙이다. 이 법칙에 의하면 굴절률[1]이 n_1, n_2인 두 매질 ❶, ❷의 경계면상의 점 O에 입사하는 빛의 방향을 AO, 굴절하는 빛의 방향을 OB, 경계면의 법선을 HOH′이라 할 때, 입사각 $\alpha = \angle AOH$와 굴절각 $\beta = \angle BOH'$ 사이에 다음 관계가 성립한다.

$$\frac{\sin\alpha}{n_2} = \frac{\sin\beta}{n_1}$$

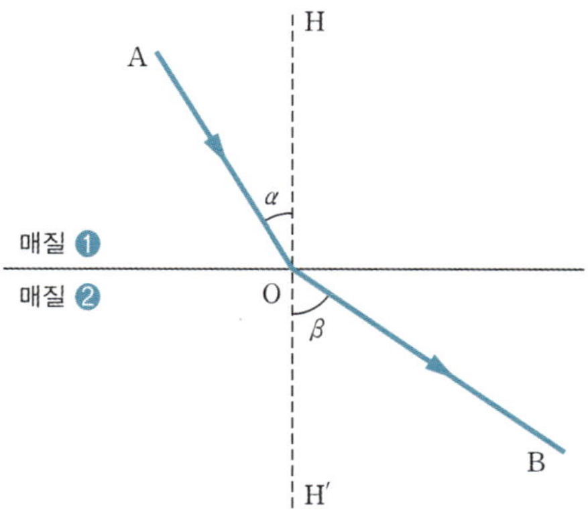

[그림 17-11] **스넬의 법칙**

예제 17-12

굴절률이 1인 매질에서 굴절률이 $\sqrt{3}$인 매질로 입사각 $\frac{\pi}{3}$로 빛이 들어왔을 때, 빛의 굴절각을 구하라.

TIP 스넬의 법칙 $\frac{\sin\alpha}{n_2} = \frac{\sin\beta}{n_1}$에 대입한다.

풀이

$\sin\alpha = \sin\frac{\pi}{3} = \frac{\sqrt{3}}{2}$이고 $n_1 = 1$, $n_2 = \sqrt{3}$이다. 빛의 굴절각을 β라 하면, 스넬의 법칙에 의하여 $\frac{\sin\frac{\pi}{3}}{\sqrt{3}} = \frac{\sin\beta}{1}$로부터 $\sin\beta = \frac{\frac{\sqrt{3}}{2}}{\sqrt{3}} = \frac{1}{2}$이므로 $\beta = \frac{\pi}{6}$이다.

---

1 굴절률은 매질로 빛이 진행할 때 광속이 줄어드는 비율이다. 굴절률은 같은 단위의 비를 나타내므로, 무차원 단위로서 순수한 숫자 1을 단위로 갖는다.

주파수

주파수 frequency는 단위시간 내에 몇 개의 주기나 파형이 반복되었는가를 나타내는 수를 말하며, **주기** period의 역수와 같다. 즉 주파수를 f, 주기를 T라고 하면, 다음과 같이 나타낼 수 있다.

$$f = \frac{1}{T}$$

주파수 1Hz는 1초당 주기가 1회 반복하는 것을 나타낸다. [그림 17-12]는 사인함수 $y = \sin\theta$를 예로 설명한 것이다.

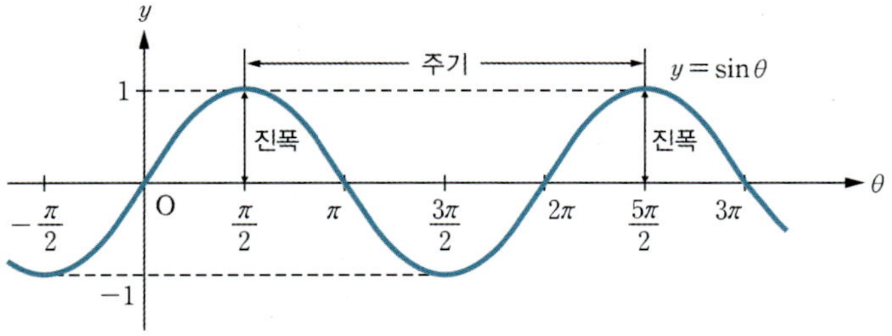

[그림 17-12] $y = \sin\theta$의 주기성

예제 17-13

주파수가 103.5MHz일 때, 이 주파수에 대한 주기를 구하고, 그 의미를 설명하라.

TIP (주기) $= \dfrac{1}{(\text{주파수})}$ 임을 이용한다.

풀이

(주기) $= \dfrac{1}{103.5\,(\text{MHz})} = \dfrac{1}{103.5 \times 10^6\,(\text{Hz})} \fallingdotseq 9.66184 \times 10^{-9}$이므로 1번의 주기를 반복하는 데 약 9.66184×10^{-9}초가 걸림을 알 수 있다.

물체의 가속도

[그림 17–13]과 같이 질량이 M인 물체가 경사각이 θ인 경사면에 놓여 있고, 질량이 m인 물체가 도르래로 연결된 줄에 매달려 있다. 여기서 도르래와 줄의 질량과 경사면의 마찰은 무시한다. 질량이 M인 물체가 경사면을 따라서 아래로 이동한다고 할 때, 이 물체의 가속도 a는 다음과 같다.

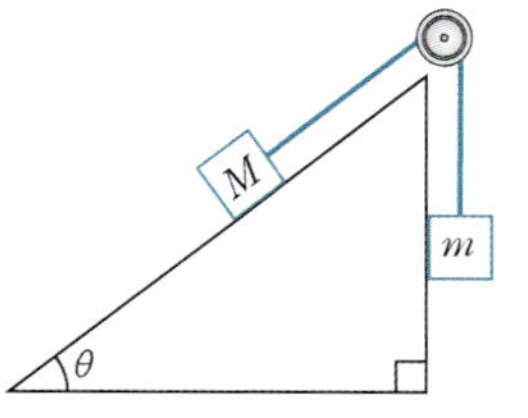

[그림 17–13] 물체의 가속도

$$a = \left(\frac{M\sin\theta - m}{m + M}\right)g$$

이때 g는 중력가속도로 $g = 9.8$이다.

예제 17-14

[그림 17–14]와 같이 경사각이 $\frac{\pi}{6}$인 경사면에 질량이 12인 물체가 놓여 있고, 질량이 4인 물체가 도르래로 연결된 줄에 매달려 있다. 질량이 12인 물체가 경사면을 따라서 아래로 이동할 때, 이 물체의 가속도 a값을 구하라.

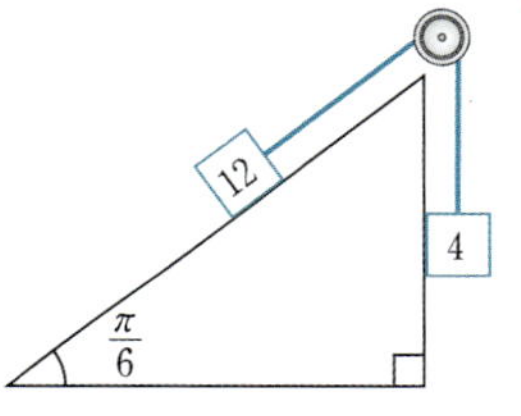

[그림 17–14]

TIP 공식 $a = \left(\frac{M\sin\theta - m}{m + M}\right)g$를 이용한다.

풀이

$$a = \left(\frac{M\sin\theta - m}{m + M}\right)g = \left(\frac{12\sin\frac{\pi}{6} - 4}{4 + 12}\right)g = \frac{1}{8}g = 1.225$$

각운동량

각운동량 angular momentum은 어떤 물체가 회전운동하고 있는 정도를 정량적으로 기술한 양이다. [그림 17–15]와 같이 질량이 M인 물체가 길이 l인 줄에 매달려 점 O에서 그은 수직 점선과 일정한 각도 θ를 유지하면서 원운동을 하고 있다고 하자. 점 O에서 그은 수직 점선에 대한 물체의 각운동량 L은 다음 공식을 이용하여 계산할 수 있다.

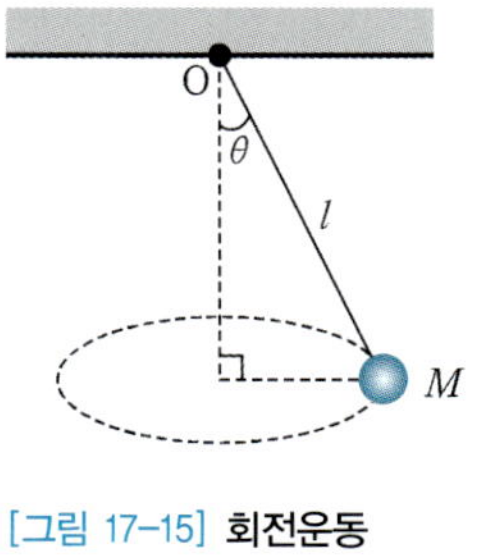

[그림 17–15] 회전운동

$$L = \sqrt{\frac{M^2 l^3 g \sin^4\theta}{\cos\theta}}$$

이때 g는 중력가속도로 $g = 9.8$이다.

예제 17-15

[그림 17-16]과 같이 질량이 8인 물체가 길이 1인 줄에 매달려 점 O에서 그은 수직 점선과 일정한 각도 $\frac{\pi}{3}$를 유지하면서 원운동을 할 때, 각운동량 L값을 구하라.

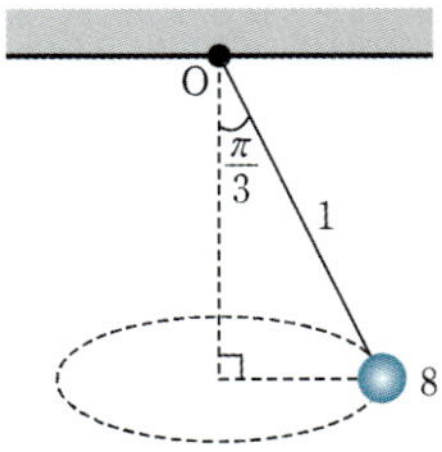

[그림 17-16]

TIP 공식 $L = \sqrt{\frac{M^2 l^3 g \sin^4\theta}{\cos\theta}}$ 를 이용한다.

풀이

$\sin\frac{\pi}{3} = \frac{\sqrt{3}}{2}$이므로 $M^2 l^3 g \sin^4\frac{\pi}{3} = 8^2 \cdot 1^3 \cdot 9.8 \cdot \left(\frac{\sqrt{3}}{2}\right)^4 = 352.8$이다.

따라서 $L = \sqrt{\frac{352.8}{\frac{1}{2}}} = \sqrt{705.6} \fallingdotseq 26.563$이다.

CHAPTER 17 연습문제

17.1 양의 각은 음의 각으로, 음의 각은 양의 각으로 나타내라.

(a) $48°$ (b) $136°$

(c) $-76°$ (d) $-207°$

(e) $\frac{3}{7}\pi$ (f) $\frac{14}{11}\pi$

(g) $-\frac{5}{9}\pi$ (h) $-\frac{17}{13}\pi$

17.2 다음 육십분법을 호도법으로, 호도법을 육십분법으로 나타내라.

(a) $18°$ (b) $108°$

(c) $145°$ (d) $340°$

(e) $\frac{\pi}{36}$ (f) $\frac{5}{9}\pi$

(g) $\frac{13}{12}\pi$ (h) $\frac{21}{16}\pi$

17.3 각 θ가 다음과 같을 때, $\csc\theta$, $\sec\theta$, $\cot\theta$값이 양인지 음인지를 판정하라.

(a) $\frac{6}{17}\pi$ (b) $\frac{13}{11}\pi$

(c) $\frac{25}{13}\pi$ (d) $-\frac{7}{17}\pi$

(e) $-\frac{11}{12}\pi$ (f) $-\frac{13}{7}\pi$

17.4 다음 삼각함수의 값을 구하라.

(a) $\sin\theta = \frac{3}{4}$이고 θ가 제1사분면의 각일 때, $\cos\theta$와 $\tan\theta$

(b) $\cos\theta = \frac{2}{7}$이고 θ가 제4사분면의 각일 때, $\sin\theta$와 $\tan\theta$

(c) $\tan\theta = -\frac{2}{5}$이고 θ가 제2사분면의 각일 때, $\sin\theta$와 $\cos\theta$

(d) $\cos\theta = -\frac{1}{8}$이고 θ가 제3사분면의 각일 때, $\sin\theta$와 $\tan\theta$

17.5 다음 삼각함수의 값을 구하라.

(a) $\csc\frac{\pi}{6}$ (b) $\csc\frac{\pi}{2}$

(c) $\sec\frac{\pi}{3}$ (d) $\sec 0$

(e) $\cot\frac{3}{4}\pi$ (f) $\cot\frac{\pi}{3}$

17.6 다음 삼각함수의 주기를 구하라.

(a) $y = \sin 3x$ (b) $y = \cos 8x$

(c) $y = \tan 5x$ (d) $y = \sin 3(x+2) + 5$

(e) $y = \cos(4-2x) - 1$ (f) $y = \tan(1-3x) + 2$

17.7 다음 삼각함수의 최솟값과 최댓값을 구하라.

(a) $y = \frac{1}{2}\sin 3x$ (b) $y = 3\cos\frac{x}{3}$

(c) $y = 2\sin 5x + 3$ (d) $y = 4\cos 2x - 3$

(e) $y = 3\sin 5(x+1) + 1$ (f) $y = -2\cos(5x-2) - 1$

17.8 $\sin\theta = -\frac{3}{4}$일 때, 다음 삼각함수의 값을 구하라.

(a) $\tan^2\theta$ (b) $\csc^2\theta$

(c) $\sec^2\theta$ (d) $\cot^2\theta$

17.9 삼각함수 공식을 이용하여 다음 식을 간단히 하라.

(a) $(\sin x + \cos x)^2 + (\sin x - \cos x)^2$

(b) $\sin^4 x - \cos^4 x - 2\sin^2 x$

17.10 다음 삼각함수의 값을 구하라.

(a) $\sin \frac{7}{12}\pi$ (b) $\cos \frac{\pi}{12}$

(c) $\tan \frac{\pi}{12}$ (d) $\cot \frac{7}{12}\pi$

17.11 $\sin \alpha = \frac{1}{\sqrt{3}}$, $\sin \beta = \frac{3}{4}$일 때, 다음을 구하라.
(단, $\frac{\pi}{2} < \alpha < \pi$, $0 < \beta < \frac{\pi}{2}$)

(a) $\sin(\alpha + \beta)$ (b) $\cos(\alpha - \beta)$

(c) $\tan(\alpha + \beta)$ (d) $\tan(\alpha - \beta)$

17.12 다음 삼각함수의 최솟값과 최댓값을 구하라.

(a) $3\sin\theta + \cos\theta$ (b) $\sqrt{5}\sin\theta - \cos\theta$

(c) $-2\sin\theta + 5\cos\theta$ (d) $-\sqrt{3}\sin\theta - \sqrt{2}\cos\theta$

17.13 굴절률이 1.2인 매질에서 굴절률이 0.8인 매질로 입사각 α로 빛이 들어왔을 때, 빛의 굴절각이 $\frac{\pi}{3}$였다. $\sin\alpha$값을 구하라.

17.14 어떤 신호의 주기가 1.0582×10^{-8}초일 때, 이 신호의 주파수를 구하라.

17.15 [그림 17–17]과 같이 경사각이 $\frac{\pi}{4}$인 경사면에 질량이 20인 물체가 놓여 있고, 질량이 8인 물체가 도르래로 연결된 줄에 매달려 있다. 질량이 20인 물체가 경사면을 따라서 아래로 이동할 때, 이 물체의 가속도 a값을 구하라.

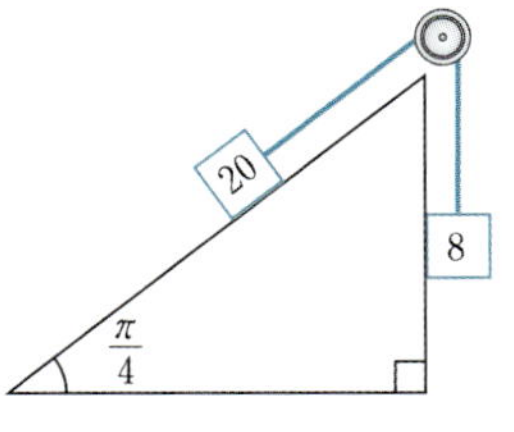

[그림 17–17]

CHAPTER 18
함수의 극한과 연속

CONTENTS

학습목표

- 극한의 존재성을 확인하는 방법을 이해한다.
- 다양한 극한의 계산 방법을 익힌다.
- 연속성을 확인하고, 함수가 연속인 구간을 구하는 방법을 학습한다.

인천국제공항에서 비행기를 타고 LA공항까지 가려면 11시간이 걸린다. 반대로 LA공항에서 비행기를 타고 인천국제공항까지 가려면 제트기류의 영향으로 12시간 50분이 걸린다.

현수는 학회에 참석하기 위해 인천국제공항에서 오전 8시에 비행기를 타고 LA공항으로 갔다. 그런데 중간에 기상 상태가 좋지 않아서 12시간 30분 후인 20시 30분에 LA공항에 도착하였다. 3일 후 학회를 마치고 현수는 LA공항에서 오전 8시에 비행기를 타고 인천국제공항으로 갔다. 이번에는 기상 상태가 양호하여 인천국제공항에서 LA공항으로 갈 때와 똑같은 경로로 운행하였음에도 불구하고 12시간 30분 후인 20시 30분에 인천국제공항에 도착하였다.

이때 현수는 인천국제공항에서 LA공항으로 갈 때와 LA공항에서 인천국제공항으로 돌아올 때 두 비행기가 같은 시각에 동시에 지나간 지점이 있었을 것이라는 수학적 결론을 내릴 수 있다. 이러한 결론을 내릴 수 있는 이유는 바로 수학의 '연속성' 때문이다. 다음은 갈 때와 올 때 시간에 따른 비행기의 위치를 그래프로 나타낸 후, 이 두 그래프를 모아서 한 좌표평면 위에 표현한 그림이다.

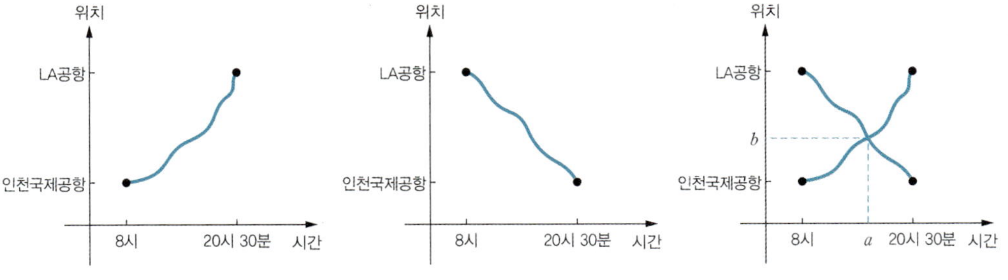

두 그래프의 교점 (a, b)는 두 상황 모두 시각 a일 때 같은 지점 b를 지났음을 설명한다.

18.1 함수의 극한

함수 $y = f(x)$에서 x가 어떤 값에 한없이 가까워지는 경우를 생각해보자.

정의 18-1 함수의 극한

$x \neq a$이면서 x가 a에 한없이 가까워질 때 $f(x)$가 실수 L에 한없이 가까워지면, L을 $x = a$에서 $f(x)$의 **극한**limit 또는 **극한값**이라 하고

$$\lim_{x \to a} f(x) = L$$

로 나타낸다.

x가 a에 접근할 때 함수는 극한을 가질 수도 있고 갖지 않을 수도 있다. 극한이 존재하면 함수는 x가 a에 접근할 때 그 극한에 **수렴한다**converge고 하고, 극한이 존재하지 않으면 x가 a에 접근할 때 함수는 **발산한다**diverge고 한다.

좌극한과 우극한

함수가 극한을 갖는지를 판정하기 위하여 좌극한과 우극한을 정의한다.

정의 18-2 좌극한과 우극한

(1) $x \neq a$이면서 x가 a의 *왼쪽에서부터* a에 한없이 가까워질 때 $f(x)$가 실수 L에 한없이 가까워지면, L을 $x = a$에서 $f(x)$의 **좌극한**left-hand limit이라 하고 다음과 같이 나타낸다.

$$\lim_{x \to a^-} f(x) = L$$

(2) $x \neq a$이면서 x가 a의 *오른쪽에서부터* a에 한없이 가까워질 때 $f(x)$가 실수 L에 한없이 가까워지면, L을 $x = a$에서 $f(x)$의 **우극한**right-hand limit이라 하고 다음과 같이 나타낸다.

$$\lim_{x \to a^+} f(x) = L$$

우리가 점 $x = a$에 서있을 때 왼손 방향에서 접근하는 것이 좌극한이고 오른손 방향에서 접근하는 것이 우극한이라 연상하면 쉽게 좌극한과 우극한을 이해할 수 있다.

우선 그래프로 표현된 함수의 좌극한과 우극한을 알아보자.

예제 18-1

$y = f(x)$의 그래프가 [그림 18-1]과 같을 때, 다음을 구하라.

(a) $\lim_{x \to 1^-} f(x)$ (b) $\lim_{x \to 1^+} f(x)$

(c) $\lim_{x \to 2^-} f(x)$ (d) $\lim_{x \to 2^+} f(x)$

TIP 그래프를 따라서 좌극한은 왼쪽에서, 우극한은 오른쪽에서 접근한다.

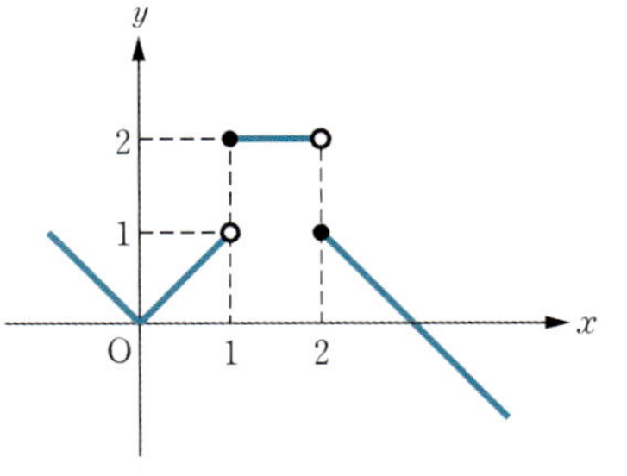

[그림 18-1]

풀이

(a) x가 1의 왼쪽에서부터 1로 접근하면, 함수의 그래프는 1로 접근하므로 $\lim_{x \to 1^-} f(x) = 1$이다.

(b) x가 1의 오른쪽에서부터 1로 접근하면, 함수의 그래프는 2로 접근하므로 $\lim_{x \to 1^+} f(x) = 2$이다.

(c) x가 2의 왼쪽에서부터 2로 접근하면, 함수의 그래프는 2로 접근하므로 $\lim_{x \to 2^-} f(x) = 2$이다.

(d) x가 2의 오른쪽에서부터 2로 접근하면, 함수의 그래프는 1로 접근하므로 $\lim_{x \to 2^+} f(x) = 1$이다.

[예제 18-1]의 함수는 $x = 1$과 $x = 2$에서 모두 좌극한과 우극한의 값이 달랐지만, $x = 0$에서는 $\lim_{x \to 0^-} f(x) = 0$, $\lim_{x \to 0^+} f(x) = 0$이므로 좌극한과 우극한의 값이 항상 서로 다른 것은 아님을 알 수 있다.

이제 함수가 그래프가 아닌 식으로 주어졌을 때 좌극한과 우극한을 구하는 방법을 알아보자. 식으로 주어진 함수의 좌극한과 우극한을 구할 때는 좌극한을 구하기 위해 사용할 함수와 우극한을 구하기 위해 사용할 함수를 선택한 후 각각의 극한을 계산해야 한다. 우선 함수가 두 부분으로 정의된 경우의 좌극한과 우극한을 계산해보자.

예제 18-2

다음을 구하라.

(a) $f(x)=\begin{cases}2x-3, & x\le 1\\ 3x+1, & x>1\end{cases}$일 때, $\lim_{x\to 1^-} f(x)$와 $\lim_{x\to 1^+} f(x)$

(b) $g(x)=\begin{cases}-3, & x<0\\ x^2-2x+3, & x>0\end{cases}$일 때, $\lim_{x\to 0^-} g(x)$와 $\lim_{x\to 0^+} g(x)$

TIP 좌극한과 우극한을 계산할 때 사용할 식을 확인한다.

풀이

(a) $x\to 1^-$일 때 x값은 1보다 작으므로, 이 경우 $f(x)=2x-3$이다. 따라서

$$\lim_{x\to 1^-} f(x)=\lim_{x\to 1^-}(2x-3)=2\cdot 1-3=-1$$

이다. $x\to 1^+$일 때 x값은 1보다 크므로, 이 경우 $f(x)=3x+1$이다. 따라서

$$\lim_{x\to 1^+} f(x)=\lim_{x\to 1^+}(3x+1)=3\cdot 1+1=4$$

이다.

(b) $x\to 0^-$일 때 x값은 0보다 작으므로, 이 경우 $g(x)=-3$이다. 따라서

$$\lim_{x\to 0^-} g(x)=\lim_{x\to 0^-}(-3)=-3$$

이다. $x\to 0^+$일 때 x값은 0보다 크므로, 이 경우 $g(x)=x^2-2x+3$이다. 따라서

$$\lim_{x\to 0^+} g(x)=\lim_{x\to 0^+}(x^2-2x+3)=0^2-2\cdot 0+3=3$$

이다.

[예제 18-2(b)]에서 $g(x)$는 $x=0$에서 정의되지 않았지만 좌극한과 우극한을 계산할 수 있다.

이제 함수가 세 부분으로 나누어진 경우의 좌극한과 우극한을 계산해보자.

예제 18-3

다음을 구하라.

(a) $f(x) = \begin{cases} 3x^2 - 1, & x < 0 \\ 0, & x = 0 \\ -x^3 + 1, & x > 0 \end{cases}$ 일 때, $\lim_{x \to 0^-} f(x)$와 $\lim_{x \to 0^+} f(x)$

(b) $g(x) = \begin{cases} 2x + 3, & x < 1 \\ 4, & x = 1 \\ -x^2 + 6, & x > 1 \end{cases}$ 일 때, $\lim_{x \to 1^-} g(x)$와 $\lim_{x \to 1^+} g(x)$

TIP 극한을 계산할 때 한 점에서의 함숫값은 고려하지 않는다.

풀이

(a) $x \to 0^-$일 때 x값은 0보다 작으므로, 이 경우 $f(x) = 3x^2 - 1$이다. 따라서

$$\lim_{x \to 0^-} f(x) = \lim_{x \to 0^-} (3x^2 - 1) = 3 \cdot 0^2 - 1 = -1$$

이다. $x \to 0^+$일 때 x값은 0보다 크므로, 이 경우 $f(x) = -x^3 + 1$이다. 따라서

$$\lim_{x \to 0^+} f(x) = \lim_{x \to 0^+} (-x^3 + 1) = -0^3 + 1 = 1$$

이다.

(b) $x \to 1^-$일 때 x값은 1보다 작으므로, 이 경우 $g(x) = 2x + 3$이다. 따라서

$$\lim_{x \to 1^-} g(x) = \lim_{x \to 1^-} (2x + 3) = 2 \cdot 1 + 3 = 5$$

이다. $x \to 1^+$일 때 x값은 1보다 크므로, 이 경우 $g(x) = -x^2 + 6$이다. 따라서

$$\lim_{x \to 1^+} g(x) = \lim_{x \to 1^+} (-x^2 + 6) = -1^2 + 6 = 5$$

이다.

18.2 극한의 존재성

극한의 판정

지금까지 배운 좌극한과 우극한을 이용하여 극한의 존재를 판정할 수 있다. 먼저 극한이 존재하는지 판정하는 방법부터 살펴보자.

■ 극한의 존재 판정법

실수 L에 대하여 $x \to a^-$일 때 $f(x)$의 좌극한이 L이고 $x \to a^+$일 때 $f(x)$의 우극한도 L이면, $x \to a$일 때 $f(x)$의 극한이 존재한다고 한다. 이때 $f(x)$의 극한은 다음과 같다.

$$\lim_{x \to a} f(x) = L$$

극한의 존재 판정법을 식으로 나타내면 다음과 같다.

$$\lim_{x \to a^-} f(x) = \lim_{x \to a^+} f(x) = L \iff \lim_{x \to a} f(x) = L$$

극한의 존재 판정법에 의하여 $x = a$에서 좌극한과 우극한의 값이 서로 다르면, $x = a$에서 함수의 극한은 존재하지 않는다고 판정한다.

예제 18-4

다음 절댓값이 포함된 함수의 극한을 구하라.

(a) $f(x) = |x|$일 때, $\lim_{x \to 0} f(x)$ (b) $g(x) = \dfrac{|x|}{x}$일 때, $\lim_{x \to 0} g(x)$

TIP 절댓값이 포함된 함수의 극한을 계산할 경우에는 절댓값을 푼 후 극한을 계산한다.

풀이

(a) 절댓값의 정의에 의하여 $f(x)$는 다음과 같이 표현된다.

$$f(x) = |x| = \begin{cases} -x, & x < 0 \\ x, & x \geq 0 \end{cases}$$

$x \to 0^-$일 때 x값은 0보다 작으므로, 이 경우 $f(x) = -x$이다. 따라서

$$\lim_{x \to 0^-} f(x) = \lim_{x \to 0^-} (-x) = -0 = 0$$

이다. $x \to 0^+$일 때 x값은 0보다 크므로, 이 경우 $f(x) = x$이다. 따라서

$$\lim_{x \to 0^+} f(x) = \lim_{x \to 0^+} x = 0$$

이다. 따라서 좌극한과 우극한이 같으므로 $\lim_{x \to 0} f(x) = 0$이다.

(b) 절댓값의 정의에 의하여 $g(x)$는 다음과 같이 표현된다.

$$g(x) = \begin{cases} \dfrac{-x}{x}, & x < 0 \\ \dfrac{x}{x}, & x \geq 0 \end{cases} = \begin{cases} -1, & x < 0 \\ 1, & x \geq 0 \end{cases}$$

$x \to 0^-$일 때 x값은 0보다 작으므로, 이 경우 $g(x) = -1$이다. 따라서

$$\lim_{x \to 0^-} g(x) = \lim_{x \to 0^-} (-1) = -1$$

이다. $x \to 0^+$일 때 x값은 0보다 크므로, 이 경우 $g(x) = 1$이다. 따라서

$$\lim_{x \to 0^+} g(x) = \lim_{x \to 0^+} 1 = 1$$

이다. 따라서 좌극한과 우극한이 다르므로 $\lim_{x \to 0} g(x)$는 존재하지 않는다.

■ 극한이 존재하지 않는 경우

[정의 18-1], [정의 18-2]와 극한의 존재 판정법에서 극한 L은 실수라고 가정하였다. 이제 극한 L이 ∞ 또는 $-\infty$인 경우를 살펴보자.

정의 18-3 발산

(1) $x \neq a$이면서 x가 a에 한없이 가까워질 때 $f(x)$가 양의 값을 가지면서 한없이 커지면, $x = a$에서 $f(x)$는 **양의 무한대로 발산한다**diverge to ∞고 하고 다음과 같이 나타낸다.

$$\lim_{x \to a} f(x) = \infty$$

(2) $x \neq b$이면서 x가 b에 한없이 가까워질 때 $f(x)$가 음의 값을 가지면서 한없이 커지면, $x = b$에서 $f(x)$는 **음의 무한대로 발산한다**diverge to $-\infty$ 고 하고 다음과 같이 나타낸다.

$$\lim_{x \to b} f(x) = -\infty$$

[정의 18-3]에서 정의한 대로 극한이 ∞ 이거나 $-\infty$ 일 경우에는 극한이 **발산한다**고 판정한다.

좌극한 또는 우극한이 양의 무한대 또는 음의 무한대로 발산하는 경우를 알아보자.

예제 18-5

다음 극한을 구하라.

(a) $\lim_{x \to 0^+} \frac{1}{x}$

(b) $\lim_{x \to 0^-} \frac{1}{x}$

(c) $\lim_{x \to 1^+} \frac{1}{(x-1)^2}$

(d) $\lim_{x \to 1^-} \frac{1}{(x-1)^2}$

TIP 좌극한 또는 우극한에 가까워지는 값들을 함수에 차례로 대입해본다.

풀이

(a) x에 $0.1,\ 0.01,\ 0.001, \cdots$ 을 차례로 대입하면 $\frac{1}{x}$은 $10,\ 100,\ 1000, \cdots$ 이므로, $x \to 0^+$ 이면 $\frac{1}{x}$은 한없이 커진다. 따라서

$$\lim_{x \to 0^+} \frac{1}{x} = \infty$$

이다.

(b) x에 $-0.1,\ -0.01,\ -0.001, \cdots$ 을 차례로 대입하면 $\frac{1}{x}$은 $-10,\ -100,\ -1000, \cdots$ 이므로, $x \to 0^-$ 이면 $\frac{1}{x}$은 한없이 작아진다. 따라서

$$\lim_{x \to 0^-} \frac{1}{x} = -\infty$$

이다.

(c) x에 $1.1,\ 1.01,\ 1.001, \cdots$ 을 차례로 대입하면 $\frac{1}{(x-1)^2}$은 $100,\ 10000,\ 1000000, \cdots$ 이므로, $x \to 1^+$ 이면 $\frac{1}{(x-1)^2}$은 한없이 커진다. 따라서

$$\lim_{x \to 1^+} \frac{1}{(x-1)^2} = \infty$$

이다.

(d) x에 $0.9,\ 0.99,\ 0.999,\ \cdots$ 를 차례로 대입하면 $\frac{1}{(x-1)^2}$은 $100,\ 10000,\ 1000000,\ \cdots$ 이므로, $x \to 1^-$이면 $\frac{1}{(x-1)^2}$은 한없이 커진다. 따라서

$$\lim_{x \to 1^-} \frac{1}{(x-1)^2} = \infty$$

이다.

극한의 성질

다음과 같은 함수의 극한의 성질을 이용하면 함수의 극한을 쉽게 구할 수 있다.

정리 18-1 함수의 극한의 성질

실수 α, β에 대하여 $\lim_{x \to a} f(x) = \alpha$, $\lim_{x \to a} g(x) = \beta$일 때, 다음이 성립한다.

(1) $\lim_{x \to a} kf(x) = k\lim_{x \to a} f(x) = k\alpha$ (k는 실수)

(2) $\lim_{x \to a} \{f(x) \pm g(x)\} = \lim_{x \to a} f(x) \pm \lim_{x \to a} g(x) = \alpha \pm \beta$

(3) $\lim_{x \to a} f(x)g(x) = \lim_{x \to a} f(x) \cdot \lim_{x \to a} g(x) = \alpha\beta$

(4) $\lim_{x \to a} \frac{f(x)}{g(x)} = \frac{\lim_{x \to a} f(x)}{\lim_{x \to a} g(x)} = \frac{\alpha}{\beta}$ (단, $g(x) \neq 0$, $\beta \neq 0$)

예제 18-6

다음 극한을 구하라.

(a) $\lim_{x \to 3} 2x^3$

(b) $\lim_{x \to 0} (x^3 - 2x^2 - 2)$

(c) $\lim_{x \to -1} (2x+3)(2x-1)$

(d) $\lim_{x \to -2} \frac{x^2}{2x+7}$

TIP 함수의 극한의 성질을 이용한다.

풀이

(a) $\lim_{x \to 3} 2x^3 = 2\lim_{x \to 3} x^3 = 2 \cdot 3^3 = 54$

(b) $\lim_{x \to 0} (x^3 - 2x^2 - 2) = \lim_{x \to 0} x^3 - 2\lim_{x \to 0} x^2 - \lim_{x \to 0} 2 = 0^3 - 2 \cdot 0^2 - 2 = -2$

(c) $\lim_{x \to -1} (2x+3)(2x-1) = \lim_{x \to -1} (2x+3) \cdot \lim_{x \to -1} (2x-1) = 1 \cdot (-3) = -3$

(d) $$\lim_{x \to -2} \frac{x^2}{2x+7} = \frac{\lim_{x \to -2} x^2}{\lim_{x \to -2} (2x+7)} = \frac{(-2)^2}{2 \cdot (-2) + 7} = \frac{4}{3}$$

18.3 극한의 계산

다항함수와 분수함수의 극한

$f(x)$가 다항함수이거나 분모에 $x = a$를 대입했을 때 0이 되지 않는 분수함수일 때, $x = a$에서 $f(x)$의 극한은 $f(x)$에 $x = a$를 대입하여 쉽게 얻을 수 있다.

예제 18-7

다음 극한을 구하라.

(a) $\lim_{x \to 0}(x^2+5)$

(b) $\lim_{x \to 1}(3-2x^2)$

(c) $\lim_{x \to 0}\dfrac{x-1}{x-2}$

(d) $\lim_{x \to -1}\dfrac{x+1}{x+4}$

TIP $x \to a$일 때 함수에 $x = a$를 대입한다.

풀이

(a) $\lim_{x \to 0}(x^2+5) = 0^2+5 = 5$

(b) $\lim_{x \to 1}(3-2x^2) = 3-2 \cdot 1^2 = 1$

(c) $\lim_{x \to 0}\dfrac{x-1}{x-2} = \dfrac{0-1}{0-2} = \dfrac{1}{2}$

(d) $\lim_{x \to -1}\dfrac{x+1}{x+4} = \dfrac{-1+1}{-1+4} = 0$

부정형의 극한

$x = a$에서의 함수의 극한에 대하여 $x = a$를 대입했을 때, $\dfrac{0}{0}$[1], $\dfrac{\infty}{\infty}$, $\infty - \infty$, $\infty \cdot 0$과 같은 꼴이 되는 것을 **부정형**indeterminate form이라 한다. 부정형의 극한은 그대로 대입하여 구할 수 없으므로, 부정형이 아닌 꼴로 변형하여 계산해야 한다.

■ 함수의 극한 계산법 : $\dfrac{0}{0}$꼴

부정형이 $\dfrac{0}{0}$꼴인 경우 다음의 극한 계산법을 사용하여 극한을 계산한다.

1 부정형에 있는 0은 영zero이 아니라 무한소infinitesimal이며, 이는 0에 한없이 가까운 값을 의미한다.

정리 18-2 함수의 극한 계산법 : $\frac{0}{0}$꼴

(1) 분수식 : 분자와 분모를 인수분해하여 약분한 후 극한을 구한다.

(2) 무리식 : 분자 또는 분모에 있는 근호를 유리화하여 약분한 후 극한을 구한다.

함수의 극한이 $\frac{0}{0}$꼴이며 함수가 분수식인 경우의 극한을 구해보자.

예제 18-8

다음 극한을 구하라.

(a) $\lim_{x \to 2} \frac{x^2 - 4}{x - 2}$ (b) $\lim_{x \to -1} \frac{x + 1}{x^2 - x - 2}$

TIP $\frac{0}{0}$꼴의 극한이므로, 분자 또는 분모를 인수분해하여 약분한다.

풀이

(a) $x = 2$를 함수식에 대입하면 $\frac{0}{0}$꼴이므로, 식을 변형하여 극한을 구한다.

$x^2 - 4 = (x-2)(x+2)$이므로

$$\lim_{x \to 2} \frac{x^2 - 4}{x - 2} = \lim_{x \to 2} \frac{(x-2)(x+2)}{x-2} = \lim_{x \to 2} (x+2) = 4$$

이다.

(b) $x = -1$을 함수식에 대입하면 $\frac{0}{0}$꼴이므로, 식을 변형하여 극한을 구한다.

$x^2 - x - 2 = (x-2)(x+1)$이므로

$$\lim_{x \to -1} \frac{x+1}{x^2 - x - 2} = \lim_{x \to -1} \frac{x+1}{(x-2)(x+1)} = \lim_{x \to -1} \frac{1}{x-2} = -\frac{1}{3}$$

이다.

이번에는 함수의 극한이 $\frac{0}{0}$ 꼴이며 함수가 무리식인 경우의 극한을 구해보자.

예제 18-9

다음 극한을 구하라.

(a) $\lim_{x \to 1} \frac{x-1}{\sqrt{x}-1}$ (b) $\lim_{x \to 4} \frac{\sqrt{x}-2}{x-4}$

TIP $\frac{0}{0}$ 꼴의 극한이므로, 분자 또는 분모를 유리화한다.

풀이

(a) $x = 1$을 함수식에 대입하면 $\frac{0}{0}$ 꼴이므로, 식을 변형하여 극한을 구한다. 분모에 있는 $\sqrt{x}-1$을 유리화하면

$$\frac{x-1}{\sqrt{x}-1} = \frac{(x-1)(\sqrt{x}+1)}{(\sqrt{x}-1)(\sqrt{x}+1)} = \frac{(x-1)(\sqrt{x}+1)}{x-1}$$

이므로,

$$\lim_{x \to 1} \frac{x-1}{\sqrt{x}-1} = \lim_{x \to 1} \frac{(x-1)(\sqrt{x}+1)}{x-1} = \lim_{x \to 1} (\sqrt{x}+1) = 2$$

이다.

(b) $x = 4$를 함수식에 대입하면 $\frac{0}{0}$ 꼴이므로, 식을 변형하여 극한을 구한다. 분자에 있는 $\sqrt{x}-2$를 유리화하면

$$\frac{\sqrt{x}-2}{x-4} = \frac{(\sqrt{x}-2)(\sqrt{x}+2)}{(x-4)(\sqrt{x}+2)} = \frac{x-4}{(x-4)(\sqrt{x}+2)}$$

이므로,

$$\lim_{x \to 4} \frac{\sqrt{x}-2}{x-4} = \lim_{x \to 4} \frac{x-4}{(x-4)(\sqrt{x}+2)} = \lim_{x \to 4} \frac{1}{\sqrt{x}+2} = \frac{1}{4}$$

이다.

■ 함수의 극한 계산법 : $\frac{\infty}{\infty}$ 꼴

$f(x)$와 $g(x)$가 다항함수일 때, $\lim_{x \to \infty} \frac{f(x)}{g(x)}$는 분자와 분모의 차수에 따라서 결정된다.

정리 18-3 함수의 극한 계산법 : $\frac{\infty}{\infty}$ 꼴

(1) 분자인 $f(x)$의 차수가 분모인 $g(x)$의 차수보다 큰 경우에 극한은 다음과 같다.

$$\lim_{x \to \infty} \frac{f(x)}{g(x)} = \infty \text{ 또는 } \lim_{x \to \infty} \frac{f(x)}{g(x)} = -\infty$$

(2) 분자인 $f(x)$의 차수가 분모인 $g(x)$의 차수보다 작은 경우에 극한은 다음과 같다.

$$\lim_{x \to \infty} \frac{f(x)}{g(x)} = 0$$

(3) 분자인 $f(x)$의 차수와 분모인 $g(x)$의 차수가 같은 경우에 극한은 다음과 같다.

$$\lim_{x \to \infty} \frac{f(x)}{g(x)} = \frac{f(x)\text{의 최고차항의 계수}}{g(x)\text{의 최고차항의 계수}}$$

예제 18-10

다음 극한을 구하라.

(a) $\lim_{x \to \infty} \frac{3x-1}{x^2+2}$

(b) $\lim_{x \to \infty} \frac{x^2+3x+9}{3x^2-8}$

TIP $\frac{\infty}{\infty}$ 꼴의 극한이므로, 분모의 차수와 분자의 차수를 비교한다.

풀이

(a) $\frac{\infty}{\infty}$ 꼴이고 분모의 차수는 2이고 분자의 차수는 1이므로

$$\lim_{x \to \infty} \frac{3x-1}{x^2+2} = 0$$

이다.

(b) $\frac{\infty}{\infty}$ 꼴이고 분모의 차수는 2이고 분자의 차수도 2이다. 분모의 최고차항의 계수가 3이고 분자의 최고차항의 계수가 1이므로, [정리 18-3]의 (3)에 의하여

$$\lim_{x \to \infty} \frac{x^2 + 3x + 9}{3x^2 - 8} = \frac{1}{3}$$

이다.

삼각함수의 극한

삼각함수에 관한 극한을 구할 때 다음을 이용한다.

$$\lim_{x \to 0} \frac{\sin x}{x} = 1, \quad \lim_{x \to 0} \frac{\tan x}{x} = 1$$

$\lim_{x \to 0} \frac{\sin x}{x} = 1$인 것과는 달리 $\lim_{x \to 0} \frac{\cos x}{x}$는 존재하지 않는다는 것에 주의한다.

정리 18-4 삼각함수의 극한 계산법

x에 관한 복잡한 식을 □로 두고

$$\lim_{x \to 0} \frac{\sin \square}{\square} = 1, \quad \lim_{x \to 0} \frac{\square}{\sin \square} = 1, \quad \lim_{x \to 0} \frac{\tan \square}{\square} = 1, \quad \lim_{x \to 0} \frac{\square}{\tan \square} = 1$$

임을 이용하여 복잡한 삼각함수의 극한을 구한다.

삼각함수의 극한 계산법은 $x \to 0$일 때, $\square \to 0$인 경우에만 성립한다.

예제 18-11

다음 극한을 구하라.

(a) $\lim_{x \to 0} \frac{\sin 2x}{x}$

(b) $\lim_{x \to 0} \frac{\sin 4x}{3x}$

(c) $\lim_{x \to 0} \frac{\tan 3x}{x}$

(d) $\lim_{x \to 0} \frac{\tan x}{5x}$

TIP 삼각함수에 있는 복잡한 식을 □에 담고 식을 변형한다.

풀이

(a) □ $= 2x$라 두면, 다음과 같이 계산할 수 있다.

$$\lim_{x \to 0} \frac{\sin 2x}{x} = \lim_{x \to 0} \frac{\sin 2x}{2x} \cdot 2 = 1 \cdot 2 = 2$$

(b) □ $= 4x$라 두면, 다음과 같이 계산할 수 있다.

$$\lim_{x \to 0} \frac{\sin 4x}{3x} = \lim_{x \to 0} \frac{\sin 4x}{4x} \cdot \frac{4}{3} = 1 \cdot \frac{4}{3} = \frac{4}{3}$$

(c) □ $= 3x$라 두면, 다음과 같이 계산할 수 있다.

$$\lim_{x \to 0} \frac{\tan 3x}{x} = \lim_{x \to 0} \frac{\tan 3x}{3x} \cdot 3 = 1 \cdot 3 = 3$$

(d) □ $= x$라 두면, 다음과 같이 계산할 수 있다.

$$\lim_{x \to 0} \frac{\tan x}{5x} = \lim_{x \to 0} \frac{\tan x}{x} \cdot \frac{1}{5} = 1 \cdot \frac{1}{5} = \frac{1}{5}$$

$\lim_{x \to 0} x \sin \frac{1}{x}$은 어떻게 구할까? $\lim_{x \to 0} x = 0$이지만 $\lim_{x \to 0} \sin \frac{1}{x}$은 극한을 갖지 않고 -1과 1 사이를 진동한다. 이런 함수의 극한을 구할 때 다음 정리를 사용한다.

정리 18-5 압착정리

L이 실수이고 $x = a$의 적당한 근방에 있는 모든 x에 대하여 $f(x) \le g(x) \le h(x)$이며

$$\lim_{x \to a} f(x) = L = \lim_{x \to a} h(x)$$

이면 $\lim_{x \to a} g(x) = L$이다.

압착정리squeeze theorem는 $x \to a$일 때 작은 함수와 큰 함수가 같은 극한을 가지면, 중간에 있는 함수도 $x \to a$일 때 같은 극한을 가짐을 설명한다.

예제 18-12

다음 극한을 구하라.

(a) $\lim_{x \to 0} x \sin \frac{1}{x}$

(b) $\lim_{x \to 0} x^2 \cos \frac{1}{x^3}$

TIP $x \to 0$일 때 $\sin \frac{1}{x}$과 $\cos \frac{1}{x}$은 -1과 1 사이를 진동한다.

풀이

(a) 0이 아닌 임의의 x에 대하여 $-1 \le \sin \frac{1}{x} \le 1$이므로 $-x \le x \sin \frac{1}{x} \le x$ 이다. $\lim_{x \to 0} (-x) = 0$이고 $\lim_{x \to 0} x = 0$이므로, 압착정리에 의하여

$$\lim_{x \to 0} x \sin \frac{1}{x} = 0$$

이다.

(b) 0이 아닌 임의의 x에 대하여 $-1 \le \cos \frac{1}{x^3} \le 1$이므로 $-x^2 \le x^2 \cos \frac{1}{x^3} \le x^2$이다. $\lim_{x \to 0} (-x^2) = 0$이고 $\lim_{x \to 0} x^2 = 0$이므로, 압착정리에 의하여

$$\lim_{x \to 0} x^2 \cos \frac{1}{x^3} = 0$$

이다.

18.4 연속함수

한 점에서의 연속

$f(x)$가 $x = a$에서 연속이라는 것은 $x = a$에서 $f(x)$의 그래프가 연결되어 있는 것을 의미하는데 엄밀한 정의는 다음과 같다.

정의 18-4 $x = a$에서 연속

$y = f(x)$가 다음 세 조건을 모두 만족하면, $f(x)$는 **$x = a$에서 연속**continuity이라 한다.

(1) $\lim_{x \to a} f(x)$가 존재한다.

(2) $f(a)$가 존재한다.

(3) $\lim_{x \to a} f(x) = f(a)$가 성립한다.

[정의 18–4]에 의하여 세 조건 중 어느 하나라도 만족하지 않으면, $f(x)$는 $x = a$에서 연속이 아니라고 판정한다.

예제 18-13

다음 함수가 $x = 0$에서 연속인지를 판정하라.

(a) $f(x) = x^3 + x$

(b) $g(x) = \dfrac{1}{x^2}$

(c) $h(x) = \begin{cases} 2x - 1, & x < 0 \\ -x + 3, & x \geq 0 \end{cases}$

(d) $k(x) = \begin{cases} x^2 - 1, & x \neq 0 \\ 0, & x = 0 \end{cases}$

TIP 연속의 세 조건을 모두 만족하는지를 확인한다.

풀이

(a) $\lim_{x \to 0} f(x) = 0^3 + 0 = 0$이고 $f(0) = 0$이다. 따라서 $\lim_{x \to 0} f(x) = f(0)$이므로 $f(x)$는 $x = 0$에서 연속이다.

(b) $g(0)$이 정의되지 않는다. 따라서 $g(x)$는 $x=0$에서 연속이 아니다.

(c) $x=0$에서 $h(x)$의 좌극한과 우극한은 각각

$$\lim_{x \to 0^-} h(x) = \lim_{x \to 0^-} (2x-1) = 2 \cdot 0 - 1 = -1$$
$$\lim_{x \to 0^+} h(x) = \lim_{x \to 0^+} (-x+3) = -0+3 = 3$$

이므로, $\lim_{x \to 0} h(x)$는 존재하지 않는다. 따라서 $h(x)$는 $x=0$에서 연속이 아니다.

(d) $x=0$에서 $k(x)$의 좌극한과 우극한은 각각

$$\lim_{x \to 0^-} k(x) = \lim_{x \to 0^-} (x^2-1) = 0^2 - 1 = -1$$
$$\lim_{x \to 0^+} k(x) = \lim_{x \to 0^+} (x^2-1) = 0^2 - 1 = -1$$

이므로 $\lim_{x \to 0} k(x) = -1$이다. 그러나 $k(0)=0$이므로 $\lim_{x \to 0} k(x) = -1 \neq 0 = k(0)$이다. 따라서 $k(x)$는 $x=0$에서 연속이 아니다.

구간에서의 연속

점에서의 연속을 확장하여 구간에서의 연속을 다음과 같이 정의한다.

정의 18-5 구간에서의 연속

$y=f(x)$가 구간 $[a, b]$의 모든 점에서 연속일 때, $f(x)$는 **구간 $[a, b]$에서 연속**이라고 한다.

함수가 주어졌을 때, 구간의 모든 점에서 연속인 것을 일일이 보일 수는 없다. 함수가 연속이 되는 점들의 집합은 다음에 제시하는 방법을 이용하여 구한다.

정리 18-6 함수가 연속이 되는 점들의 집합을 구하는 방법

함수가 주어졌을 때 그 함수가 연속이 되는 점들의 집합은 그 함수의 정의역과 같다.

(1) 다항함수 : 실수 전체의 집합 $\mathbb{R}$에서 연속

(2) 분수함수 : 분모가 0이 되게 하는 점들을 제외한 나머지 점들의 집합에서 연속

예제 18-14

다음 함수가 연속이 되는 점들의 집합을 구하라.

(a) $y = \frac{1}{2}x^3 - 3x^2 + \frac{1}{3}$

(b) $y = \frac{1}{x-2}$

(c) $y = \frac{x}{x^2+1}$

(d) $y = \frac{x-1}{x^2-4}$

TIP 다항함수와 분수함수의 정의역을 찾는다.

풀이

(a) $y = \frac{1}{2}x^3 - 3x^2 + \frac{1}{3}$은 3차 다항함수이므로, 정의역은 $\mathbb{R}$이다.
따라서 $y = \frac{1}{2}x^3 - 3x^2 + \frac{1}{3}$이 연속이 되는 점들의 집합은 $\mathbb{R}$이다.

(b) $y = \frac{1}{x-2}$은 분수함수이고 $x = 2$일 때 분모가 0이 되므로, 정의역은 $\mathbb{R} - \{2\}$이다. 따라서 $y = \frac{1}{x-2}$이 연속이 되는 점들의 집합은 $\mathbb{R} - \{2\}$이다.

(c) $y = \frac{x}{x^2+1}$는 분수함수이고 분모가 0이 되는 점이 없으므로, 정의역은 $\mathbb{R}$이다.
따라서 $y = \frac{x}{x^2+1}$가 연속이 되는 점들의 집합은 $\mathbb{R}$이다.

(d) $y = \frac{x-1}{x^2-4}$은 분수함수이고 $x = -2,\ 2$일 때 분모가 0이 되므로, 정의역은 $\mathbb{R} - \{-2,\ 2\}$이다. 따라서 $y = \frac{x-1}{x^2-4}$이 연속이 되는 점들의 집합은 $\mathbb{R} - \{-2,\ 2\}$이다.

$f(x) = \frac{x-3}{x^2-9}$은 $x = 3$일 때 분자와 분모가 모두 0이 된다. [정리 18-6]의 (2)에 의하여 분자가 0이 되는 것과 관계없이 분모가 0이 되게 하는 점은 연속인 점들의 집합에서 제외해야 하므로, $f(x)$가 연속인 점들의 집합은 $\mathbb{R} - \{-3,\ 3\}$이다.

18.5 공학문제

종단속도

지상으로 떨어지는 구형의 빗방울을 가정하면, 초기에는 속도가 0이므로 빗방울에 작용하는 힘은 중력밖에 없으나 속도가 증가함에 따라 저항력이 점점 커져 중력의 크기와 같아지면 속도는 일정하게 유지된다. 이때의 속도를 **종단속도**terminal velocity라 한다. 지상으로 떨어지는 물체의 종단속도를 식으로 나타내면 다음과 같다.

[그림 18-2] 스카이다이빙

$$v_t = \sqrt{\frac{2mg}{\rho DA}}$$

여기서 m은 물체의 질량, g는 중력가속도, ρ는 공기의 밀도, D는 끌림계수, A는 물체의 운동방향에 수직인 단면적이다.

예제 18-15

어떤 물체가 지상으로 떨어지면서 수직인 단면적의 크기가 0에 가깝게 줄어들었다면, 이 물체의 종단속도는 어떻게 되는지를 설명하라. (단, 공기의 밀도는 일정하다고 가정한다.)

TIP $v_t = \sqrt{\frac{2mg}{\rho DA}}$ 에서 $A \to 0$일 때, 물체의 종단속도를 구한다.

풀이

지상으로 떨어지는 물체의 종단속도는 $v_t = \sqrt{\frac{2mg}{\rho DA}}$ 로 설명되고 수직인 단면적의 크기가 0에 가깝게 줄어들었다면,

$$\lim_{A \to 0} v_t = \lim_{A \to 0} \sqrt{\frac{2mg}{\rho DA}} = \infty$$

이므로 종단속도는 무한히 커진다.

뉴턴의 냉각법칙

시간에 따른 물체의 온도 변화는 그 물체의 온도와 물체 주위의 온도차에 비례한다. 이 법칙을 **뉴턴의 냉각법칙**Newton's law of cooling이라고 하는데, 1701년 뉴턴에 의해 발견되었다. 예를 들어 뜨거운 커피가 있을 때 커피가 식어가는 정도는 커피를 둔 장소의 온도에 따라서 달라진다. 그러나 뉴턴의 냉각법칙은 온도차가 적을 때만 성립한다는 단점이 있다.

[그림 18-3] 뜨거운 커피

물체의 초기 온도를 T, 물체 주위의 온도를 T_0라 할 때, 시간 t가 지난 후 물체의 온도 $T(t)$는 뉴턴의 냉각법칙을 이용하여 다음과 같이 구할 수 있다.

$$T(t) = T_0 + (T - T_0)e^{-kt}$$

여기서 k는 초기 조건으로 구해지는 상수이다. 뉴턴의 냉각법칙은 여러 공학 분야에서 열전달을 설명할 때 자주 사용된다.

예제 18-16

오븐에서 케이크를 꺼냈을 때 케이크의 온도는 80℃였다. 실내온도가 20℃인 곳에 이 케이크를 두었더니 3분 후의 온도가 50℃였다고 할 때, 오븐에서 케이크를 꺼내고 t분 후 케이크의 온도 $T(t)$는 뉴턴의 냉각법칙에 의하여 다음과 같다.

$$T(t) = 20 + 60e^{-kt} = 20 + 60e^{\left(\frac{1}{3}\ln\frac{1}{2}\right)t}$$

$\lim\limits_{t \to \infty} T(t)$를 구하고 결과를 설명하라.

TIP $\frac{1}{3}\ln\frac{1}{2} < 0$임을 이용한다.

풀이

$\frac{1}{3}\ln\frac{1}{2} < 0$이므로 $\lim\limits_{t \to \infty}\left(\frac{1}{3}\ln\frac{1}{2}\right)t = -\infty$이다. 따라서 $\lim\limits_{t \to \infty} e^{\left(\frac{1}{3}\ln\frac{1}{2}\right)t} = \lim\limits_{x \to -\infty} e^x = 0$이므로 다음과 같다.

$$\lim_{t \to \infty} T(t) = \lim_{t \to \infty} 20 + 60e^{\left(\frac{1}{3}\ln\frac{1}{2}\right)t} = 20 + 60\lim_{t \to \infty} e^{\left(\frac{1}{3}\ln\frac{1}{2}\right)t} = 20 + 60 \cdot 0 = 20$$

이는 오븐에서 꺼낸 케이크를 실내에 두면 시간이 지남에 따라 케이크가 식어서 오랜 시간이 지나면 케이크의 온도가 실내온도와 같아짐을 설명한다.

실패의 마찰력

반지름이 R이고 질량이 m인 원통 모양의 실패spool가 수평인 책상 위에 정지해 있다고 하자.

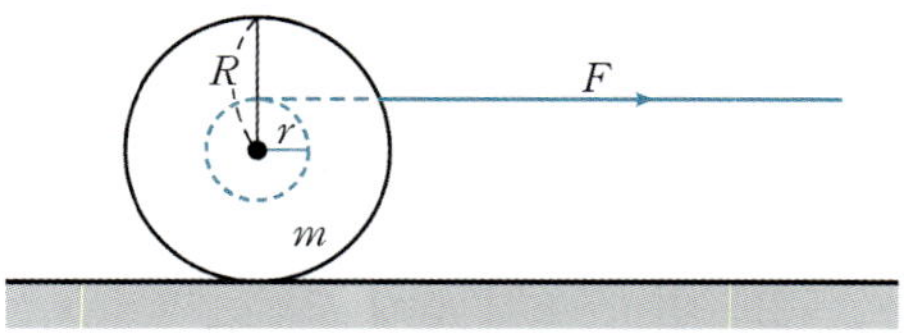

[그림 18-4] **책상 위의 실패**

이때 [그림 18-4]처럼 반지름이 r인 실패의 축에 감겨 있는 실을 수평 방향으로 일정한 힘 F를 가하여 푼다고 할 때, 마찰력 f는 다음 식으로 설명된다.

$$f = F\left(\frac{1 - mrR}{1 + mR^2}\right)$$

여기서 축에 감겨 있는 실의 질량은 없는 것으로 간주한다.

예제 18-17

실패의 마찰력에 관한 식 $f = F\left(\frac{1 - mrR}{1 + mR^2}\right)$에 대하여 다음 극한을 구하라.

(a) $\lim\limits_{m \to \infty} f$ (b) $\lim\limits_{R \to \infty} f$

TIP $m \to \infty$와 $R \to \infty$는 m값과 R값이 점점 커진다는 것을 의미한다.

풀이

(a) $\lim\limits_{m \to \infty} f = \lim\limits_{m \to \infty} F\left(\frac{1 - mrR}{1 + mR^2}\right) = F\left(-\frac{rR}{R^2}\right) = -\frac{Fr}{R}$

(b) $\lim\limits_{R \to \infty} f = \lim\limits_{R \to \infty} F\left(\frac{1 - mrR}{1 + mR^2}\right) = F \cdot 0 = 0$

CHAPTER 18 연습문제

18.1 $y = f(x)$의 그래프가 [그림 18–5]와 같을 때, 다음을 구하라.

(a) $\lim_{x \to 1^-} f(x)$

(b) $\lim_{x \to 1^+} f(x)$

(c) $\lim_{x \to 2^-} f(x)$

(d) $\lim_{x \to 2^+} f(x)$

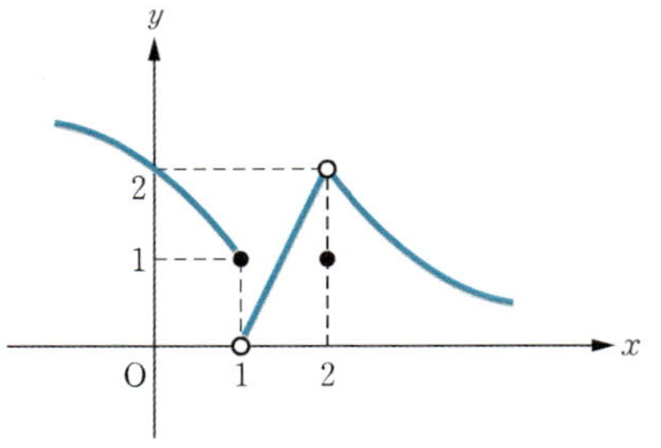

[그림 18–5]

18.2 다음을 구하라.

(a) $f(x) = \begin{cases} x^2 - 1, & x \le 0 \\ 3x^2 + 1, & x > 0 \end{cases}$ 일 때, $\lim_{x \to 0^-} f(x)$와 $\lim_{x \to 0^+} f(x)$

(b) $g(x) = \begin{cases} x^3 + 1, & x < 0 \\ 1 - 3x + x^2, & x \ge 0 \end{cases}$ 일 때, $\lim_{x \to 0^-} g(x)$와 $\lim_{x \to 0^+} g(x)$

(c) $h(x) = \begin{cases} x^2 - x - 3, & x < 1 \\ 2, & x = 1 \\ x + \sqrt{x} - 2, & x > 1 \end{cases}$ 일 때, $\lim_{x \to 1^-} h(x)$와 $\lim_{x \to 1^+} h(x)$

(d) $k(x) = \begin{cases} -x^2 - 2x + 3, & x \ne 1 \\ 2, & x = 1 \end{cases}$ 일 때, $\lim_{x \to 1^-} k(x)$와 $\lim_{x \to 1^+} k(x)$

18.3 다음을 구하라.

(a) $f(x) = \dfrac{x}{|x|}$ 일 때, $\lim_{x \to 0} f(x)$

(b) $g(x) = \dfrac{x^2}{|x|}$ 일 때, $\lim_{x \to 0} g(x)$

(c) $h(x) = x|x|$일 때, $\lim_{x \to 0} h(x)$

(d) $k(x) = -x^2|x|$일 때, $\lim_{x \to 0} k(x)$

18.4 다음 극한을 구하라.

(a) $\lim_{x \to 0^+} \frac{1}{\sqrt{x}}$ (b) $\lim_{x \to 0^-} \frac{1}{x^5}$

(c) $\lim_{x \to 1^-} \frac{1}{(x-1)^4}$ (d) $\lim_{x \to 1^+} \frac{1}{(x-1)^4}$

(e) $\lim_{x \to 2^-} \frac{1}{(2-x)^5}$ (f) $\lim_{x \to 2^+} \frac{1}{(2-x)^5}$

18.5 다음 극한을 구하라.

(a) $\lim_{x \to 2}\left(x + \frac{4}{x}\right)$ (b) $\lim_{x \to -2} \sqrt{x+5}$

(c) $\lim_{x \to 3} \frac{x+3}{x+2}$ (d) $\lim_{x \to -3} \frac{x-3}{x+1}$

18.6 다음 극한을 구하라.

(a) $\lim_{x \to -3} \frac{x^2-9}{x+3}$ (b) $\lim_{x \to 4} \frac{x-4}{x^2-16}$

(c) $\lim_{x \to 1} \frac{x^2-3x+2}{x^2-1}$ (d) $\lim_{x \to 2} \frac{x^2-4}{x^2-x-2}$

(e) $\lim_{x \to 3} \frac{x^2-x-6}{x^2-4x+3}$ (f) $\lim_{x \to -4} \frac{x^2+7x+12}{x^2+4x}$

18.7 다음 극한을 구하라.

(a) $\lim_{x \to 5} \frac{\sqrt{x}-\sqrt{5}}{x-5}$ (b) $\lim_{x \to 7} \frac{x-7}{\sqrt{x}-\sqrt{7}}$

(c) $\lim_{x \to 81} \frac{\sqrt{x}-9}{x-81}$ (d) $\lim_{x \to 36} \frac{x-36}{\sqrt{x}-6}$

18.8 다음 극한을 구하라.

(a) $\lim_{x \to \infty} \frac{-3x^2 - 2x + 1}{2x^3 + 5x}$

(b) $\lim_{x \to \infty} \frac{1 - 2x - 3x^3}{3x^2 + 2}$

(c) $\lim_{x \to \infty} \frac{3x^3 - 5x + 7}{2x^3 + x}$

(d) $\lim_{x \to \infty} \frac{5x^2 - 6x - 7}{-4x^2 + 5x + 1}$

18.9 다음 극한을 구하라.

(a) $\lim_{x \to 0} \frac{\sin 8x}{7x}$

(b) $\lim_{x \to 0} \frac{11x}{\sin 6x}$

(c) $\lim_{x \to 0} \frac{\tan 13x}{3x}$

(d) $\lim_{x \to 0} \frac{10x}{\tan 8x}$

18.10 다음 극한을 구하라.

(a) $\lim_{x \to 0} x^5 \sin \frac{1}{x}$

(b) $\lim_{x \to 0} x \sin \frac{1}{x^5}$

(c) $\lim_{x \to 0} x^4 \cos \frac{1}{x^2}$

(d) $\lim_{x \to 0} x^3 \cos \frac{1}{x^5}$

18.11 다음 함수가 $x = 0$에서 연속인지를 판정하라.

(a) $f(x) = \frac{1}{x^2 - 1}$

(b) $g(x) = \frac{1}{x^4}$

(c) $h(x) = \begin{cases} x^3, & x \geq 0 \\ -x^3, & x < 0 \end{cases}$

(d) $k(x) = \begin{cases} 0 & , \ x = 0 \\ x^2 + 3, & x \neq 0 \end{cases}$

18.12 다음 함수가 연속이 되는 점들의 집합을 구하라.

(a) $y = x^2 - 4x + 5$

(b) $y = \dfrac{1}{x^2 - 2x - 3}$

(c) $y = \sqrt{2x + 1}$

(d) $y = \sqrt[3]{2x + 1}$

18.13 질량이 m_1이고 속력이 v_1인 입자가 직선상에서 질량이 m_2이고 속력이 v_2인 입자와 정면충돌한 후의 속력이 $w = \left(\dfrac{m_1 - m_2}{m_1 + m_2}\right)v_1 + \left(\dfrac{2m_2}{m_1 + m_2}\right)v_2$일 때, 다음을 구하라. (단, $m_2 \neq 0$)

(a) $\displaystyle\lim_{m_1 \to \frac{1}{2}m_2} w$

(b) $\displaystyle\lim_{m_1 \to 0} w$

18.14 [그림 18-6]과 같이 마찰이 없고 가벼운 도르래에 질량이 다른 두 물체가 가벼운 줄의 양 끝에 수직으로 매달려 있다. 중력가속도를 g, 두 물체의 질량을 m_1, m_2라 할 때, 두 물체의 가속도 a는 아래와 같다.

$$a = \left(\frac{m_2 - m_1}{m_1 + m_2}\right)g$$

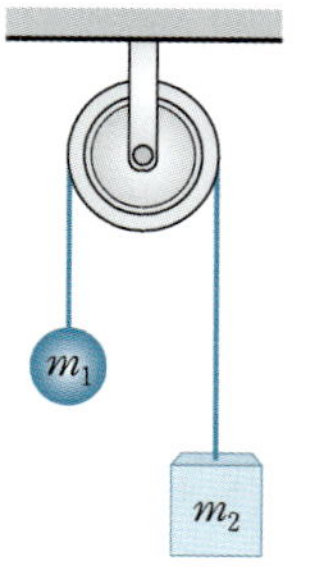

[그림 18-6]

다음을 구하고, 그 값이 의미하는 물체의 상태를 설명하라.

(a) $\displaystyle\lim_{m_1 \to m_2} a$

(b) $\displaystyle\lim_{m_2 \to \infty} a$

CHAPTER 19
미분

CONTENTS

학습목표

- 평균변화율을 바탕으로 미분계수를 이해한다.
- 미분의 정의를 학습하고, 미분의 사칙연산을 익힌다.
- 초월함수와 합성함수의 미분을 이해하여 복잡한 식을 미분할 수 있다.

숲속에 사는 여우와 토끼를 보고 누군가는 아름다운 동화를 떠올리겠지만, 생물들 간의 상호작용을 연구하는 생태학의 관점에서 보면 포식자-먹이의 관계에 따른 개체 수의 변화를 예측하는 문제가 떠오를 것이다.

여우의 먹이인 토끼의 개체 수가 늘어나면 여우의 개체 수도 점차 늘어나겠지만, 시간이 지나서 먹이인 토끼의 개체 수가 줄어들면 약간의 시간 차이를 두고 여우의 개체 수도 줄어든다. 그리고 포식자인 여우의 개체 수가 줄면 약간의 시간 차이를 두고 토끼의 개체 수는 늘어난다.

이 현상을 수학으로 설명해보자. 시간 t에서 여우의 개체 수를 $x(t)$, 토끼의 개체 수를 $y(t)$라 할 때, 시간에 따른 여우와 토끼의 개체 수 변화는 다음과 같이 미분을 이용하여 설명된다.

$$\frac{dx(t)}{dt} = -ax(t) + bx(t)y(t), \quad \frac{dy(t)}{dt} = py(t) - qx(t)y(t)$$

여기서 a, b, p, q는 상수이고, 적당한 상수에 대하여 위와 같은 미분 식을 만족하는 함수의 그래프를 그리면 다음과 같은 결과를 얻을 수 있다. 이 그래프는 시간에 따른 여우와 토끼의 개체 수를 잘 보여준다.

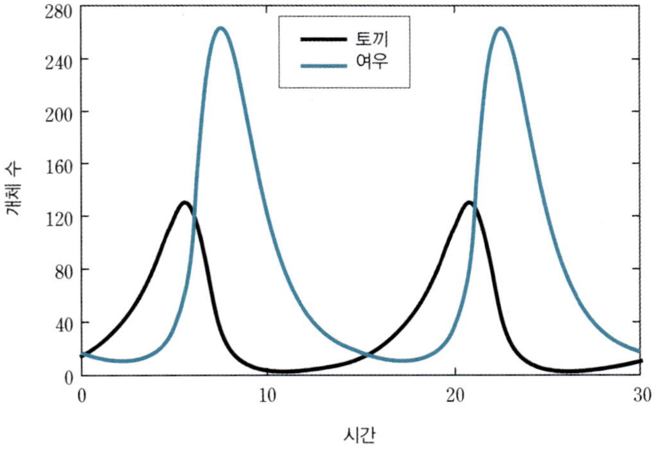

19.1 도함수

평균변화율과 순간변화율

18장에서 학습한 함수의 극한에 이어서 함수의 변화 정도를 나타내는 평균변화율에 대해 알아보자.

정의 19-1 평균변화율

$y = f(x)$에서 x가 a에서 b로 변할 때 $\Delta x = b - a$를 **x의 증분**increment of x이라 하고, $\Delta y = f(b) - f(a)$를 **y의 증분**increment of y이라 한다. 이 두 값으로부터 얻은

$$\frac{\Delta y}{\Delta x} = \frac{f(b) - f(a)}{b - a}$$

를 x가 a에서 b로 변할 때 $f(x)$의 **평균변화율**average rate of change이라 한다.

평균변화율은 [그림 19-1]과 같이 두 점 $(a, f(a))$와 $(b, f(b))$를 지나는 직선의 기울기이다.

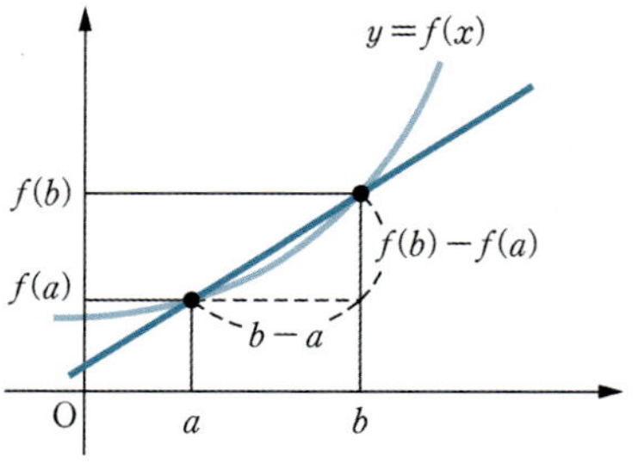

[그림 19-1] 평균변화율

평균변화율에서 Δy를 구하려면 우선 함숫값을 구하는 방법을 알아야 하는데 이는 11장에서 학습하였다. 예를 들어 $f(x) = 3x^2 - x$이면 $f(1)$은 식의 우변에 있는 x에 1을 대입하여 $f(1) = 3 \cdot 1^2 - 1 = 2$이고, $f(2)$는 식의 우변에 있는 x에 2를 대입하여 $f(2) = 3 \cdot 2^2 - 2 = 10$이다. 이 방법과 [정의 19-1]을 이용하여 함수의 평균변화율을 구해보자.

예제 19-1

$f(x) = 2x^2 + 1$일 때, 다음을 구하라.

(a) x가 0에서 2로 변할 때, $f(x)$의 평균변화율

(b) x가 -1에서 1로 변할 때, $f(x)$의 평균변화율

TIP x가 a에서 b로 변하면 a가 시작점이고 b가 끝점이므로, 이를 평균변화율의 공식에 대입한다.

풀이

(a) x가 0에서 2로 변하였으므로, x의 증분과 y의 증분은 각각

$$\Delta x = 2 - 0 = 2, \quad \Delta y = f(2) - f(0) = 9 - 1 = 8$$

이다. 따라서 x가 0에서 2로 변할 때 $f(x)$의 평균변화율은 다음과 같다.

$$\frac{\Delta y}{\Delta x} = \frac{8}{2} = 4$$

(b) x가 -1에서 1로 변하였으므로, x의 증분과 y의 증분은 각각

$$\Delta x = 1 - (-1) = 2, \quad \Delta y = f(1) - f(-1) = 3 - 3 = 0$$

이다. 따라서 x가 -1에서 1로 변할 때 $f(x)$의 평균변화율은 다음과 같다.

$$\frac{\Delta y}{\Delta x} = \frac{0}{2} = 0$$

$y = f(x)$에서 x가 a에서 $a + h$로 변할 때 x의 증분과 y의 증분은 각각

$$\Delta x = (a + h) - a = h, \quad \Delta y = f(a + h) - f(a)$$

이므로, $f(x)$의 평균변화율은

$$\frac{\Delta y}{\Delta x} = \frac{f(a + h) - f(a)}{h}$$

이다. 이 값으로부터 순간변화율을 정의한다.

정의 19-2 순간변화율

$y = f(x)$에서 $x = a$에서의 $f(x)$의 **순간변화율**instantaneous rate of change은

$$\lim_{h \to 0} \frac{f(a + h) - f(a)}{h}$$

로 정의한다. $x = a$에서의 순간변화율은 $x = a$에서의 **미분계수**differential coefficient라고도 하며, 기호로 $f'(a)$로 나타낸다.

순간변화율은 [그림 19–2]와 같이 $y = f(x)$ 위의 점 $(a, f(a))$에서의 접선의 기울기이다.

[정의 19–2]를 이용하여 순간변화율을 구하려면 먼저 분자에 있는 $f(a+h) - f(a)$를 정리한 후 극한을 계산해야 한다.

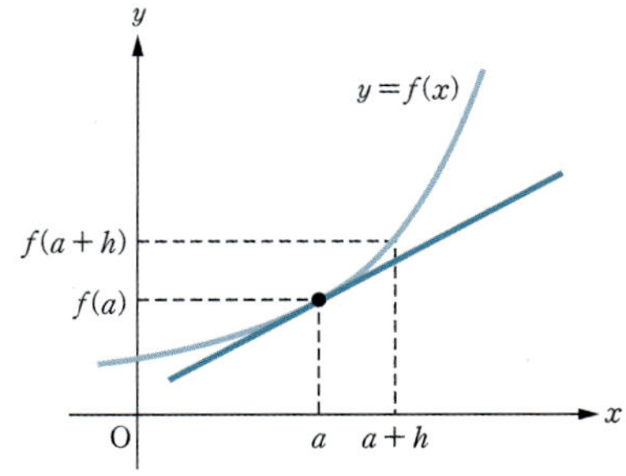

[그림 19–2] **순간변화율**

예제 19-2

$f(x) = 2x^2 + 5$일 때, 다음을 구하라.

(a) $x = 1$에서의 $f(x)$의 순간변화율

(b) $x = 3$에서의 $f(x)$의 순간변화율

TIP $f(a+h) - f(a)$를 먼저 정리한다.

풀이

(a)
$$\begin{aligned} f(1+h) - f(1) &= \{2(1+h)^2 + 5\} - (2 \cdot 1^2 + 5) \\ &= 4h + 2h^2 = h(4+2h) \end{aligned}$$

이므로, $x = 1$에서의 $f(x)$의 순간변화율은 다음과 같다.

$$f'(1) = \lim_{h \to 0} \frac{f(1+h) - f(1)}{h} = \lim_{h \to 0} \frac{h(4+2h)}{h} = \lim_{h \to 0} (4+2h) = 4$$

(b)
$$\begin{aligned} f(3+h) - f(3) &= \{2(3+h)^2 + 5\} - (2 \cdot 3^2 + 5) \\ &= 12h + 2h^2 = h(12+2h) \end{aligned}$$

이므로, $x = 3$에서의 $f(x)$의 순간변화율은 다음과 같다.

$$f'(3) = \lim_{h \to 0} \frac{f(3+h) - f(3)}{h} = \lim_{h \to 0} \frac{h(12+2h)}{h} = \lim_{h \to 0} (12+2h) = 12$$

도함수

만일 [예제 19–2]의 $f(x)$에 대하여 $f'(2.9)$, $f'(\pi)$, $f'\left(\frac{1}{5}\right)$, $\cdots$ 을 [정의 19–2]를 이용하여 계산해야 한다면 어떨까? 그렇게 하면 시간도 오래 걸리고 계산이 복잡하기 때문에 미분계수를 쉽게 구할 수 있는 또 다른 방법으로 다음과 같이 도함수를 도입한다.

정의 19-3 도함수

집합 A를 $y = f(x)$가 미분가능한 점들의 집합이라 할 때, $x \in A$에 대하여

$$f'(x) = \lim_{h \to 0} \frac{f(x+h) - f(x)}{h}$$

를 $f(x)$의 **도함수** derivative 라 하고, $f(x)$의 도함수를 구하는 것을 $f(x)$를 x에 관하여 **미분한다** differentiate 고 한다.

도함수는 일반적으로 $f'(x)$로 나타내고 y' 또는 $\frac{dy}{dx}$, $\frac{df(x)}{dx}$ 등과 같이 표현하기도 한다. [정의 19–3]을 이용하여 다음 공식을 얻을 수 있다.

정리 19-1 x^a의 미분법

$a \neq 0$가 실수일 때, $f(x) = x^a$에 대하여 $f(x)$의 도함수는 다음과 같다.

$$f'(x) = ax^{a-1}$$

$a = 0$이면 $f(x) = x^0 = 1$인 상수함수이므로, 임의의 실수 h에 대하여 $f(x+h) = f(x) = 1$이다. 따라서 $f(x)$의 도함수는

$$f'(x) = \lim_{h \to 0} \frac{f(x+h) - f(x)}{h} = \lim_{h \to 0} \frac{1-1}{h} = \lim_{h \to 0} \frac{0}{h} = 0$$

이다. 즉 상수함수의 도함수는 항상 0이다.

예제 19-3

다음 함수를 미분하라.

(a) $f(x) = x^{3.21}$

(b) $g(x) = x^{\pi}$

(c) $h(x) = \pi^{\sqrt{2}}$

(d) $k(x) = -\sqrt{3}$

TIP [정리 19–1]을 이용한다.

풀이

(a) $f'(x) = 3.21x^{2.21}$

(b) $g'(x) = \pi x^{\pi - 1}$

(c) $h'(x) = 0$

(d) $k'(x) = 0$

19.2 미분의 기본 성질

미분가능한 두 함수의 합과 차를 미분하는 방법은 다음과 같다.

정리 19-2 합과 차의 미분법

미분가능한 두 함수 $f(x)$와 $g(x)$에 대하여 다음이 성립한다.

(1) $(f(x)+g(x))' = f'(x)+g'(x)$

(2) $(f(x)-g(x))' = f'(x)-g'(x)$

(3) c가 상수일 때 $(cf(x))' = cf'(x)$

위 미분법에서 두 함수를 더하거나 뺀 다음 미분한 결과는 각각의 함수를 미분한 다음 더하거나 뺀 결과와 같음을 알 수 있다. 또한 상수를 함수에 곱한 다음 미분한 결과는 함수를 미분한 다음 상수를 곱한 결과와 같음을 알 수 있다.

예제 19-4

다음 함수를 미분하라.

(a) $y = 6x^5$

(b) $y = -\sqrt{3}x^{10}$

(c) $y = 4x^3 + 7x^2$

(d) $y = \pi x^9 - \sqrt{5}x$

TIP x^a의 미분법과 합과 차의 미분법을 이용한다.

풀이

(a) $y' = 6 \cdot 5x^4 = 30x^4$

(b) $y' = -\sqrt{3} \cdot 10x^9 = -10\sqrt{3}x^9$

(c) $y' = (4x^3)' + (7x^2)' = 12x^2 + 14x$

(d) $y' = (\pi x^9)' - (\sqrt{5}x)' = 9\pi x^8 - \sqrt{5}$

이제 곱의 미분법에 대해 알아보자. 두 함수의 곱에 대한 미분법은 합과 차의 미분법에 비해 다소 복잡하다.

정리 19-3 곱의 미분법

미분가능한 두 함수 $f(x)$와 $g(x)$에 대하여 $f(x)g(x)$의 도함수는 다음과 같다.

$$(f(x)g(x))' = f'(x)g(x) + f(x)g'(x)$$

다음에 제시하는 관계를 익히면, 곱의 미분법 공식을 쉽게 활용할 수 있다.

((앞의 함수)(뒤의 함수))′=(앞의 함수)′(뒤의 함수)+(앞의 함수)(뒤의 함수)′

예제 19-5

다음 함수를 미분하라.

(a) $y = x^4(3x^2 - 1)$

(b) $y = (2x + 3)(3x + 5)$

(c) $y = (x^2 + 2)(x - 5)$

(d) $y = (x^2 - 3)(x^3 - 4)$

TIP 앞의 함수와 뒤의 함수를 확인하고, 곱에 대한 미분을 한다.

풀이

(a) 앞의 함수가 x^4이고, 뒤의 함수가 $3x^2 - 1$이다.

$$\begin{aligned} y' &= (x^4)'(3x^2 - 1) + x^4(3x^2 - 1)' \\ &= 4x^3(3x^2 - 1) + x^4 \cdot (6x) \\ &= 18x^5 - 4x^3 \end{aligned}$$

(b) 앞의 함수가 $2x + 3$이고, 뒤의 함수가 $3x + 5$이다.

$$\begin{aligned} y' &= (2x + 3)'(3x + 5) + (2x + 3)(3x + 5)' \\ &= 2(3x + 5) + (2x + 3) \cdot 3 \\ &= 12x + 19 \end{aligned}$$

(c) 앞의 함수가 $x^2 + 2$이고, 뒤의 함수가 $x - 5$이다.

$$\begin{aligned} y' &= (x^2 + 2)'(x - 5) + (x^2 + 2)(x - 5)' \\ &= 2x(x - 5) + (x^2 + 2) \cdot 1 \\ &= 3x^2 - 10x + 2 \end{aligned}$$

(d) 앞의 함수가 x^2-3이고, 뒤의 함수가 x^3-4이다.

$$\begin{aligned} y' &= (x^2-3)'(x^3-4)+(x^2-3)(x^3-4)' \\ &= 2x(x^3-4)+(x^2-3)\cdot(3x^2) \\ &= 5x^4-9x^2-8x \end{aligned}$$

미분가능한 두 함수의 나눗셈의 미분법인 몫의 미분법은 곱의 미분법보다 좀 더 복잡하다.

정리 19-4 몫의 미분법

미분가능한 두 함수 $f(x)$와 $g(x)$에 대하여 $\dfrac{f(x)}{g(x)}$ $(g(x)\neq 0)$의 도함수는 다음과 같다.

$$\left(\frac{f(x)}{g(x)}\right)' = \frac{f'(x)g(x)-f(x)g'(x)}{(g(x))^2}$$

곱의 미분법과 마찬가지로 다음에 제시하는 관계를 익히면 몫의 미분법 공식을 쉽게 활용할 수 있다.

$$\left(\frac{\text{앞의 함수}}{\text{뒤의 함수}}\right)' = \frac{(\text{앞의 함수})'(\text{뒤의 함수}) - (\text{앞의 함수})(\text{뒤의 함수})'}{(\text{뒤의 함수})^2}$$

우변의 분자에 있는 식은 곱의 미분법 공식에서 가운데 있는 +를 −로 바꾸면 얻을 수 있다.

예제 19-6

다음 함수를 미분하라.

(a) $y=\dfrac{3x-2}{2x+1}$ (b) $y=\dfrac{x^2}{3x-1}$

TIP 분자에 있는 함수를 앞의 함수, 분모에 있는 함수를 뒤의 함수라 놓고 몫에 대한 미분을 한다.

풀이

(a) 앞의 함수가 $3x-2$이고, 뒤의 함수가 $2x+1$이다.

$$y' = \frac{(3x-2)'(2x+1)-(3x-2)(2x+1)'}{(2x+1)^2}$$
$$= \frac{3(2x+1)-(3x-2)\cdot 2}{(2x+1)^2}$$
$$= \frac{7}{(2x+1)^2}$$

(b) 앞의 함수가 x^2이고, 뒤의 함수가 $3x-1$이다.

$$y' = \frac{(x^2)'(3x-1)-x^2(3x-1)'}{(3x-1)^2}$$
$$= \frac{2x(3x-1)-x^2\cdot 3}{(3x-1)^2}$$
$$= \frac{3x^2-2x}{(3x-1)^2}$$

좀 더 복잡한 형태의 몫에 대한 미분을 할 때는 곱의 미분법을 사용해야 하는 경우도 있다.

예제 19-7

다음 함수를 미분하라.

(a) $y = \dfrac{(x+1)(x+3)}{x^2+2}$　　　　(b) $y = \dfrac{2x+3}{(x^2+1)(x-5)}$

TIP 곱의 미분법과 몫의 미분법을 모두 사용한다.

풀이

(a) 앞의 함수가 $(x+1)(x+3)$이고, 뒤의 함수가 x^2+2이다. 따라서 앞의 함수를 미분하면 $\{(x+1)(x+3)\}' = 1(x+3)+(x+1)\cdot 1 = 2x+4$이고, 뒤의 함수를 미분하면 $(x^2+2)' = 2x$이다.

$$y' = \frac{\{(x+1)(x+3)\}'(x^2+2)-(x+1)(x+3)(x^2+2)'}{(x^2+2)^2}$$
$$= \frac{(2x+4)(x^2+2)-(x+1)(x+3)\cdot(2x)}{(x^2+2)^2}$$
$$= \frac{-4x^2-2x+8}{(x^2+2)^2}$$

(b) 앞의 함수가 $2x+3$이고, 뒤의 함수가 $(x^2+1)(x-5)$이다. 따라서 앞의 함수를 미분하면 $(2x+3)'=2$이고, 뒤의 함수를 미분하면 $\{(x^2+1)(x-5)\}'=2x(x-5)+(x^2+1)\cdot 1=3x^2-10x+1$이다.

$$\begin{aligned} y' &= \frac{(2x+3)'(x^2+1)(x-5)-(2x+3)\{(x^2+1)(x-5)\}'}{\{(x^2+1)(x-5)\}^2} \\ &= \frac{2(x^2+1)(x-5)-(2x+3)(3x^2-10x+1)}{\{(x^2+1)(x-5)\}^2} \\ &= \frac{-4x^3+x^2+30x-13}{(x^2+1)^2(x-5)^2} \end{aligned}$$

19.3 초월함수의 미분

지수함수와 로그함수의 미분

기본적인 지수함수와 로그함수의 미분법은 다음과 같다.

정리 19-5 지수함수와 로그함수의 미분법

(1) $y = e^x$이면, $y' = e^x$이다.

(2) $y = \ln x$이면, $y' = \dfrac{1}{x}$이다.

곱셈 형태의 지수함수와 로그함수의 도함수는 곱의 미분법을 이용하여 구한다.

예제 19-8

다음 함수를 미분하라.

(a) $y = x^3 e^x$

(b) $y = 3x^4 \ln x$

(c) $y = (x^2 + x) e^x$

(d) $y = (\sqrt{x} - 1) \ln x$

TIP 지수함수와 로그함수의 미분법과 곱의 미분법을 이용한다.

풀이

(a) $y' = (x^3)' e^x + x^3 (e^x)' = 3x^2 e^x + x^3 e^x = (3x^2 + x^3) e^x$

(b) $y' = (3x^4)' \ln x + 3x^4 (\ln x)' = 12x^3 \ln x + 3x^3 = 3x^3 (4 \ln x + 1)$

(c) $y' = (x^2 + x)' e^x + (x^2 + x)(e^x)' = (2x + 1) e^x + (x^2 + x) e^x = (x^2 + 3x + 1) e^x$

(d) $y' = (\sqrt{x} - 1)' \ln x + (\sqrt{x} - 1)(\ln x)' = \dfrac{\ln x}{2\sqrt{x}} + \dfrac{\sqrt{x} - 1}{x}$

분수 형태의 지수함수와 로그함수의 도함수는 몫의 미분법을 이용하여 구한다.

예제 19-9

다음 함수를 미분하라.

(a) $y = \dfrac{e^x}{x^2}$

(b) $y = \dfrac{x^2}{e^x}$

(c) $y = \dfrac{\ln x}{x}$

(d) $y = \dfrac{x}{\ln x}$

TIP 지수함수와 로그함수의 미분법과 몫의 미분법을 이용한다.

풀이

(a) 앞의 함수가 e^x이고, 뒤의 함수가 x^2이다.

$$y' = \frac{(e^x)' x^2 - e^x (x^2)'}{(x^2)^2} = \frac{x^2 e^x - 2xe^x}{x^4} = \frac{(x-2)e^x}{x^3}$$

(b) 앞의 함수가 x^2이고, 뒤의 함수가 e^x이다.

$$y' = \frac{(x^2)' e^x - x^2 (e^x)'}{(e^x)^2} = \frac{2xe^x - x^2 e^x}{e^{2x}} = \frac{2x - x^2}{e^x}$$

(c) 앞의 함수가 $\ln x$이고, 뒤의 함수가 x이다.

$$y' = \frac{(\ln x)' x - (\ln x)(x)'}{x^2} = \frac{\frac{1}{x} \cdot x - (\ln x) \cdot 1}{x^2} = \frac{1 - \ln x}{x^2}$$

(d) 앞의 함수가 x이고, 뒤의 함수가 $\ln x$이다.

$$y' = \frac{(x)' \ln x - x(\ln x)'}{(\ln x)^2} = \frac{1 \cdot \ln x - x \cdot \frac{1}{x}}{(\ln x)^2} = \frac{\ln x - 1}{(\ln x)^2}$$

[예제 19-9]에서는 밑이 e인 지수함수와 로그함수의 미분법에 대해서만 다루었다. 밑이 e가 아닌 변형된 형태의 지수함수와 로그함수의 미분은 19.4절에서 다룰 합성함수의 미분법을 적용해야 하는데, 구체적인 미분법은 미분적분학에서 자세히 다루기로 한다.

삼각함수의 미분

기본적인 삼각함수의 미분법은 다음과 같다.

정리 19-6 삼각함수의 미분법

(1) $y = \sin x$이면, $y' = \cos x$이다.

(2) $y = \cos x$이면, $y' = -\sin x$이다.

(3) $y = \tan x$이면, $y' = \sec^2 x$이다.

사인함수를 미분하면 코사인함수이지만, 코사인함수를 미분하면 − 부호가 붙은 사인함수임에 유의해야 한다. 곱셈 형태의 삼각함수의 도함수는 곱의 미분법을 이용하여 구한다.

예제 19-10

다음 함수를 미분하라.

(a) $y = 4x^2 + 3\sin x$

(b) $y = 5x^3 - 2\cos x$

(c) $y = (3x^5 + 1)\tan x$

(d) $y = 2x^7(\sin x - \cos x)$

TIP 삼각함수의 미분법과 미분에 대한 사칙연산을 이용한다.

풀이

(a) $y' = (4x^2)' + (3\sin x)' = 8x + 3\cos x$

(b) $y' = (5x^3)' - (2\cos x)' = 15x^2 - (-2\sin x) = 15x^2 + 2\sin x$

(c) $y' = (3x^5 + 1)'\tan x + (3x^5 + 1)(\tan x)' = 15x^4 \tan x + (3x^5 + 1)\sec^2 x$

(d) $$\begin{aligned} y' &= (2x^7)'(\sin x - \cos x) + 2x^7(\sin x - \cos x)' \\ &= 14x^6(\sin x - \cos x) + 2x^7(\cos x + \sin x) \end{aligned}$$

분수 형태의 삼각함수의 도함수는 삼각함수의 미분법과 몫의 미분법을 이용하여 구한다.

예제 19-11

다음 함수를 미분하라.

(a) $y = \dfrac{\sin x}{x^2}$

(b) $y = \dfrac{x^2}{\sin x}$

(c) $y = \dfrac{\cos x}{x^2 + x}$

(d) $y = \dfrac{x^3 - 2x}{\tan x}$

TIP 앞의 함수와 뒤의 함수를 결정하고 몫의 미분법을 이용한다.

풀이

(a) 앞의 함수가 $\sin x$이고, 뒤의 함수가 x^2이다.

$$y' = \frac{(\sin x)' x^2 - \sin x\,(x^2)'}{x^4} = \frac{\cos x \cdot x^2 - \sin x \cdot (2x)}{x^4} = \frac{x\cos x - 2\sin x}{x^3}$$

(b) 앞의 함수가 x^2이고, 뒤의 함수가 $\sin x$이다.

$$y' = \frac{(x^2)' \sin x - x^2(\sin x)'}{(\sin x)^2} = \frac{2x\sin x - x^2\cos x}{\sin^2 x}$$

(c) 앞의 함수가 $\cos x$이고, 뒤의 함수가 $x^2 + x$이다.

$$\begin{aligned} y' &= \frac{(\cos x)'(x^2+x) - \cos x\,(x^2+x)'}{(x^2+x)^2} \\ &= \frac{-\sin x \cdot (x^2+x) - \cos x \cdot (2x+1)}{(x^2+x)^2} \\ &= \frac{-(x^2+x)\sin x - (2x+1)\cos x}{(x^2+x)^2} \end{aligned}$$

(d) 앞의 함수가 $x^3 - 2x$이고, 뒤의 함수가 $\tan x$이다.

$$\begin{aligned} y' &= \frac{(x^3-2x)'\tan x - (x^3-2x)(\tan x)'}{(\tan x)^2} \\ &= \frac{(3x^2-2)\tan x - (x^3-2x)\sec^2 x}{\tan^2 x} \end{aligned}$$

19.4 합성함수의 미분

우리는 11장에서 $f(x)$와 $g(x)$의 합성함수를 $(g \circ f)(x) = g(f(x))$로 정의하였다.

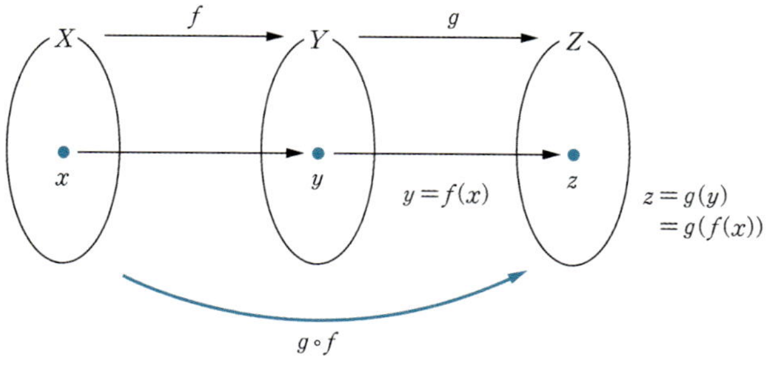

[그림 19-3] 합성함수

미분가능한 두 함수 $f(x)$와 $g(x)$에 대하여 $F = g \circ f$이면, F는 미분가능한 함수이고 F의 도함수는

$$F'(x) = g'(f(x))f'(x)$$

이다. 이 **연쇄법칙**chain rule은 두 함수를 합성한 합성함수의 도함수에 관한 공식을 나타낸다.

합성함수 $F(x)$를 미분하기 위하여 일일이 $f(x)$와 $g(x)$를 찾아서 계산하는 것은 매우 복잡하기 때문에 다음에 제시하는 3가지 계산법을 이용하여 미분한다.

정리 19-7 합성함수의 미분법 1

$F(x) = \square^n$이면, $F(x)$의 도함수는 다음과 같다.

$$F'(x) = n\square^{n-1} \cdot \square'$$

[정리 19-7]은 $f(x) = x^n$인 형태로서 우선 □를 x로 보고 미분을 한 다음, 여기에 □를 미분한 값인 □′을 곱해서 계산함을 설명한다.

예제 19-12

다음 함수를 미분하라.

(a) $f(x) = (x+4)^7$

(b) $g(x) = (x-5)^6$

(c) $h(x) = (2x^2-1)^3$

(d) $k(x) = (x-x^3)^4$

TIP 괄호 안에 있는 식 전부를 □에 담고 $F'(x) = n\square^{n-1} \cdot \square'$을 이용한다.

풀이

(a) $\square = x+4$이다. 따라서

$$f'(x) = 7(x+4)^6 \cdot (x+4)' = 7(x+4)^6 \cdot 1 = 7(x+4)^6$$

이다.

(b) $\square = x-5$이다. 따라서

$$g'(x) = 6(x-5)^5 \cdot (x-5)' = 6(x-5)^5 \cdot 1 = 6(x-5)^5$$

이다.

(c) $\square = 2x^2-1$이다. 따라서

$$h'(x) = 3(2x^2-1)^2 \cdot (2x^2-1)' = 3(2x^2-1)^2 \cdot (4x) = 12x(2x^2-1)^2$$

이다.

(d) $\square = x-x^3$이다. 따라서

$$k'(x) = 4(x-x^3)^3 \cdot (x-x^3)' = 4(x-x^3)^3 \cdot (1-3x^2) = 4(1-3x^2)(x-x^3)^3$$

이다.

정리 19-8 합성함수의 미분법 2

$F(x) = \sqrt[n]{\square} = \square^{\frac{1}{n}}$이면, $F(x)$의 도함수는 다음과 같다.

$$F'(x) = \frac{1}{n}\square^{\frac{1}{n}-1} \cdot \square'$$

[정리 19-8]은 $f(x) = \sqrt[n]{x}$인 형태로서 주어진 함수에 있는 근호를 지수 형태로 바꾼 후, [정리 19-7]과 같은 방법으로 계산함을 설명한다.

예제 19-13

다음 함수를 미분하라.

(a) $f(x) = \sqrt{2x-5}$

(b) $g(x) = \sqrt{3x^4+2}$

(c) $h(x) = \sqrt[3]{4x+1}$

(d) $k(x) = \sqrt[5]{x-x^5}$

TIP 근호 안에 있는 식을 전부 □에 담고 $F'(x) = \dfrac{1}{n}\square^{\frac{1}{n}-1} \cdot \square'$을 이용한다.

풀이

(a) $f(x) = (2x-5)^{\frac{1}{2}}$이므로 $\square = 2x-5$이다. 따라서

$$f'(x) = \frac{1}{2}(2x-5)^{-\frac{1}{2}} \cdot (2x-5)' = \frac{1}{2}(2x-5)^{-\frac{1}{2}} \cdot 2 = (2x-5)^{-\frac{1}{2}}$$

이다.

(b) $g(x) = (3x^4+2)^{\frac{1}{2}}$이므로 $\square = 3x^4+2$이다. 따라서

$$g'(x) = \frac{1}{2}(3x^4+2)^{-\frac{1}{2}} \cdot (3x^4+2)' = \frac{1}{2}(3x^4+2)^{-\frac{1}{2}} \cdot (12x^3) = 6x^3(3x^4+2)^{-\frac{1}{2}}$$

이다.

(c) $h(x) = (4x+1)^{\frac{1}{3}}$이므로 $\square = 4x+1$이다. 따라서

$$h'(x) = \frac{1}{3}(4x+1)^{-\frac{2}{3}} \cdot (4x+1)' = \frac{1}{3}(4x+1)^{-\frac{2}{3}} \cdot 4 = \frac{4}{3}(4x+1)^{-\frac{2}{3}}$$

이다.

(d) $k(x) = (x-x^5)^{\frac{1}{5}}$이므로 $\square = x-x^5$이다. 따라서

$$\begin{aligned} k'(x) &= \frac{1}{5}(x-x^5)^{-\frac{4}{5}} \cdot (x-x^5)' = \frac{1}{5}(x-x^5)^{-\frac{4}{5}} \cdot (1-5x^4) \\ &= \frac{1}{5}(1-5x^4)(x-x^5)^{-\frac{4}{5}} \end{aligned}$$

이다.

다음은 삼각함수와 관련된 합성함수의 미분 계산법이다.

정리 19-9 합성함수의 미분법 3

(1) $F(x) = \sin \square$ 이면, $F'(x) = \cos \square \cdot \square'$ 이다.

(2) $F(x) = \cos \square$ 이면, $F'(x) = -\sin \square \cdot \square'$ 이다.

(3) $F(x) = \tan \square$ 이면, $F'(x) = \sec^2 \square \cdot \square'$ 이다.

예를 들어 $f(x) = \sin(2x-3)$ 이면 $\square = 2x - 3$ 이고, $g(x) = \cos \dfrac{1}{x^2}$ 이면 $\square = \dfrac{1}{x^2}$ 이다.

[정리 19-9]에서 $\cos \square \cdot \square'$ 은 $(\cos \square) \cdot \square'$ 을 의미하므로 결과를 정리할 때 $\square' \cdot \cos \square$ 로 나타낸다. 마찬가지로 $-\sin \square \cdot \square'$ 은 $-\square' \cdot \sin \square$ 로, $\sec^2 \square \cdot \square'$ 은 $\square' \cdot \sec^2 \square$ 로 나타낸다.

예제 19-14

다음 함수를 미분하라.

(a) $f(x) = \sin(5x + 11)$　　(b) $g(x) = \cos(-3x + 4)$

TIP 삼각함수 안에 있는 식 전부를 □에 담고 [정리 19-9]를 이용한다.

풀이

(a) $\square = 5x + 11$ 이다. 따라서

$$f'(x) = \cos(5x+11) \cdot (5x+11)' = \cos(5x+11) \cdot 5 = 5\cos(5x+11)$$

이다.

(b) $\square = -3x + 4$ 이다. 따라서

$$\begin{aligned} g'(x) &= -\sin(-3x+4) \cdot (-3x+4)' \\ &= -\sin(-3x+4) \cdot (-3) = 3\sin(-3x+4) \end{aligned}$$

이다.

19.5 공학문제

평균가속도

[그림 19-4] 자동차 속도계

물리학에서는 1차원에서의 속도를 시간에 따라 물체의 위치가 변화하는 것으로 정의하고, 시간에 따라 속도가 변하는 물체의 운동을 **가속도운동**accelerated motion이라 정의한다. 시간이 t_1일 때 속도가 v_1이고 시간이 t_2일 때 속도가 v_2이면, 시간의 변화량은 $\Delta t = t_2 - t_1$이므로 속도의 평균변화율, 즉 **평균가속도** $\bar{a}$는 다음과 같다.

$$\bar{a} = \frac{\Delta v}{\Delta t} = \frac{v_2 - v_1}{t_2 - t_1}$$

속도velocity란 시간에 따라 물체의 위치가 변하는 정도를 나타내는 물리량으로서 SI 단위로는 m/s이고, **가속도**acceleration란 시간에 따라 속도가 변하는 정도를 나타내는 물리량으로서 SI 단위로는 $\mathrm{m/s^2}$이다.
물체의 위치가 함수 $x = f(t)$로 표현될 때 평균속도와 평균가속도는 다음과 같다.

$$\text{평균속도 : } \frac{\Delta x}{\Delta t} = \frac{f(t+\Delta t) - f(t)}{\Delta t}, \quad \text{평균가속도 : } \frac{\Delta v}{\Delta t}$$

예제 19-15

다음 물체의 평균가속도를 구하라.

(a) 1초 때 속도가 20m/s이고 5초 때 속도가 40m/s인 물체의 평균가속도

(b) 1초 때 속도가 30m/s이고 6초 때 속도가 10m/s인 물체의 평균가속도

TIP 평균가속도의 정의를 이용하며, 평균가속도는 양의 값, 음의 값 모두를 가질 수 있음에 유의한다.

풀이

(a) $\bar{a} = \frac{\Delta v}{\Delta t} = \frac{40-20}{5-1} = 5$이므로, 평균가속도는 $5\mathrm{m/s^2}$이다.

(b) $\bar{a} = \frac{\Delta v}{\Delta t} = \frac{10-30}{6-1} = \frac{-20}{5} = -4$이므로, 평균가속도는 $-4\mathrm{m/s^2}$이다.

순간가속도

지상에서 가장 빠른 동물인 치타의 최고 속도는 약 110km/h이다. 치타의 사냥 능력이 뛰어난 이유를 빠른 달리기 속도라고 생각할 수 있는데, 정확히는 순간적인 가속, 감속 능력 때문이다. 마찬가지로 지구에서 가장 빠른 사람인 우사인 볼트 역시 뛰어난 가속 능력으로 인해 상대적으로 스타트가 느림에도 불구하고 빠르게 달릴 수 있다고 전문가들은 말한다.

[그림 19-5] 치타

시각 t 에서의 가속도, 즉 **순간가속도** instantaneous acceleration 는 시간에 대한 속도의 순간변화율이므로 평균가속도에 $\Delta t \to 0$ 인 극한을 취해 다음과 같이 구한다.

$$a(t) = \lim_{\Delta t \to 0} \frac{\Delta v}{\Delta t} = \frac{dv}{dt} = v'(t)$$

예제 19-16

어떤 물체의 속도와 시간의 관계가 다음과 같을 때, 주어진 물음에 답하라.

$$v(t) = -\frac{3}{4}t^4 + t^2$$

(a) 가속도를 시간에 대한 함수로 나타내라.

(b) $t = 1$일 때, 물체의 가속도를 구하라.

(c) $t = 3$일 때, 물체의 가속도를 구하라.

TIP $a(t) = v'(t)$를 이용한다.

풀이

(a) 시각 t에서의 가속도를 $a(t)$라 하면, $a(t) = v'(t) = -3t^3 + 2t$이다.

(b) $t = 1$일 때 가속도는 $a(1)$이므로, (a)에 의하여 $a(1) = -3 \cdot 1^3 + 2 \cdot 1 = -1$이다.

(c) $t = 3$일 때 가속도는 $a(3)$이므로, (a)에 의하여 $a(3) = -3 \cdot 3^3 + 2 \cdot 3 = -75$이다.

RLC 직렬회로

[그림 19-6]과 같이 저항(R), 코일(L), 축전기(C)를 갖는 RLC 직렬회로가 있다. 이 회로에 흐르는 전류를 $i(t)$, 축전기의 전하량을 $q(t)$라고 하면, 저항에 걸리는 전압은 $Ri(t)$, 코일에 걸리는 전압은 $L\frac{di(t)}{dt}$, 축전기에 걸리는 전압은 $\frac{1}{C}q(t)$이다. 또한 $i(t) = \frac{dq(t)}{dt}$가 성립하므로, 키르히호프의 전압법칙에 따라 이 회로에 공급되는 전체 전압 $E(t)$는 다음 식과 같다.

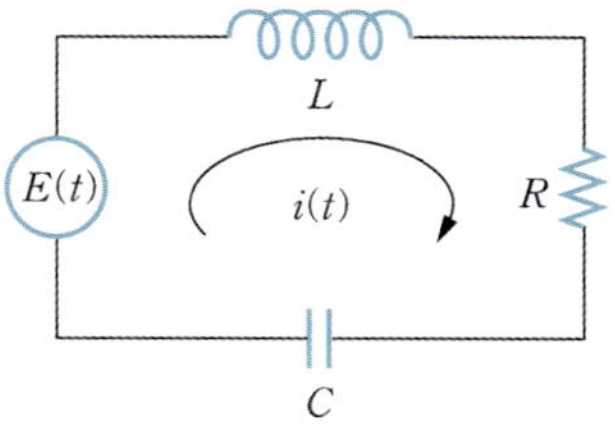

[그림 19-6] RLC 직렬회로

$$E(t) = L\frac{di(t)}{dt} + R\frac{dq(t)}{dt} + \frac{1}{C}q(t)$$

여기서 L, R, C는 각각 인덕턴스, 저항, 전기용량을 나타내는 상수이다.

예제 19-17

[그림 19-6]의 RLC 직렬회로에서 $R = 3$, $L = 2$, $C = 2$이고 축전기의 전하량이 $q(t) = 3t^3 + 2t^2 + 4$일 때, 이 회로에 공급되는 전체 전압 $E(t)$를 구하라.

TIP 전하와 전류를 t로 미분하여 구한다.

풀이

$\frac{dq(t)}{dt} = 9t^2 + 4t$이고 $\frac{di(t)}{dt} = (9t^2 + 4t)' = 18t + 4$이므로, 이 회로에 공급되는 전체 전압 $E(t)$는 다음과 같다.

$$\begin{aligned} E(t) &= L\frac{di(t)}{dt} + R\frac{dq(t)}{dt} + \frac{1}{C}q(t) \\ &= 2(18t + 4) + 3(9t^2 + 4t) + \frac{1}{2}(3t^3 + 2t^2 + 4) \\ &= \frac{3}{2}t^3 + 28t^2 + 48t + 10 \end{aligned}$$

독감 바이러스

[그림 19-7] 독감

독감 바이러스는 독감에 감염된 사람과의 접촉으로 인해 전파된다. $x(t)$를 t시간 후 독감에 감염된 사람의 수, $y(t)$를 t시간 후 감염되지 않은 사람의 수라 할 때, 시간이 흐름에 따라 독감에 감염된 사람 수의 변화 $\frac{dx(t)}{dt}$는 독감에 감염된 사람과 감염되지 않은 사람의 접촉 횟수에 비례할 것으로 예측한다.

이를 미분을 사용하여 식으로 나타내면 다음과 같다.

$$\frac{dx(t)}{dt} = kx(t)y(t)$$

여기서 k는 비례상수이다.

예제 19-18

외부와의 출입이 차단된 어느 대학교 기숙사에 500명의 학생이 거주한다고 하자. t시간 후 독감에 감염된 사람의 수를 $x(t)$, 독감에 감염되지 않은 사람의 수를 $y(t)$라 할 때, 다음 물음에 답하라.

(a) $\frac{dx(t)}{dt}$를 k와 $x(t)$를 이용하여 나타내라.

(b) $z(t) = \frac{dx(t)}{dt}$라 할 때, $\frac{dz(t)}{dt}$를 k와 $x(t)$를 이용하여 나타내라.

TIP $x(t) + y(t) = 500$임을 이용한다.

풀이

(a) $\frac{dx(t)}{dt} = kx(t)y(t) = kx(t)(500 - x(t))$

(b) $z(t) = kx(t)(500 - x(t))$이므로

$$\begin{aligned}\frac{dz(t)}{dt} &= kx'(t)\{500 - x(t)\} + kx(t)\{-x'(t)\} \\ &= k^2x(t)\{500 - x(t)\}^2 - k^2\{x(t)\}^2\{500 - x(t)\}\end{aligned}$$

이다.

CHAPTER 19 연습문제

19.1 $f(x) = 3x^2 + 1$일 때, 다음을 구하라.

(a) x가 0에서 3으로 변할 때, $f(x)$의 평균변화율
(b) x가 -1에서 1로 변할 때, $f(x)$의 평균변화율
(c) x가 2에서 -1로 변할 때, $f(x)$의 평균변화율

19.2 $g(x) = 2x^2 - 5$일 때, 다음을 구하라.

(a) $x = 0$에서의 $g(x)$의 순간변화율
(b) $x = 2$에서의 $g(x)$의 순간변화율
(c) $x = 4$에서의 $g(x)$의 순간변화율

19.3 다음 함수를 미분하라.

(a) $f_1(x) = x^{\sqrt{7}}$ (b) $f_2(x) = x^{3\sqrt{5}}$
(c) $g_1(x) = x^{\pi^2}$ (d) $g_2(x) = x^{\pi - 2.1}$
(e) $h_1(x) = \pi^2$ (f) $h_2(x) = 3^{\pi}$

19.4 다음 함수를 미분하라.

(a) $y = 12x^5$ (b) $y = -\sqrt{3}x^4$
(c) $y = 2x^4 - 3x + 1$ (d) $y = -3x^7 + \frac{1}{2}x^2 + \sqrt{5}$
(e) $y = x^2 + \frac{1}{x^2}$ (f) $y = x^{\sqrt{2}} - \frac{1}{x^{\sqrt{2}}}$

19.5 다음 함수를 미분하라.

(a) $y = (x+3)(x+7)$ (b) $y = (2x-1)(3x-2)$
(c) $y = x^5(x+2)$ (d) $y = 3x^7(4x-3)$
(e) $y = (x^2+5)(3x^3-1)$ (f) $y = (x^3-3)(x^4+x)$

19.6 다음 함수를 미분하라.

(a) $y = \dfrac{x+5}{x+1}$

(b) $y = \dfrac{x+4}{x-3}$

(c) $y = \dfrac{5}{x+2}$

(d) $y = \dfrac{7}{3-x}$

(e) $y = \dfrac{x^2+1}{x+2}$

(f) $y = \dfrac{x-4}{x^2-5}$

19.7 다음 함수를 미분하라.

(a) $y = \dfrac{3}{2}x^4 + \sin x$

(b) $y = 9\sin x - 2\cos x$

(c) $y = \dfrac{1}{4}x^3 \tan x$

(d) $y = \dfrac{1}{2}x^5 \cos x$

(e) $y = \sin x \cos x$

(f) $y = \cos x \tan x$

19.8 다음 함수를 미분하라.

(a) $y = \dfrac{\sin x}{x}$

(b) $y = \dfrac{x}{\cos x}$

(c) $y = \dfrac{\cos x}{\sin x}$

(d) $y = \dfrac{\tan x}{\cos x}$

(e) $y = \dfrac{\cos x}{x^2+1}$

(f) $y = \dfrac{x^2-1}{\sin x}$

19.9 다음 함수를 미분하라.

(a) $f_1(x) = (x+9)^8$

(b) $f_2(x) = (5x-10)^7$

(c) $g_1(x) = (2x^3-3)^4$

(d) $g_2(x) = (x-4x^5)^3$

(e) $h_1(x) = (x^2-2x+3)^5$

(f) $h_2(x) = (-x^3+5x+1)^6$

19.10 다음 함수를 미분하라.

(a) $f_1(x) = \sqrt{3x+7}$

(b) $f_2(x) = \sqrt{-5x+4}$

(c) $g_1(x) = \sqrt[3]{2x^2+1}$

(d) $g_2(x) = \sqrt[3]{-x^2+x+1}$

(e) $h_1(x) = \sqrt[4]{3x^2+2x+1}$

(f) $h_2(x) = \sqrt[5]{-x^3+2x-5}$

19.11 다음 함수를 미분하라.

(a) $f_1(x) = \sin(5x+9)$

(b) $f_2(x) = \sin(7-2x)$

(c) $g_1(x) = \cos(x^2+2x^3)$

(d) $g_2(x) = \cos(x^9-1)$

(e) $h_1(x) = \tan(x^2+x+1)$

(f) $h_2(x) = \tan(3x^3-2x-5)$

19.12 다음 물체의 평균가속도를 구하라.

(a) 2초 때 속도가 10m/s이고 6초 때 속도가 60m/s인 물체의 평균가속도

(b) 3초 때 속도가 50m/s이고 8초 때 속도가 22m/s인 물체의 평균가속도

19.13 어떤 물체의 속도와 시간의 관계가 다음과 같을 때, 주어진 물음에 답하라.

$$v(t) = \sqrt[5]{2t^4 - t^5}$$

(a) 가속도를 시간에 대한 함수로 나타내라.

(b) $t = 1$일 때 물체의 가속도를 구하라.

19.14 RLC 직렬회로에서 $R=1$, $L=5$, $C=4$이고 축전기의 전하량이 $q(t) = 2t^3 + t^2 + 1$일 때, 이 회로에 공급되는 전체 전압 $E(t)$를 구하라.

19.15 외부와의 출입이 차단된 어느 섬마을에 250명의 주민이 거주한다고 하자. t시간 후 감기에 걸린 사람의 수를 $x(t)$, 감기에 걸리지 않은 사람의 수를 $y(t)$ 그리고 $z(t) = \frac{dx(t)}{dt}$라 할 때, $\frac{dz(t)}{dt}$를 k와 $x(t)$를 이용하여 나타내라.

CHAPTER 20
적분

CONTENTS

학습목표

- 미분을 이용하여 부정적분을 정의하는 방법을 알아본다.
- 부정적분의 기본 공식을 이해하고, 치환적분을 사용하는 방법을 학습한다.
- 정적분의 개념과 계산 방법을 익힌다.

2021년 5월 2일 강원도 대관령에 때 아닌 봄눈이 내려 화제였다. 대관령은 매우 넓은 지역이기 때문에 어떤 곳은 거의 눈이 내리지 않고 어떤 곳은 많은 눈이 내렸을 수 있다. 그렇다면 2021년 5월 2일에 대한 대관령 지역의 적설량은 어떻게 구할 수 있을까?

간단한 수학적 방법은 대관령을 여러 개의 작은 지역으로 나누고, 나눈 지역의 중심에 내린 눈의 높이를 측정하여 얻은 결과와 해당 지역의 넓이를 곱하여 대관령 지역의 적설량을 다음과 같이 어림하는 것이다.

$$\sum(\text{나눈 각 지역의 중심에서 측정한 눈의 높이})\cdot(\text{나눈 각 지역의 넓이})$$
$$=(f(A_1)+f(A_2)+\cdots+f(A_9))\cdot(\text{나눈 각 지역의 넓이})$$

여기서 $f(A_i)$는 아래 오른쪽 그림의 각 A_i 지점에서 측정한 눈의 높이이다.

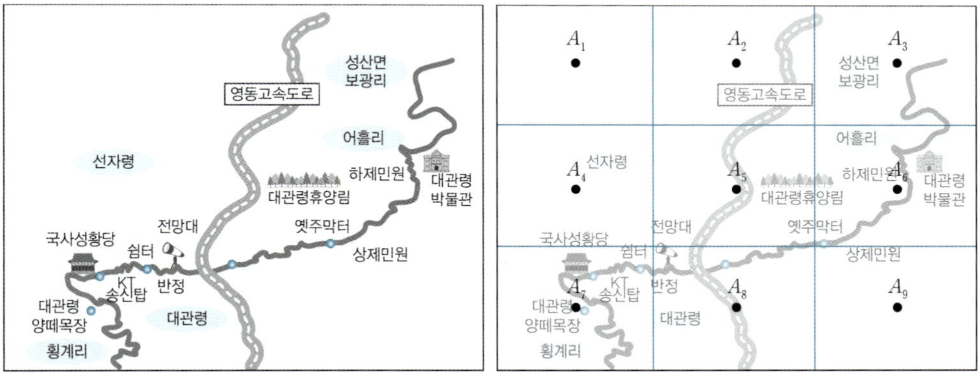

만일 대관령을 넓이가 0에 가까운 아주 작은 영역들로 나누어서 적설량을 어림한다면, 수학적으로 추정한 대관령의 적설량은 참값과 차이가 거의 없는 아주 좋은 근삿값이 되는데 이 개념이 정적분의 토대가 된다.

20.1 부정적분

원시함수와 부정적분

19장에서는 $f(x)$의 도함수인 $f'(x)$를 구하는 방법을 학습하였다. 이제 $f'(x)$가 주어졌을 때, $f(x)$를 구하는 방법을 알아보자.

정의 20-1 원시함수

$f: D \to \mathbb{R}$ 이고 모든 $x \in D$에 대하여 $F'(x) = f(x)$인 $F(x)$를 $f(x)$의 **원시함수**primitive function라 하고, $F(x) = \int f(x)\,dx$로 나타낸다.

주어진 함수 $f(x)$에 대한 원시함수가 여러 개 존재함을 다음 예제를 통하여 확인할 수 있다.

예제 20-1

다음 함수가 $f(x) = x^2$의 원시함수인지를 판정하라.

(a) $F_1(x) = x^3 + 2$

(b) $F_2(x) = \frac{1}{3}x^3 + 7$

(c) $F_3(x) = \frac{1}{3}x^3 + 2x$

(d) $F_4(x) = \frac{1}{3}x^3 - 10$

TIP $F'(x)$를 구하여 $f(x)$와 비교한다.

풀이

(a) $F_1'(x) = 3x^2 \neq f(x)$이므로, $F_1(x)$는 $f(x)$의 원시함수가 아니다.

(b) $F_2'(x) = x^2 = f(x)$이므로, $F_2(x)$는 $f(x)$의 원시함수이다.

(c) $F_3'(x) = x^2 + 2 \neq f(x)$이므로, $F_3(x)$는 $f(x)$의 원시함수가 아니다.

(d) $F_4'(x) = x^2 = f(x)$이므로, $F_4(x)$는 $f(x)$의 원시함수이다.

[예제 20-1(b)]와 [예제 20-1(d)]에서 알 수 있듯이 $F(x)=\frac{1}{3}x^3+C$이고 C가 임의의 상수이면 합과 차의 미분법에 의하여 $F'(x)=x^2=f(x)$가 성립한다. 따라서 $F(x)$가 $f(x)$의 원시함수이면, $F(x)+C$도 $f(x)$의 원시함수임을 알 수 있다.

정의 20-2 부정적분

$F(x)$가 $f(x)$의 원시함수일 때

$$F(x)+C=\int f(x)\,dx$$

이고, $F(x)+C$를 $f(x)$의 **부정적분**indefinite integral이라 한다. 여기서 상수 C를 **적분상수**constant of integration, x를 **적분변수**variable of integration, $f(x)$를 **피적분함수**integrand라 하며, $f(x)$의 부정적분을 구하는 것을 $f(x)$를 **적분한다**integrate고 한다.

이제 부정적분을 구하는 기본 공식들에 대하여 알아보자.

정리 20-1 x^n의 부정적분

n은 실수이고 C는 적분상수일 때, x^n의 부정적분은 다음과 같다.

(1) $n\neq -1$일 때 : $\int x^n\,dx=\frac{1}{n+1}x^{n+1}+C$

(2) $n=-1$일 때 : $\int x^{-1}dx=\int \frac{1}{x}dx=\ln|x|+C$

적분은 미분의 역연산이므로, 미분법을 역으로 생각하여 함수의 부정적분을 구할 수 있다. $n\neq -1$일 때 $\left(\frac{1}{n+1}x^{n+1}\right)'=x^n$이므로, x^n의 부정적분은 [정리 20-1]의 (1)과 같다.

예제 20-2

다음 부정적분을 구하라.

(a) $\int 1\,dx$

(b) $\int x^4\,dx$

(c) $\int x^{100}\,dx$

(d) $\int x^{-9}\,dx$

TIP 피적분함수를 x^n으로 나타낸 후 [정리 20-1]을 이용한다.

풀이

(a) $\int 1\,dx = \int x^0\,dx = \frac{1}{0+1}x^{0+1} + C = x + C$

(b) $\int x^4\,dx = \frac{1}{4+1}x^{4+1} + C = \frac{1}{5}x^5 + C$

(c) $\int x^{100}\,dx = \frac{1}{100+1}x^{100+1} + C = \frac{1}{101}x^{101} + C$

(d) $\int x^{-9}\,dx = \frac{1}{-9+1}x^{-9+1} + C = -\frac{1}{8}x^{-8} + C$

부정적분의 성질

부정적분의 합과 차 그리고 상수의 곱은 다음과 같이 구한다.

정리 20-2 합과 차의 적분법

두 함수 $f(x)$와 $g(x)$에 대하여 다음이 성립한다.

(1) $\int \{f(x) + g(x)\}\,dx = \int f(x)\,dx + \int g(x)\,dx$

(2) $\int \{f(x) - g(x)\}\,dx = \int f(x)\,dx - \int g(x)\,dx$

(3) a가 실수일 때, $\int af(x)\,dx = a\int f(x)\,dx$

예를 들어 $\int (x+3)\,dx$에서 $\int x\,dx = \frac{1}{2}x^2 + C_1$이고 $\int 3\,dx = 3x + C_2$이므로,

$$\int (x+3)\,dx = \int x\,dx + \int 3\,dx = \frac{1}{2}x^2 + C_1 + 3x + C_2$$

이다. 여기서 $C_1 + C_2$는 상수이므로 간단히 C로 나타낸다. 따라서 부정적분의 결과는 다음과 같다.

$$\int (x+3)\,dx = \frac{1}{2}x^2 + 3x + C$$

예제 20-3

다음 부정적분을 구하라.

(a) $\int (x^3 + x^2)\, dx$　　(b) $\int (x^4 - 1)\, dx$

(c) $\int (5x^5 + 3x^{-2})\, dx$　　(d) $\int (6x^4 - 5x^{-3})\, dx$

TIP 피적분함수를 항별로 적분한 다음 더하거나 뺀다.

풀이

(a) $\int (x^3 + x^2)\, dx = \int x^3 dx + \int x^2 dx = \frac{1}{4}x^4 + \frac{1}{3}x^3 + C$

(b) $\int (x^4 - 1)\, dx = \int x^4 dx - \int 1\, dx = \frac{1}{5}x^5 - x + C$

(c) $$\begin{aligned}\int (5x^5 + 3x^{-2})\, dx &= \int 5x^5 dx + \int 3x^{-2} dx = 5\int x^5 dx + 3\int x^{-2} dx \\ &= 5 \cdot \frac{1}{6}x^6 + 3 \cdot \left(\frac{1}{-1}\right)x^{-1} + C \\ &= \frac{5}{6}x^6 - 3x^{-1} + C\end{aligned}$$

(d) $$\begin{aligned}\int (6x^4 - 5x^{-3})\, dx &= \int 6x^4 dx - \int 5x^{-3} dx = 6\int x^4 dx - 5\int x^{-3} dx \\ &= 6 \cdot \frac{1}{5}x^5 - 5 \cdot \left(\frac{1}{-2}\right)x^{-2} + C \\ &= \frac{6}{5}x^5 + \frac{5}{2}x^{-2} + C\end{aligned}$$

두 함수의 곱과 나눗셈에 대한 적분은 어떻게 구할까? 일반적으로

$$\int f(x)g(x)\, dx \neq \int f(x)\, dx \cdot \int g(x)\, dx, \quad \int \frac{f(x)}{g(x)}\, dx \neq \frac{\int f(x)\, dx}{\int g(x)\, dx}$$

이다. 따라서 $\int f(x)g(x)\, dx$ 또는 $\int \frac{f(x)}{g(x)}\, dx$ 꼴의 부정적분은 식을 전개하거나 약분 또는 항을 분리하는 등의 방법을 이용하여 구한다.

예제 20-4

다음 부정적분을 구하라.

(a) $\int (x+2)(x-3)\,dx$

(b) $\int x^3(x+4)\,dx$

(c) $\int \frac{x^4+1}{x^2}\,dx$

(d) $\int \frac{x^2-5}{x^3}\,dx$

TIP 식을 전개하거나 항을 분리하여 적분한다.

풀이

(a) 피적분함수를 전개하면, $(x+2)(x-3)=x^2-x-6$이다. 따라서

$$\int (x+2)(x-3)\,dx=\int (x^2-x-6)\,dx=\frac{1}{3}x^3-\frac{1}{2}x^2-6x+C$$

이다.

(b) 피적분함수를 전개하면, $x^3(x+4)=x^4+4x^3$이다. 따라서

$$\int x^3(x+4)\,dx=\int (x^4+4x^3)\,dx=\frac{1}{5}x^5+x^4+C$$

이다.

(c) 피적분함수의 항을 분리하면, $\frac{x^4+1}{x^2}=x^2+\frac{1}{x^2}=x^2+x^{-2}$이다. 따라서

$$\int \frac{x^4+1}{x^2}\,dx=\int (x^2+x^{-2})\,dx=\frac{1}{3}x^3-x^{-1}+C=\frac{1}{3}x^3-\frac{1}{x}+C$$

이다.

(d) 피적분함수의 항을 분리하면, $\frac{x^2-5}{x^3}=\frac{1}{x}-\frac{5}{x^3}=x^{-1}-5x^{-3}$이다. 따라서

$$\int \frac{x^2-5}{x^3}\,dx=\int (x^{-1}-5x^{-3})\,dx=\ln|x|+\frac{5}{2}x^{-2}+C=\ln|x|+\frac{5}{2x^2}+C$$

이다.

20.2 치환적분

치환적분

기본적인 부정적분 공식을 적용하여 적분을 계산할 수 없을 때, 가장 자주 사용하는 적분법이 치환적분이다.

정의 20-3 치환적분

$F(x)$가 $f(x)$의 원시함수이고 $t = g(x)$가 미분가능한 함수일 때,

$$\int f(g(x))g'(x)\,dx = \int f(t)\,dt = F(t) + C = F(g(x)) + C$$

와 같이 변수를 바꾸어 적분하는 방법을 **치환적분** integration by substitution 이라 한다.

$F(x)$가 $f(x)$의 원시함수이고 $t = g(x)$가 미분가능한 함수일 때, $F(t) = F(g(x))$를 t에 대하여 미분하면 합성함수의 미분법에 의하여

$$F'(t) = f(g(x))g'(x)$$

이다. 따라서 $F(t)$는 $f(g(x))g'(x)$의 원시함수이므로

$$\int f(g(x))g'(x)\,dx = F(t) + C = F(g(x)) + C$$

이고, 이를 통해 치환적분을 설명할 수 있다.

피적분함수의 꼴에 따른 치환적분의 이용

■ 피적분함수가 $f(g(x))g'(x)$의 꼴인 경우

치환적분은 복잡한 피적분함수를 치환을 통해서 간단히 나타내어 적분을 계산하는 방법이다. 따라서 치환적분을 사용하려면 [정의 20-3]에 있는 $g(x)$를 어떻게 결정하는가가 가장 중요하며, $t = g(x)$로 치환하였을 때 $g'(x)$의 식이 피적분함수 안에 반드시 있어야 한다.

정리 20-3 치환적분 1

(1) 피적분함수에 $\square^n$꼴이 있는 경우

$\square$ 안에 있는 식을 $g(x)$라 하고 이를 t로 치환한 후 $g'(x)dx = dt$의 관계를 이용하여 적분한다.

(2) 피적분함수에 근호가 있는 경우

근호 안에 있는 식을 $g(x)$라 하고 이를 t로 치환한 후 $g'(x)dx = dt$의 관계를 이용하여 적분한다.

예제 20-5

다음 부정적분을 구하라.

(a) $\int (x-4)^3 dx$ (b) $\int 3x^2(x^3+2)^4 dx$ (c) $\int 4x^3\sqrt{x^4-5}\,dx$

TIP 피적분함수에서 $\square^n$ 또는 근호를 찾아서 치환적분을 한다.

풀이

(a) 피적분함수가 $(x-4)^3 = \square^3$이므로, $g(x) = x-4$라 하고 $g(x) = t$로 치환한다. $g'(x)dx = 1\,dx = dt$이므로 치환적분을 하면

$$\int (x-4)^3 dx = \int t^3 dt = \frac{1}{4}t^4 + C = \frac{1}{4}(x-4)^4 + C$$

이다.

(b) 피적분함수가 $3x^2(x^3+2)^4 = 3x^2\square^4$이므로, $g(x) = x^3+2$라 하고 $g(x) = t$로 치환한다. $g'(x)dx = 3x^2dx = dt$이므로 치환적분을 하면

$$\int 3x^2(x^3+2)^4 dx = \int t^4 dt = \frac{1}{5}t^5 + C = \frac{1}{5}(x^3+2)^5 + C$$

이다.

(c) 피적분함수가 $4x^3\sqrt{x^4-5}$이므로, $g(x) = x^4-5$라 하고 $g(x) = t$로 치환한다. $g'(x)dx = 4x^3dx = dt$이므로 치환적분을 하면

$$\int 4x^3\sqrt{x^4-5}\,dx = \int \sqrt{t}\,dt = \int t^{\frac{1}{2}} dt = \frac{2}{3}t^{\frac{3}{2}} + C = \frac{2}{3}(x^4-5)^{\frac{3}{2}} + C$$

이다.

■ 피적분함수가 $f(ax+b)$의 꼴인 경우

[정리 20-3]을 사용할 때 $g'(x)$의 식이 피적분함수에 있는 식과 상수 배만큼 차이가 있는 경우 상수를 조정하여 치환적분을 한다. 예를 들어 피적분함수가 $f(ax+b)$인 경우 $g(x) = ax+b = t$라 하면 $g'(x) = a\,dx = dt$이므로 $dx = \frac{1}{a}dt$이다. 따라서

$$\int f(ax+b)\,dx = \int f(t)\cdot\frac{1}{a}\,dt = \frac{1}{a}F(t) + C = \frac{1}{a}F(ax+b) + C$$

이다.

예제 20-6

다음 부정적분을 구하라.

(a) $\int (3x-5)^4\,dx$ (b) $\int 3x(x^2+7)^6\,dx$ (c) $\int \sqrt[3]{5x+4}\,dx$

TIP a가 상수일 때 $g'(x)dx = a\,dx = dt$이면 $dx = \frac{1}{a}dt$로 바꾸어 치환적분을 한다.

풀이

(a) 피적분함수가 $(3x-5)^4 = \square^4$이므로, $g(x) = 3x-5$라 하고 $g(x) = t$로 치환한다. $g'(x)\,dx = 3\,dx = dt$이므로 $dx = \frac{1}{3}dt$이다. 따라서 치환적분을 하면

$$\int (3x-5)^4\,dx = \int t^4\cdot\frac{1}{3}\,dt = \frac{1}{3}\cdot\frac{1}{5}t^5 + C = \frac{1}{15}(3x-5)^5 + C$$

이다.

(b) 피적분함수가 $3x(x^2+7)^6 = 3x\,\square^6$이므로, $g(x) = x^2+7$이라 하고 $g(x) = t$로 치환한다. $g'(x)\,dx = 2x\,dx = dt$이므로 $3x\,dx = \frac{3}{2}dt$이다. 따라서 치환적분을 하면

$$\int 3x(x^2+7)^6\,dx = \int t^6\cdot\frac{3}{2}\,dt = \frac{3}{2}\cdot\frac{1}{7}t^7 + C = \frac{3}{14}(x^2+7)^7 + C$$

이다.

(c) 피적분함수가 $\sqrt[3]{5x+4}$이므로, $g(x) = 5x+4$라 하고 $g(x) = t$로 치환한다. $g'(x)\,dx = 5\,dx = dt$이므로 $dx = \frac{1}{5}dt$이다. 따라서 치환적분을 하면

$$\int \sqrt[3]{5x+4}\,dx = \int \sqrt[3]{t}\cdot\frac{1}{5}\,dt = \frac{1}{5}\int t^{\frac{1}{3}}\,dt = \frac{1}{5}\cdot\frac{3}{4}t^{\frac{4}{3}} + C = \frac{3}{20}(5x+4)^{\frac{4}{3}} + C$$

이다.

■ 피적분함수가 $\dfrac{f_1(x)}{f_2(x)}$의 꼴인 경우

정리 20-4 치환적분 2

피적분함수가 분수함수인 경우 분모 전체나 분모의 일부를 $g(x)$라 하고, 이를 t로 치환한 후 $g'(x)dx = dt$의 관계를 이용하여 적분한다.

다음 예제에서는 분수함수의 분모 전체를 치환하여 적분한다.

예제 20-7

다음 부정적분을 구하라.

(a) $\displaystyle\int \frac{1}{x-4}dx$　　(b) $\displaystyle\int \frac{x}{x^2+3}dx$　　(c) $\displaystyle\int \frac{x^2}{x^3-5}dx$

TIP 분모 전체를 $g(x)$로 치환하여 적분한다.

풀이

(a) 피적분함수가 $\dfrac{1}{x-4}$이므로, $g(x) = x-4$라 하고 $g(x) = t$로 치환한다.
$g'(x)dx = 1dx = dt$이므로 $dx = dt$이다. 따라서 치환적분을 하면

$$\int \frac{1}{x-4}dx = \int \frac{1}{t}dt = \ln|t| + C = \ln|x-4| + C$$

이다.

(b) 피적분함수가 $\dfrac{x}{x^2+3}$이므로, $g(x) = x^2+3$이라 하고 $g(x) = t$로 치환한다.
$g'(x)dx = 2x\,dx = dt$이므로 $x\,dx = \dfrac{1}{2}dt$이다. 따라서 치환적분을 하면

$$\int \frac{x}{x^2+3}dx = \int \frac{1}{t}\cdot\frac{1}{2}dt = \frac{1}{2}\ln|t| + C = \frac{1}{2}\ln|x^2+3| + C$$

이다.

(c) 피적분함수가 $\dfrac{x^2}{x^3-5}$이므로, $g(x) = x^3-5$라 하고 $g(x) = t$로 치환한다.
$g'(x)dx = 3x^2dx = dt$이므로 $x^2dx = \dfrac{1}{3}dt$이다. 따라서 치환적분을 하면

$$\int \frac{x^2}{x^3-5}dx = \int \frac{1}{t}\cdot\frac{1}{3}dt = \frac{1}{3}\ln|t| + C = \frac{1}{3}\ln|x^3-5| + C$$

이다.

다음 예제에서는 분수함수의 분모 중 일부를 치환하여 적분한다.

예제 20-8

다음 부정적분을 구하라.

(a) $\displaystyle\int \frac{1}{(x+1)^2}\,dx$ (b) $\displaystyle\int \frac{1}{(2x-3)^3}\,dx$ (c) $\displaystyle\int \frac{x^2}{\sqrt{x^3+4}}\,dx$

TIP [정리 20-4]를 이용하여 치환할 부분을 결정한다.

풀이

(a) 피적분함수가 $\dfrac{1}{(x+1)^2}$이므로, $g(x)=x+1$이라 하고 $g(x)=t$로 치환한다. $g'(x)\,dx = 1\,dx = dt$이므로 $dx=dt$이다. 따라서 치환적분을 하면

$$\int \frac{1}{(x+1)^2}\,dx = \int \frac{1}{t^2}\,dt = -t^{-1}+C = -\frac{1}{t}+C = -\frac{1}{x+1}+C$$

이다.

(b) 피적분함수가 $\dfrac{1}{(2x-3)^3}$이므로, $g(x)=2x-3$이라 하고 $g(x)=t$로 치환한다. $g'(x)\,dx = 2\,dx = dt$이므로 $dx = \dfrac{1}{2}\,dt$이다. 따라서 치환적분을 하면

$$\begin{aligned}\int \frac{1}{(2x-3)^3}\,dx &= \int \frac{1}{t^3}\cdot\frac{1}{2}\,dt = \frac{1}{2}\cdot\left(-\frac{1}{2}t^{-2}\right)+C \\ &= -\frac{1}{4t^2}+C = -\frac{1}{4(2x-3)^2}+C\end{aligned}$$

이다.

(c) 피적분함수가 $\dfrac{x^2}{\sqrt{x^3+4}}$이므로, $g(x)=x^3+4$라 하고 $g(x)=t$로 치환한다. $g'(x)\,dx = 3x^2\,dx = dt$이므로 $x^2\,dx = \dfrac{1}{3}\,dt$이다. 따라서 치환적분을 하면

$$\begin{aligned}\int \frac{x^2}{\sqrt{x^3+4}}\,dx &= \int \frac{1}{\sqrt{t}}\cdot\frac{1}{3}\,dt = \frac{1}{3}\int t^{-\frac{1}{2}}\,dt + C \\ &= \frac{1}{3}\cdot 2\sqrt{t}+C = \frac{2}{3}\sqrt{x^3+4}+C\end{aligned}$$

이다.

20.3 삼각함수의 적분

삼각함수의 미분에서 $(\sin x)' = \cos x$, $(\cos x)' = -\sin x$, $(\tan x)' = \sec^2 x$임을 학습하였다. 이를 이용하여 삼각함수의 부정적분을 구할 수 있다.

정리 20-5 삼각함수의 부정적분

(1) $\int \sin x\,dx = -\cos x + C$

(2) $\int \cos x\,dx = \sin x + C$

(3) $\int \sec^2 x\,dx = \tan x + C$

[정리 20-2]와 [정리 20-5]를 이용하면 다음 부정적분을 구할 수 있다.

예제 20-9

다음 부정적분을 구하라.

(a) $\int (x^3 + \sin x)\,dx$

(b) $\int \left(\frac{1}{x} - \cos x\right) dx$

(c) $\int (3\sin x + 4\cos x)\,dx$

(d) $\int (6x^2 - \sec^2 x)\,dx$

TIP [정리 20-2]와 [정리 20-5]를 이용하고, 항별로 적분하여 연산한다.

풀이

(a) $\int (x^3 + \sin x)\,dx = \int x^3\,dx + \int \sin x\,dx = \frac{1}{4}x^4 - \cos x + C$

(b) $\int \left(\frac{1}{x} - \cos x\right) dx = \int \frac{1}{x}\,dx - \int \cos x\,dx = \ln|x| - \sin x + C$

(c)
$$\begin{aligned}\int (3\sin x + 4\cos x)\,dx &= \int 3\sin x\,dx + \int 4\cos x\,dx \\ &= 3\int \sin x\,dx + 4\int \cos x\,dx \\ &= -3\cos x + 4\sin x + C\end{aligned}$$

(d) $\int (6x^2 - \sec^2 x)\,dx = \int 6x^2\,dx - \int \sec^2 x\,dx$

$= 6\int x^2\,dx - \int \sec^2 x\,dx = 2x^3 - \tan x + C$

복잡한 삼각함수를 적분할 때 치환적분을 사용하여 해결할 수도 있다. 예를 들어 $\int \sin \square\, dx$이고 $\square$가 일차함수인 경우, $\square = g(x)$라 하고 치환적분을 한다.

예제 20-10

다음 부정적분을 구하라.

(a) $\int \sin(3-7x)\,dx$ (b) $\int \cos(4x+3)\,dx$

TIP sin, cos, $\sec^2$ 다음에 있는 일차함수를 $g(x)$로 치환한다.

풀이

(a) $g(x) = 3 - 7x$라 하고, $g(x) = t$로 치환한다. $g'(x)\,dx = -7\,dx = dt$이므로 $dx = -\frac{1}{7}\,dt$이다. 따라서 치환적분을 하면

$$\int \sin(3-7x)\,dx = \int \sin t \cdot \left(-\frac{1}{7}\right) dt$$
$$= \left(-\frac{1}{7}\right) \cdot (-\cos t) + C = \frac{1}{7}\cos(3-7x) + C$$

이다.

(b) $g(x) = 4x + 3$이라 하고, $g(x) = t$로 치환한다. $g'(x)\,dx = 4\,dx = dt$이므로 $dx = \frac{1}{4}\,dt$이다. 따라서 치환적분을 하면

$$\int \cos(4x+3)\,dx = \int \cos t \cdot \frac{1}{4}\,dt = \frac{1}{4}\sin t + C = \frac{1}{4}\sin(4x+3) + C$$

이다.

20.4 정적분

이제 어떤 정해진 구간에서의 적분인 정적분에 대해 알아보자.

정의 20-4 정적분

자연수 n에 대하여 $f:[a, b] \to \mathbb{R}$가 구간 $[a, b]$에서 연속일 때, 구간 $[a, b]$를 길이가

$$\Delta x = \frac{b-a}{n}$$

인 작은 구간들로 분할한다. 작은 구간들의 끝점들을 차례로

$$x_0 = a,\ x_1,\ \cdots,\ x_{n-1},\ x_n = b$$

라 놓고, $i\ (i = 1,\ 2,\ \cdots,\ n)$번째 작은 구간 $[x_{i-1}, x_i]$에서 임의의 점 x_i^*를 선택한다. 이때

$$\int_a^b f(x)\,dx = \lim_{n \to \infty} \sum_{i=1}^{n} f(x_i^*)\,\Delta x$$

를 구간 $[a, b]$에서 $f(x)$의 **정적분**definite integral이라 정의한다.

[정의 20-4]에서 정적분을 직사각형의 넓이의 합에 대한 극한으로 정의하였다. 적분 기호 $\int$는 합을 의미하는 단어인 sum의 첫 글자인 s에서 유래되었다.

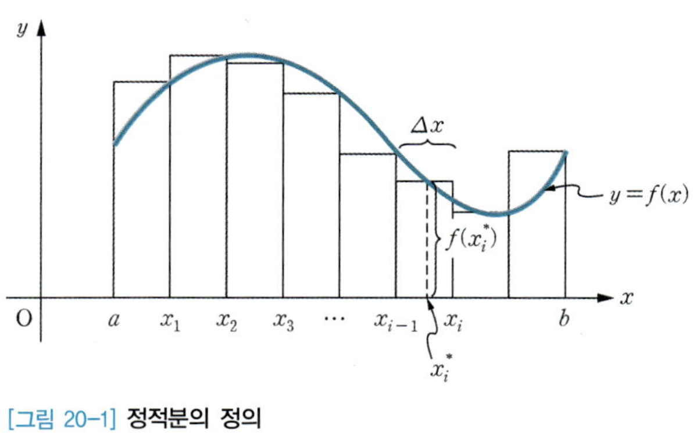

[그림 20-1] 정적분의 정의

$n \to \infty$ 일 때 직사각형의 넓이의 합 $\sum_{i=1}^{n} f(x_i^*)\Delta x$는 함수 $y = f(x)$와 직선 $x = a$, $x = b$, x축으로 둘러싸인 도형의 넓이에 가까워진다. 따라서 구간 $[a, b]$에서 $f(x) \geq 0$일 때, 정적분 $\int_a^b f(x)\,dx$는 함수 $y = f(x)$와 직선 $x = a$, $x = b$, x축으로 둘러싸인 도형의 넓이를 나타내며 결과는 항상 실수이다.

다음에 제시하는 정리를 이용하면 정적분을 쉽게 계산할 수 있다.

정리 20-6 미적분학의 기본 정리

$f(x)$가 구간 $[a, b]$에서 연속이고 $F(x)$가 $f(x)$의 원시함수이면,

$$\int_a^b f(x)\,dx = F(x)\Big|_a^b = F(b) - F(a)$$

이다.

[정리 20-6]을 이용하여 정적분을 구할 때, 계산을 간단히 하기 위하여 상수 C가 없는 원시함수 $F(x)$를 이용한다.

예제 20-11

다음 정적분을 구하라.

(a) $\int_{-1}^{1} (5x^2 - 2x)\,dx$

(b) $\int_{1}^{2} \left(x + \frac{1}{x}\right) dx$

TIP 피적분함수가 주어진 구간에서 연속인지 확인하고, 부정적분을 구하는 방법을 이용하여 원시함수를 구한다.

풀이

(a) 피적분함수 $5x^2 - 2x$의 원시함수는 $\frac{5}{3}x^3 - x^2$이므로,

$$\int_{-1}^{1} (5x^2 - 2x)\,dx = \frac{5}{3}x^3 - x^2\Big|_{-1}^{1} = \left(\frac{5}{3} - 1\right) - \left(-\frac{5}{3} - 1\right) = \frac{10}{3}$$

이다.

(b) 피적분함수 $x+\frac{1}{x}$의 원시함수는 $\frac{1}{2}x^2+\ln|x|$이므로,

$$\int_1^2\left(x+\frac{1}{x}\right)dx=\frac{1}{2}x^2+\ln|x|\Big|_1^2=(2+\ln 2)-\left(\frac{1}{2}+\ln 1\right)=\frac{3}{2}+\ln 2$$

이다.

[정리 20-6]에서 $f(x)$가 구간 $[a, b]$에서 연속이라는 조건은 매우 중요하다. 예를 들어 [정리 20-6]을 이용하여 구간 $[-1, 1]$에서 $f(x)=\frac{1}{x^2}$의 정적분을 구하면, $f(x)$의 원시함수가 $-\frac{1}{x}$이므로

$$\int_{-1}^{1}\frac{1}{x^2}dx=-\frac{1}{x}\Big|_{-1}^{1}=-1-\{-(-1)\}=-2$$

라는 결과가 나온다. 그러나 이는 잘못된 결과이다. 왜냐하면 구간 $[-1, 1]$에서 $f(x)$의 그래프가 제1사분면과 제2사분면에 나타나므로 $\int_{-1}^{1}f(x)\,dx$는 양의 값을 가져야 하는데 정적분의 결과가 음의 값인 -2로 나타났기 때문이다.

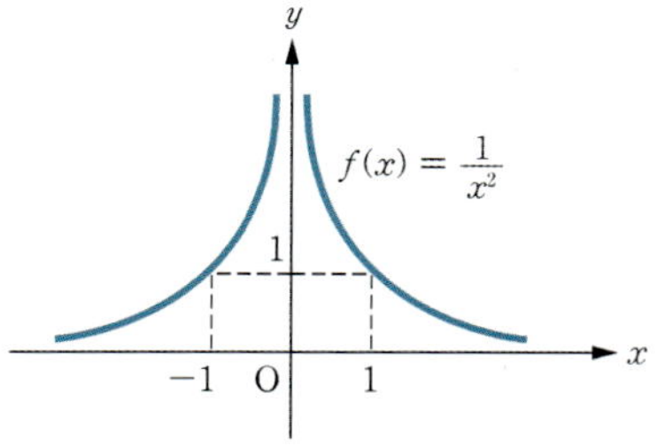

[그림 20-2] $f(x)=\frac{1}{x^2}$의 그래프

이러한 오류는 $f(x)=\frac{1}{x^2}$이 구간 $[-1, 1]$에서 연속이 아님에도 불구하고 [정리 20-6]을 적용하였기 때문에 발생한 것이다.

20.5 공학문제

위치, 속도, 가속도

시각 t에서 물체의 위치를 $x(t)$라 할 때, 위치 함수 $x(t)$를 시각 t에 대하여 미분하면 속도 함수 $v(t) = \dfrac{dx(t)}{dt}$이다. 또한 속도 함수 $v(t)$를 시각 t에 대하여 미분하면 가속도 함수 $a(t) = \dfrac{dv(t)}{dt}$이다. 적분은 미분의 역연산이므로 가속도 함수를 적분하면 속도 함수를, 속도 함수를 적분하면 위치 함수를 얻을 수 있다. 만약에 어떤 자동차의 가속도에 관한 함수를 알면 위치, 속도, 가속도의 관계에 따라 그 자동차의 시간별 위치와 속도를 알 수 있다.

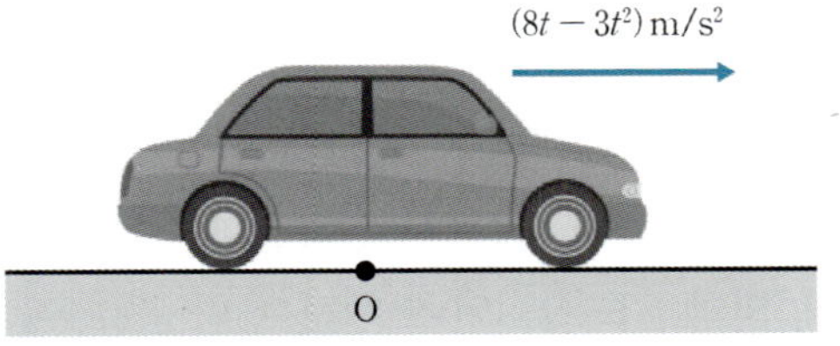

[그림 20-3] 자동차의 가속도

예제 20-12

원점 O를 출발하여 수직선 위를 움직이는 자동차가 있다. 시각 t에서 자동차의 가속도가 $(8t - 3t^2)\,\text{m/s}^2$일 때, 다음 물음에 답하라.

(a) 시각 t가 2초일 때, 자동차의 속도 $v(2)$를 구하라. (단, $v(0) = 0$)

(b) 시각 t가 2초일 때, 자동차의 위치 $x(2)$를 구하라. (단, $x(0) = 0$)

TIP $v(t) = \int a(t)\,dt$, $x(t) = \int v(t)\,dt$ 임을 이용한다.

풀이

(a) $v(t) = \int (8t - 3t^2)\,dt = 4t^2 - t^3 + C$이다. $v(0) = 0$이므로 $C = 0$이다.
따라서 $v(2) = 4 \cdot 2^2 - 2^3 = 8(\text{m/s})$이다.

(b) $x(t) = \int (4t^2 - t^3)\,dt = \dfrac{4}{3}t^3 - \dfrac{1}{4}t^4 + C$이다. $x(0) = 0$이므로 $C = 0$이다.
따라서 $x(2) = \dfrac{4}{3} \cdot 2^3 - \dfrac{1}{4} \cdot 2^4 = \dfrac{20}{3}(\text{m})$이므로, 자동차는 원점에서 $\dfrac{20}{3}\text{m}$ 떨어진 지점에 위치한다.

탄성력

우리가 일상에서 쓰는 용어인 **일**work이란 작업을 수행하는 데 필요로 하는 노력의 총 양을 말한다. 물리학에서는 일을 **힘**force이라는 개념을 사용하여 정의한다. 힘이 일정할 때 한 일의 양은 다음과 같이 정의된다.

$$W = Fs$$

여기서 W는 일, F는 힘, s는 이동거리를 나타낸다.[1]

만일 힘이 일정하지 않고 변한다면, 한 일의 양은 적분을 이용하여 구할 수 있다. 함수 f가 구간 $[a, b]$에서 연속일 때 물체가 x축의 양의 방향으로 a에서 b까지 운동을 하며 임의의 $x \in [a, b]$에 대하여 힘 $f(x)$가 물체에 작용할 때, 구간 $[a, b]$에서 행해진 일의 전체 양 W는 다음과 같이 정의된다.

$$W = \int_a^b f(x)\,dx$$

이러한 힘의 예로 **탄성력**elastic force을 들 수 있다. 4장에서 학습했듯이 후크의 법칙 $f(x) = kx$는 어떤 용수철의 길이를 처음 길이로부터 x만큼 늘리는 데 필요한 힘 $f(x)$를 설명하는데, 이때 k를 스프링의 탄성계수modulus of elasticity 또는 스프링 상수라 한다.

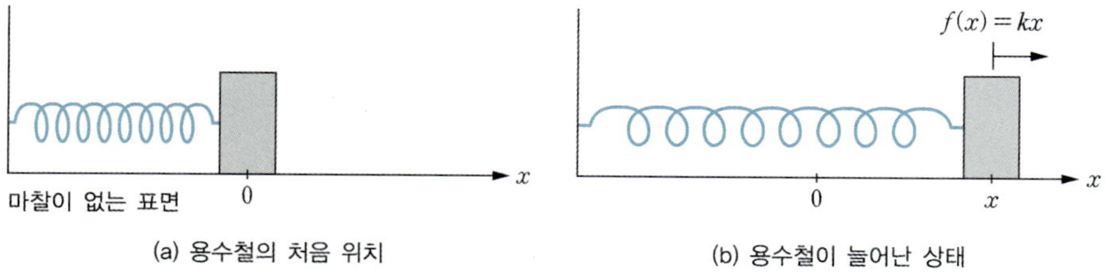

[그림 20-4] **후크의 법칙**

예제 20-13

어떤 용수철의 처음 길이는 1m였고, 이 용수철을 1.4m의 길이로 늘리는 데 필요한 힘이 80N이었다. 다음 물음에 답하라.

(a) 이 용수철의 탄성계수를 구하라.

(b) 이 용수철의 길이를 3m에서 5m로 늘리는 데 필요한 일의 양을 구하라.

TIP 후크의 법칙과 정적분을 이용하여 계산한다.

1 일work은 일반적으로 힘이 가해진 방향으로 움직인 물체의 거리로 정의된다. 일의 SI 단위는 1N의 힘이 1m의 거리를 이동하게 하는 일로 정의한 J(줄)이다. 즉, 단위는 $[\mathrm{J}] = [\mathrm{N}] \cdot [\mathrm{m}]$이다.

풀이

(a) 1m에서 1.4m로 0.4m를 늘리는 데 80N의 힘이 들었으므로, 후크의 법칙 $f(x) = kx$에 의하여 $80 = k \cdot 0.4$에서 $k = \dfrac{80}{0.4} = 200$이다.

(b) $W = \displaystyle\int_3^5 200x\,dx = 100x^2\Big|_3^5 = 2500 - 900 = 1600(\mathrm{J})$

신진대사

신진대사 metabolism란 생물체가 섭취한 물질이 몸 안에서 분해되거나 합성되는 화학적 작용을 말하며, 물질대사라고도 한다. 신진대사를 위해 사용하는 에너지 중 호흡, 체온 유지 등의 기본적인 생명 활동을 하는 데 필요한 에너지의 양을 **기초대사량** basal metabolism이라 하고, 말하거나 걷는 등 몸을 움직이는 활동을 할 때 소모되는 에너지의 양을 **활동대사량** activity metabolism이라 한다.

[그림 20-5] 수면

시각 t에서의 기초대사량이 $A(t)$일 때, 오전 0시부터 시각 t_0까지 소모한 총 기초대사량 W는

$$W = \int_0^{t_0} A(t)\,dt$$

로 나타낸다. 기초대사량의 단위는 Kcal이다.

예제 20-14

시각 t에서 철수의 기초대사량이 $A(t) = 67 + 0.2\sin\left(\dfrac{\pi}{6}t\right)$일 때, 철수가 오전 0시부터 오전 6시까지 자는 동안 소모한 총 기초대사량을 구하라.

TIP $\displaystyle\int_0^6 A(t)\,dt$를 이용한다.

풀이

$$W = \int_0^6 \left\{67 + 0.2\sin\left(\frac{\pi}{6}t\right)\right\}dt = 67t - \frac{0.2 \cdot 6}{\pi}\cos\left(\frac{\pi}{6}t\right)\Big|_0^6 = 402 + \frac{2.4}{\pi}(\mathrm{Kcal})$$

뉴턴의 중력법칙

영국의 물리학자 뉴턴은 "질량이 있는 두 물체 사이의 중력은 각 물체의 질량의 곱에 비례하고, 두 물체의 떨어진 거리의 제곱에 반비례한다."는 사실을 알아냈다. 이러한 이론을 **뉴턴의 중력법칙**Newton's Laws of Gravity이라고 하는데, 여기서 '중력gravity'이란 '질량이 있는 물체들 사이에 작용하는 힘'을 뜻한다. 즉, 중력법칙은 질량을 가진 두 물체는 서로 끌어당긴다는 의미를 가진다.

[그림 20-6]과 같이 질량이 각각 m_1과 m_2인 물체가 거리 r만큼 떨어져 있다고 할 때, 두 물체 사이에 작용하는 중력법칙은 다음과 같이 나타낼 수 있다.

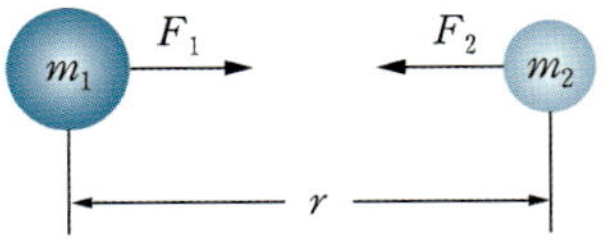

[그림 20-6] 뉴턴의 중력법칙

$$F = G\frac{m_1 m_2}{r^2}$$

여기서 비례상수 G를 중력상수라 한다. 두 물체 중 하나를 고정하고 다른 물체를 $r = r_1$에서 $r = r_2$까지 움직이는 데 필요한 일의 양 W는 다음과 같다.

$$W = \int_{r_1}^{r_2} G\frac{m_1 m_2}{r^2}\, dr$$

예제 20-15

G가 중력상수일 때 질량이 m_1, m_2인 두 물체는 뉴턴의 중력법칙에 의하여

$$F = G\frac{m_1 m_2}{r^2}$$

인 힘 F로 서로 끌어당긴다. 여기서 r은 두 물체 사이의 거리이다. 두 물체 중 하나를 고정하고 다른 물체를 $r = 2$에서 $r = 5$까지 움직이는 데 필요한 일의 양을 구하라.

TIP $\int \frac{1}{r^2}\, dr = -\frac{1}{r} + C$임을 이용한다.

풀이

$r = 2$에서 $r = 5$까지 움직이는 데 필요한 일 W는 다음과 같다.

$$\begin{aligned} W &= \int_2^5 G\frac{m_1 m_2}{r^2}\, dr = Gm_1 m_2 \int_2^5 \frac{1}{r^2}\, dr \\ &= Gm_1 m_2 \cdot (-r^{-1})\Big|_2^5 \\ &= Gm_1 m_2 \cdot \left(-\frac{1}{5} + \frac{1}{2}\right) = \frac{3}{10} Gm_1 m_2 \end{aligned}$$

CHAPTER 20 연습문제

20.1 다음 함수가 $f(x) = x^3$의 원시함수인지를 판정하라.

(a) $F_1(x) = x^4$

(b) $F_2(x) = 3x^2$

(c) $F_3(x) = \frac{1}{4}x^4 + 7$

(d) $F_4(x) = \frac{1}{4}x^4 - 2x$

20.2 다음 부정적분을 구하라.

(a) $\int x^9\, dx$

(b) $\int x^{-9}\, dx$

(c) $\int x^{-123}\, dx$

(d) $\int \frac{1}{x^7}\, dx$

(e) $\int \frac{1}{x^{11}}\, dx$

(f) $\int \frac{1}{x^{-8}}\, dx$

20.3 다음 부정적분을 구하라.

(a) $\int (x^6 + 5x^3)\, dx$

(b) $\int (-x^5 + 7x^4)\, dx$

(c) $\int \left(x^6 + \frac{4}{x}\right) dx$

(d) $\int \left(\frac{6}{x^2} - \frac{7}{x^4}\right) dx$

20.4 다음 부정적분을 구하라.

(a) $\int x^3(x^2 + 2)\, dx$

(b) $\int (3x - 1)(2x - 1)\, dx$

(c) $\int \frac{2x^3 + 3}{x^3}\, dx$

(d) $\int \frac{7 - 5x^6}{x^7}\, dx$

20.5 다음 부정적분을 구하라.

(a) $\int (x + 5)^4\, dx$

(b) $\int (x - 2)^7\, dx$

(c) $\int \sqrt{x + 6}\, dx$

(d) $\int \sqrt[3]{x - 9}\, dx$

(e) $\int 3x^2(x^3 + 1)^4\, dx$

(f) $\int 7x^6(x^7 - 3)^5\, dx$

(g) $\int 4x^3\sqrt{x^4 + 9}\, dx$

(h) $\int 6x^5\sqrt[5]{x^6 - 3}\, dx$

20.6 다음 부정적분을 구하라.

(a) $\int (2x+5)^6\,dx$

(b) $\int (3x-4)^7\,dx$

(c) $\int \sqrt{5x+11}\,dx$

(d) $\int \sqrt[3]{3x-7}\,dx$

(e) $\int x(7x^2+1)^5\,dx$

(f) $\int x^2(11x^3-5)^8\,dx$

(g) $\int x^2\sqrt{x^3+3}\,dx$

(h) $\int x^2\sqrt[7]{3x^3-6}\,dx$

20.7 다음 부정적분을 구하라.

(a) $\int \frac{3}{x+4}\,dx$

(b) $\int \frac{2x}{x^2-1}\,dx$

(c) $\int \frac{1}{(2x-7)^4}\,dx$

(d) $\int \frac{x}{(3x^2+5)^6}\,dx$

(e) $\int \frac{1}{\sqrt{2x+7}}\,dx$

(f) $\int \frac{x}{\sqrt[3]{3x^2+4}}\,dx$

20.8 다음 부정적분을 구하라.

(a) $\int (3x^4+4\sin x)\,dx$

(b) $\int \left(\frac{3}{x^3}-2\cos x\right)dx$

(c) $\int \left(4\cos x-\frac{1}{3}\sin x\right)dx$

(d) $\int \left(3\sqrt{x}+\frac{1}{3}\sec^2 x\right)dx$

(e) $\int (\sqrt[3]{x}+5\cos x)\,dx$

(f) $\int \left(\sqrt[4]{x}-\frac{1}{4}\sin x\right)dx$

20.9 다음 부정적분을 구하라.

(a) $\int \sin 7x\,dx$

(b) $\int \cos\frac{1}{5}x\,dx$

(c) $\int \sin(4x-3)\,dx$

(d) $\int \cos(5-3x)\,dx$

(e) $\int \sec^2(7x+1)\,dx$

(f) $\int \sec^2(3-6x)\,dx$

20.10 다음 정적분을 구하라.

(a) $\int_0^1 (x^2 + 2x)\,dx$

(b) $\int_0^2 (\sqrt{x} - 2)\,dx$

(c) $\int_{-1}^1 (2x^6 + 3x^5)\,dx$

(d) $\int_1^5 \left(x - \frac{1}{x}\right)dx$

(e) $\int_{-1}^0 (x^2 - 3x)\,dx$

(f) $\int_{-2}^0 (2x - 3x^2)\,dx$

(g) $\int_0^{\pi} (\sin x + \cos x)\,dx$

(h) $\int_{-\frac{\pi}{4}}^{\frac{\pi}{4}} (\cos x - \sec^2 x)\,dx$

20.11 어떤 용수철의 처음 길이는 0.5m였고, 이 용수철을 2m의 길이로 늘리는 데 필요한 힘이 30N이었다. 이 용수철의 길이를 2m에서 4m로 늘리는 데 필요한 일의 양을 구하라.

20.12 질량이 3.7kg인 물체에 $x = 1$(m)에서 $x = (2\text{m})$까지 $F(x) = (x^3 + 3x)$(N)의 힘이 작용할 때 한 일의 양을 구하라.

20.13 G가 중력상수일 때 질량이 m_1, m_2인 두 물체는 뉴턴의 중력법칙에 의하여

$$F = G\frac{m_1 m_2}{r^2}$$

인 힘 F로 서로 끌어당긴다. 여기서 r은 두 물체 사이의 거리이다. 두 물체 중 하나를 고정하고 다른 물체를 $r = 1$에서 $r = 6$까지 움직이는 데 필요한 일의 양을 구하라.

20.14 시각 t에서 현수의 기초대사량이 $A(t) = 43 - 0.1\cos\left(\frac{\pi}{4}t\right)$일 때, 현수가 오전 0시부터 오전 4시까지 소모한 총 기초대사량을 구하라.

찾아보기 Index

아

자

차